산업보건관리자를 위한 현장적응형

# 작업장 환경관리 문제 해결 지침서

(사례문제와 환경측정 분석시약 제조 방법)

신은상 編著

이 도서의 국립중앙도서관 출판예정도서목록(CIP)은 서지정보유통지원시스템 홈페이지(http://seoji.nl.go.kr)와 국가자료공동목록시스템(http://www.nl.go.kr/kolisnet)에서 이용하실 수 있습니다.(CIP제어번호: CIP2017001112))

# PREFACE

이 핸드북에 나타낸 사례 문제들과 계산방법들은 산업위생관리 기술사, 기사 및 산업기사 및 대기환경 기술사, 기사 및 산업기사를 준비하는 수험생을 위하여 개발되었습니다. 작업장 공기시료채취와 분석, 산업 환기, 독성학, 공기와 관련된 각종 계산방법, 작업환경측정, 방사선, 호흡보호구, 산업 위생 화학, 소음, 열 스트레스 등을 범위로 현장 경험을 바탕으로 구성된 사례 문제 형식입니다. 여기에 제시되는 많은 문제는 수많은 작업장에서의 독성물질과 설비에서 발생하는 산업위생 관련 오염물질 노출 문제를 경험에 입각해서 제시한 것입니다. 그리고 이 편람은 다음에 제시하는 분들을 위해 아주 유용하게 쓰여 질 것이라고 확신합니다.

- 산업위생관리 기술사 및 (산업)기사
- 공조설비 기사
- 대기환경 기술사 및 (산업)기사
- 화학안전관리자
- 유해물질 취급자
- 작업환경측정 담당자
- 산업독성학자
- 대기환경학자
- 환경관리자
- 유해화학물질 응급처치요원
- 산업위생·환기 관련분야 교수 및 학생

또한 이 편람은 Part I 에 산업현장 사례를 중심으로 문제형태의 해결방법을 Roger L. Wabeke 박사가 1998년에 저술한 "Air Contaminants and Industrial Hygiene Ventilation(Lewis Publishers발행)"을 중심으로 작성하였고, Part II 에 작업환경측정 실험자를 위하여 환경부 고시 '대기오염공정시험기준'과 고용노동부 산하 한국산업안전공단에서 제시한 '작업환경 측정·분석방법 지침'등을 토대로 '화학실험 분석시약제조법'을 상세하게 제시하였습니다. 기존에 한글로만 나타내었던 화학물질에 대한 화학식을 비롯한 각종 제조법을 상세하게 적시하였습니다. 이 편람을 통하여 우리나라 대기 분야와 산업위생 분야의 좀 더 낳은 발전을 꿈꾸어 보며 앞으로 더 발전적인 경험에 입각한 살아있는 사례 문제들이 나와서 작업자가 쾌적한 환경에서 건강하게 일하는 세상을 개척하는데 일조해 보겠습니다.

편저자

# CONTENTS

## PART 2 분석시약의 제조법

# PART 1

# 작업환경관리

Ⅰ.
이것만은 반드시 기억해야 할 원자량

Ⅱ.
작업환경관리에서 반드시 알아두어야 할 가스상 오염물질 60종(가스와 증기)

Ⅲ.
가스와 증기의 부피

Ⅳ.
작업환경관리에서 사용되는 환산인자 및 상수 (영어 원서를 독해할 경우 매우 중요한 인자)

Ⅴ.
이상 기체의 법칙

Ⅵ.
희석 환기, 탱크, 실내 공기의 정화관련 공식 정리

Ⅶ.
밀도(비중) 계산

Ⅷ.
증기(vapor) 농도

Ⅸ.
작업환경관리 사례 문제

# I.
# 이것만은 반드시 기억해야 할 원자량

- 수소 H = 1
- 탄소 C = 12
- 질소 N = 14
- 산소 O = 16
- 황 S = 32
- 염소 Cl = 35.5

그 외 Na = 23, Si = 28, Ca = 40, Cr = 52, Fe = 56, Cu = 64, Zn = 65, As = 75, Cd = 112, Sb = 122, Hg = 221, Pb = 207

# Ⅱ. 작업환경관리에서 반드시 알아두어야 할 가스상 오염물질 60종(가스와 증기)

1. 아세트산(acetic acid)

   화학식: $CH_3COOH$, 분자량: 60

2. 아세톤(acetone)

   화학식: $CH_3COCH_3$, 분자량: 58

3. 암모니아(ammonia)

   화학식: $NH_3$, 분자량: 17

4. 벤젠(benzene)

   화학식: $C_6H_6$, 분자량: 78

5. 2-뷰톡시에탄올(2-butoxyethanol)

   화학식: $C_6H_{14}O_2$, 분자량: 118, 용도: 녹제거제

6. 뷰틸아세테이트(butyl acetate)

   화학식: $C_6H_{12}O_2$, 분자량: 116

7. 뷰틸알코올(butyl alcohol)

   화학식: $C_4H_9OH$, 분자량: 74

8. 염소(chlorine)

   화학식: $Cl_2$, 분자량: 71

9. 사이클로헥세인(cyclohexane)

   화학식: $C_6H_{12}$, 분자량: 84

10. 사이클로헥산올(cyclohexanol)

    화학식: $C_6H_{12}O$, 분자량: 100

11. 사이클로헥사논(cyclohexanone)

    화학식: $C_6H_{10}O$, 분자량: 98

12. 다이아세톤알코올(diacetone alcohol)

    화학식: $C_6H_{12}O_2$, 분자량: 116

13. 다이아이소뷰틸케톤(diisobutyl ketone)
    화학식: $C_9H_{18}O$, 분자량: 142
14. 다이메틸폼아마이드(dimethylformamide)
    화학식: $C_3H_7NO$, 분자량: 73
15. 다이옥세인(dioxane)
    화학식: $C_4H_8O_2$, 분자량: 73
16. 2-에톡시에탄올(2-ethoxyethanol)
    화학식: $C_4H_{10}O_2$, 분자량: 90
17. 2-에톡시에틸 아세트산(2-ethoxyethyl acetate)
    화학식: $CH_3COOCH_2CH_2OC_2H_5$, 분자량: 132
18. 아세트산 에틸(ethyl acetate)
    화학식: $CH_3COOC_2H_5$, 분자량: 88
19. 에틸알코올(ethyl alcohol)
    화학식: $C_2H_5OH$, 분자량: 46
20. 에틸벤젠(ethyl benzene)
    화학식: $C_8H_{10}$, 분자량: 106
21. 폼알데하이드(formaldehyde)
    화학식: HCHO, 분자량: 30
22. 가솔린(gasoline, i.e., ≅ 1~3% benzene)
    화학식: $C_5H_{12}$ ~ , 분자량: ≅ 73
23. 헥세인(hexane)
    화학식: $C_6H_{14}$, 분자량: 86
24. 뷰틸메틸케톤, 2-헥사논(2-hexanone, butyl methyl ketone(BMK, M*n*BK))
    화학식: $C_6H_{12}O$, 분자량: 100
25. 브롬화수소(hydrogen bromide)
    화학식: HBr, 분자량: 81
26. 염화수소(hydrogen chloride)
    화학식: HCl, 분자량: 36.5

27. 시안화수소(hydrogen cyanide)
화학식: $HCN$, 분자량: 27
28. 플루오르화수소(hydrogen fluoride)
화학식: $HF$, 분자량: 20
29. 황화수소(hydrogen sulfide)
화학식: $H_2S$, 분자량: 34
30. 인덴(indene)
화학식: $C_9H_8$, 분자량: 116
31. 아이소아밀아세테이트(isoamyl acetate)
화학식: $C_7H_{14}O_2$, 분자량: 130
32. 아이소아밀알코올(isoamyl alcohol)
화학식: $C_5H_{12}O$, 분자량: 88
33. 아이소뷰틸아세테이트(isobutyl acetate)
화학식: $C_6H_{12}O_2$, 분자량: 116
34. 아이소뷰틸알코올(isobutyl alcohol)
화학식: $C_4H_{10}O$, 분자량: 74
35. 아이소프로필알코올(isopropyl alcohol)
화학식: $C_3H_8O$, 분자량: 60
36. MDI(Methylene diphenyl diisocyanate)
화학식: $C_{15}H_{10}N_2O_2$, 분자량: 250
37. 메틸알코올(methanol)
화학식: $CH_3OH$, 분자량: 32
38. 2-메톡시에탄올(2-methoxyethanol)
화학식: $C_3H_8O_2$, 분자량: 76
39. 2-메톡시에탄올아세테이트(2-methoxyethanol acetate)
화학식: $C_5H_{10}O_3$, 분자량: 118
40. 메틸클로로폼(methyl chloroform)
화학식: $CH_3CCl_3$, 분자량: 133.5

41. 염화메틸렌(methylene chloride)

    화학식: $CH_2Cl_2$, 분자량: 85

42. 메틸에틸케톤(MEK, methyl ethyl ketone)

    화학식: $C_4H_6O$, 분자량: 72

43. 메틸아이소뷰틸케톤(MIBK, methyl isobutyl ketone)

    화학식: $C_6H_{12}O$, 분자량: 100

44. 미네랄 스피릿(mineral spirits) - 화장품 성분

    화학식: - , 분자량: ≅ 136

45. 나프타(납사) (naphtha)

    화학식: - , 분자량: ≅ 112

46. 산화질소(nitric oxide)

    화학식: NO, 분자량: 30

47. 이산화질소(nitrogen dioxide)

    화학식: $NO_2$, 분자량: 46

48. 오존(ozone)

    화학식: $O_3$, 분자량: 48

49. 프로필아세트산(propyl acetate)

    화학식: $C_5H_{10}O_2$, 분자량: 102

50. 프로필알코올(propyl alcohol)

    화학식: $C_3H_7OH$, 분자량: 60

51. 스티렌(styrene)

    화학식: $C_8H_8$, 분자량: 104

52. 이산화황(아황산가스) (sulfur dioxide)

    화학식: $SO_2$, 분자량: 64

53. 톨루엔다이아시소시아네이트, TDI(toluene diisocyanate) - 폴리우레탄의 원료

    화학식: $CH_3C_6H_3(NCO)_2$, 분자량: 174

54. 톨루엔(toluene)

    화학식: $C_6H_5CH_3$, 분자량: 92

55. 트리클로로에틸렌(trichloroethylene)

화학식: $CHCl=CCl_2$, 분자량: 131.5

56. 트리에틸아민(triethylamine)

화학식: $C_6H_{15}N$, 분자량: 101

57. 아세트산비닐(초산비닐) (vinyl acetate)

화학식: $C_4H_6O_2$, 분자량: 86

58. 염화비닐(vinyl chloride)

화학식: $C_2H_3Cl$, 분자량: 62.5

59. 비닐톨루엔(vinyl toluene)

화학식: $CH_2=CHC_6H_4CH_3$, 분자량: 118

60. 자일렌 이성질체(xylene isomers), 메틸기 위치에 따라 오르토($o$)·메타($m$)·파라($p$)로 분류

화학식: $C_6H_4(CH_3)_2$, 분자량: 106

# III.
# 가스와 증기의 부피

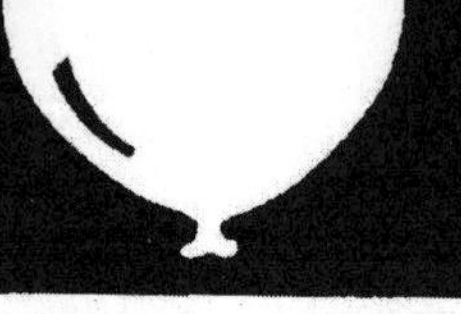

| $H_2S$ (황화수소) | | $Cl_2$ (염소) | | $NH_3$ (암모니아) |
|---|---|---|---|---|
| hydrogen sulfide | ≠ | chlorine | ≠ | ammonia |
| one mol | = | one mol | = | one mol |
| 24.45 L | = | 24.45 L | = | 24.45 L |
| $6 \times 10^{23}$ molecules | = | $6 \times 10^{23}$ molecules | = | $6 \times 10^{23}$ molecules* |
| 25°C (298 K) | = | 25°C (298 K) | = | 25°C (298 K) |
| 760 mm Hg | = | 760 mm Hg | = | 760 mm Hg |
| $10^6$ ppm (100%) | = | $10^6$ ppm | = | $10^6$ ppm |
| 34.1 g | ≠ | 70.9 g | ≠ | 17 g |

1 mole = $6.022045 \times 10^{23}$ 개 분자(아보가드로의 수)

분자설을 제창해 화학의 질서를 잡은 아메데오 아보가드로
(1776~1856, 이탈리아의 화학자, 물리학자)

예를 들어, 25℃, 760 mmHg 상태의 황화수소($H_2S$) 1 mole의 부피 = 24.45 L

$H_2S$의 분자량 34 g = $10^6$ ppm(100%), ∴ 1 ppm = 34 μg

$$1\,ppm\ \ H_2S = \frac{34\,\mu g}{24.45\,L} = \frac{1.39\,\mu g\ H_2S}{L}$$

순수한 공기 1 L에 희석된 $H_2S$ 가스 1 μL = 1 ppm

(즉, 999,999 부피의 공기에 1부피의 $H_2S$ 가스가 혼합된 것)

가스나 증기의 g mole 부피는 표준상태(0℃, 760 mmHg)에서 22.4 L이다. 이것은 그 가스나 증기 $6.022045 \times 10^{23}$ 개 분자의 무게이다.

$$ppm = \frac{mg}{m^3} \times \frac{22.4}{mol.\ wt} \times \frac{\text{절대온도}}{273\,K} \times \frac{760\,mmHg}{\text{주어진 압력}\ mmHg}$$

25℃, 760 mmHg에서는

$$ppm = \frac{(\mu g/L) \times 24.45}{\text{분자량}},\ \ mg/m^3 = \frac{ppm \times \text{분자량}}{24.45}$$

# Ⅳ. 작업환경관리에서 사용되는 환산인자 및 상수 (영어 원서를 독해할 경우 매우 중요한 인자)

R = 0.0821 L·atm/mol·K    ppm(V/V) = $\frac{x}{10^6}$    1% = 10,000 ppm

1 $ft^3$ = 28.3 L    $\frac{\mu L}{L} = ppm$    1 mL = 0.001 L

K = ℃ + 273 K    ℃ = $\frac{5}{9}$(°F − 32)    °F = (1.8 × ℃) + 32

1 kg = 2.2 lb    1 lb = 454 g    1 in. = 2.54 cm

1 $m^3$ = 35.3 $ft^3$    1 L = 0.0353 $ft^3$    1 $\mu$M = $10^{-6}$ M

1 gallon = 3.785 L    1 pint ≒ 473 mL    1 oz = 28.35 g

1 lb/hr = 10.0 kg/day    mg/L(액체) = ppm    1 lb/day = 315 mg/min

1 $m^3$ = $10^6$ $cm^3$ = $10^6$ mL

액체의 부피 × 밀도(비중) = 액체의 질량    원의 면적 = $\pi r^2$ = $\frac{\pi}{4}d^2$

1 atm = 760 mmHg = 29.9 inHg = 14.7 lb/$in^2$    원기둥의 체적 = $\pi r^2 h$

구의 체적 = 1.333 $\pi r^3$    1 $m^3$ = 1,000 L    20 방울수 = 1 mL

# V.
# 이상 기체의 법칙

PV = nRT, 표준공기(25℃, 1 atm)의 부피, $V_o = V \times \frac{298}{T} \times \frac{P}{760}$

$$ppm(25℃,\ 1\,atm) = ppm_{(측정기에서\ 읽은\ 값)} \times \frac{P}{760\,mmHg} \times \frac{298\,K}{T}$$

## 1. 샤를(Charles)의 법칙

기체의 부피는 온도(K)에 비례한다.

(1746~1823, 프랑스의 수학자, 물리학자)

## 2. 보일(Boyle)의 법칙

기체의 부피는 압력(mmHg)에 반비례한다.

(1627~1691, 원소의 개념을 확립한 독창적인 화학자이자 물리학자,
영국 실험철학의 위대한 주창자, 기계적 철학의 옹호자, 영국의 화학자, 물리학자)

## 3. 돌턴(Dalton)의 분압 법칙

기체의 혼합물에 가해진 총 압력은 기체 혼합물 내 각각 가스 분압의 합과 같다.

(1766~1844, 영국의 화학자이자 물리학자, 기상학자로 원자설의 첫 제창자이다.)

## 4. 루이 조제프 게뤼사크(Gay-Lussac)의 기체 반응의 법칙

기체 사이의 화학 반응에서, 같은 온도와 같은 압력에서 그 부피를 측정했을 때 반응하는 기체와 생성되는 기체 사이에는 간단한 정수비가 성립한다.

(1778~1850, 프랑스의 화학자 겸 물리학자로, 기체들이 서로 반응하여 새로운 기체를 만들 때 기체들의 부피 변화에 관한 실험을 통해 "부피결합의 법칙"이라고도 불리는 기체 반응의 법칙(law of combining volumes)을 발견하였다.)

## 5. 라울(Raoult)의 법칙

일반적으로 어떤 용매에 용질을 녹일 경우, 용매의 증기압이 감소하는데, 용매에 용질을 용해하는 것에 의해 생기는 증기압 강하의 크기는 용액 중에 녹아 있는 용질의 몰분율에 비례한다.

(1830~1901, 프랑수아마리 라울은 프랑스의 화학자이며, 용매에 유기화합물을 용해한 용액에서 실험적으로 일반적으로 용매에 용질을 녹이면 그 용액의 증기 압력이 감소하는 것을 발견하였다.)

## 6. 헨리의 법칙(Henry's Law)

'헨리의 법칙'은 동일한 온도에서, 같은 양의 액체에 용해 될 수 있는 기체의 양은 기체의 부분압과 정비례한다. 여기서 기체의 종류는 액체에 소량이 녹는 것(대체로 무극성 기체)이어야 한다. 예를 들어, 메탄, 산소, 이산화탄소 등이 이 법칙이 적용되지만, 암모니아와 같이, 물 속에 대량으로 녹아서 이온화되거나 산-염기 반응을 하는 기체(즉, 일부 극성 기체 분자)들은 이 법칙이 적용되지 않는다.

(윌리엄 헨리(William Henry, 1774~1836)는 영국의 화학자·약학자이며, 1803년 물에 대한 기체의 용해도는 그 기체의 압력에 비례한다고 하는 '헨리의 법칙'을 발견하였다.)

## 7. 그레이엄의 법칙(Graham's Law)

'그레이엄의 법칙' 또는 '그레이엄의 확산 속도 법칙'은 스코틀랜드의 화학물리학자 토머스 그레이엄이 1831년에 발표한 법칙이다. 이 법칙은 기체의 분자량과 기체 분자들의 평균 이동속도에 관한 것이다. 여기서 속도는 분자들의 평균속도를 뜻한다.

$$\frac{Rate_1}{Rate_2} = \sqrt{\frac{M_2}{M_1}}$$

여기서, $Rate_1$은 첫 번째 기체의 확산 속도(단위 시간 당 분자의 양이나 수)

$Rate_2$는 두 번째 기체의 확산 속도, $M_1$은 기체 1의 몰질량, $M_2$는 기체 2의 몰질량

(토머스 그레이엄(Thomas Graham, 1805년 ~ 1869년)은 영국의 화학자이다. 기체의 흡수, 확산, 삼투압 등에 관한 연구가 있고 '그레이엄의 법칙', 즉 확산 속도는 분자량의 제곱근에 반비례한다는 법칙을 발견하였다.)

## 8. 르 샤틀리에(Le Chatelier)의 원리

르 샤틀리에의 원리는 화학 평형 상태 물질의 외부 조건을 변화시켰을 때, 어떤 반응이 일어날 지 예측하는데 사용한다. 이 법칙을 간단히 요약하면 다음과 같다. "화학 평형 상태의 화학계에서 농도, 온도, 부피, 부분 압력 등이 변화할 때, 화학 평형은 변화를 가능한 상쇄시키는 방향으로 움직여 화학 평형상태를 형성한다."

(앙리 루이 르 샤틀리에, Henry Louis Le Châtelier, 1850년 ~ 1936년)는 프랑스의 화학자이다. 그의 연구 분야는 매우 넓어 야금술·시멘트·유리·연료·폭약 등의 권위자이며, 팽창계·금속 현미경 등을 고안해 냈다. 또한 화학 반응에 있어서 반응을 완결시키기 위한 가장 알맞은 조건을 알아보는 데 도움이 되는 "르 샤틀리에의 법칙"을 발견하였다.)

# Ⅵ. 희석 환기, 탱크, 실내 공기의 정화관련 공식 정리

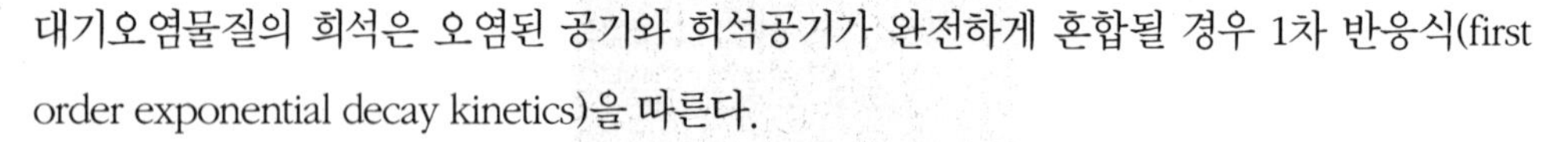

대기오염물질의 희석은 오염된 공기와 희석공기가 완전하게 혼합될 경우 1차 반응식(first order exponential decay kinetics)을 따른다.

- 1차반응에서의 농도 계산식: $C = C_o\, e^{-\left[\frac{Q}{V}\right]t}$ (ppm 또는 mg/m$^3$)

  C = 환기시스템이 작동하여 t분의 시간이 지난 후 남아있는 오염물질의 농도 (ppm 또는 mg/m$^3$)

  $C_o$ = 환기시스템이 작동하기 전 오염물질의 농도(ppm 또는 mg/m$^3$)

  Q = 환기량(m$^3$/min)

  V = 실내의 체적(m$^3$)

  t = 시간(min)

- 1차반응에서의 시간 계산식: $t = \dfrac{-\ln\left[\dfrac{C}{C_o}\right]}{\dfrac{Q}{V}}$ (min)

**예제 1**

가스상 오염물질의 농도가 1,000 ppm, 체적이 28.3 m$^3$인 실내 공간에 6.5 m$^3$/min의 환기량으로 환기시스템을 가동할 경우, 오염물질의 농도가 100 ppm과 1 ppm이 되는데 걸리는 시간(min)은? 단, 희석공기는 완전히 혼합된다고 가정한다.

**풀이**

(1) 완전 혼합되는 1차 반응에서 오염물질 농도가 100 ppm이 되는데 걸리는 시간은

$$t = \frac{-\ln\left[\frac{C}{C_o}\right]}{\frac{Q}{V}} = \frac{-\ln\left[\frac{100\,ppm}{1{,}000\,ppm}\right]}{\frac{6.5\,m^3/\text{min}}{28.3\,m^3}} = \frac{-\ln 0.1}{0.23} = 10\ (\text{min})$$

(2) 오염물질 농도가 1 ppm이 되는데 걸리는 시간은

$$t = \frac{-\ln\left[\frac{C}{C_o}\right]}{\frac{Q}{V}} = \frac{-\ln\left[\frac{1\,ppm}{1{,}000\,ppm}\right]}{\frac{6.5\,m^3/\text{min}}{28.3\,m^3}} = \frac{-\ln 0.001}{0.23} = 30\ (\text{min})$$

대기오염물질(가스상 또는 증기)이 50%, 즉, 반으로 줄어드는데 걸리는 시간(반감기)

$$C_{1/2} = 0.693\left[\frac{V}{Q}\right]$$

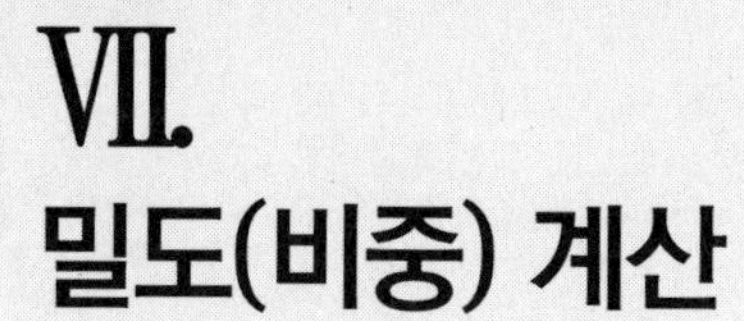

# VII. 밀도(비중) 계산

액체의 부피 × 액체의 밀도 = 액체의 질량

**예제 2**

밀도가 0.87 g/mL인 톨루엔 50 mL가 전부 증기로 변했을 경우 톨루엔의 질량은?

**풀이**

$$50\,mL_{(liquid)} \times \frac{0.87\,g}{mL} = 43.5\,g_{(vapor)}$$

※ 작업환경관리에서 많이 사용하는 유기용제의 밀도
케로센(kerosene) 0.82 g/mL, 벤젠(bezene) 0.88 g/mL, 에틸알코올(ethanol) 0.79 g/mL
아세톤(acetone) 0.79 g/mL, 메틸알코올(methanol) 0.79 g/mL, 톨루엔(toluene) 0.87 g/mL
뷰틸알코올($n$-butanol) 0.81 g/mL, $CH_2Cl_2$(다이클로로메테인) 1.34 g/mL, $CCl_4$(사염화탄소) 1.59 g/mL

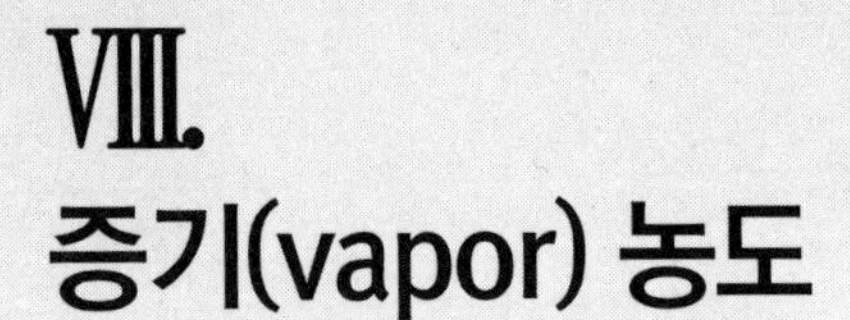

# VIII. 증기(vapor) 농도

$$증기\ 농도(ppm) = \frac{어떤\ 온도에서의\ 증기압}{측정된\ 증기압} \times 10^6$$

**예제 3**

$C_3H_7NO_2$(2-NP, 2-nitropropane)의 증기압은 20℃에서 13 mmHg이다. 액체 2-NP가 들어있는 탱크 안의 증기압이 710 mmHg인 경우 2-NP 증기의 포화농도(ppm)는?

**풀이**

$$증기\ 농도(ppm) = \frac{어떤\ 온도에서의\ 증기압}{측정된\ 증기압} \times 10^6 = \frac{13\,mmHg}{710\,mmHg} \times 10^6$$

$$= 17{,}105\ ppm\ 2\text{-}NP\ (약\ 1.71\%)$$

# IX. 작업환경관리 사례 문제

## 1. 화학 기초사항 관련 문제

### 사례문제 1

12℃, 1 기압에서 190 L인 공기를 6.5 기압으로 단열 압축하였다. 압축 후 공기의 처음 온도(℃)와 압축된 공기의 나중 부피(L)는? 단, 비열비($k$) = 1.4이다.

풀이

절대온도 T = 273 + 12℃ = 285 K

압축 후 공기의 초기 온도(℃) = $285\ \mathrm{K} \times \left[\dfrac{6.5\,atm}{1\,atm}\right]^{\frac{1.4-1}{1.4}} = 486.5\ K = 213.5\ ℃$

압축된 공기의 최종 부피(L) = $190\ \mathrm{L} \times \left[\dfrac{1\,atm}{6.5\,atm}\right]^{\frac{1}{1.4}} = 50\ L$

※ 참조 : $k$값은 온도와 압력의 함수이다. 공기와 몇몇 이원자 가스($N_2$, $O_2$ 등)의 $k$ = 1.4이고, 대부분의 탄화수소 $k$ 값은 1.1~1.2이다.

### 사례문제 2

염소가스($Cl_2$)가 10,000 ppm 함유된 건조 공기의 비중은? 단, 염소 가스의 비중은 2.5이다.

풀이

10,000 ppm(V/V) = 1%

건조 공기의 비중 : 0.99 × 1.0 = 0.990

건조 공기 중 염소 가스의 비중 : 0.01 × 2.5 = 0.025

∴ 염소 가스가 혼합된 건조 공기의 비중(상대 밀도) = 0.990 + 0.025 = 1.015

즉, 공기보다 1.5% 크다.(공기의 비중 = 1.000)

여기서 알 수 있듯이 작업장 환기를 설계할 경우, 증기나 가스의 농도가 매우 높을 지라도 혼합기체의 비중은 공기에 비해 큰 차이가 없으므로 후드의 배치 등에 유의하여야 한다.

### 사례문제 3

25℃, 760 mmHg에서 수은 증기를 포함한 1.2 mg의 질량을 가진 공기 1 cc가 있을 경우, 그 속에 포함된 수은 증기의 비중은? 단, 수은의 원자량은 200.6이다.

**풀이**

$\frac{200.6\ g/g-mole}{24,450\ mL/g-mole} = 0.0082\ g/mL = 8.2\ mg/mL$, 수은 증기 1 mL의 질량은 8.2 mg

1 mL = $1cm^3$ = 1 cc이므로 수은 증기 1 cc의 질량은 8.2 mg, 1 cc air = 1.2 mg

$\therefore \frac{8.2\ mg\ Hg/cc}{1.2\ mg/cc} = 6.83$ (공기의 비중 = 1.00)

※ 다른 풀이

공기의 분자량 = 28.94, $\therefore \frac{200.6}{28.94} = 6.93$

### 사례문제 4

수분 20%(습구, 건구 온도계로 측정)가 함유된 배출가스를 오르잣(Orsat) 분석기로 분석하였더니 $CO_2$ = 10.5%, CO = 6.2%, $O_2$ = 3.0%, $N_2$ = 80.3%일 경우 배출가스 밀도를 계산하시오. 단, 오르잣 분석은 건조가스를 기본으로 한다.

**풀이**

배출가스 중 함유된 기체 성분의 함유량을 구하면

$H_2O$ = 0.20 × 1.00 × 18 = 3.60

$CO_2$ = 0.80 × 0.105 × 44 = 3.70

$CO$ = 0.80 × 0.062 × 28 = 1.39

$O_2$ = 0.80 × 0.03 × 32 = 0.77

$N_2$ = 0.80 × 0.803 × 28 = 17.99

27.45

$\therefore$ 배출가스의 밀도 = $\frac{27.45}{28.966}$ = 0.947

(28.966은 공기의 분자량이다.)

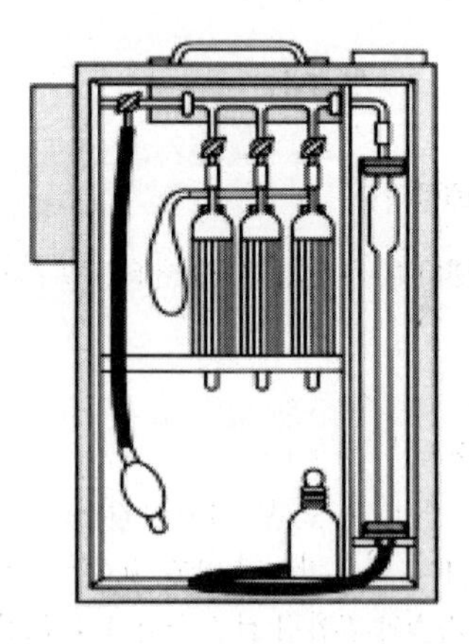

〈그림. 1〉 오르잣(Orsat) 분석기

**사례문제 5**

1%(V/V) CO 가스가 들어있는 공기의 유효비중은? 단, 100% CO 가스의 비중 = 0.97, 100% 공기의 비중 = 1.00이다.

풀이

- 1% CO(V/V) = 10,000 ppm, 이 일산화탄소는 공기 990,000 ppm과 같이 존재한다.
- 공기: 0.99 × 1.00 = 0.9900
- CO : 0.01 × 0.97 = 0.0097
- 유효비중 = 0.9997

이 값은 거의 공기의 비중과 같으므로 CO 가스로 인한 층화(stratification)는 일어나지 않는다.

**사례문제 6**

메틸클로로폼(MC, methyl chloroform, $CH_3CCl_3$) 증기의 비중은? 단, 25℃, 1기압 공기의 밀도 = 1.2 mg/mL이다.

풀이

- $CH_3CCl_3$의 분자량 = 133.5
- $1\,ppm\ CH_3CCl_3 = \dfrac{\text{분자량} \times \dfrac{\mu g}{L}}{24.45} = \dfrac{133.5}{24.45} = 5.46\,mg/m^3 \approx \dfrac{1\,mL}{m^3}$
- $\dfrac{5.46\,mg\,MC}{1.2\,mg\,air/mL} = 4.55$ (공기의 비중 = 1.00)

**사례문제 7**

어떤 가스의 비중이 4.6일 때, 그 가스가 공기 중에 13,000 ppm 있을 경우, 유효 비중은 얼마이며 바닥면에 그 고밀도 가스로 인한 혼합층이 생기는가?

풀이

13,000 ppm = 1.3% (여기서, 공기의 농도는 98.7%이다.)

$$
\begin{array}{lr}
\ \ 0.987 \times 1.0 = & 0.987 \\
+\ \underline{0.013 \times 4.6} = & +\ \underline{0.0598} \\
\ \ 1.000 & 1.0468
\end{array}
$$

유효비중은 1.0468로 이 값은 공기 밀도보다 4.7% 큰 값이다. 따라서 바닥면에 혼합 가스로 인한 고밀도 층은 결코 발생하지 않는다. "공기보다 무겁다"며 증기를 포집하기 위해 바닥면에 배기 덕트를 설치하거나, 또는 "공기보다 가볍다"며 가스를 포집하기 위해 천장 가까이에 배기 덕트를 설치하는 것이 잘못된 생각이라는 것을 지적하고 있다.

### 사례문제 8

독성이 있는 어떤 가연성 유기용제의 분자량이 78이다. 공기와 관계된 그 유기용제 증기의 밀도는?

풀이

$$증기\ 밀도 = \frac{화학물질의\ 분자량}{공기의\ 분자량} = \frac{78}{29} = 2.69$$

이 증기는 공기보다 약 2.7배 정도 농도가 짙다. 증기 밀도비는 대기 중 평형상태 온도 조건 하에서 적용되며, 평형상태가 아니거나 조건이 변할 경우, 어떤 증기나 가스, 그리고 그것들의 혼합물의 밀도는 현저하게 변할 수 있다.

### 사례문제 9

공기 중 메틸알코올 증기 500 ppm이 들어있는 혼합 공기의 밀도는?

풀이

건조 공기의 분자량은 거의 29(정확하게는 28.941 g/g-mole)이고, 25℃, 760 mmHg에서 건조 공기의 밀도는 1.2 mg/mL, 공기의 비중은 1.00 (단위 없음)이다. 메탄올은 분자량이 32, 100% MeOH 증기(예를 들어 $10^6$ ppm)의 밀도는 공기의 비중과 비교한다.

$\frac{32}{29} = 1.103$, 500 ppm MeOH = 0.05%

MeOH 증기: 0.0005 × 1.103 = 0.00055

공기: 0.9995 × 1.00 = 0.9995

전체 1.0000 1.00005

혼합공기의 비중은 1.00005이다. 이 값은 MeOH의 분자량이 공기와 비슷하고, MeOH 500 ppm이 비교적 희석된 증기 농도이기 때문이다.

**사례문제 10**

0℃, 760 mmHg에서 보정된 건식가스미터를 사용하여 굴뚝 배출가스 시료를 채취하였다. 이 온도에서 수증기압(절대 습도)은 1.03 mmHg이고, 굴뚝 배출가스의 습구 및 건구온도(58% 상대 습도)는 36℃와 44.4℃이다. 이와 상응하는 수증기압은 40.3 mmHg이며 공기 부피의 지시값은 26.5 $m^3$이고, 시료채취 시간에 기압계는 740 mmHg이다. 건조 시료가스의 부피($m^3$)는?

풀이

굴뚝 배출가스의 부피는 압력, 온도, 수증기압 등의 변화가 심하기 때문에 표준상태로 환산한 건조 시료가스량으로 계산한다.

$$V_1 = \frac{V_2(P_2 - W_2)(273\,K + T_1)}{(P_2 - W_1)(273\,K + T_2)}$$

여기서, $V_2$ = 온도 $T_2$℃에서 측정된 가스 부피

$V_1$ = 온도 $T_1$℃에서 측정된 가스 부피

$W_1$과 $W_2$ = 계산되고 측정된 상태에서의 수증기압

$P_1$과 $P_2$ = 계산되고 측정된 상태에서의 기압

$$\therefore\ V_1 = \frac{(26.5\,m^3)(740\,mmHg - 40.3\,mmHg)(273\,K)}{(760\,mmHg - 1\,mmHg)(273\,K + 44.4℃)} = 21\,m^3$$

〈그림. 2〉 건식가스미터

〈그림. 3〉 습식가스미터

### 사례문제 11

760 mmHg, 상대습도 40%에서 해운대 백사장의 건구 온도는 27℃이었다. 같은 조건에서 수증기압은 10.08 mmHg이고, 태풍이 곧 다가오고 있는 상황이다. 기압계의 눈금이 760에서 680 mmHg로 감소될 때 $H_2O$ 증기의 농도(mg/L)는?

풀이

$$\frac{10.08\,mmHg}{680\,mmHg} \times 10^6 = 14,824\,ppm\,H_2O\,vapor$$

$$ppm = \frac{mg}{L} \times \frac{22,400}{18} \times \frac{300\,K}{273\,K} \times \frac{760\,mmHg}{680\,mmHg} \text{ 또는}$$

$$\frac{mg\,H_2O}{L} = \frac{14,824\,ppm}{\frac{22,400}{18} \times \frac{300\,K}{273\,K} \times \frac{760\,mmHg}{680\,mmHg}} = \frac{9.708\,mg}{L}$$

14,824 ppm(≅ 1.48%) ≅ 9,700 mg $H_2O/m^3$

기압이 감소되어 대기 중 수증기 농도가 증가한다는 것은 부분적으로 태풍을 동반한 큰 비가 내리기 때문으로 설명된다.

### 사례문제 12

해수면에서 건조 공기 중 $O_2$의 분압(mmHg)은?

풀이

산소는 공기 중 부피비로 20.95%를 차지한다. 0.2095 × 760 mmHg = 159.2 mmHg

### 사례문제 13

사례 문제 12에서 대기압의 변화가 없고, 공기가 기온 25℃에서 상대습도 100%가 되었다면 공기의 분압 조성은 어떻게 변화되는가? 25℃에서 수증기압은 23.8 mmHg이다.

풀이

$O_2$: 20.95% (760 mmHg − 23.8 mmHg) = 154.23 mmHg

$N_2$, etc.: 79.05% (760 mmHg − 23.8 mmHg) = 581.97 mmHg

$H_2O$: = $\frac{23.8\text{ mmHg}}{760\text{ mmHg}}$

$\therefore\ O_2 = 154.2\,mmHg,\quad N_2 + argon + etc.\ trace\ gases = 582\,mmHg$

### 사례문제 14

25℃에서 50%의 습도를 지닌 어떤 공기 시료가 해수면으로부터 동일한 온도로 기압 600 mmHg를 나타내는 고도까지 채취되었다. 채취된 수증기와 공기의 분압(mmHg)은? 단, 기압은 25℃, 100% 상대습도 = 23.8 mmHg, 25℃, 50% 상대습도 = 11.9 mmHg이다.

풀이

$$H_2O\ vapor = \frac{600\ mmHg}{760\ mmHg} \times 11.9\ mmHg = 9.39\ mmHg$$

$O_2$ : 20.95% (760 mmHg − 9.39 mmHg) = 123.73 mmHg

$N_2$, $etc.$ : 79.05% (760 mmHg − 9.39 mmHg) = 466.88 mmHg

공기의 분압 = 590.61 mmHg

### 사례문제 15

상대습도 50%, 기온 26.7℃에서 실내공기 부피 28.3 $m^3$에 존재하는 수증기량(kg)은? 단, 26.7℃에서 수증기압 = 26.2 mmHg이다.

풀이

$$26.7 + 273 = 299.7\ K,\quad \frac{22.4\ L}{g-mole} \times \frac{299.7\ K}{273\ K} = \frac{24.59\ L}{g-mole}$$

$$ppm\ H_2O\ vapor = 0.5 \times \frac{26.2\ mmHg}{760\ mmHg} \times 10^6 = 17,237\ ppm$$

$$\frac{mg}{m^3} = \frac{ppm \times mol.\ wt.}{24.59\ L/g-mole} = \frac{17,237 \times 18}{24.59} = 12,612\ mg/m^3$$

$$12,612\ mg/m^3 \times 28.3\ m^3 = 356919.6\ mg = 0.36\ kg$$

### 사례문제 16

22℃에서 공기 시료 중 수증기의 분압은 12.8 mmHg이다. 같은 온도에서 포화 수증기압은 19.8 mmHg일 때, 22℃에서 이 공기의 상대습도(%)와 28℃로 더워졌을 때의 상대습도(%)는? 단, 28℃에서 포화 수증기압은 28.3 mmHg이다.

풀이

22℃ 일 때 상대습도: (12.8 mmHg/19.8 mmHg) × 100 = 64.6% RH

28℃ 일 때 상대습도: (12.8 mmHg/28.3 mmHg) × 100 = 45.2% RH

만일 공기 시료가 15℃로 될 때, 포화 수증기압이 12.8 mmHg이기 때문에 그 공기는 포화되어져 RH가 100%가 된다.

### 사례문제 17

체적이 20 × 100 × 120 $ft^3$인 어떤 건물의 환기시스템으로 6,000 $ft^3$/min의 외부 공기가 제공되고 있다. 외기 상태는 20°F, 상대 습도 60%(9 gr 수증기/lb 공기)이다. 만일 조절된 공간의 공기를 lb 공기당 13.78 $ft^3$에서 75°F, 상대습도 50%(66 gr 수증기/lb 공기)로 유지하기 위해서 가해주어야 하는 물의 양(gallon/hr)은?

**풀이**

가습량 부하식 $= \dfrac{(CFH)(G)}{(V)(7{,}000)}$

여기서, $CFH$ = 시간당 $ft^3$ 공기(= $ft^3 \times 60$ min/hr)

$G$ = gr 수증기/lb 내부공기 - gr 수증기/lb 외부공기

$V$ = $ft^3$ 중 내부 공기의 비체적/lb 공기

7,000 = 변환계수(gr 수증기/lb)

$$\frac{(6{,}000 \times 60)(66-9)}{(13.78)(7{,}000)} = 212.7 \ lb\,H_2O/hr$$

$\therefore$ 증발해야 할 $H_2O$: $\dfrac{212.7\,lb\,H_2O/hr}{8.33\,lb/gallon} = \dfrac{25.5\,gallon}{hr}$

※ 참조 :

1 gr = 0.0648 g, 1 lb = 454 g,

1 gallon $H_2O$ = 3.785 L = 3.785 kg = 3,785 g = 8.33 lb

### 사례문제 18

병원 근무자의 편안함을 위해 가습이 요구되는 어떤 병원이 있다. 강제 순환시킬 외부 공기의 온도는 5℃, 상대 습도는 20%인 상태에서, 요구되는 설계 목표값은 상대습도 50%, 실내 온도는 20℃이다. 여기에 근무자로부터 제공받는 습도와 건구온도, 기타 수증기 발생원, 조명, 냉각, 가온 등의 공조값이 덧붙여졌다. 이 경우 습도를 달성하기 위해 유입되는 외부공기(OA)에 $H_2O$ 증기를 얼마나 증발시켜야 설계 목표값을 달성하겠는가? 단, 수증기의 포화농도는 5℃에서 6.77 g/$m^3$, 20℃에서 17.26 g/$m^3$이다. 이 병원은 서울에 위치해 있다.

**풀이**

5℃ 공기 중 수증기의 밀도 = 0.20 × 6.77 g/$m^3$ = 1.354 g/$m^3$

20℃ 공기 중 수증기의 밀도 = 0.50 × 17.26 g/$m^3$ = 8.63 g/$m^3$

5℃에서 공기 1 $m^3$는 20℃에서는 1.054 $m^3$로 커진다$\left(1\,m^3 \times \dfrac{273\,K+20}{273\,K+5} = 1.054\,m^3\right)$.

20℃에서 1.054 $m^3$ 중 수증기의 질량(g) = $1.054\,m^3 \times \dfrac{8.63\,g}{m^3} = 9.10\,g$

5℃에서 공기 1 $m^3$당 더해진 수증기의 질량 = 9.10 g − 1.35 g = 7.75 g $H_2O$

$\therefore$ 상대습도 20%, 온도 5℃인 외부공기 1 $m^3$마다 수증기의 7.75 g이 더해져야 한다.

### 사례문제 19

상대습도 40%, 건구온도 86°F(36℃)에서 크기가 15 m × 30 m × 5 m인 건물에 수증기는 몇 kg이 포함되어 있는가? 단, 이 온도에서 물의 증기압은 31.82 torr(31.82 mmHg)이다.

풀이

건물의 체적 = 15 m × 30 m × 5 m = 2,250 $m^3$ = 2,250,000 L

P = (0.40) ($P_{vapor}$) = (0.40) (31.82 torr) = 12.73 torr (분압은 수증기에 기인한다.)

$$\text{수증기의 몰 수}, n = \frac{PV}{RT} = \frac{\left[(\frac{12.73}{760})atm\right](2,250,000\,L)}{(0.0821\,L-atm/mole-K)\,(303\,K)} = 1,514.2\ moles$$

$$(1,514.2\,moles)\left[\frac{18.0\,g}{mole}\right]\left[\frac{1\,kg}{10^3\,g}\right] = 2,726\,kg\ \text{수증기}$$

### 사례문제 20

기온(건구온도) 86°F, 이슬점 68°F일 경우, 상대습도(%)는? 단, 86°F에서 포화 수증기압은 31.82 mmHg, 68°F에서 포화 수증기압은 17.54 mmHg이다.

풀이

$$\text{상대 습도} = \frac{\text{이슬점에서 포화 수증기압}}{\text{86°F에서 포화 수증기압}} = \frac{17.54\,mmHg}{31.82\,mmHg} = 55.1\%$$

이슬점은 대기가 수증기로 완전히 포화되었을 때 온도이다.

## 2. 기체의 법칙 관련 문제

**사례문제 21**

11℃, 720 mmHg에서 73 g의 암모니아 가스의 체적(L)과 이 암모니아 가스를 10 ppm으로 희석할 경우 요구되는 공기의 체적(L)은?

풀이

(1) PV = $n$RT $\qquad V=\dfrac{nRT}{P}$ $\qquad$ R = 0.0821 L · atm/mole · K

$NH_3$의 분자량 = 17, $n=\dfrac{73\,g}{17\,g/mole}=4.29\,moles$, T = 273 K + 11℃ = 284 K

P = $\dfrac{720\,mmHg}{760\,mmHg}=0.947\,atmosphere$

$$\therefore\ V=\frac{(4.29\,moles\ NH_3)(0.0821)(284\,K)}{0.947\,atmosphere}=105.5\,L$$

(2) 100%를 0.001%로 희석할 경우 요구되는 공기의 체적은

10 ppm = $\dfrac{10}{10^6}=\dfrac{1}{10^5}$ 이므로 $105.5\times10^5$ L이다.

**사례문제 22**

게이지 압력 65 atm, 31℃에서 부피 85 $m^3$인 탱크 안에 들어있는 암모니아의 양(kg)은?

풀이

$$n=\frac{PV}{RT}=\frac{65\,atm\times85{,}000\,L}{(0.0821\,L\cdot atm/mole\cdot K\times304\,K)}=221{,}368\,g-moles\ NH_3$$

221,368 g - mols × 17 g/mol = 3,763,262 g ≒ 3,763 kg $NH_3$

**사례문제 23**

사례 문제 22에서 암모니아 가스가 20℃, 대기압 상태에서 갑작스런 탱크의 파열이 일어나 확산될 경우 부피($m^3$)는 어떻게 변하는가?

풀이

보일-샤를의 식 $\dfrac{P_iV_i}{T_i}=\dfrac{P_fV_f}{T_f}$ 에서

$$V_f=\frac{P_iT_fV_i}{P_fT_i}=85\,m^3\times\frac{65.6\,atm}{1\,atm}\times\frac{293\,K}{304\,K}=5374.2\,m^3$$

### 사례문제 24

645 mmHg, 33℃에서 공기 채취시료량이 570 L이었다면 채취된 표준공기의 체적(L)은?

풀이

33℃ + 273 = 360 K

$$lieters = \frac{298 \times V \times P}{760 \times T} = \frac{(298\ K)(570\ L)(645\ mmHg)}{(760\ mmHg)(306\ K)} = 471\ L$$

### 사례문제 25

730 mmHg에서 끓는 물 1 g의 수증기 부피(L)는?

풀이

$$\mathrm{PV} = n\mathrm{RT},\ \ n = \frac{1\,g}{18\,g/mol} = 0.0556\,mol,\ \ \mathrm{T} = 100℃ + 273\ \mathrm{K} = 373\ \mathrm{K}$$

$$V = \frac{(0.0556\,mole)(0.082)(373\,K)}{\frac{730\,mmHg}{760\,mmHg}} = 1.7705\,L$$

### 사례문제 26

1 atm, 20℃에서 건조한 1,000 L 질소 가스가 초기 가스 부피의 5% 정도만큼 단열적으로 압축되었다. $N_2$ 가스의 $\alpha$ = 1.4(비열비)일 경우, 나중 온도(K)와 압력(atm)은?

풀이

$$P_1(V_1)^{\alpha} = P_2(V_2)^{\alpha},\ 1\ \text{atm에서}\ (V_1)^{1.4} = P_2\left(\frac{V_1}{20}\right)^{1.4}$$

$$P_2 = \frac{(1\,atm)(V_1)^{1.4}}{\left(\frac{V_1}{20}\right)^{1.4}} = \frac{(1\,atm)(1{,}000\,L)^{1.4}}{(50\,L)^{1.4}} = 66.3\ atmospheres$$

$$T_1(V_1)^{\alpha-1} = T_2(V_2)^{\alpha-1} = (293\,K)(1{,}000\,L)^{1.4-1} = T_2(50\,L)^{1.4-1}$$

$$T_2 = \frac{293\,K(1{,}000\,L)^{1.4-1}}{(50\,L)^{1.4-1}} = \frac{293\,K(1{,}000\,L)^{0.4}}{(50\,L)^{0.4}} = 970.5\,K$$

### 사례문제 27

기온 = 42℃, 기압 = 718 mmHg, 공기시료 채취량 = 2.31 L/min, 시료채취시간 = 17.5 min, 포화 수증기압이 61.5 mmHg일 경우 25℃, 760 mmHg에서 건조 공기 시료량(L)은?

풀이

17.5 mmHg × 2.31 L/min = 40.425 L

$$40.425\,L \times \frac{718\,mmHg - 61.5\,mmHg}{760\,mmHg} \times \frac{298\,K}{273\,K + 42℃} = 33\,L$$

### 사례문제 28

정밀 로타미터 유량계가 21℃, 1 atm에서 1.7 L/min으로 보정되었다. 사이클론 분진 채취기로 32℃, 633 mmHg에서 호흡성 규소분진을 채취하려고 한다. 이 채취 기기에서 사용된 정확한 로타미터 값(L/min)과 보정계수는 얼마인가?

풀이

$$\frac{1.7\,L}{\min} \times \frac{633\,mmHg}{760\,mmHg} \times \frac{294\,K}{305\,K} = \frac{1.36\,L}{\min}, \quad \text{보정계수 } (C_f) = \frac{1.36\,L/\min}{1.7\,L/\min} = 0.8$$

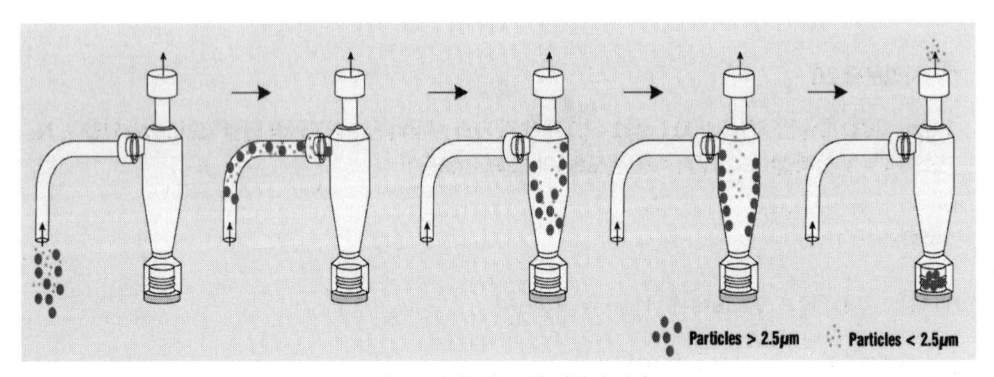


〈그림. 4〉 사이클론 분진 채취기 원리

### 사례문제 29

25℃, 760 mmHg에서 오존 가스의 체적과 질량 변환식을 결정하시오.

풀이

오존의 분자량, $O_3$ = 48, T = 273 K + 25℃ = 298 K

$ppm = mg/m^3 \times \frac{24.45}{M}$, $\therefore$ 1 $ppm$ 을 $mg/m^3$ 으로 변환하면

$mg/m^3 = 1\,ppm \times \frac{48}{24.45} = 1.963$ ,

$\therefore$ 1 ppm = 1.963 $mg/m^3$ = 1,963 $\mu g/m^3$, 1 $\mu g/m^3$ = $5.1 \times 10^{-4}$ ppm

**사례문제 30**

마루 위에 액체 포스겐(phosgene, $COCl_2$) 172 g을 쏟았다. 23℃, 742 mmHg에서 빠른 시간 내에 증발하였을 경우 가스 체적(L)은? 단, 포스겐의 비등점 = 8.3℃이다.

풀이

$COCl_2$ 분자량 = 99

PV = $n$RT, $n = \frac{172\,g}{99\,g/g-mole} = 1.737\,g-mole$

T = 23℃ + 273 = 296K

$$V = \frac{nRT}{P} = \frac{(1.737\,g-mole)(0.082\,L \cdot atm/K \cdot g-mole)(296K)}{\frac{742\,mmHg}{760\,mmHg} = 0.976\,atm} = 43.183\,L$$

포스겐 43.2 L. 이 가스의 TLV 0.1 ppm의 10%인 10 ppb으로 희석하는데 필요한 공기는 $43.2 \times 10^8$ L가 필요하게 된다.

**사례문제 31**

18℃에서 40 $m^3$/min의 공기가 건조기로 공급될 경우, 160℃로 가동되는 건조기에서 배출되는 공기 유량($m^3$/min)은?

풀이

18℃+273 = 291K, 160℃+273 = 433K

$$\frac{40\,m^3}{\text{min}} \times \frac{433K}{291K} = 59.5\,m^3/\text{min}$$

### 사례문제 32

$SO_2$ 1 g-mol은 ______℃, ______mmHg에서 ______L이고, ______개의 분자를 갖는다.

a. 25, 760, 22.4, $6 \times 10^{23}$
b. 0, 760, 24.45, $6 \times 10^{21}$
c. 25, 745, 24.45, $6 \times 10^{23}$
d. 0, 760, 22.4, $2.023 \times 10^{23}$
e. 25, 760, 24.45, $6 \times 10^{23}$

풀이

e

### 사례문제 33

액체 메틸클로로폼(methyl chloroform) 1 mL는 25℃, 720 mmHg에서 얼마의 부피(mL)로 증발되는가? 단, 메틸클로로폼의 밀도는 1.34 mg/L이고 분자량은 133이다.

풀이

$$PV = nRT,\quad \frac{1.34\,g}{133\,g/mole} = 0.010\,mole$$

$$V = \frac{nRT}{P} = \frac{(0.010\,mole)(0.0821\,atm \cdot L/mole \cdot K)(298K)}{\left(\frac{720\,mmHg}{760\,mmHg/atm}\right)} = 0.258\,L = 258\,mL$$

### 사례문제 34

"0℃에서 이상기체의 분자수/$cm^3$는 $2.6782 \times 10^{19}$"라는 것은 다음 중 어떤 수를 고려한 것인가?

a. Avogadro's number
b. Loschmidt's number
c. Fanning's friction factor
d. Boyle's number
e. Dalton's number

풀이

b

**사례문제 35**

NTP(25℃, 760 mmHg)로 보정된 어떤 기기가 16℃, 630 mmHg에서 57 ppm을 나타내었다. 이 때 모든 기록치에 적용되는 보정된 농도와 보정계수는?

풀이

NTP에서의 ppm = 기기에서 읽은 ppm × $\frac{P}{760\,mmHg} \times \frac{298\,K}{T}$

$$= 57\,ppm \times \frac{630\,mmHg}{760\,mmHg} \times \frac{298\,K}{289\,K} = 48.7\text{ ppm}$$

보정계수(correction factor) = $\frac{49\,ppm}{578\,ppm} = 0.86$

**사례문제 36**

어떤 압력 용기에 6℃에서 17기압으로 압축된 CO 가스가 포함되어 있다. CO 내부 온도가 149℃인 상태에서 탱크가 파열되면서, 사람들이 갑자기 터진 폭발 효과와 화학적 질식으로 사망하였다. 재난 복구를 해결하기 위해 탱크가 터져 나갈 때, CO의 내부 추측 압력을 결정하시오.

풀이

탱크의 체적이 일정하므로, $V_i = V_f$

$\therefore \frac{P_i V_i}{T_i} = \frac{P_f V_f}{T_f}$는 $\frac{P_i}{T_i} = \frac{P_f}{T_f} = \frac{17\,atmospheres}{(6+273)\,K} = \frac{P_f}{(149+273)\,K}$

$P_f = 25.7\,atm$

탱크는 내부압력 26기압 근처에서 파열되었다. 이와 같이 높은 압력에서 비이상 기체의 거동을 위한 주의사항은 반드시 필요하다.

**사례문제 37**

부분압 160 mmHg인 질소($N_2$), 212 mmHg인 메테인($CH_4$), 210 mmHg인 에테인($C_2H_6$), 195 mmHg인 프로페인($C_3H_8$)이 함유된 25℃의 혼합 기체가 있다. 이 혼합 기체의 전체 압력(mmHg)과 비연소 기체의 함유비(%)는?

풀이

$(160+212+110+210+195)\,mmHg = 887\,mmHg$

이 중 질소만이 비연소, 비불꽃 구성물질이다.

$\therefore \frac{100\,mmHg}{887\,mmHg} \times 100 = 18.04\%\,N_2$

질소 18%, 82%는 연소가스, 전체 압력은 887 mmHg이다.

### 사례문제 38

어떤 압력 용기에 10℃, 1기압의 에테인 가스 3,700 kg이 들어있다. 이 압력 용기의 온도, 압력 조건을 30℃, 14기압의 조건으로 변경할 경우, 압력 용기에 들어갈 수 있는 에테인 가스의 질량(kg)은?

**풀이**

탱크의 체적은 일정하므로, $\frac{P_i}{T_i} \propto \frac{P_f}{T_f}$

$$\frac{\frac{14\,atm.}{(273\,K+30℃)\,K}}{\frac{1\,atm.}{(273\,K+10℃)\,K}} = 13.074,\quad 13.074 \times 3,700\,kg = 48,374\,kg\ C_2H_6$$

### 사례문제 39

50℃ 건조 공기의 밀도(kg/m$^3$)는? 단, 21℃에서 공기의 밀도는 1.2 kg/m$^3$이다.

**풀이**

공기의 밀도는 절대온도에 비례한다. 즉, 공기의 밀도는 온도가 증가하면 감소된다.

$$1.2\,kg/m^3 \times \frac{273\,K+21℃}{273\,K+50℃} = 1.09\,kg/m^3$$

### 사례문제 40

사례 문제 39번의 조건에서, 고도 600 m에서 공기의 밀도(kg/m$^3$)는? 단, 600 m에서 대기압은 706 mmHg이다.

**풀이**

공기(또는 가스나 증기)의 밀도는 고도가 높아짐에 따라 감소한다.

$$1.2\,kg/m^3 \times \frac{273\,K+21℃}{273\,K+50℃} \times \frac{706\,mmHg}{760\,mmHg} = 1.01\,kg/m^3$$

따라서, 공기의 밀도는 가열되거나 압력이 떨어지면 이 두 가지 힘에 의해 감소된다. 즉, 공기는 더 큰 부피로 확장되지만 원래의 질량은 계속 유지된다.

### 사례문제 41

45 L짜리 어떤 압축 가스 실린더에 25℃, 게이지 압력 2,200 psig로 수소가 들어있을 경우, 이 실린더 안에 들어 있는 수소의 질량(kg)은?

풀이

$$P_i V_i = P_f V_f, \ \ V_f = \frac{P_i V_i}{P_f} = \frac{(2,200\,psig + 14.7\,psia)\,(45\,L)}{14.7\ psia} = 6,780\,L$$

$$6,780\,L \times \frac{mole}{24.45} \times \frac{2\,g\,H_2}{g-mole} \times \frac{kg}{1,000\,g} = 0.555\,kg$$

실린더에 들어 있는 $H_2$의 질량은 0.555 kg, 이는 약 1.1 pound이다.

### 사례문제 42

275℃, 12.33 atm에서 다이에틸설파이드($(C_2H_5)S$)가 1.5 mol이 차지하는 체적(L)은? 단, $(C_2H_5)S$의 임계 압력($P_c$) = 39.08 atm, 임계 온도($T_c$) = 283.8℃이고, 실제 기체의 비이상적인 거동에 대한 압축 보정계수 Z = 0.87이다.

풀이

주어진 온도와 압력에서 이 화학물질은 이상 기체와 같이 작용하지 않는다. 따라서 계산 시 보정이 요구된다.

$$P_r = \frac{12.33\,atm}{39.08\,atm} = 0.316, \ \ T_r = \frac{275℃ + 273\,K}{283.8℃ + 273\,K} = 0.983$$

이와 같은 조건에서 미국에서 발간한 'CRC Handbook of Chemistry and Physics'의 표로부터 압축 보정계수를 구할 수 있다. 그 값은 문제의 단서 조항에 나타내었다.

$$V = \frac{(0.87)\,(1.50\,mol)\,(0.082\,L-atm/mole-K)\,(548\,K)}{12.33\,atm} = 4.76\,L$$

### 사례문제 43

어떤 압축가스 실린더에 25℃, 215 psig에서 75 L의 일산화탄소(CO)가 들어 있다. 실내 대기압이 14.4 psi일 경우, 밸브를 열었을 때 실험실로 배출되어지는 CO의 질량(kg)은?

풀이

실린더 내 원래의 CO

$$n_1 = \frac{PV}{RT} = \frac{(215+14.4)\,psi\left(\frac{6,895\,Pa}{1\,psi}\,(75\,L)\right)}{\left(\frac{8,314\,L \cdot Pa}{K \cdot mole}\right)(298\,K)} = 48.0\,moles$$

0 psig에서 남아있는 CO

$$n_1 = \frac{PV}{RT} = \frac{(0+14.4)\,psi\left(\frac{6,895\,Pa}{1\,psi}\right)(75\,L)}{\left(\frac{8,314\,L \cdot Pa}{K \cdot mole}\right)(298\,K)} = 3.0\,moles$$

$$[(48.0-3.0)\,moles]\,(28\times10^{-3}\,kg/mole) = 1.3\,kg$$

**사례문제 44**

6.4 L의 강철 용기 안에 35℃에서 십플루오린화 이황($S_2F_{10}$, disulfur decafluoride = sulfur penta-fluoride) 가스 498 g이 가한 내부 압력(atm)은?

풀이

$$\frac{498\,g}{254\,g/mole} = 1.96\,moles \text{ , 온도 = 35℃}$$

$$P = \frac{nRT}{V} = \frac{(1.96\,moles)\,(0.0821\,L-atm/K-mole)\,(35℃+273\,K)}{6.4\,L} = 7.74\,atm$$

**사례문제 45**

어떤 산업위생 관리자와 안전기사가 강철 가스 용기의 폭발 온도를 측정하기 위해 공동 작업을 행하였다. 25℃, 3기압에서 이 용기에 가스의 정해진 양이 들어 있고, 20기압의 압력을 견딜 수 있을 경우, 이 용기가 폭발 직전까지 증가시킬 수 있는 최대 온도(K)는?

풀이

게이뤼삭의 법칙(Gay-Lussac's law)을 적용한다. 일정한 부피에서 가스의 질량에 미치는 압력은 직접적으로 절대온도에 따라 변화한다.

$$\frac{P_i}{T_i} = \frac{P_f}{T_f},\quad T_f = \frac{P_f T_i}{P_i} = \frac{(20\,atm)\,(298\,K)}{3\,atm} = 1,987\,K$$

강철의 녹는점은 약 1,380℃(1,653 K)이다. 그러나 최대 온도 비율을 감소시키거나 가스 용기의 폭발 강도를 증가시키기 위해 안전계수를 적용해야 한다.

**사례문제 46**

대기 중에 존재하는 오존 가스 분자는 태양으로부터 방출된 해로운 방사선을 많이 흡수한다. 성층권에 있는 오존의 온도와 압력 값은 250 K와 0.001 atm이다. 이러한 대기 조건하에 성층권 대기 1 L당 오존 분자는 몇 개인가?

풀이

$$PV = nRT$$

$$n = \frac{PV}{RT} = \frac{(0.001\ atm)\ (1.0\ L)}{(0.0821\ L-atm/mole-K)\ (250\ K)} = 0.0000487\ mole\ O_3$$

$$0.0000487\ mole\ O_3 \times \frac{6 \times 10^{23}\ \text{개 분자수}\ O_3}{mole} = 2.9 \times 10^{19}\ \text{개 분자수}\ O_3/L$$

**사례문제 47**

온도 16℃, 대기압 730 mmHg에서 부피비로 대기 중 12.0 ppm 증기로서 다이옥세인($C_4H_8O_2$, dioxane)의 부분압(atm)은?

풀이

$$P_{dioxane} = X_{dioxane} \times P_{total} = \frac{12}{10^6} \times 730\ mmHg \times \frac{1\ atm}{760\ mmHg} = 1.15 \times 10^{-5}\ atm$$

12.0 ppm 다이옥세인 증기의 부분압은 0.0000115 atm이다. 대기 온도는 계산에 넣지 않았다. 돌턴의 부분압 법칙(Dalton's law)을 참조한다.

**사례문제 48**

사례 문제 47번의 다이옥세인 증기 농도에서 평균적으로 성인이 한 번의 호흡 시 320 mL의 다이옥세인을 흡입하였을 경우, 흡입된 다이옥세인의 분자수는?

풀이

$$PV = nRT$$

$$n = \frac{PV}{RT} = \frac{(1.15 \times 10^{-5}\ atm)\ (0.32\ L)}{(0.0821\ L-atm/mole-K)\ (289\ K)} = 1.55 \times 10^{-7}\ mole\ Dioxane$$

$$1.55 \times 10^{-7}\ mole\ Dioxana \times \frac{6 \times 10^{23}\ \text{개 분자수}\ Dioxane}{mole} = 9.3 \times 10^{16}\ \text{개 분자수}\ Dioxane\ vapor$$

### 사례문제 49

150℃, 760 mmHg에서 건조 공기의 밀도는?

**풀이**

공기 밀도 = $\left[\frac{1.3\,kg}{m^3}\right]\left[\frac{273\,K}{273\,K+150℃}\right] = 0.84\,kg/m^3$

이 밀도는 NTP(25℃, 760 mmHg) 조건의 건조 공기 70%에 해당한다.

### 사례문제 50

어떤 가스 실린더에 25℃, 17.5 atm에서 플로오르화수소(HF, hydrogen fluoride) 1,260 g이 함유되어 있다. 그 실린더가 90℃로 가열되어 90℃로 유지되고 있고, 가스 압력이 1 atm으로 떨어질 때 까지 열려져 있을 경우, 배출되는 HF 가스량(g)은?

**풀이**

뿜어져 나오는 HF 가스 부피는 초기의 물리적인 조건으로부터 결정된다.

$$n = (1{,}260\,g)\left[\frac{1\,mole}{20\,g}\right] = 63\,moles\ \ HF$$

$$V = \frac{nRT}{P} = \frac{(63\,moles)\,(0.0821\,L-atm/mole-K)\,(273\,K+25\,℃)}{17.5\,atm} = 88\,L$$

나중 몰수는, $n = \frac{PV}{RT} = \frac{(1.00\,atm)\,(88\,L)}{(0.0821\,L-atm/mole-K)\,(363\,K)} = 2.95\,moles\ \ HF$

$$(2.95\,moles\ \ HF)\left[\frac{20\,g}{mole}\right] = 59.0\,g\ \ HF$$

(1,260 g $HF_{initial}$) - (59.0 g $HF_{final}$) = 1,201 g HF

실린더로부터 1,201 g HF 가스가 빠져 나온다.

### 사례문제 51

30℃, 평형상태에서 벤젠(35 mol%)와 톨루엔(65 mol%)가 함유된 용액의 증기상 구성비율(%)을 계산하시오. 같은 온도에서 이 방향족 탄화수소의 증기압은 119 mmHg와 37 mmHg이다.

**풀이**

벤젠에 의한 부분 총 증기압 = (0.35) (119 mmHg) = 41.7 mmHg

톨루엔의 의한 부분 총 증기압 = (0.65) (37 mmHg) = 24.1 mmHg

총 증기압 = 41.7 mmHg + 24.1 mmHg = 65.8 mmHg

증기 구성비율(%)은 부분압에 대한 달톤의 법칙(Dalton's law)을 적용하여 계산한다.

벤젠의 농도, $C_{벤젠} = \frac{VP_{벤젠}}{VP_{total}} = \frac{41.7\,mmHg}{65.8\,mmHg} = 0.634 = 63.4\%\ C_6H_6$

톨루엔의 농도, $C_{톨루엔} = \frac{VP_{톨루엔}}{VP_{total}} = \frac{24.1\,mmHg}{65.8\,mmHg} = 0.366 = 36.6\%\ C_6H_5CH_3$

포화상태에서 증기상(蒸氣相)의 비율은 벤젠 63.4%와 톨루엔 36.6%이다. 휘발성분 비율(높은 증기압을 지닌 벤젠인 경우)은 액체상 35%에서 증기상 63.4%까지 폭넓게 분포한다.

### 사례문제 52

파티 풍선을 불기 위해 상대적으로 공기보다 가벼운 헬륨 가스(0.0103 lb/ft$^3$, 이에 비해 공기는 0.075 lb/ft$^3$)를 사용한다. 우리 모두는 사람이 헬륨 가스를 흡입하면, 목소리가 후두 안의 성대를 지나가는 헬륨과 공기의 혼합 가스의 밀도가 낮기 때문에 "끼익(깩/찍)"하는 소리가 난다는 것을 알고 있다. 압축 가스통에서 배출된 헬륨 가스에 고의로 입을 갖다 대고 흡입하는 사람은 사망에 이를 수 있다. 가스에 의한 질식과 폐 안의 압력이 증가하여 죽음에 이른다. 상업용 풍선에서 나오는 헬륨을 직접 흡입하는 것이 파티용 풍선에서 나오는 헬륨을 흡입하는 것보다 더 큰 위험한 문제가 제기될 수 있다. 상업용 시스템에서 조제되어 흡입된 헬륨 가스의 압력이 어떻게 사람을 그렇게 즉시 사망에 이르게 할 수 있는지를 밝히시오.

#### 풀이

폐 주위의 압력과 폐 내의 압력 사이에 30 mmHg 압력 차이의 노출이 오래도록 지속되면 죽음을 초래할 수도 있다. 헬륨(또는 다른 어떤 흡입 가스) 압력이 80 mmHg에서 100 mmHg까지 증가할 때, 폐포가 파열되어 즉시 사망에 이른다. 급작스런 출혈이 질식 사망을 초래하게 된다.
상업용 헬륨 풍선 제작 시스템은 5 ft$^3$/min(2.36 L/s)로 가스를 풍선에 불어 넣는다. 사람 폐의 부피는 사람마다 다양한데 성인 남성의 폐 용량은 평균 5.6 L, 여성은 4.4 L 정도이다. 이번 문제에서 폐 부피가 3 L인 10살 어린이가 상업용 시스템에서 조제된 헬륨 가스를 직접 흡입하였다고 가정한다.

폐 파열 압력 = 80 ~ 100 mmHg = 1.55 ~ 1.93 lb/in$^2$ (psi)

안전을 고려하여 폐 파열 압력을 1.55 psi로 할 경우, 이번 질문은 다음과 같아진다.
1. 폐의 압력이 1.55 psi로 증가되기 위해 총 폐 부피에 가스 부피가 얼마나 더해져야 하는가?
2. 이런 일이 얼마나 빠르게 이루어질까?

보일의 법칙을 적용한다.

$$\frac{P_1}{P_2} = \frac{V_2}{V_1 + v}$$

여기서, $P_1$과 $P_2$ = 처음과 나중 가스 압력, $V_1$과 $V_2$ = 처음과 나중 가스 부피
$v$ = 1.55 psi까지 압력의 증가를 일으키기 위해 3 L의 폐 부피에 더해진 가스 부피
대기압이 14.7 psi일 경우, 위 식에 대입하면

$$\frac{14.7\,psi}{14.7\,psi + 1.55psi} = \frac{3.0\,L}{3.0\,L + v}$$, (3.0 L) (16.25 psi) = (14.7 psi) (3.0 L + $v$)

폐 부피에 더해지는 가스의 부피: $v$ = 0.316 L

파열 압력(1.55 psi)에서 가해진 폐 부피가 되는데 필요한 최소 시간은 가해진 폐 부피 0.316 L를 최대 헬륨 가스 유량(2.36 L/min)으로 나누어 줌으로써 계산된다.

$$\frac{0.316\,L}{\frac{2.36\,L}{s}} = 0.134\,s$$

이러한 폐 용량을 가진 사람에게 있어서 흡입되는 가스 부피는 단지 0.316 L이지만, 압력을 증가시키는 시간은 0.134초 이하로 매우 짧다. 그러나 인간의 폐는 부드럽고, 강성 구조가 아니기 때문에, 증가된 압력까지 도달하는데 요구되는 시간은 조금 더 걸릴지도 모른다. 그럼에도 불구하고, 휴대용 풍선 충전 가스에서 직접적으로 헬륨 가스를 흡입하는 것으로 나타낸 이 계산식은 아주 위험한 것이다. 그리고 이러한 휴대용 탱크의 초기 압력이 200 psi 정도이기 때문에, 이 압력은 가스 밸브를 열음과 동시에 직접 입을 갖다 대는 사람들에게 있어 치명적인 부상이 유발되기에 충분한 압력이 된다.

**사례문제 53**

가스 분석을 위해 일정 부분 진공된 3.2 L 유리 플라스크에 대기 시료를 포집하였다. 시료 채취 당시 대기압은 728 mmHg, 기온은 25℃, 상대습도는 45%이었다. 시료 채취 전에 진공을 행한 후, 유리 플라스크에 남아있었던 압력은 480 mmHg이었다면, 채취된 공기 부피(L)는? 단, 25℃에서 수증기의 증기압은 23.76 mmHg이다.

**풀이**

수증기로 인한 공기 시료의 부분압 = 0.45 × 23.76 mmHg = 10.7 mmHg

$$V = V_a \times \frac{P_{대기압} - P_{수증기\ 분압} - P_{진공후\ 플라스크\ 내의\ 압력}}{760\,mmHg} \times \frac{273\,K}{(273+25)\,K}$$

$$= 3.2\,L \times \frac{728 - (10.7 + 480)}{760} \times \frac{273}{298} = 0.915\,L$$

채취된 공기의 부피는 0.915 L이다. STP(0℃, 760 mmHg)에서 정확한 가스 시료채취량의 계산을 행하여 보시오.

**사례문제 54**

해수면에서 건조 공기의 총압은 760 mmHg이다. 건조 공기는 산소가 20.95%(분압 159.22 mmHg)이고, 79.05%(분압 600.78 mmHg)는 질소, 아르곤, 기타 불활성 가스, 이산화탄소로 이루어져 있다. 이 공기가 기온 77°F(25℃)에서 70%로 가습되었을 경우, 가스 구성물질의 분압 변화를 구하시오. 단, 25℃에서 수증기압은 23.76 mmHg이다.

**풀이**

0.7 × 23.76 mmHg = 16.63 mmHg (수증기로 인한 분압)

산소 분압: 20.95% × (760 − 16.63) mmHg = 155.73 mmHg

질소, 아르곤 등의 분압: 79.05% × (760 − 16.63) mmHg = 587.63 mmHg

**사례문제 55**

건구 온도 35℃, 상대습도 40%인 공기가 수분의 이동이 없는 상태에서 건구 온도 21℃로 차가워졌을 경우, 최종 상대습도(%)는?

**풀이**

이 문제의 풀이는 공기선도(psychrometric chart)나 다음에 주어진 계산방법으로부터 해결할 수 있다.

〈차가워진 공기의 질량으로 인해 그 체적은 '샤를의 법칙'에 따라 줄어든다. 기체 질량의 체적은 압력이 일정한 경우, 초기 체적으로 1,000 $ft^3$을 사용하여 절대온도에 비례한다.〉

$$\frac{V_i}{T_i} = \frac{V_f}{T_f} \text{에서 } V_f = \frac{V_i\,T_f}{T_f} = \frac{(1{,}000\,ft^3)\,(294\,K)}{308\,K} = 954.55\,ft^3$$

35℃에서 물의 수증기압은 42.18 mmHg, 21℃에서 물의 수증기압은 18.68 mmHg이다.

$$\text{식 A. 35℃에서 } H_2O \text{ 증기(ppm)} = 0.4 \times \frac{42.18\,mmHg}{760\,mmHg} \times 10^6 = 22{,}200\,ppm$$

(100% 상대습도는 55,500 ppm = 5.55% 수증기이다.)

760 mmHg, 21℃와 35℃에서 g몰 기체 체적은 24.13 L와 25.57 L이다.

$$\frac{mg\,H_2O}{m^3} = \frac{ppm \times \text{분자량}}{25.57} = \frac{22{,}200 \times 18}{25.57} = \frac{15{,}813\,mg}{m^3}$$

15,813 mg/$m^3$ = 35℃에서 447.776 mg/$ft^3$ = 21℃에서 1,000 $ft^3$ 중 수증기 447,776 mg: 447,776 mg/954.92 $ft^3$ = 469 mg/$ft^3$ = 16,563 mg/$m^3$

$$ppm = \frac{\dfrac{16{,}563\,mg}{m^3} \times 24.13}{18} = 22{,}204\,ppm$$

여기서 ppm은 두 온도 상태 사이에서 거의 일정하다. 위에서 식 A는 새로운 조건 하에서 상대습도를 풀이하기 위해 다음 식으로 나타낼 수 있다.

$$\%\,\text{상대습도} = \frac{(\text{상승된 건구 온도에서})\ ppm\,H_2O\,vapor}{\dfrac{(\text{낮아진 건구 온도에서})\ \text{증기압}(mmHg)}{760\,mmHg} \times 10^4} = \frac{22{,}200\,ppm}{\dfrac{18.68\,mmHg}{760\,mmHg} \times 10^4} = 90.3\%$$

21℃에서 상대습도 90.3%이다. 다른 말로해서 습기를 제거하면 서늘해진다. 작업을 하는 장소에 공기를 공급하기 전에 공기 중 습기를 제거하면 할수록 냉방 효과를 볼 수 있다. 공기 선도를 사용할 경우에는 두 온도 조건 사이에서 이슬점 온도가 바뀌지 않는다는 것에 주목한다.

### 사례문제 56

사례 문제 55번을 참고하여 이 문제를 풀이하시오. 70°F, 상대습도 90.3%인 공기 중 수증기가 60% 응축할 경우, 유량 20,000 $ft^3$/min으로 가동되는 단일 패스형 환기 시스템에서 시간당 응축되는 물의 양(gallons)은? 단, 70°F에서 수증기압은 18.68 mmHg이다.

풀이

0.903 × 18.68 mmHg = 16.87 mmHg,

$$ppm\ H_2O vapor = \frac{16.87\ mmHg}{760\ mmHg} \times 10^6 = 22,197\ ppm$$

$$\frac{mg\ H_2O}{m^3} = \frac{ppm \times 분자량}{24.13\ L/gram-mole} = \frac{22,197\ ppm \times 18}{24.13} = \frac{16,558\ mg\ H_2O}{m^3}$$

$$\frac{16,558\ mg\ H_2O}{m^3} = 468.9\ mg/ft^3$$

$$\frac{468.9\ mg}{ft^3} \times \frac{20,000\ ft^3}{\min} \times \frac{60\ \min}{hr} = \frac{5.63 \times 10^8\ mg\ H_2O}{m^3} = \frac{1,241\ lb\ H_2O}{hr}$$

수증기의 60%가 응축되므로 0.6 × 1,241 lb/hr = 744.6 lb/hr

따라서, $\frac{744.6\ lb/hr}{8.33\ lb/gallon} = \frac{89.4\ gallons}{hr}$

### 사례문제 57

어떤 화학실험을 하는 실습생이 부주의로 황산 70갈론이 들어있는 통에 아이오딘화포타슘(KI, potassium iodide) 890 g을 부었다. 환원제(KI)가 황화수소($H_2S$, hydrogen sulfide)를 산화시키기 위해 과잉 황산이 있었다. 황산으로 녹아 들어가는 $H_2S$는 무시해도 좋을 경우, 생성된 $H_2S$의 체적(L)과 대기 중으로 유출된 $H_2S$의 체적(L)은?

풀이

반응식: $8\,KI + 과잉\ 5\,H_2SO_4 \rightarrow 4\,K_2SO_4 + 4\,I_2 \uparrow + H_2S \uparrow + 4\,H_2O$

KI 8몰은 $H_2S$ 1몰을 생성한다.

$$(890\ g\ KI)\left[\frac{1\ mole\ KI}{166\ g\ KI}\right]\left[\frac{1\ mole\ H_2S}{8\ moles\ KI}\right]\left[\frac{24.45\ L}{mole\ H_2S}\right] = 16.39\ L\ H_2S$$

생성된 $H_2S$의 체적은 16.39 L이다. 썩은 달걀 냄새가 나는 $H_2S$ 가스를 1 ppm으로 희석하기 위해서는 16,390,000 L의 공기가 필요하다. 또한 이 반응에서 아이오딘 증기가 생성된다.

### 사례문제 58

순수한 헬륨 가스가 70°F, 29.9 in.$H_2O$에서 보정되어 있는 지시유량 1.7 L/min으로 로타미터(rotameter)를 통과하고 있다. 헬륨의 비중은 70°F, 29.9 in.$H_2O$에서 0.138이다(공기 = 1.00). 이 헬륨의 온도가 100°F, 압력이 33 in.$H_2O$일 경우, 헬륨 가스의 실제 유량(L/min)은?

**풀이**

보정계수: $k = \sqrt{\frac{460+100}{460+70} \times \frac{29.9}{33} \times \frac{1.00}{0.138}} = 2.63$

$\therefore$ 1.7 L/min × 2.63 = 4.47 L/min

보정된 유량보다 2.63배가 크게 나타난다.

### 사례문제 59

100℃가 넘는 물질이 액체가 담긴 용기 안에 채워져 있는 용융 금속물질 산업 현장에서 심상치 않은 폭발위험이 존재한다. 커다란 폭발로 인해 용융된 금속이 용기 안으로 또는 바닥에 쏟아지면서 사망자, 부상자, 상당한 재산 피해가 발생하였다. 고온의 용융 금속은 물의 부피를 증가시키고, 폭발의 규모를 배가시킨다. 용융된 철 1톤을 깊이가 3 in.인 물이 담긴 녹은 금속을 퍼내는 내부 직경 4 ft인 국자 형태의 그릇(pouring ladle)에 조심스럽게 옮길 때 발생하는 스팀의 양(L)을 계산하시오. 단, 이 때 대기압은 720 mmHg이다.

**풀이**

물의 부피 = $\pi r^2 h = \pi\,(2\,ft)^2 \times 0.25\,ft = 3.1416\,ft^3 = 88{,}960\,mL$

물의 밀도 = 1.00 mg/mL, PV = $nRT$

물의 몰수: $\frac{88{,}960\,g\,H_2O}{18.0\,g/mole} = 4{,}942\,mole, \quad T = 100℃ + 273\,K = 373\,K$

$$V = \frac{nRT}{P} = \frac{(4{,}942\,moles)\,(0.0821\,atm - L/mole - K)\,(373\,K)}{\frac{720\,mmHg}{760\,mmHg} = 0.947\,atm} = 159{,}810\,L$$

88.96 L의 물이 폭발하면 159,810 L의 스팀 구름으로 팽창한다. 이 이유는 용융된 금속, 유리, 플라스틱 등이 채워지기 전에 바짝 마른 용기의 내부에 갑자기 들어가기 때문에 발생하며, 이 때는 스팀의 플럼이외에도 용융금속이 국자 형태의 그릇으로부터 분출된다.

**사례문제 60**

어떤 유기용제가 2%(V/V) 벤젠과 98%(V/V) 톨루엔으로 이루어져 있다. 각 구성물질의 증기 농도는 몇 %인가? 단, 벤젠과 톨루엔의 증기압은 각각 75 mmHg와 22 mmHg이며, 밀도는 벤젠이 0.88 g/mL, 톨루엔이 0.867 g/mL이다. 또한 혼합 용매의 부피는 100 mL이고, 라울(Raoult)의 법칙을 사용하시오.

**풀이**

100 mL 중 벤젠의 양(g) = 2 mL × 0.88 g/mL = 1.76 g benzene/100 mL

100 mL 중 톨루엔의 양(g) = 98 mL × 0.867 g/mL = 85 g toluene/100 mL

벤젠($C_6H_6$)의 분자량 = 78, 톨루엔($C_6H_5CH_3$)의 분자량 = 92

$$\text{벤젠의 부분 증기압} = \frac{\frac{1.76\,g}{78\,g/mole} \times 75\,mmHg}{\frac{1.76\,g}{78\,g/mole} + \frac{85\,g}{92\,g/mole}} = 1.79\,mmHg$$

$$\text{톨루엔의 부분 증기압} = \frac{\frac{85\,g}{92\,g/mole} \times 22\,mmHg}{\frac{1.76\,g}{78\,g/mole} + \frac{85\,g}{92\,g/mole}} = 21.47\,mmHg$$

총 포화 증기압 = 1.79 mmHg + 21.47 mmHg = 23.26 mmHg

$$\therefore \text{벤젠의 증기 농도} = \frac{1.79\,mmHg}{23.26\,mmHg} \times 100 = 7.7\%$$

$$\text{톨루엔의 증기 농도} = \frac{21.47\,mmHg}{23.26\,mmHg} \times 100 = 92.3\%$$

※ 참조 : Raoult's Law: 여러 물질이 혼합된 용액에서 어느 물질의 증기압(분압) $P_i$는 혼합액에서 그 물질의 몰 분율($X_i$)에 순수한 상태에서 그 물질의 증기압($P^o$)을 곱한 것과 같다.

$$P_i = X_i \cdot P^o$$

## 3. 증기(Vapor)와 증기 시료채취 관련 문제

**사례문제 61**

울산공단에 있는 부피 380 $m^3$인 저장 탱크에 38 $m^3$의 톨루엔이 담겨져 있다. 20℃에서 탱크 내에 있는 톨루엔의 평형상태 포화 증기농도(equilibrium saturation vapor concentration) (ppm, %)는? 단, 20℃에서 톨루엔의 증기압은 22 mmHg이고, 울산 앞바다의 대기압은 760 mmHg이다.

풀이

포화 증기농도(ppm) = $\frac{22\,mmHg}{760\,mmHg} \times 10^6 = 28{,}947\,ppm = 2.89\%(V/V)$

**사례문제 62**

사례 문제 61번에서 톨루엔의 LEL 1.2%, UEL 7.1%일 경우 탱크의 대기 폭발 가능성이 있는가?

풀이

LEL 1.2%를 초과하였으므로 폭발 가능성이 있다. 이를 방지하기 위해 점화원을 없애고, 산소 농도(<6% $O_2$)를 줄이기 위해 불활성 가스를 사용한다. 또한 출입구 쪽 공기를 환기시키고, 먼지를 없애며, 철도 작업자의 안전교육, 사전 공기 점검, 안전 표시 등의 조치를 취하여야 한다.

**사례문제 63**

사례 문제 61번에서 톨루엔이 증기 형태로 바뀌는 양(kg)은?

풀이

주어진 온도 20℃에서 톨루엔의 체적(L/gram - mole)

$$22.4\,L/gram \cdot mole \times \frac{273\,K + 20℃}{273\,K} = 24.04\,L/gram \cdot mole$$

톨루엔($C_6H_5CH_3$)의 분자량 = 92

ppm을 $mg/m^3$으로 환산하면

$$mg/m^3 = \frac{ppm \times mol.\,wt.}{24.04} = \frac{28{,}947 \times 92}{24.04} = 110{,}779\,mg/m^3 = 110.8\,g/m^3$$

380 $m^3$ − 38 $m^3$ 톨루엔 액체 = 342 $m^3$

342 $m^3$ × 110.8 $g/m^3$ = 37,893.6 g = 37.894 kg 톨루엔 증기

### 사례문제 64

사례 문제 61번에서 공기량 60 $m^3$/min의 송풍기를 45분 동안 가동시켰을 때 톨루엔 증기의 농도(ppm)는? 이 때 톨루엔으로 오염된 공기가 신선한 공기나 질소 가스로 잘 혼합되었고 환기 과정을 통해 무시해도 좋을 만큼의 톨루엔 증기가 있다고 가정한다.

**풀이**

환기 시스템이 작동하여 t분의 시간이 지난 후 남아있는 오염물질의 농도(ppm)

$$C = C_o e^{-[\frac{Q}{V}]t} = (28{,}947\ \text{ppm}) \times e^{-[\frac{60\ m^3/\min}{380\ m^3}] \times 45\ \min} = 23.76\ ppm$$

### 사례문제 65

사례 문제 61번에서 톨루엔 용매 저장탱크를 640 mmHg의 대기압이 미치는 산으로 옮길 경우 포화증기 농도(ppm, %)는?

**풀이**

$$\text{포화 증기농도(ppm)} = \frac{22\ mmHg}{640\ mmHg} \times 10^6 = 34,375\ ppm = 3.44\%(V/V)$$

※ 참조 : 3.44%의 톨루엔 증기는 LEL을 초과하지만 UEL 이하이다. 여기서 LEL~UEL 범위는 대기압의 차이에 따라 변하며, 또한 온도와 산소 농도가 증가함에 따라 LEL은 낮아진다.

### 사례문제 66

63,740 $m^3$의 체적을 지닌 클로-알칼리(chlor-alkali) 플랜트에서 수은 증기가 0.1 mg/$m^3$의 농도로 발생하였다. 이 때 액체 수은 몇 mL가 휘발되었는가? 단, 액체 수은의 밀도 = 13.6 g/mL이다.

**풀이**

0.1 mg/$m^3$ × 63,740 $m^3$ = 6,374 mg = 6.374 g Mercury

$$\frac{6.374\ g\ Hg}{13.6\ g/mL} = 0.47\ mL$$

#### 사례문제 67

용량 20.3 L Pyrex® 시약병 안의 벤젠 증기 농도 50 ppm를 얻기 위해서는 벤젠 몇 $\mu$L를 주입하여 증발되어야 하는가? 단, 벤젠의 분자량은 78, 밀도는 0.879 g/mL이다.

**풀이**

$$\frac{50}{10^6} \times \frac{20.3\,L}{\frac{24.45\,L}{g-mole}} \times \frac{78}{\frac{0.879\,g}{mL}} = 0.00368\,mL$$

액체 상태의 벤젠 3.7 $\mu$L를 주입한다.

#### 사례문제 68

대기 온도 64℃에서 수은 증기의 포화농도(mg/m$^3$)는? 단, 이 온도에서 수은 증기압은 0.0328 mmHg이고, 수은의 원자량은 200.6이다.

**풀이**

$$\frac{0.0328\,mmHg}{760\,mmHg} \times 10^6 = 43.16\,ppm$$

$$22.4\,L \times \frac{273\,K + 64℃}{273\,K} = 27.64\,L, \quad \frac{mg}{m^3} = \frac{43.16\,ppm \times 200.6}{27.64\,L} = \frac{313\,mg}{m^3}$$

313 mg Murcury/m$^3$ (OSHA PEL = 0.05 mg/m$^3$)

#### 사례문제 69

25℃, 1기압(NTP)에서 공기 중 헵타클로르(Heptachlor, 염소를 함유한 살충제)의 포화 농도(mg/m$^3$)는? 단, 이 살충제의 증기압은 0.0003 mmHg, 분자량은 373.4이다. 또 계산된 포화농도는 OSHA PEL 0.5 mg/m$^3$(Skin)을 초과하는지를 판단하시오.

**풀이**

$$\frac{0.0003\,mmHg}{760\,mmHg} \times 10^6 = 0.395\,ppm$$

$$\frac{mg}{m^3} = \frac{ppm \times 분자량}{24.45} = \frac{0.395 \times 373.4}{24.45} = 6.03\ mg/m^3$$

헵타클로로의 증기 포화 농도는 OSHA PEL 0.5 mg/m$^3$(Skin)을 12배 정도 초과한다. 그러나 야외에서 이 살충제의 중요한 노출 경로는 증기로만 되는 것이 아니라, 미스트로 노출되고, 평가 방법도 다른 산업위생 문제에서는 미스트, 증기, 피부 노출의 평가도 포함되어야 한다.

### 사례문제 70

어떤 공업단지 외곽에 있는 26,500 L를 저장할 수 있는 저장탱크에 대기압이 640 mmHg인 상태에서 1,570 L의 클로로벤젠($C_6H_5Cl$)이 채워져 있다. 클로로벤젠의 증기압이 21℃에서 12 mmHg, 분자량이 112.5일 경우,

1) 이 증기의 포화농도(ppm, %, mg/m$^3$)는?
2) 클로로벤젠의 악취 한계치는 보고되었는가?
3) 클로로벤젠의 냄새는 어떤 냄새와 비슷한가?

**풀이**

1) $\frac{12\,mmHg}{640\,mmHg} \times 10^6 = 18,750\,ppm = 1.875\%$

$$\frac{mg}{m^3} = \frac{ppm \times 분자량}{24.45} = \frac{18,750 \times 112.5}{24.45} = \frac{86,273\,mg\ C_6H_5Cl\ vapor}{m^3}$$

2) 클로로벤젠 증기의 악취 한계치(검출한계치)는 1.3 ppm이다.
3) 클로로벤젠의 냄새는 아몬드 향과 비슷하다.

### 사례문제 71

3주 동안 비어있는 실내(폭 6 m × 길이 12 m × 높이 3 m)에 $n$-부틸아민($n$-butylamine, $C_4H_{11}N$) 7.6 L가 들어있는 밀봉된 208 L 통이 있다. 보호복과 전면 송기 호흡마스크를 착용한 어떤 공정 작업자가 그 통에 $n$-부틸아민을 채우는 작업을 마쳤다. 그 통을 채우는 동안 밀폐된 실내는 환기장치가 가동되지 않았고, 이 작업장의 위치는 대기압이 680 mmHg인 고도에 위치하고 있었다. $n$-부틸아민의 증기압과 분자량이 82 mmHg, 73이다. 또 거기에는 6 m 벽 안쪽에 44 m$^3$/min 유량의 배기 송풍기가 있고, 음압 시에 작동하는 보급공기 창(louver)이 반대 편 벽 안쪽에 위치하고 있었다. 단, 불완전한 환기에 대한 혼합계수(ventilation imperfect mixing factor), K = 3이다.

1) 통을 채우기 전에 통 속 $n$-부틸아민 증기의 포화 농도(ppm과 mg/m$^3$)는?
2) 통을 채우고 마개를 잘 닫은 후 실내에 존재하는 평균 $n$-부틸아민 증기 농도(ppm)는?
3) 가득 찬 통을 밀봉한 후, 실내에서 $n$-부틸아민을 배기 송풍기를 작동하여 1 ppm 이하로 희석하는데 걸리는 시간(min)은?

**풀이**

1) $\frac{82\,mmHg}{680\,mmHg} \times 10^6 = 120,588\,ppm \cong 12\%$

$$\frac{mg}{m^3} = \frac{ppm \times 분자량}{24.45} = \frac{120,588 \times 73}{24.45} = \frac{361,024\,mg}{m^3}$$

※ 참조 : $n$-부틸아민: LEL = 1.7%, UEL = 9.8%, FP(flash point, 인화점) = -12℃, IDLH(Immediately dangerous to life and health limits) = 2,000 ppm
ACGIH TLV, OSHA PEL, NIOSH REL = C 5 ppm(C 15 mg/m$^3$) SKIN

* IDLH: 생명과 건강에 대한 즉각적인 위험 기준으로 가장 빈번히 사용되는 최고노출한계로서 일반 성인 남자의 삶과 건강에 즉각적으로 위험을 주는 대기 상태의 농도를 말한다. IDLH 농도는 원래 호흡기기(respirator)의 사용을 결정할 목적으로 개발되었다. 이 값을 정의할 때 2가지 요소가 고려되어야 한다. 첫 번째는 근로자는 위험한 환경에서 탈출할 수 있어야 하며, 둘 째 영구적인 건강 위험이나 심각한 눈 또는 호흡기의 자극 또는 대피에 영향을 줄 수 있는 기타의 상황들에 처해서는 안 된다.

2) 실내로 이동된 포화 공기의 부피:

208 L - 7.6 L = 200.4 L

$$200.4\,L \times \frac{361\,mg}{L} = 72,344\,mg\ n-butylamine\ \ vapor$$

폭 6 m × 길이 12 m × 높이 3 m = 216 m$^3$, $\frac{72,344\,mg}{216\,m^3} = 334.9\,mg/m^3$

$$ppm = \frac{\frac{\mu g}{L} \times 24.45}{\text{분자량}} = \frac{\frac{334.9\,\mu g}{L} \times 24.45}{73}\ 112.2\,ppm$$

3) 216 m$^3$ × 2.3 실내 체적 = 496.8 m$^3$ (112.2 ppm의 10%가 된다. = 11.2 ppm)

216 m$^3$ × 4.6 실내 체적 = 993.6 m$^3$ (112.2 ppm의 1%가 된다. = 1.12 ppm)

$$\frac{993.6\,m^3}{44\,m^3/\text{min}} = 23\,\text{min}\ (\text{대략적인 값})$$

23 min × K(= 3) = 69 min, 따라서, 배기 송풍기를 최소한 72분 동안 가동한다.

※ 다른 풀이

$$t = \frac{-\ln\left[\frac{C}{C_o}\right]}{\frac{Q}{V}} = \frac{-\ln\left[\frac{1.12\,ppm}{112.2\,ppm}\right]}{\frac{44\,m^3/\text{min}}{216\,m^3}} = 23\,\text{min},\ \ 23\ \text{min} \times \text{K}(=3) = 69\ \text{min}$$

가득 찬 통을 밀봉한 후, 실내에서 $n$-부틸아민을 배기 송풍기를 작동하여 1 ppm 이하로 희석하는데 걸리는 시간(min)은 69분 이상이 걸린다.

### 사례문제 72

두께가 얇게 칠해지는 에나멜 4/5부피에 시너(thinner) 1/5 부피를 섞은 150 L/day의 양을 페인트 오븐 건조 장치에 넣고 가동할 경우, 발생하는 유기 용매 증기의 질량(kg)을 구하시오. 단, 에나멜의 질량은 휘발성이 51%로 1.1 kg/L이고, 시너의 질량은 0.84 kg/L이다. 또한 증기상(vapor phase)에 존재하는 모든 휘발성 액체와 입자상 형태는 없다고 가정한다.

**풀이**

두께가 얇게 칠해지는 에나멜 중 휘발성 증기의 양:

$$150\,L/day \times \frac{4}{5} \times (1-0.49) \times 1.1\,kg/L = 67.32\,kg/day$$

시너 중 휘발성 증기의 양:

$$150\ L/day \times \frac{1}{5} \times \times 0.84\ kg/L = 25.2\ kg/day$$

∴ 67.32 kg/day + 25.2 kg/day = 92.52 kg/day

하루 동안 유기 용매 증기 92.52 kg이 대기 중으로 배출된다.

### 사례문제 73

페인트 박리제로 사용하는 유기용제가 부피비로 염화메틸렌(methylene chloride) 30%와 메틸 알코올 70%로 만들어 졌다. 이 유기용제에 대한 실온에서 각각의 증기 구성성분에 따른 부피%는? 단, 염화메틸렌($CH_2Cl_2$)과 메틸알코올(MeOH)의 증기압은 각각 350 mmHg와 92 mmHg, 밀도는 1.33 g/mL, 0.79 g/mL, 분자량은 85, 32이다.

풀이

라울의 법칙(Raoult's law)을 이용하여, 혼합 유기용제를 100 mL 사용했을 경우를 생각하여 계산한다.

30 mL × 1.33 g/mL = 39.9 g $CH_2Cl_2$

70 mL × 0.79 g/mL = 55.3 g MeOH

$$CH_2Cl_2\text{의 분압} = \frac{\frac{39.9\ g}{85\ g/mole} \times 350\ mmHg}{\frac{39.9\ g}{85\ g/mole} + \frac{55.3\ g}{32\ g/mole}} = 75\ mmHg$$

$$\text{MeOH의 분압} = \frac{\frac{55.3\ g}{32\ g/mole} \times 92\ mmHg}{\frac{39.9\ g}{85\ g/mole} + \frac{55.3\ g}{32\ g/mole}} = 72.3\ mmHg$$

두 유기용제의 총 증기압: 75 mmHg + 72.3 mmHg = 147.3 mmHg

$$CH_2Cl_2\ \text{증기} : \frac{75\ mmHg}{147.3\ mmHg} \times 100 = 50.9\%$$

$$\text{MeOH 증기} : \frac{72.3\ mmHg}{147.3\ mmHg} \times 100 = 49.1\%$$

### 사례문제 74

내용적이 765 L인 가스 보정챔버 안에 1,000 ppm의 농도를 나타내기 위해 필요한 프로페인 가스의 부피(mL)는?

풀이

$$ppm = \frac{\text{가스의 부피}}{\text{공기의 부피}} \times 10^6, \quad \text{가스의 부피} = \frac{1{,}000 \times 765\ L}{10^6} = 0.765\ L = 765\ mL$$

### 사례문제 75

2015년 12월말 우리나라의 자동차 대수는 21,000,000대 중 휘발유 자동차는 9,600,000대이고, 매일 가솔린 평균 소비량이 3.8 L 정도이고, 자동차 연료 탱크가 가득 채워진 상태에서 연료 탱크에서 펌핑된 가솔린이 모두 포화 가솔린 증기로 대체되어지며, 가솔린 증기 복원 시스템이 없다고 가정한다. 가솔린의 평균 분자량이 대략 72이고, 평균 증기압이 130 mmHg일 경우, 자동차 연료 탱크에 채워진 가솔린 증기는 매년 몇 톤이 증발되어 대기 중으로 날아가는가? 단, 높은 인구밀도 지역의 평균 대기압은 740 mmHg이고, 그 지역의 평균온도는 15℃라고 가정한다.

풀이

포화 가솔린 증기의 농도 = $\dfrac{130\,mmHg}{740\,mmHg} \times 10^6 = 175{,}676\,ppm$

$$\frac{mg}{m^3} = \frac{ppm \times 분자량}{22.4\,L/g-mole \times \dfrac{273\,K + 15℃}{273\,K}} = \frac{175{,}676 \times 72}{23.63} = \frac{535{,}280\,mg}{m^3} = \frac{535.28\,g}{m^3}$$

$$\frac{535.28\,g}{m^3} \times \frac{m^3}{10^3\,L} = 0.54\,g/L$$

$$\frac{0.54\,g}{L} \times \frac{3.8\,L/d}{대} \times \frac{톤}{10^6\,g} \times \frac{365\,d}{year} \times 9{,}600{,}000\ 대 = \frac{7{,}190.2톤}{year}$$

대략 매년 7,190톤의 가솔린 증기가 대기 중으로 날아간다. 이러한 대충의 추정치는 트럭, 비행기, 기관차 등에서 배출되는 증기화된 탄화수소 손실분은 고려하지 않은 값이다. 이 값은 단순한 계산에 고려되어지는 탱크의 부주의로 인한 누출, 정제과정, 저장 탱크과 트럭의 주입 등에서 나오는 탄화수소의 배출량과는 같지 않다.

### 사례문제 76

가스와 증기 확산 용기의 고급 제조업체인 미국 캘리포니아주 산타클라라에는 VICI Metronics, 주식회사는 30℃에서 공기량 1,000 $cm^3$/min 안에 10 ppm 톨루엔(toluene, $C_6H_5CH_3$) 증기를 생산하기 위해 다음과 같은 예시를 제공하여 유기화합물질의 확산율을 추정하고 있다.

풀이

a. 요구된 증기 생성율을 계산한다.

$$r = \frac{FC}{K},\ 여기서\ K = \frac{24.47\,L/g-mole}{92(톨루엔\ 분자량)} = 0.266$$

$$r = \frac{(1{,}000\,cm^3/\text{min})\,(10\,ppm)}{0.266} = \frac{37{,}594\,ng}{\text{min}}$$

b. 확산율을 계산한다.

제공된 자료: 톨루엔의 분자량 = 92 g/mol

확산 용기의 길이(L) = 7.62 cm

T = 30℃ + 273 K = 303 K

$\rho$ = 36.7 mmHg (30℃에서 톨루엔의 증기압)

$D_o$ = 0.0849 $cm^2/s$ (25℃에서 확산계수)

P = 750 mmHg (대기압)

A = 0.1963 $cm^2$ (직경 5 mm인 확산 용기의 단면적)

$$r = (1.9\times10^4)\ (303\,K)\ (0.0849)\ (92)\left[\frac{0.1963}{7.62}\right]\times\log\left[\frac{750}{750-36.7}\right] = \frac{25,276\,ng}{\min}$$

c. 모세관의 길이는 높은 확산율을 얻기 위해 짧아질 수 있다.

$$L_2 = L_1\times\frac{r_1}{r_2} = 7.62\,cm\times\frac{25,276\,ng/\min}{37,594\,ng/\min} = 5.1\,cm$$

d. 주어진 유기 화합물질의 확산율을 추정하기 위해 다음 식을 사용한다.

$$r = 1.90\times10^4\times T\times D_o\times M\times\left[\frac{A}{L}\right]\times\log\left[\frac{P}{P-\rho}\right]$$

모세관 확산튜브는 활성화된 가스와 증기 보정 시스템에 대한 지속적인 발생원을 제공할 수 있다. 그것은 ppb에서 높은 농도의 ppm까지 생성할 수 있으며, 그 발생율은 간단한 중력 측정 절차에 따라 쉽게 보정되고 바뀐다. 그 원리는 가스와 증기가 일정한 온도와 압력에서 고정된 모세관을 통하여 일정한 비율로 확산되는 사실에 기초를 두고 있다. 증기압은 일정하게 유지되고, 모세관을 통한 확산으로 일정한 추진력으로 제공된다. 그 다음 안지름과 확산통로 길이는 구체적인 유기 물질에 대한 비율로 결정된다. 대기압과 온도와 운반 가스 구성물질의 변화는 확산율에 영향을 받는다. 그 실제 비율은 간단하게 사용 기간 동안 확산튜브의 전, 후 무게차로 입증되어진다.

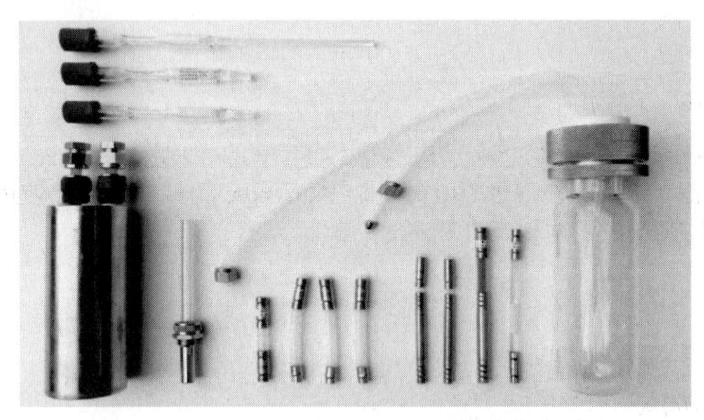

〈그림. 5〉 Capillary diffusion tube

### 사례문제 77

초기 가스 압력이 3 atm일 때, 어떤 스테인레스 강 탱크에서 폼알데하이드(HCHO) 가스가 0.3 mL/hr의 유량으로 누출되고 있다. 탱크에 염화비닐(VC, vinyl chloride) 가스가 포함되어 있을 경우, VC의 누설 유량(mL/hr)은?

**풀이**

$$\frac{HCHO\ \text{누출유량}}{VC\ \text{누출유량}} = \sqrt{\frac{VC\ \text{분자량}}{HCHO\ \text{분자량}}} = \sqrt{\frac{62.5\,g/mole}{30\,g/mole}} = 1.443$$

$$VC\ \text{누출유량} = \frac{HCHO\ \text{누출유량}}{1.443} = \frac{0.30\,mL/hr}{1.443} = \frac{0.208\,mL}{hr}$$

### 사례문제 78

점오염원에서 배출되는 휘발성 유기 탄소(VOC, volatile organic carbon)는 발생원별, 탄화수소량, 기타 증기 배출 계수에 따라 좌우되는 여러 가지 방법으로 측정할 수 있다. 휘발성 탄화수소 저장 탱크에서 매년 증기 손실량(breathing loss)을 추정하는데 사용할 수 있는 공식을 밝히시오.

**풀이**

이에 따른 양호한 계산과정은 미국 환경청(EPA, Environmental Protection Agency) 발행문서 자료 AP-42에 나타나 있다.

$$L_B = 2.26 \times 10^{-2} M_V \left[\frac{P}{P_A - P}\right]^{0.68} D^{1.73} H^{0.51} \Delta T^{0.5} F_p C K_c$$

※ 공식의 출처

Roger L. Wabeke, Air contaminants and Industrial hygiene ventilation, 1998

여기서,

$L_B$ = 유기성 증기 손실량(lb/yr), $M_V$ = 증기 분자량(lb/lb-mol)

$P$ = 증기압(psia), $P_A$ = 평균 대기압(psia)

$D$ = 탱크 직경(ft), $H$ = 증기 공간 평균 높이(ft)

$T$ = 하루 중 평균 대기 온도(°F), $C$ = 작은 탱크의 조정 계수(무차원)

$F_p$ = 탱크의 페인트 계수(예를 들어, 빛나는 알루미늄 대 검은 평면, 무차원)

$K_c$ = 생성 계수(무차원)

EPA 발행문서 자료는 탄화수소와 여러 가지 배출인자와 계수에 대한 자료를 제공한다. EPA-405/4-88-004, EPA-450/2-90-001$a$는 또 다른 유용한 발행문서 자료이다.

탱크의 작업 손실량은 탱크를 비우고 채우는 동안 방출된 휘발성 증기량이다. 회수 시스템에 증기가 없을 경우, 다음 식으로 계산된다.

$L_W = 2.40 \times 10^{-5} M_V P V N K_N K_C$

여기서,

$L_W$ = 작업 손실량(lb/yr), $V$ = 탱크 용량(gallons)

$N$ = 1년 동안 탱크 내에서 내용물이 턴오버(turnovers)되는 수(무차원)

$K_N$ = AP-42에서 제공하는 턴오버 계수

**사례문제 79**

13,500갈론의 부피를 갖은 액체 소각로 급수탱크가 PCB로 오염된 에틸 아세테이트($C_4H_8O_2$, ethyl acetate) 용액(100 ppm PCBs)을 매일 채웠다 비웠다 한다. 그 탱크 안의 공기는 대기로 빠져나가지만 증기 회수 시스템이 없다면, 소각로나 탱크에서 밖으로 배출되는 탄화수소는 얼마나 되는가? 단, 에틸 아세테이트 증기압은 NTP에서 73 mmHg이고, 에틸 아세테이트에 비해 PCBs의 증기압은 무시한다. 이 소각로의 설계 연소 효율은 99.99%이고, 에틸 아세테이트의 비중은 0.90 g/mL, 분자량은 88.1 g/g-mol이다.

**풀이**

NTP에서 탱크 내 에틸 아세테이트의 분압 = $\dfrac{73\,mmHg}{760\,mmHg} = 0.096\,atm$

탱크 내 증기 농도 = $\dfrac{PM}{RT} = \dfrac{(0.096\,atm)\,(88.1\,lb/lb-mole)}{\left(\dfrac{0.7302\,atm-ft^3}{lb-mole}\right)\times(460\,^{\circ}R+75\,^{\circ}\mathrm{F})} = 0.0217\,lb/ft^3$

탱크의 열린 배출구로 매일 빠져 나가는 에틸 아세테이트 배출량:

$$\frac{13,500\,gallons}{day}\times\frac{0.134\,ft^3}{gallon}\times\frac{0.0217\,lb}{ft^3}=\frac{39.3\,lb}{day}$$

매일 탱크에서 배출되는 에틸 아세테이트 배출량:

$$\frac{13,500\,gallons}{day}\times 0.90\times\frac{8.34\,lb}{gallon}\times(1-0.9999)=\frac{10.1\,lb}{day}$$

탱크의 열린 배출구로 빠져나가는 에텔 아세테이트 배출량은 소각로 굴뚝에서 배출되는 에틸아세테이트 증기량의 거의 4배이다. 탱크의 기술적인 제어 방법에는 폭발 위험성을 줄이기 위해 불활성 가스(질소) 덮개를 하는 것이다. 탱크에 에틸 아세테이트를 채울 때 에틸아세테이트 증기는 재생 카본 흡착기를 통과한다. 이 증기를 소각로 안으로 빠져나가지 않도록 한다. 이 시스템에서 매일 배출되는 VOC 배출량을 더하면 39.1 lb + 10.1 lb = 4 9.4 lb가 된다.

※ 참조 : 만약에 소각로의 효율이 999.99%에서 99.95%로 떨어질 경우, 환경 중 VOC의 소각로에 의한 기여율은 $\dfrac{13,500\,gallons}{day}\times 0.90\times\dfrac{8.34\,lb}{gallon}\times(1-0.9995)=\dfrac{50.7\,lb}{day}$ 이 되어 50.7 lb/day − 39.3 lb/day = 11.4 lb/day 만큼 탱크로부터 더 빠져 나가게 된다.

### 사례문제 80

자동차 제작사는 복층 미감 도장 스프레이에 차 한 대당 평균적으로 고 고형물 페인트(고형물 43%) 1.1갈론을 사용하며, 이 때 사용하는 페인트 유기용매는 주로 케톤, 알코올, 나프타 등의 방향족 탄화수소 혼합물질이다. 차체는 건조를 위해 350°F 오븐에서 13분 동안 굽는다. 이러한 자동차 조립공장에서 시간당 42대의 자동차가 생산될 경우, 어떤 대기환경기사가 유기용매 증발율이 차량 1대당 몇 파인트(pints)이고 전체 유기용매 증기 배출량(pints)이 얼마인지를 알기를 원할 때, 그를 도울 수 있는가?

풀이

기본적으로 페인트량의 57%가 베이킹 오븐에서 증발되고, 적은 양이 연결통로와 오븐으로 연결된 스프레이 부스에서 증발된다. 그렇지만 이 모두가 휘발성 유기탄소(VOCs, volatile organic carbon)로서 대기 중으로 배출된다.

(0.57) (1.1 gallons/vehicle) (8 pints/gallon) = 5 pints/vehicle

5 pints/vehicle × 42 vehicles/hr = 210 pints/hr = 3.5 pints/min

차량 1대당 5 pints의 유기용매가 배출되고 전체적으로는 210 pints/hr가 배출된다. 베이킹 오븐 안에서 배출되는 유기용매는 기술적인 제어로 제거가 가능하지만, 오븐 밖으로 빠져 나가는 유기 증기는 제어하기가 더욱 힘들어진다.

### 사례문제 81

무게비로 75% 메틸알콜($CH_3OH$)이 함유된 수용액의 인화점(flash point, ℃)을 계산하시오. 단, 100% 메틸알콜의 인화점은 12℃이다. 이 온도에서 메탄올 증기압은 62 mmHg이다.

풀이

먼저 이 용액을 100 kg이라고 하면, 각각 용액의 구성 물질에 대한 몰분율은 라울의 법칙(Raoult's law)을 적용하여 얻을 수 있다. 몰수 = $\frac{질량}{분자량}$ 을 기억한다.

| | kg | 분자량 | 몰수 | 몰분율 |
|---|---|---|---|---|
| 메탄올 | 75 | 32 | 2.34 | 0.63 |
| 물 | 25 | 18 | 1.39 | 0.37 |
| | | | 3.73 | 1.00 |

라울의 법칙은 인화하는데 요구되는 분압에 기초한 순수한 메탄올의 증기압($P_{sat}$)을 계산하는데 사용된다. 여기서, $x$ = 몰분율, $p$ = 그 용액의 인화점에서 100% 연소 가능한 구성 물질의 증기압이다.

$$p = x\,P_{sat},\quad P_{sat} = \frac{p}{x} = \frac{62\,mmHg}{0.63} = 98.4\,mmHg$$

온도에 대한 메탄올의 증기압 그래프를 사용하여 이 수용액의 인화점은 대략적으로 19.7℃로 나타났다. 연소성 유기용제에 물이 더해지면 당연히 인화점은 상승한다. 60번 문제를 참조하면 라울의 법칙으로부터 적용값과 편차값을 파악할 수 있다.

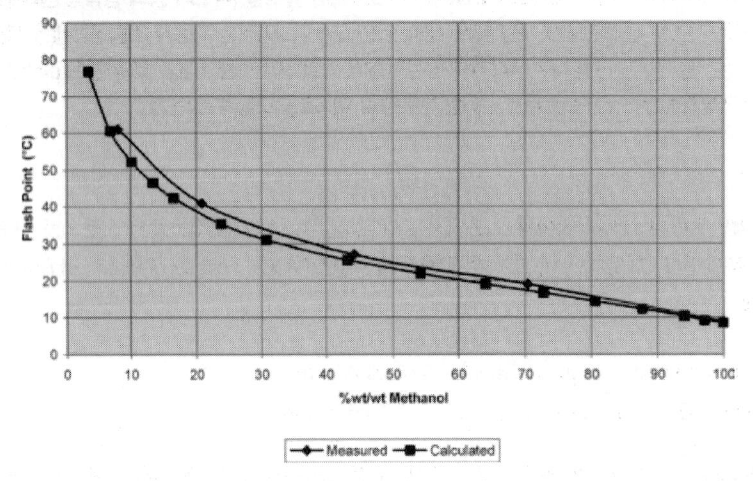


〈그림. 6〉 메탄올 무게% 함유에 따른 인화점의 변화

### 사례문제 82

증기압($P_v$)은 측정하려는 물질의 시료를 초과하여 불활성 기체를 흘려보내고, 가스상 혼합물질의 구성성분을 파악함으로써 측정할 수 있다. 질소와 수은 증기가 혼합된 50.40 g의 시료에 0.702 mg의 수은이 들어 있을 경우, 23℃, 745 mmHg에서 수은의 증기압을 계산하시오. 단, 질소 가스의 분자량 = 28, 수은 = 200.59이다.

**풀이**

증기압을 구하는 기본식은 다음과 같다. $\frac{P_v}{P_t} = \frac{n}{n+n_{inert}}$

혼합물질 각 가스의 몰수는

$$n(Hg) = \frac{7.02\times10^{-4}\,g}{200.59\,g/mole} = 3.50\times10^{-6}\,mole$$

$$n(N_2) = \frac{[50.40-(7.02\times10^{-4})]\,g}{28\,g/mole} = 1.8\,mole$$

$$P_v = (745\,mmHg)\times\frac{3.5\times10^{-6}}{(3.5\times10^{-6})+1.8} = 1.45\times10^{-3}\,mmHg = 0.00145\text{ mmHg}$$

**사례문제 83**

휘발성이 매우 높은 다이에틸 에터($(C_2H_5)_2O$)의 증기압이 18℃에서 401 mmHg일 경우, 32℃에서의 증기압(mmHg)은?

**풀이**

화학물질의 기화 몰비열($\Delta H_{vap}$)은 액체상 화학물질 1 몰이 기화하는데 필요한 에너지(kJ)로 정의한다. 다이에틸 에터(에터)의 $\Delta H_{vap}$ = 26.0 kJ/mol = 26,000 J/mol이다. 용액의 전위(轉位)식은 Clausius-Clapeyron 방정식을 이용한다.

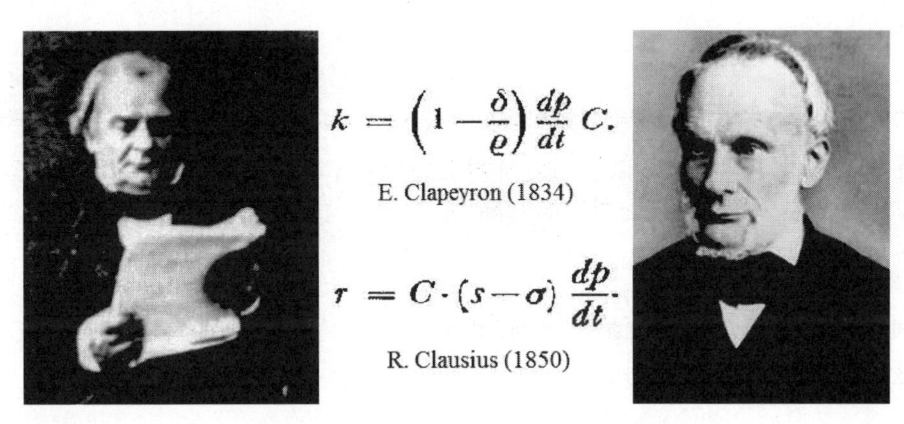


〈그림. 7〉 Clausius-Clapeyron과 그의 방정식

$\ln P = -\frac{\Delta H_{vap}}{RT} + C$, 여기서, $C$ = 상수. $\ln \frac{P_1}{P_2} = \frac{\Delta H_{vap}}{R} \times \frac{T_1 - T_2}{T_1 \times T_2}$

$P_1 = 401\,mmHg,\ P_2 = ?,\ T_1 = 18℃ = 291\,K,\ T_2 = 32℃ = 305\,K$

$$\ln \frac{401\,mmHg}{P_2} = \frac{26{,}000\,Joules/mole}{8.314\,Joule/K-mole} \times \left[\frac{291\,K - 305\,K}{(291\,K)\,(305\,K)}\right]$$

양변에 역대수(anti-log)를 취하면, $\frac{401\,mmHg}{P_2} = 0.6106$, $\therefore\ P_2 = 657\,mmHg$

**사례문제 84**

톨루엔 2,4-다이아이소시아네이트(TDI, toluene 2,4-diisocyanate)의 증기압은 25℃에서 0.01 mmHg이고, 메틸렌 비스 페닐 다이아이소시아네이트(MDI, methylene bis-phenyl diisocyanate)의 증기압은 40℃에서 0.001 mmHg이다. 이 두 다이아이소시아네이트의 상대 휘발도를 비교하시오.

**풀이**

화학물질의 증기압은 10℃ 증가할 때마다 대략 2배가 되기 때문에, 온도가 10℃씩 감소함에 따라 약 2배로 감소한다. 그러므로 액체 MDI의 온도가 40℃에서 30℃로 10℃ 감소하면, MDI의 증기압은 0.001 mmHg

에서 약 0.0005 mmHg로 떨어진다. 또 다시 MDI의 온도가 10℃ 낮아져 20℃가 되면, 그 액체의 증기압은 거의 0.00025 mmHg로 떨어진다. 그래서, 대략적인 내삽법(內挿法)으로 계산할 경우, 25℃에서 MDI의 증기압은 거의 0.00038 mmHg가 된다. 달리 말해서 TDI는 MDI보다 약 $\frac{0.01\,mmHg}{0.00038\,mmHg}=26.3$배 더 휘발된다. 이것은 다른 요인들이 증기압에 비해 화학물질의 증발률을 결정짓기 때문에, 상대 휘발도를 지나치게 단순화시킨 것이다. 비록 고체상에서 증기압에 영향을 미칠 수 있다고 할지라도 MDI가 37℃ 이하에서는 고체인 점을 주목한다. 액체 TDI로 덮는 표면적보다 MDI가 덮는 표면적이 26.3배 클 경우, 두 다이아이소시아네이트의 전체 배출량(유량, flux)이 거의 동일하다고 말할 수 있다.

### 사례문제 85

톨루엔(toluene, $C_6H_5CH_3$)과 에틸아세테이트(ethyl acetate, $C_4H_8O_2$)에 대한 $\frac{vapor}{hazard}$ 비율 계수(무차원 수)를 계산하시오. 단, 톨루엔의 증기압과 허용농도(TLV)는 21 mmHg와 50 ppm, 에틸아세테이트의 증기압과 허용농도(TLV)는 73 mmHg와 400 ppm이다.

**풀이**

먼저, 각 유기 증기에 대한 평형 포화 농도를 계산한다.

톨루엔: $\frac{21\,mmHg}{760\,mmHg}\times10^6 = 27{,}632\,ppm$

에틸아세테이트: $\frac{73\,mmHg}{760\,mmHg}\times10^6 = 96{,}053\ ppm$

두 번 째로, 각 유기 증기에 대한 평형 포화 농도를 해당 TLV로 나눈다.

톨루엔: $\frac{27{,}632\,ppm}{50\,ppm}=553$(무차원 수)

에틸아세테이트: $\frac{96{,}053\,ppm}{400\,ppm}=240$(무차원 수)

에틸아세테이트에 대한 $\frac{vapor}{hazard}$ 비가 비록 톨루엔 보다 더 휘발성이 높아, 더 빠르게 높은 농도가 될지라도 $\frac{533}{240}=2.3$배 낮다. 이는 에틸아세테이트가 낮은 흡입 독성을 나타내기 때문에 화재 문제가 효율적으로 관리될 경우, 유기용제를 선택하는데 있어 더 낫다는 것을 의미한다. 즉, 톨루엔은 에틸아세테이트와는 달리, 피부에 흡수가 잘 되며, 인체에 더 위험한 독성물질이라는 것이다. 유기용제를 선택할 때 $\frac{vapor}{hazard}$ 비는 고려해야 할 타당성 있는 인자이지만, 다른 산업위생 관리와 화학물질 안전 인자, 즉 인화점, 점화 온도, 인체에 대한 국소적 독성 영향, 발암성, 최기성(催奇性, 기형을 발생시키는 성질), 유기용제 혼합비, 노출의 연속성과 정도 등을 명백히 고려하여야 한다. 위해성 관리 시 이러한 접근 방법은 유기용제를 선택함에 있어 TLVs와 PELs 등을 단독으로 사용하지 말 것을 나타낸다.

### 사례문제 86

증기압($P_v$)은 측정하려는 물질의 시료를 초과하여 불활성 기체를 흘려보내고, 가스상 혼합물질의 구성성분을 파악함으로써 측정할 수 있다. 질소와 수은 증기가 혼합된 50.40 g의 시료에 0.702 mg의 수은이 들어 있을 경우, 23℃, 745 mmHg에서 수은의 증기압을 계산하시오. 단, 질소 가스의 분자량 = 28, 수은 = 200.59이다.

**풀이**

증기압을 구하는 기본식은 다음과 같다. $\frac{P_v}{P_t} = \frac{n}{n + n_{inert}}$

혼합물질 각 가스의 몰수는

$$n(Hg) = \frac{7.02 \times 10^{-4}\, g}{200.59\, g/mole} = 3.50 \times 10^{-6}\, mole$$

$$n(N_2) = \frac{[50.40 - (7.02 \times 10^{-4})]\, g}{28\, g/mole} = 1.8\, mole$$

$$P_v = (745\, mmHg) \times \frac{3.5 \times 10^{-6}}{(3.5 \times 10^{-6}) + 1.8} = 1.45 \times 10^{-3}\, mmHg = 0.00145\ \text{mmHg}$$

### 사례문제 87

분자량이 86인 어떤 액체가 윗면이 열린 8 × 2 ft 크기의 탱크로부터 작업장 공기로 증발하고 있다. 이 액체의 증기압은 30 mmHg이고, 공기와 액체의 온도는 모두 25℃ 이다. 액체 위를 지나가는 실내 공기 유속이 100 ft/min일 경우, 증기 발생율(lb/hr)은?

**풀이**

증기 발생율(G, lb/hr) 적용 공식은 미국의 EPA에서 다음과 같이 제공하고 있다.

$$G = \frac{13.3792\, MPA}{T} \times \left[\frac{D_{ab}\, V_z}{\Delta Z}\right]^{0.5}$$

※ 공식의 출처

Roger L. Wabeke, Air contaminants and Industrial hygiene ventilation, 1998

여기서, M = 분자량(lb/lb-mole) = 86

P = 증기압(in.Hg) = 30 mmHg = 1.18 in.Hg

A = 액체 표면적($ft^2$) = 8 × 2 ft = 16 $ft^2$

$D_{ab}$ = 확산계수(공기 중 $b$를 통과하는 속도, ft/s)

$V_z$ = 공기 유속(ft/min) = 100 ft/min

T = 온도(K) = 25℃ + 273 K = 298 K

$\Delta Z$ = 공기 흐름 방향의 탱크 길이(ft) = 8 ft

$D_{ab}$는 EPA에서 제공한 식이다.

$$D_{ab} = \frac{4.09\times10^{-5}\,(T^{1.9})\left[\frac{1}{29}+\frac{1}{M}\right]^{0.5}(M^{-0.33})}{P_t}$$

여기서, $D_{ab}$ = 확산계수(cm/s²)

T = 온도(K) = 25℃ + 273 K = 298 K

M = 분자량(g/g-mole) = 86

$P_t$ = 대기압(atm) = 30 mmHg = 0.03947 atm

$$D_{ab} = \frac{4.09\times10^{-5}\,(298^{1.9})\left[\frac{1}{29}+\frac{1}{86}\right]^{0.5}(86^{-0.33})}{0.03947\,atm} = 2.57\,cm^2/s = 0.00277\,ft^2/s$$

$$G = \frac{(13.3792)\,(86\,lb/lb-mole)\,(1.18''Hg)\,(16\,ft^2)}{298\,K}\times\sqrt{\frac{\frac{0.00277\,ft^2}{s}\times\frac{100\,ft}{\min}}{8\,ft}} = 13.56\,lb/hr$$

시간당 13~14 lb의 액체가 증발되어진다. 이 공식을 이용하여 산업환기 제어를 설계할 수 있게 된다. 예를 들어, 에워 쌓는 방법, 유기 용제 또는 독성 유기용제의 저감, 국소박이, 일반 희석 환기 등에 적용한다.

### 사례문제 88

사례 문제 87번에서 환기 혼합 계수(K)를 3으로 하고, 전체 환기량을 10,000 ft³/min으로 하여 증기를 희석할 경우, 작업장 내의 오염물질 농도(ppm)는?

**풀이**

$C = \frac{(1.7\times10^5)\,(K)\,(G)}{M\times Q\times k}$ 의 식을 이용한다.

여기서, $C$=공기 오염물질 농도(ppm), $K$ = 대기 온도(K), $G$ = 증기 발생량(g/s)

$M$ = 분자량(g/g-mol), $Q$ = 전체 환기량(ft³/min)

$k$ = 환기 혼합 계수(주관적인 판단에 기초를 둔 무차원 수)

$$\frac{13.56\,lb}{hr}\times\frac{453.6\,g}{lb}\times\frac{hr}{60\,\min}\times\frac{\min}{60\,s} = \frac{1.709\,g}{s}$$

$$\therefore\ C = \frac{(1.7\times10^5)\,(298\,K)\,(1.709\,g/s)}{(86\,g/g-mol)\,(10{,}000\,ft^3/\min)\,(3)} = 33.6\,ppm \cong 34\,ppm$$

### 사례문제 89

55갈론 드럼통에 유기용제를 쏟아 부어 채웠다. 그 드럼통에 1갈론의 유기용제가 채워지는 동안 유기용제 증기로 포화된 1갈론의 공기가 대치되었다. 유기용제 증기 배출량을 줄이기 위해 유기용제를 채울 때, 드럼통 바닥에 2배 이내로 확대된 봉관(封管) (유기용제 증기를 액체 속으로 배출하기 위해 끝이 늘어진 파이프)를 사용하였을 경우, 예상되는 유기용제 증기 포화율(%)은?

a. 130~150% - 증기에 미스트가 더해져 과포화 상태로 저속 채움 공정을 사용
b. 100% - 쏟아 붓는 채우기 전반에 걸쳐 유기용제 배출량의 차이는 없음
c. 80%
d. 50%
e. 30%
f. 10%

풀이

d

여러 번에 걸친 경험적 연구에 의하면 유기용제를 쏟아 부어 채우는 용기에서 봉관을 사용하면 약 50%의 유기용제 증기 배출량의 감소가 나타난다고 한다.

### 사례문제 90

실온에서 트리클로로에틸렌($C_2HCl_3$, TCE(trichloroethylene))이 들어있는 뚜껑이 열려있는 탱크(2.5 × 4 ft)에서 배출되는 유기용제 배출량(g/s)은? 단, 탱크 표면을 지나가는 공기 유속은 200 ft/min(fpm), 기온 78°F, 대기압은 748 mmHg, TCE의 분자량과 증기압은 131.4 g/g-mol과 58 mmHg이다.

풀이

$$q(g/s) = \frac{8.24\times10^{-8}\times M^{0.835}\times P\left[\frac{1}{29}+\frac{1}{M}\right]^{0.25}\times U^{0.5}\times A}{T^{0.05}\times L^{0.5}\times P_t^{0.5}}$$

※ 공식의 출처
Roger L. Wabeke, Air contaminants and Industrial hygiene ventilation, 1998

여기서, M: 분자량, P: 증기압(mmHg), U: 공기 유속(ft/min), A: 표면적($cm^2$), T: 절대온도(K), L: 액체 표면의 길이(cm), $P_t$: 전압(atm)

$A = 2.5\times4\,ft = 10.0\,ft^2 = 9{,}290.3\,cm^2$, $T = 78°F = 298.7\,K$

$L = 4\,ft = 121.9\,cm$, $P_t = \frac{748\,mmHg}{760\,mmHg/atm} = 0.984\,atm$

$$q(g/s) = \frac{8.24\times10^{-8}\times131.4^{0.835}\times58\left[\frac{1}{29}+\frac{1}{131.4}\right]^{0.25}\times200^{0.5}\times9{,}290.3}{298.7^{0.05}\times121.9^{0.5}\times0.984^{0.5}} = 1.15\,g/s$$

### 사례문제 91

사례 문제 90번을 참조하시오. 월요일 오전 8시에 탱크 안의 TCE의 깊이가 23 1/2 in.이었고, 금요일 오후 4시에 그 유기용제 깊이가 18 1/2 in.로 줄어들었다. 이 시스템에 탈지시설이 없을 경우, 문제 448번에서 제시된 값과 동일한 시스템이라고 생각한다면 유기용제 배출량(g/s)은? 단, 탱크 안의 국소배기장치가 1일 8시간 가동되고, TCE의 밀도는 1.46 g/mL이다.

**풀이**

증발 손실된 깊이: 23.5 in. - 18.5 in. = 5 in. 가로 길이: 2.5 ft = 30 in.

세로 길이: 4 ft = 48 in.

증발된 유기 용제의 부피 = 5 in. × 30 in. × 48 in. = 7,200 in.$^3$ = 117,987 cm$^3$ = 117,987 mL

증발된 유기 용제량 = 117,987 mL × 1.46 g/mL = 172,261 g

국소배기장치 가동시간 = 8 hrs/day × 5 days × 60 min/hr × 60 s/min = 144,000 s

$$\therefore\ q = \frac{172,261\ g}{144,000\ s} = 1.20\ g/s$$

TCE는 초당 1.20 g이 증발된다.

### 사례문제 92

136 μg/L의 에틸알코올 증기를 ppm(V/V)으로 변환하시오.

**풀이**

에틸알코올($CH_3CH_2OH$)의 분자량 = 46

$$\therefore ppm = \frac{\dfrac{136\ \mu g\ EtOH}{L} \times 24.45}{46} = 72.3\ ppm\ EtOH\ \ vapor$$

### 사례문제 93

공기 중에 0.001 ppm(1 ppb) TDI(toluene diisocynate, $CH_3C_6H_3(NCO)_2$) 증기가 포함되어 있을 경우 2 L당 흡입되는 TDI의 분자개수는?

**풀이**

$$\frac{6.023\times10^{23}\ 개\ TDI/gram-mole}{24.45\ L/gram-mole} = 10^6\ ppm = 100\%$$

$$1\ ppb = \frac{10^{-9}\times6.023\times10^{23}\ 개\ TDI}{24.45\ L} = \frac{2.46\times10^{13}}{L}\times2\ L = 4.92\times10^{13}\ 개$$

2 L당 흡입되는 TDI의 분자 개수는 ≅ 5 × $10^{13}$개다.

### 사례문제 94

21℃, 640 mmHg에서 3 m × 4 m × 6 m인 실험용 공간 중 100 ppm의 톨루엔 증기를 만들기 위해서는 몇 mL의 톨루엔이 필요한가? 단, 톨루엔의 비중은 0.867이다.

**풀이**

$3\,m \times 4\,m \times 6\,m = 72\,m^3$

$$mL = \frac{100\,ppm \times \frac{92\,g}{g-mole} \times 72\,m^3 \times 273\,K \times 640\,mmHg}{\frac{0.867\,g}{mL} \times \frac{22.4\,L}{g-mole} \times 294\,K \times 760\,mmHg \times 10^3} = 26.67\,mL$$

### 사례문제 95

동력학적 증기 발생 시스템의 오염된 포화 공기 100 mL/min 중 18.8 ㎍ Hg/L를 27 L/min의 깨끗한 공기로 희석할 경우 수은 증기의 농도(mg/m$^3$)는?

**풀이**

$$C_t = \frac{A \times C}{A+B} = \text{동력학적 증기발생 보정 시스템에서 오염물질의 농도}$$

여기서, $A$ = 오염공기의 유량

$B$ = 깨끗한 공기의 유량

$C$ = $A$에서 오염물질의 농도

100 mL/min = 0.1 L/min

$$\therefore\ C_t = \frac{(0.1\,mL/\text{min}) \times (18.8\,\mu g/L)}{(27\,L/\text{min}) + (0.1\,L/\text{min})} = 0.069\,\mu g/L = 0.069\,mg\,Hg\,vapor/m^3$$

### 사례문제 96

질량비로 50% 헵테인($H_3C(CH_2)_5CH_3$ or $C_7H_{16}$) (TLV = 400 ppm = 1,600 mg/m$^3$), 30% 메틸클로로폼(1,1,1-Trichloroethane, $C_2H_3Cl_3$ or $CH_3CCl_3$) (TLV = 350 ppm = 1,900 mg/m$^3$), 20% 퍼클로로에틸렌(Tetrachloroethylene, $C_2Cl_4$) (TLV = 50 ppm = 335 mg/m$^3$)이 함유된 공기가 있다. 혼합물질 내의 모든 유기용제가 전부 증기화되었다고 가정할 경우, 이 혼합 증기의 TLV(ppm)은?

**풀이**

$n-heptane$ : 1 mg/m$^3$ ≅ 0.25 ppm

$CH_3CCl_3$ : 1 mg/m$^3$ ≅ 0.18 ppm

"$perc$" : 1 mg/m$^3$ ≅ 0.15 ppm

$$\text{혼합물의 } TLV = \frac{1}{\frac{0.5}{1,600} + \frac{0.3}{1,900} + \frac{0.2}{335}} = 935\,mg/m^3$$

이 혼합물 중

$n-heptane$: 935 mg/m$^3$(0.5) = $\frac{468\,mg}{m^3}\times 0.25 = 117\,ppm$

$CH_3CCl_3$: 935 mg/m$^3$(0.3) = $\frac{281\,mg}{m^3}\times 0.18 = 51\,ppm$

"$perc$": 935 mg/m$^3$(0.2) = $\frac{187\,mg}{m^3}\times 0.15 = 29\,ppm$

∴ 117 ppm + 51 ppm + 29 ppm = 197 ppm = 935 mg/m$^3$

**사례문제 97**

전체 환기량 128 m$^3$/min인 작업장으로 시간당 2.6 kg의 아이소프로필알코올($C_3H_8O$)이 어떤 공정에서 증발되었다. 안정된 상태에서 아이소프로필알코올(IPA)의 평균 증기 농도(ppm)는?

풀이

$$ppm = \frac{ER\times 24.45\times 10^6}{Q\times \text{분자량}}$$

여기서,

ER = 증기발생량(g/min), Q = 환기량(L/min)

$CH_3CHOHCH_3$ 분자량 = 60

$$\frac{2.6\,kg}{hr}\times\frac{1,000\,g}{kg}\times\frac{hr}{60\,\text{min}} = 43.3\,g/\text{min}$$

$$Q = \frac{128\,m^3}{\text{min}}\times\frac{1,000\,L}{m^3} = 12,800\,L/\text{min}$$

$$ppm = \frac{\frac{43.3\,g}{\text{min}}\times 24.45\times 10^6}{\frac{128,000\,L}{\text{min}}\times 60} = 137.9\,ppm\ IPA$$

**사례문제 98**

용량 20.3 L Pyrex® 시약병 안의 벤젠 증기 농도 50 ppm를 얻기 위해서는 벤젠 몇 mL를 주입하여 증발되어야 하는가? 단, 벤젠의 분자량은 78, 밀도는 0.879 g/mL이다.

풀이

$$\frac{50}{10^6}\times\frac{20.3\,L}{\frac{24.45\,L}{g-mole}}\times\frac{78}{\frac{0.879\,g}{mL}} = 0.00368\,mL$$

액체 상태의 벤젠 3.7 μL를 주입한다.

### 사례문제 99

기온 15.5℃에서 메틸알코올 3.785 L가 증발하여 생성되는 증기량($m^3$)은? 단, 메틸알코올의 밀도 = 0.8 g/mL이다.

**풀이**

메틸알코올의 질량 = 3,785 mL × 0.8 g/mL = 3,028 g

$CH_3OH$의 분자량 = 32

∴ 메틸알코올의 증기량 = 3,028 × 22.4 × $\dfrac{3{,}028\,g \times 22.4\,L \times \dfrac{(273+15.5)\,K}{273\,K}}{32\,g} = 2{,}240\,L$

= 2.240 $m^3$

### 사례문제 100

세탁소에서 매달 사염화에틸렌(perchloroethylene, $C_2Cl_4$) 200 L 짜리 드럼 2통을 구입하고 있다. 이 물질에 대한 환경으로의 손실량은 전적으로 증발에 기인한다. 전체 손실량의 75%가 5.66 $m^3$/min의 배기량을 갖는 환기구를 통해서 배출된다. 이 세탁소의 작업시간이 하루 9시간, 일주일에 6일 일 때, 환기구에서의 사염화에틸렌 평균 증기 농도(ppm)는? 단, 사염화에틸렌의 밀도 = 1.62 g/mL이다.

**풀이**

매달 증발되는 사염화에텔렌의 양(L) = 200 L

$$\frac{6\,days}{week} \times \frac{9\,hr}{day} \times \frac{60\,\text{min}}{hr} \times \frac{4.5\,week}{month} \times \frac{5.66\,m^3}{\text{min}} = 82{,}522.8\,m^3/month$$

$$\frac{400\,L\ 'perc'/month}{82{,}522.8\,m^3/month} = 4.85\,mL/m^3,\quad 4.85\,mL \times (1.62\,g/mL) = 7.857\,g\,'perc'$$

$7.857\,g/m^3 = 7{,}857\,mg/m^3$, 사염화에틸렌 분자량($C_2Cl_4$) = 166

$$\therefore\ ppm = \frac{\dfrac{7{,}857\,mg}{m^3} \times 24.45}{166} = 1157.25\,ppm$$

1157.25 ppm × 0.75 = 868 ppm 'perc' vapor

**사례문제 101**

저장고 안쪽과 벤젠의 온도가 20℃이고, 부피가 5,000 gallon인 저장고에 1,000 gallon의 벤젠을 부었을 때, 대기 중으로 배출되는 벤젠 증기의 양(lb)은? 단, 용기의 벽은 액체 상태의 벤젠보다 따뜻하고, 저장고는 지난 3주간 벤젠 2,500 gallon이 채워져 있었다. 20℃에서 벤젠의 증기압 = 75 mmHg이다.

풀이

미국석유연구소(API)는 저장고에 용매를 채울 때 용매 증기의 방출량을 알아내는 식을 제공한다. 이 식은 휘발성 탄화수소의 포화 증기에 대한 배기량으로써, 작업장 공기 중으로 배출되는 증기 배출량을 계산할 때 사용된다.

$$M = 1.37\ VSP_V\left[\frac{MW}{T}\right]$$

※ 공식의 출처

Roger L. Wabeke, Air contaminants and Industrial hygiene ventilation, 1998

여기서, $M$ = 배출되는 증기량(lb)

$V$ = 저장고로 채워지는 액체의 부피($ft^3$)

$S$ = 배출 공기 중 포화 증기분율

(증기가 없는 저장고에 처음으로 액체를 쏟아 부을 때나 채우거나 빼낼 경우 $S$의 값은 1.0이다.)

$P_V$ = 액체의 증기압(atm)

$MW$ = 용매나 휘발성 탄화수소의 분자량

$T$ = 저장고 증기 공간의 온도(°R)

$V$ = 1,000 gallons = 3,785 L = 133.7 $ft^3$ (1 gallon = 3.785 L, 1 L = 0.0353 $ft^3$)

$P_V$ = 75 mmHg, 75 mmHg/760 mmHg = 0.09868 atm

$C_6H_6$ 분자량 = 78, 20℃ = 68°F

°R = °F + 460 = 528°R

$$\therefore M = (1.37)(133.7\,ft^3)(1.0)(0.09868\,atm)\left[\frac{78}{528}\right] = 2.67\,lb$$

1,000 gallons 벤젠 증기 = 3,785 L 벤젠 증기

$$ppm = \frac{75\,mmHg}{760\,mmHg}\times 10^6 = 98,684\,ppm$$

$$\frac{mg}{m^3} = \frac{ppm\times mol.wt.}{24.04} = \frac{98,684\,ppm\times 78}{24.04} = 320,190\,mg/m^3$$

$$(320.19\,g/m^3)\times 3.785\,m^3 = 1211.9\,g = 2.67\,lb$$

### 사례문제 102

-120℃에서 관리되는 수은 분산펌프의 냉각트랩 중 존재하는 $cm^3$당 수은 증기의 분자수는 얼마인가? 단, 같은 온도에서 수은의 증기압 = $10^{-16}$ mmHg이다.

**풀이**

$$\frac{Hg\text{의 } moles}{cm^3} = n = \frac{PV}{RT} = \frac{10^{-16}\,mmHg \times \dfrac{atm}{760\,mmHg} \times 1\,cm^3 \times \dfrac{10^{-3}\,L}{cm^3}}{\dfrac{0.082\,atm \cdot L}{mol \cdot K} \times (273-120)\,K} = 1 \times 10^{-23}\,mole\,Hg$$

$1 \times 10^{-23}$ mol Hg × 6.023 × $10^{23}$개 분자수/mol = 6개 수은 분자수

이 값은 수은의 PEL(50 μg/$m^3$)에서 공기 $cm^3$당 1.5 × $10^{11}$개 수은 분자수와 대비된다.

※ 참조 :

200.59 g : 6.023×$10^{23}$개 분자수 = 5×$10^{-5}$ g/$m^3$ : $x$ 개 분자수

$$x = \frac{6.023 \times 10^{23}\text{개} \times 5 \times 10^{-5}\,g/m^3}{200.59\,g} = 1.5 \times 10^{17}\,\text{개}/m^3 = 1.5 \times 10^{11}\,\text{개}/cm^3$$

### 사례문제 103

6.1 mL의 트리클로로에틸렌(TCE, $C_2HCl_3$)이 체적 1.65 m × 1.65 m × 2.35 m인 밀폐된 컨테이너 안에서 증발하였다. 컨테이너 안의 온도 25.5℃이고, 기압 730 mmHg, TCE 밀도 1.46일 때 컨테이너 안의 TCE 증기 농도(ppm)는?

**풀이**

TCE의 분자량 = 131.5,  액체 TCE의 질량 = 6.1 mL × 1.46 g/mL = 8.906 g

$$\text{몰 체적} = 24.45\,L \times \frac{760\,mmHg}{730\,mmHg} \times \frac{298.5K}{298K} = 25.5\,L$$

$$\therefore\ ppm = \frac{10^6 \times \dfrac{8.906\,g}{\dfrac{131.5\,g}{g-mol}}}{1{,}000 \times \dfrac{(1.65\,m \times 1.65\,m \times 2.35\,m)}{25.5\,L}} = 269.9$$

TCE 증기의 농도는 270 ppm

### 사례문제 104

아세톤을 사용하는 건조공정이 체적 6 m × 6 m × 3 m인 방의 중앙에 있는 개방형 벤치에서 행해졌다. 이 방은 시간당 2~3번의 공기교환이 이루어진다. 그 부서의 유기용제 구매 장부에 8시간 작업에 부피 26.5~38 L의 아세톤이 증발된 것으로 적혀있다. 단, 아세톤의 증기 부피는 액체 아세톤 1 L 당 아세톤 증기 0.3 $m^3$가 발생하고, 아세톤의 TLV는 500 ppm이다.

1) 아세톤으로 오염된 공기와 외부에서 들어 온 공기의 혼합이 좋다고 가정할 경우, 방에서의 평균 아세톤 증기의 농도(ppm)는?
2) 이 작업장의 환경이 해로운 것인지 위험 수준인 것인지를 판단하시오.

풀이

1) 가장 상황이 안 좋은 상태라고 가정하여 아세톤에 대한 위해도와 위험성을 나타낸다.

방의 체적: $6\ \mathrm{m} \times 6\ \mathrm{m} \times 3\ \mathrm{m} = 108\ \mathrm{m}^3$

외부 혼합 공기량: $108\,m^3 \times \dfrac{2\text{회 환기량}}{hr} \times 8\,hr = \dfrac{1,728\,m^3}{8\,hrs}$

방 안에서 발생되는 총 100% 아세톤 증기 부피: $\dfrac{0.3\,m^3}{L} \times 38\,L = 11.4\ m^3$

TLV와 PEL까지 희석할 수 있는 총 공기필요량($m^3$):

$$\frac{100\%\ \text{유기용제 증기의 부피} \times 10^6}{TLV(ppm)} = \frac{11.4\,m^3 \times 10^6}{500\,ppm} = 22,800\ m^3$$

$$\frac{22,800\,m^3 \times 500\,ppm}{1,728\,m^3} = 6,597\ ppm$$

2) 약 6,600 ppm의 아세톤 증기가 발생하여 매우 위험하므로 반드시 국소배기장치를 사용해야 한다.

### 사례문제 105

톨루엔의 상대 증발량은 AAI(미국 보험회사연합)에 의하면 다이에틸에터(diethyl ether, $C_4H_{10}O$) 보다 4.5배 정도 늦다고 한다. 만일 에터(ether) 25 mL가 평편한 표면에서 완전히 증발하는데 21초가 걸릴 경우, 표면 온도, 대기 온도, 노출 표면적, 액체 표면을 따라 흐르는 공기 유량 등이 모두 비슷한 상태에서 톨루엔 3.785 L가 증발하는데 걸리는 시간(분)은?

풀이

에터 증발시간: 25 mL/21 s = 평균 1.19 mL/s

톨루엔 증발시간: $\dfrac{1.19\,mL/s}{4.5} =$ 평균 0.264 mL/s

$$\therefore\ \frac{3,785\,mL}{0.264\,mL/s} = 14,337\,s = 240\,\min = 4\ \text{hrs}$$

**사례문제 106**

37 mm PVC 멤브레인 필터 카세트 전에 대형 활성탄관을 사용하여 평균 0.83 L/min 유량으로 443분 동안 페인트 스프레이 작업자의 호흡영역에서 공기시료를 채취하였다. 필터 전후 무게차는 6.37 mg이었고, 활성탄관에는 2.97 mg $n$-뷰틸알코올, 14.66 mg 톨루엔, 48.49 mg 미네랄 스피릿, 7.01 mg 자일렌이 들어있었다.

1) 페인트 작업자가 이러한 증기가 함유된 공기에 노출될 경우 각 물질의 8-hr TWAE(ppm)는? 단, $n$-뷰틸알코올 분자량 = 74, 톨루엔 분자량 = 92, 미네랄 스피릿 분자량 = 99, 자일렌 분자량 = 106이다.
2) 페인트 작업자가 노출된 대기 중 입자상물질 농도(mg/m$^3$)는? 단, 노출시간은 8시간이다.

풀이

1) $443\,\text{min} \times (0.83\,L/\text{min}) = 367.7\,L,\ \ ppm = \dfrac{\dfrac{\mu g}{L} \times 24.45}{\text{분자량}}$

$$\frac{480\,\text{min}/8\,hr\ \text{작업시간}}{443\,\text{min}} = 1.084$$

$$n-butanol: \frac{\dfrac{2,970}{367.7} \times 24.45}{74} = 2.7\,ppm,\ \therefore\ 2.7 \times 1.084 = 2.9\ \text{ppm}$$

$$\text{톨루엔}: \frac{\dfrac{14,660}{367.7} \times 24.45}{92} = 10.6\,ppm,\ \therefore\ 10.6 \times 1.084 = 11.5\ \text{ppm}$$

$$\text{미네랄 스피릿}: \frac{\dfrac{48,490}{367.7} \times 24.45}{99} = 32.6\,ppm,\ \therefore\ 32.6 \times 1.084 = 35.3\ \text{ppm}$$

$$\text{자일렌}: \frac{\dfrac{7,010}{367.7} \times 24.45}{106} = 4.4\,ppm,\ \therefore\ 4.4 \times 1.084 = 4.8\ \text{ppm}$$

2) $\dfrac{6,370\,\mu g}{367.7\,L} = 17.32\,mg/m^3,\ \therefore\ 17.32 \times 1.084 = 18.77\ \text{mg/m}^3$

입자상물질에 대한 노출농도는 8-hr TWAE PEL 10 mg/m$^3$을 초과한다.

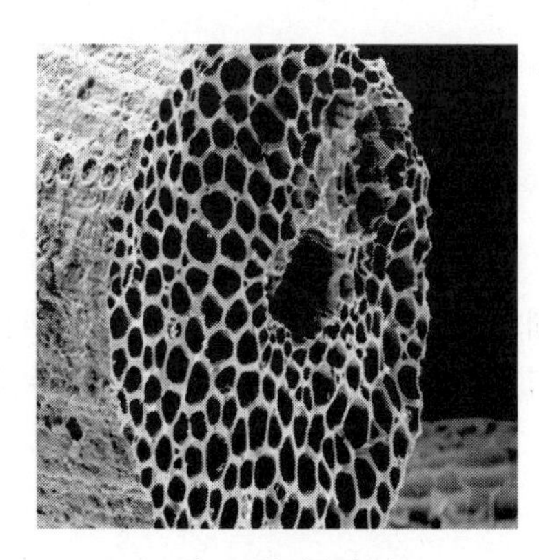

〈그림. 8〉 활성탄의 기공

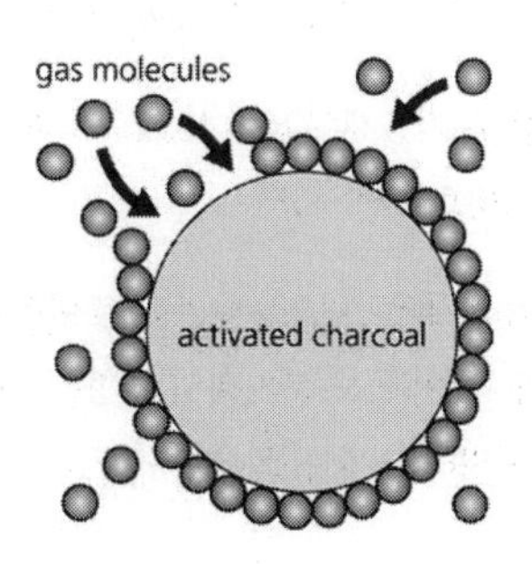


〈그림. 9〉 활성탄에 가스 및 증기가 흡착되는 모습

### 사례문제 107

사례 문제 106번에서 각각의 유기용제가 상가작용(additive effect)을 할 경우 혼합물은 PEL을 초과하는가? 단, $n$-뷰틸알코올 PEL = 50(C) ppm, 톨루엔 PEL = 100 ppm, 미네랄 스피릿 PEL = 100 ppm, 자일렌 PEL = 100 ppm이다. 또한 이 혼합물질은 PEL의 몇 %에 해당하는가?

**풀이**

2.9 ppm + 11.5 ppm + 35.5 ppm + 4.8 ppm = 54.5 ppm

$$\frac{2.9}{50}+\frac{11.5}{100}+\frac{35.3}{100}+\frac{4.8}{100}=0.574$$ (혼합물의 농도는 PEL의 57.4%이다.)

상가작용에서 혼합물의 농도값은 PEL을 준수하지만 활동농도, AL(action level)은 초과한다. 그러므로 페인팅 작업자의 건강을 위해서는 송기마스크를 착용하고, 환기, 작업공정, 산업위생관리 등을 통한 작업 여건을 향상시키는 것이 중요하다.

페인트 작업에서 납 화합물 먼지, 크롬화합물 먼지, 아이소시안화물, 에폭시 수지 등을 제외한 기타 다른 입자상물질의 8-hr TWAE PEL은 10 mg/m$^3$이다.

### 사례문제 108

어떤 유기용제를 통에 채우는 작업을 하는 작업자가 평균값으로 염화메틸렌(methylene chloride) 83 ppm에 3 1/2 hrs 동안, 아이소프로필알코올(IPA) 32 ppm에 1 1/2 hrs 동안, 톨루엔 27 ppm에 3 hrs 동안 노출되었다. 제시된 각각의 유기용제에 대한 TLVs는 50 ppm, 400 ppm, 100 ppm일 경우, 이에 대한 작업자의 유기용제 증기 노출이 보증되는지를 확인하시오.

**풀이**

$CH_2Cl_2$에 대한 TLV의 비율: $\dfrac{83\,ppm\times3.5\,hrs}{50\,ppm\times8\,hrs}\times100=72.6\%$

$IPA$에 대한 TLV의 비율: $\dfrac{12\,ppm\times1.5\,hrs}{100\,ppm\times8\,hrs}\times100=1.5\%$

$C_6H_5CH_3$에 대한 TLV의 비율: $\dfrac{27\,ppm\times3\,hrs}{100\,ppm\times8\,hrs}\times100=10.1\%$

작업자의 작업 중 유기용제에 노출된 농도에 대한 상가작용(additive effect)을 하는 경우 TLV의 비율 총합: 72.6% + 1.5% + 10.1 % = 84.2%

∴ 유기용제 증기에 대한 노출농도는 보증되었지만, 염화메틸렌 증기는 사람에 대한 발암 가능성이 있는 물질이고, 다른 증기들도 부가적인 영향을 타나낼 때 복합적인 독성 영향을 지니고 있으므로 항상 낮은 노출 농도를 유지하는 것이 필요하다.

**사례문제 109**

**어떤 가솔린 저장고 안의 폭발성 증기 농도를 측정하기 위해 보정된 가연성 가스 지시계(CGI, combustible gas indicator)를 사용하였다. 이 CGI에 부착된 가스/증기 시료채취 탐침(probe)을 저장고 안쪽으로 내려놓았다. 그 탐침은 즉시 LEL 100%를 넘어서 고정되었다가(pegged) 빠르게 LEL의 2% 이하로 떨어졌다. 이 탐침이 비흡수성 가스/증기 시료채취 탐침일 경우 위와 같은 현상은 어떻게 일어났겠는가?**

a. 지시계는 정확하게 LEL 2% 이하를 가리켰다.
b. CGI 휘트스톤 브리지(전기저항 측정기) 전기 회로가 가솔린에서 배출되는 유기납 증기로 인해 빠르게 망가졌다가(poisoned) 낮게 읽혀졌다.
c. 저장고의 증기 공간 안쪽은 산소 농도가 4% 이하이다.
d. 여러 가지 탄화수소 물질의 혼합으로 인해, 실질적인 가솔린 증기의 존재 시험을 위한 기기가 보정되지 않았다면 부정확한 결과값이 읽혀진다.
e. 증기 농도는 LEL의 2% 이하가 아니다. 그 값은 실질적으로 UEL을 초과한다.

풀이

정답은 e이다. 증기의 농도가 너무 높아 기기 안에서 연소가 일어나지 않는다. 이것은 폭발되지 않는다는 안이한 생각을 가진 사람이 있기 때문에 잠재적인 위험 상황이다. 공기가 희석되어 증기의 농도가 LEL-UEL 범위 내에 존재할 경우, 점화원이 있다면 폭발은 발생될 것이다. 폭발 방지를 위해서는 <20% LEL에서 질소를 포함한 폭발성 증기를 희석한 다음, < TLV와 PEL까지 공기로 희석하면 된다. 또한 최근에 보정된 가연성 가스 지시계, 산소 레벨미터, 공기 중 독성물질 측정기기를 사용하여 산소, 가연성 증기, 독성물질의 농도를 확인한다.

〈그림 10〉 다양한 가연성 가스 지시계(CGI, combustible gas indicator)

### 사례문제 110

산업위생 분석가가 9.76 L의 공기시료를 채취기 안에 사용된 활성탄관 속에서 톨루엔 5 μg 이하를 검지하였다. 톨루엔 증기의 농도(ppm)는?

**풀이**

$$\frac{\leq 5\,\mu g \text{ 톨루엔}}{9.76\,L} \leq 0.512\ \mu g/L,\ \text{톨루엔 분자량} = 92$$

$$\frac{\frac{\leq 0.512\,\mu g}{L} \times 24.45}{92} \leq 0.136\ ppm\ (\leq 140\ ppb)$$

### 사례문제 111

25℃에서 MEK(methyl ethyl ketone, 2-butanone)의 LEL은 1.7%이다. MEK 증기 농도를 g/m$^3$으로 나타내시오. 단, MEK의 분자량은 72이다.

**풀이**

MEK = $CH_3COCH_2CH_3$ = 72, 1.7% = 17,000 ppm(V/V)

$$\frac{mg}{m^3} = \frac{ppm \times \text{분자량}}{24.45} = \frac{17{,}000 \times 72}{24.45} = \frac{50{,}061.4\ 2-butanone}{m^3} \fallingdotseq \frac{50\,g}{m^3}$$

∴ MEK LEL = 50 g/m$^3$

### 사례문제 112

유기 증기 모니터(OVM, organic vapor monitors)를 사용할 경우, 톨루엔과 MIBK(methyl isobutyl ketone) 증기에 노출된 어떤 생산품을 제작하는 작업자의 8시간 TWAE를 나타낼 수 있는 가장 좋은 측정 방법은?

a. 전체 노출기간 중 한 대의 OVM으로 측정한다.
b. 두 시간마다 연속해서 4대의 OVM을 사용하여 측정한다.
c. 3~4시간마다 연속해서 두 대의 OVM을 사용하여 측정한다.
d. 화요일에 전체 기간 동안 한 대의 OVM을 사용하여 측정한다. 화요일 마다 공기 시료채취를 반복한다.
e. 작업 시작 시간에 두 대의 OVM을 사용하여 측정하면서, 점심시간에 한 대를 철수시키고, 작업이 끝날 시간에 나머지 한 대를 철수시킨다. 다른 날에도 이러한 측정 방법을 반복하여 측정한다.
f. 일주일에 어떤 노출시간을 임의로 3시간 정하여 한 대의 OVM을 사용하여 측정한다.

**풀이**

e

〈그림 11〉 유기 증기 모니터(OVM, organic vapor monitors)

**사례문제 113**

국소배기장치가 없는 어떤 탈지 탱크에서 일반 플랜트 대기 중으로 트라이클로로에틸렌(TCE, trichloroe-thylene) 증기가 누출되고 있다. 유기용제 구입 기록부에 의하면 이 탱크에서 유기용제가 8시간 마다 배수 부위에서 4.2 L가 증발되었음을 알 수 있었다. 탱크의 크기 1.2 m × 2.4 m의 국소배기장치를 설계할 경우 TCE의 배출량(mg/min)은? 단, 이 탱크는 공정 가동 시 주당 40시간을 제외하고는 증기 발산 손실량을 줄이기 위해 뚜껑을 씌워 놓았다. TCE의 밀도 = 1.46 g/mL.

풀이

$$\frac{4,200\,mL}{8\,hrs}\times\frac{1.46\,g}{mL}\times\frac{hr}{60\,\text{min}}\times\frac{1,000\,mg}{g}=\frac{12,775\,mg\ TCE}{\text{min}}$$

**사례문제 114**

분자량이 82인 탄화수소 증기의 분석 검출한계는 5 μg이고, 그 물질의 PEL은 150 ppm이다. 이러한 경우 100 mL 공기 시료에는 PEL의 몇 %가 검출되는가?

풀이

$$ppm=\frac{\frac{\mu g}{L}\times 24.45}{\text{분자량}}=\frac{\frac{5\,\mu g}{0.1\,L}\times 24.45}{82}=14.9\,ppm$$

PEL의 약 10%가 검출된다. 그러한 어떤 매우 적은 양의 공기 시료는 피크 노출값을 측정하기 위해 얻어질 수도 있다. 100 mL는 2~3분 내에 활성탄관 펌프를 사용하는 작은 활성탄관을 통해 흡입할 수 있다. 이러한 시료 공기 채취법은 작업자의 벨트와 BZ(호흡영역) 포집관에 장착된 펌프를 사용하는 전 작업시간 시료 공기채취를 증가시키기 위해 사용된다.

### 사례문제 115

210. 어떤 유기용제 혼합물의 조성은 부피비로 에틸아세테이트 20%, 톨루엔 80%이다. 각 성분의 증기 농도(%)는? 단, 각 성분의 밀도, 증기압, 분자량은 다음과 같다.

| 구분 | ethyl acetate | toluene |
|---|---|---|
| density | 0.90 g/mL | 0.87 g/mL |
| vapor pressure | 74 mmHg | 22 mmHg |
| molecular weight | 88.1 | 92.1 |

**풀이**

유기용제 혼합물 100 mL를 사용한다면,

20 mL × 0.90 g/mL = 18 g ethyl acetate

80 mL × 0.87 g/mL = 69.6 g toluene

에틸아세테이트의 분압 = $\dfrac{\dfrac{18\,g}{88.1\,g/mole}\times 74\,mmHg}{\dfrac{18\,g}{88.1\,g/mole}+\dfrac{69.6\,g}{92.1\,g/mole}} = 15.75\ mmHg$

톨루엔의 분압 = $\dfrac{\dfrac{69.6\,g}{92.1\,g/mole}\times 22\,mmHg}{\dfrac{18\,g}{88.1\,g/mole}+\dfrac{69.6\,g}{92.1\,g/mole}} = 17.32\ mmHg$

총 증기압: 15.75 mmHg + 17.32 mmHg = 33.07 mmHg

에틸아세테이트 증기 농도 = $\left(\dfrac{15.75\,mmHg}{33.07\,mmHg}\right)\times 100 = 47.6\%$

톨루엔 증기 농도 = $\left(\dfrac{17.32\,mmHg}{33.07\,mmHg}\right)\times 100 = 52.4\%$

계산식은 라울의 법칙(Raoult's law)을 이용하였다.

### 사례문제 116

어떤 작업자가 MEK 87 ppm, 톨루엔 증기 23 ppm에 노출되었다. 이 두 마취성 유기용제는 상가작용을 일으키며, 각각의 OSHA PELs은 200 ppm과 100 ppm이다. 이 두 유기용제 증기에 대한 작업자의 상가작용의 노출 정도는?

**풀이**

87 ppm + 23 ppm = 110 ppm

$\dfrac{87\,ppm}{200\,ppm}+\dfrac{23\,ppm}{100\,ppm} = 0.67$

총 유기용제 증기에 대한 노출정도는 110 ppm이다. 혼합물의 노출량은 PEL이하이지만, 여기서 계산된 유기용제 혼합물은 PEL의 67%이므로, 감시 농도(action level)인 50%를 초과한다. 따라서, 산업환기 제어가 보장되어야 한다.

**사례문제 117**

대기 중 산화제($I_2$ 증기)에 대한 실험실 기기 보정을 행하는 동안, 아이오딘(iodine) 결정 45.67 mg이 유량 4.81 L/min의 기류 속에 놓여져 있었다. 그 결정은 176분 후에 치워졌고, 무게가 43.79 mg으로 발견되었다. 기류 중 승화된 아이오딘 증기의 평균 농도(ppm)는? 단, 분자량 $I_2$ = 253.8이다.

풀이

$$\frac{4.81\,L}{\text{min}} \times 176\,\text{min} = 846.56\,L,\;\; 45.67\,mg - 43.79\,mg = 1{,}880\,\mu g$$

$$\frac{1{,}880\,\mu g}{846.56\,L} = \frac{2.22\,\mu g}{L},\quad ppm = \frac{\frac{2.22\,\mu g}{L} \times 24.45}{253.8\,g/mole} = 0.21\,ppm$$

∴ 배출 기류 중 승화된 $I_2$ 증기의 농도는 0.21 ppm이다.

**사례문제 118**

어떤 세탁업자가 얼룩제거 작업대에서 3.5시간 동안 11 ppm, 의류 분류 및 적재 작업 시 1.5시간 동안 15 ppm, 의류 운반과 걸기 작업 시 2.5기간 동안 49 ppm, 세탁물 주문과 반출 시 2.5시간 동안 2 ppm의 사염화에틸렌(perchloroethylene) 증기에 노출되었다. 사염화에틸렌 증기에 대한 세탁업자의 TWAE(ppm)는?

풀이

| 작업명 | C(노출농도) | | T(노출시간) | | CT |
|---|---|---|---|---|---|
| 얼룩제거 작업 | 11 ppm | × | 3.5 hr | = | 38.5 ppm-hr |
| 의류 분류 및 적재 작업 | 15 ppm | × | 1.5 hr | = | 22.5 ppm-hr |
| 의류 운반과 걸기 작업 | 49 ppm | × | 2.5 hr | = | 122.5 ppm-hr |
| 세탁물 주문과 반출 | 2 ppm | × | 2.5 hr | = | 5.0 ppm-hr |
| | | | 10.0 hr | | 188.5 ppm-hr |

∴ Haber의 법칙을 사용한 $TWAE = \frac{188.5\,ppm - hr}{10\,hrs} = 18.85\,ppm\ 'perc'$

사염화에틸렌에 대한 세탁업자의 10 hr TWAE는 19 ppm이다.

**사례문제 119**

어떤 산업위생관리기사가 유기용제 탈지 탱크에서 슬러지를 제거하는 동안 메틸클로로폼($CH_3CCl_3$) 증기에 대한 정비공의 노출을 평가하였다. 45분간 TWA(time-weighted average) 노출농도는 350 ppm(8시간 OSHA PEL, 1,900 mg/$m^3$)이었다. 며칠 후, 같은 작업자가 스프레이 탈지 작업 시 메틸클로로폼에 취해서 병원에 입원하였다. 그 당시의 노출 농도를 복원해 본 결과 얄궂게도 역시 45분 동안 350 ppm에 노출된 것으로 나타났다. 두 사례에 활성탄 관과 공기 시료채취 펌프를 사용하였다. 다른 하나의 명백하게 동일한 노출이 아닌 처음 노출로 그 작업자의 질병을 설명할 수 있겠는가?

**풀이**

처음의 노출 사건은 오로지 메틸클로로폼(MC) 증기에 의한 것이었고, 반면에 두 번 째 노출 사건은 증기뿐만 아니라 유력하게 미스트 입자의 흡입이 포함된 것이었다. 에어로졸 혼합물인 MC 증기와 MC 미스트 입자 둘 사이를 구분할 수 있는 타당한 공기 시료채취 기술이 없다. 호흡성 MC 입자의 흡입은 증기를 단독으로 흡입하였을 때 보다 더욱 더 자극적이고 해로운 것으로 예상되고 있다. 예를 들면, 각막에 액체 유기용제가 직접 접촉하여 나타나는 눈의 자극과 증기 노출에 의한 자극을 비교해 보라. 폐포 안의 당지질로 덮여있는 막들은 증기 분자들 보다 미스트 입자에 더 민감한 손상을 입게 된다. 혼합 에어로졸에 대한 노출 평가에 있어서, 산업 위생관리기사는 비록 측정된 노출 농도 값들이 같을지라도 생물학적 반응 정도에 따른 다양성으로 인하여 함부로 예단하지 말아야 한다. 작업자들의 호흡영역에서 미스트 먼지의 관측은 노출 형태가 두 가지 형태의 에어로졸로 존재한다라는 단서가 된다.

**사례문제 120**

직경 14 ft, 길이 30 ft인 원통형 화학약품 저장고 내부에서 공기 공급형 호흡기(air line respirator)를 착용한 페인트공이 에폭시 수지 페인트로 칠을 하고 있었다. 그 페인트에는 유기용제로 무게비 28% MEK(methyl ethyl ketone)가 함유되어 있었다. 탱크는 환기가 되지 않았고, 코팅제 1 갈론(gallon)이 325 $ft^2$의 면적에 덮여 있을 경우, 페인트공이 작업을 마치고 떠난 후 탱크 내부에 예상되는 MEK 증기 농도(ppm)는? 단, 수지 코팅제의 무게는 1 갈론당 12.3 파운드(lb)이고, MEK의 분자량은 72.1이다.

**풀이**

탱크 측면 표면적 = $2 \times \pi \times r \times h = (2)\,\pi\,(7\ ft)\,(30\ ft) = 1{,}320\ ft^2$

탱크 위와 아래 표면적 = $2 \times \pi \times r^2 = (2)\,\pi\,(7\ ft)^2 = 308\ ft^2$

탱크 총 표면적 = $1{,}320\ ft^2 + 308\ ft^2 = 1{,}628\ ft^2$

탱크 내부를 전부 칠하는데 필요한 코팅제 양 = $1{,}628\ ft^2 \times \dfrac{1\ gallon}{325\ ft^2} = 5.01\ gallons$

이 양은 페인트공이 작업을 마친 후, 탱크 외부에 5 갈론 수지 코팅제 빈 통을 찾아서 확인하였다.

전체 수지 코팅제 중 MEK의 무게 = $(\dfrac{12.3\ lb}{gallon}) \times 5.01\ gallons \times 0.28 = 17.25\ lb\ MEK$

$$17.25\ lb \times \frac{454\ g}{lb} = 7{,}831.5\ g = 7{,}831{,}500\ mg$$

탱크 체적 = $\pi \times r^2 \times h = \pi\ (7\ ft)^2\ (30\ ft) = 4{,}618\ ft^3$

$$4{,}618\, ft^3 \times \frac{28.32\, L}{ft^3} = 130{,}782\, L = 130.78\, m^3$$

따라서, $$\frac{\frac{7{,}831{,}500\, mg}{130.78\, m^3} \times 24.45}{72.1} = 20{,}307\, ppm\ MEK\ vapor$$

탱크 내부의 MEK 평균농도는 20,307 ppm(2.03%)이며, LEL = 1.7%, UEL = 11.4%이다. 이 농도에서 점화원이 되어 폭발이 발생할 가능성이 있을지도 모른다. 탱크 내부로 공기를 불어 넣어 PEL 이하까지 증기를 희석하여 안전지역으로 폭발성 증기를 빼내고 접근을 막아야 한다. 증기 농도를 보정용 가연성가스 지시계(CGI, combustible gas indicator)로 측정하여 확인한다. 그런 다음 먼저 MEK 증기를 질소가스로 LEL 이하까지 낮추고, PEL 이하로 공기 희석을 행한다.

※ 참조 : 메틸 에틸 케톤(MEK)은 달콤한 냄새가 나는 무색의 액체이며 공업적으로 제조되지만 자연환경에 존재하며, 공기 중에 증발이 빠르며 많은 물질을 녹이는 성질이 있기 때문에 대부분 페인트와 코팅용제로 사용된다. MEK는 2-뷰타논이라고도 하며, 화학식은 $CH_3COC_2H_5$이다. 아세톤을 생각나게 하는, 강하고 달콤한 버터스카치 냄새가 나는 무색의 액체이다.

〈그림 12〉 공기 공급형 호흡기(air line respirator)

**사례문제 121**

흡수액 8.9 mL가 들어있는 어떤 임핀저(impinger)를 분석하였더니 0.19 ㎍ TDI/mL가 함유되어 있었다. 흡수액에 채취된 공기는 1.04 L/min의 유량으로 16.5분간 채취한 것이다. 임핀저의 포집효율이 85%일 경우, 폴리우레탄 폼(polyurethane foam) 제조업자의 호흡영역에서 TDI 농도(ppm)는? 단, TDI의 분자량은 174.2 g/g-mol이다.

풀이

(1.04 L/min) × 16.5 min = 17.16 L

$$8.9\ mL \times \frac{0.19\ \mu g}{mL} \times \frac{1}{0.85} = 1.99\ \mu g\ \ TDI,\quad \frac{\dfrac{1.99\ \mu g}{17.16\ L} \times 24.45}{174.2} = 0.016\ ppm\ \ TDI$$

※ 참조 : 톨루엔 다이아이소시아네이트(TDI, toluene 2,4- and 2,6-diisocyanate isomers, $C_9H_6N_2O_2$)는 방향족 다이아이소시아네이트류 화학 물질이다. 일반적으로 폴리우레탄 제품의 원료에 사용되며, 작업환경측면에서 8시간 평균 노출기준(TWA)은 0.005 ppm이다. TDI는 흡입 시 입, 기관지 및 폐에 자극을 주어 가슴 압박, 기침, 호흡곤란 , 눈물, 피부 가려움 등을 일으킬 수 있다. 이러한 증상은 즉시 또는 24시간 이내에 나타날 수 있다. 농도가 낮은 증기라도 장기간 노출될 경우 천식 증상이 나타나면서 기관지염을 일으킬 수 있다. 따라서, 취급 시에는 환기가 잘되는 작업장에서 네오프렌 장갑, 안전안경, 긴소매 작업복을 착용하고, TDI 증기를 흡입하지 않도록 국소배기장치(hood)가 있는 곳에서 취급하거나 국소배기장치가 없는 곳에서는 유기용 필터가 장착된 마스크를 반드시 착용하여야 한다.

### 사례문제 122

직경 50 ft, 길이 95 ft인 원통형 화학약품 저장고 내부에서 염화메틸렌(methylene chloride, $CH_2Cl_2$) 12.5 lb가 증발되고 있다. 정비공이 HEPA 호흡기를 착용하고 탱크 내부로 들어가서 2시간 40분 동안 면밀하게 조사하였다. 이 증기에 대한 정비공의 8시간 TWAE(ppm)는? 단, $CH_2Cl_2$ 분자량은 84.9이다.

풀이

탱크의 체적 = $\pi \times (25\ ft)^2 \times 95\ ft = 186{,}532.5\ ft^3$

$$186{,}532.5\ ft^3 \times \frac{28.32\ L}{ft^3} \times \frac{m^3}{1{,}000\ L} = 5{,}282.6\ m^3,\ 12.5\ lb \times \frac{453.59\ g}{lb} \times \frac{1{,}000\ mg}{g} = 5{,}669{,}875\ mg$$

$$\frac{\dfrac{5{,}669{,}875\ mg}{5{,}282.6\ m^3} \times 24.45\ L/g-mole}{84.9} = 309\ ppm$$

$160\ min \times 309\ ppm = 49{,}440\ ppm-min$

$320\ min \times 0\ ppm = 0\ ppm\text{-}min$

$\therefore$ 49,440 ppm-min/480 min = 103 ppm

이 농도에서 HEPA 필터 호흡기는 유기용제 증기에 대한 보호에 아무런 쓸모가 없다. $CH_2Cl_2$ 증기에 대한 TWAE는 103 ppm이고, ACGIH에서 염화메틸렌은 A2 발암물질로 정해져 있으며, 8시간 TWAE TLV는 50 ppm이다.

※ 이 문제에서 작업자가 유기용제 증기 흡입에 의한 불행한 희생자로 탱크 내에서 죽음으로 발견되었을 경우, 그의 죽음을 무엇으로 설명할 수 있겠는가? 농도가 309 ppm이라서?

$CH_2Cl_2$ 309 ppm에 대한 160분 노출 상태는 내생적으로 아드레날린을 분비하여 심근을 민감화 시킴으로 자동심실제세동기를 사용하지 않는 한 죽음을 야기시킬 수 있다. 100% 유기용제 증기 밀도는 공기보다 상

당히 커서 공기 중에서 켜켜이 쌓여 더욱 더 높은 농도를 형성한다. 증기 평균 농도가 309 ppm이고, 밀폐된 공간 조건과 매우 높은 농도가 된 가스와 증기층 상황 하에서 조사를 행하는 자체가 이러한 불행한 일을 자초하지 않나 생각한다.

#### 사례문제 123

좀약 결정체(DCB, $p$-dichlorobenzene) 약 5 g이 스웨터를 벗겨낸 후 19 × 11 × 28 in.인 빈 옷장 서랍에 남아 있었다. DCB의 분자량은 147이고, 증기압은 75°F에서 0.4 mmHg이다.

1) 닫혀진 서랍 안의 증기 농도(mg/m$^3$)는?
2) 서랍 공기 중 DCB는 몇 mg 이며, DCB에 대한 OSHA의 PEL은 75 ppm이고, 사람에 대한 DCB 독성역학은 좀약과 일치할 경우, 그 좀약은 과도하게 노출되었는가?

**풀이**

1) 포화상태에서 DCB 증기 농도(포화농도) = $\dfrac{0.4\,mmHg}{760\,mmHg}\times 10^6 = 526\,ppm$

$$\frac{mg}{m^3} = \frac{ppm \times 분자량}{24.45\,L/g-mole} = \frac{526\,ppm \times 147}{24.45} = \frac{3,162\,mg\,DCB}{m^3}$$

2) 옷장 서랍의 체적

$$\frac{19'' \times 11'' \times 28''}{\dfrac{1,728\,in^3}{ft^3}} \times \frac{28.32\,L}{ft^3} \times \frac{m^3}{1,000\,L} = 0.0959\,m^3$$

따라서, 서랍 공기 중 DCB = $\dfrac{3,162\,mg}{m^3} \times 0.0959\,m^3 = 303\,mg\ DCB$

증기 농도가 526 ppm이고, DCB에 대한 OSHA의 PEL은 75 ppm이므로 과다하게 노출되었다.

#### 사례문제 124

어떤 화학물질 분석사가 테니스 시합에서 신었던 성인용 테니스 신발에 부티르산(BA, butyric acid, $C_4H_8O_2$) 평균 농도가 4.7 ㎍이 있다는 것을 알아내었다. 환기가 되지 않는 체육관 개인용 라커에 넣어 둔 두 컬레의 신발에서 증기화된 후, 존재하는 부티르산의 농도(ppm)는? 단, 라커의 크기는 0.3 m × 0.3 m × 1.7 m이고, 부티르산의 분자량은 88이다.

**풀이**

$$\frac{4.7\,\mu g\ BA}{1\,짝} \times 2\,짝 = 9.4\,\mu g\ BA\ vapor$$

밀폐된 라커의 체적 = 0.3 m × 0.3 m × 1.7 m × $\dfrac{10^3\,L}{m^3} = 153\,L$

$$ppm = \frac{\frac{\mu g}{L} \times \frac{24.45\,L}{g-mole}}{88\,g/g-mole} = \frac{\frac{9.4\,\mu g}{153\,L} \times 24.45}{88} = 0.017\,ppm\,BA$$

퀴퀴한 냄새가 나는 라커 공기 중 17 ppb의 부티르산 증기가 존재한다. 부티르산의 악취한계 농도는 0.0006 ppm = 0.6 ppb이다. 이 악취 한계농도는 부패한 버터와 부패한 동물성 지방산에서 나는 것으로 상당히 적은 값이다.

### 사례문제 125

7.3 μL 액체 스타이렌(styrene, $C_6H_8$, 분자량 = 104, 밀도 = 0.91 g/mL)이 21.6 L 유리보정병 안에서 증발하였을 경우, 이 스타이렌 증기 농도(ppm)는?

풀이

7.3 μL = 0.0073 mL, 0.0073 mL × 0.91 g/mL = 0.00664 g = 6.64 mg

21.6 L = 0.0216 $m^3$

$$ppm = \frac{\frac{mg}{m^3} \times \frac{24.45\,L}{g-mole}}{\text{분자량}} = \frac{\frac{6.64\,mg}{0.0216\,m^3} \times 24.45}{104} = 72.1\,ppm$$

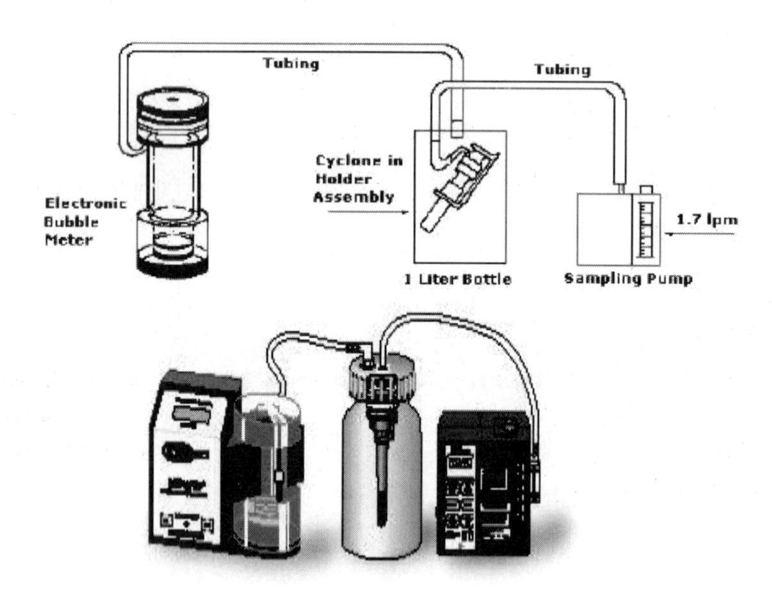


〈그림 13〉 유리보정병을 이용한 사이클론의 유량보정

### 사례문제 126

어떤 산업위생기사가 100 mL 검지관 펌프를 사용한 작은 활성탄 관을 통하여 호흡대역(BZ) 증기를 뽑아내어 아이소프로필아민(isopropylamine, $C_3H_9N$)에 대한 작업자의 최고치 노출농도를 측정하였다. 임계 유량 33 mL/min에서 펌프의 오리피스 샘플링을 했기 때문에, 이 방법은 활성탄 관의 크기를 초과하지 않고 최대 시료채취 유량을 얻을 수 있다. 아이소프로필아민의 TLV = 5 ppm이고, 호흡대역 최고치 농도가 0.5 ppm일 경우, 산업위생기사가 채취한 증기량(μg)은? 단, 아이소프로필아민의 분자량은 59이다.

풀이

$$\frac{mg}{m^3} = \frac{\mu g}{L} = \frac{ppm \times 분자량}{24.45} = \frac{0.5 \times 59}{24.45} = \frac{1.208\,\mu g}{L}$$

$$\frac{1.208\,\mu g}{L} \times 0.1\,L = 0.1208\,\mu g$$

산업위생기사는 분석학적으로 검출 가능한 최소 농도를 만족시키기 위해 증기를 충분히 포집하도록 점검하여야 한다. 그렇지 않으면 더 큰 공기 채취량이 요구된다.

### 사례문제 127

톨루엔(toluene, $C_6H_5CH_3$)과 에틸아세테이트(ethyl acetate, $C_4H_8O_2$)에 대한 $\frac{vapor}{hazard}$ 비율 계수(무차원 수)를 계산하시오. 단, 톨루엔의 증기압과 허용농도(TLV)는 21 mmHg와 50 ppm, 에틸아세테이트의 증기압과 허용농도(TLV)는 73 mmHg와 400 ppm이다.

풀이

먼저, 각 유기 증기에 대한 평형 포화 농도를 계산한다.

톨루엔: $\frac{21\,mmHg}{760\,mmHg} \times 10^6 = 27,632\,ppm$

에틸아세테이트: $\frac{73\,mmHg}{760\,mmHg} \times 10^6 = 96,053\,ppm$

두 번 째로, 각 유기 증기에 대한 평형 포화 농도를 해당 TLV로 나눈다.

톨루엔: $\frac{27,632\,ppm}{50\,ppm} = 553$(무차원 수)

에틸아세테이트: $\frac{96,053\,ppm}{400\,ppm} = 240$(무차원 수)

에틸아세테이트에 대한 $\frac{vapor}{hazard}$ 비가 비록 톨루엔 보다 더 휘발성이 높아, 더 빠르게 높은 농도가 될지라도 $\frac{533}{240} = 2.3$배 낮다. 이는 에틸아세테이트가 낮은 흡입 독성을 나타내기 때문에 화재 문제가 효율적으로 관리될 경우, 유기용제를 선택하는데 있어 더 낫다는 것을 의미한다. 즉, 톨루엔은 에틸아세테이트와는 달리,

피부에 흡수가 잘 되며, 인체에 더 위험한 독성물질이라는 것이다. 유기용제를 선택할 때 $\frac{vapor}{hazard}$ 비는 고려해야 할 타당성 있는 인자이지만, 다른 산업위생 관리와 화학물질 안전 인자, 즉 인화점, 점화 온도, 인체에 대한 국소적 독성 영향, 발암성, 최기성(催奇性, 기형을 발생시키는 성질), 유기용제 혼합비, 노출의 연속성과 정도 등을 명백히 고려하여야 한다. 위해성 관리 시 이러한 접근 방법은 유기용제를 선택함에 있어 TLVs와 PELs 등을 단독으로 사용하지 말 것을 나타낸다.

# 4. 공기를 포함한 가스상 물질과 시료채취 관련 문제

**사례문제 128**

작업장 공기를 37 mm PVC 멤브레인필터로 7시간 37분 동안 채취하였다. 1,000 mL 비누거품미터(soap film bubble calibrator)를 사용하여 초기 유량을 측정한 결과 L당 49.7초와 50.1초가 걸렸고, 유량 보정이 끝난 후에는 L당 53.7초와 53.3초가 걸렸다. 이 경우 채취된 공기의 양(L)은?

**풀이**

7시간 37분 = 420분 + 37분 = 457분

$$\frac{(49.7+50.1+53.7+53.3)\text{초}}{4} = 51.7\text{초},$$

$$\text{L/min} = \frac{60\text{초}/L}{51.7\text{초}/L} = 1.16\ L/\text{min},\ \therefore\ 457\ \text{min} \times 1.16\ \text{L/min} = 530\ \text{L}$$

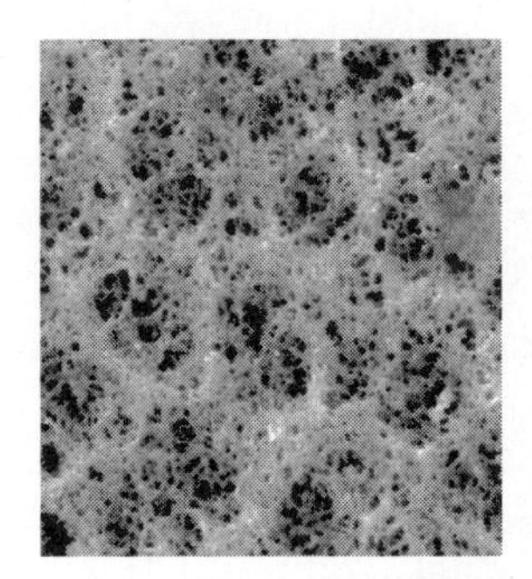
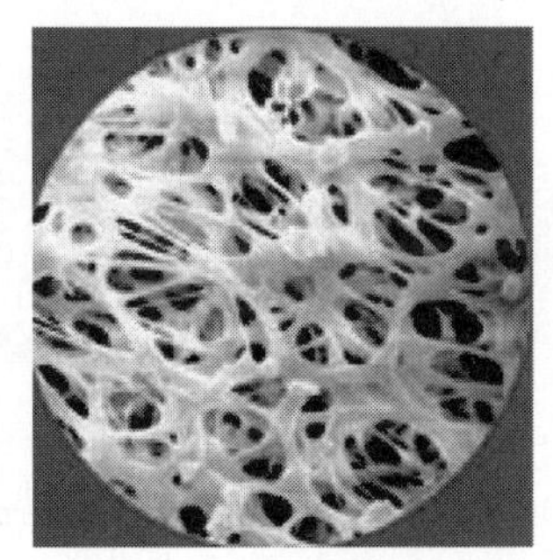

〈그림 14〉 PVC Membrane Filters – Filter Discs and Membranes

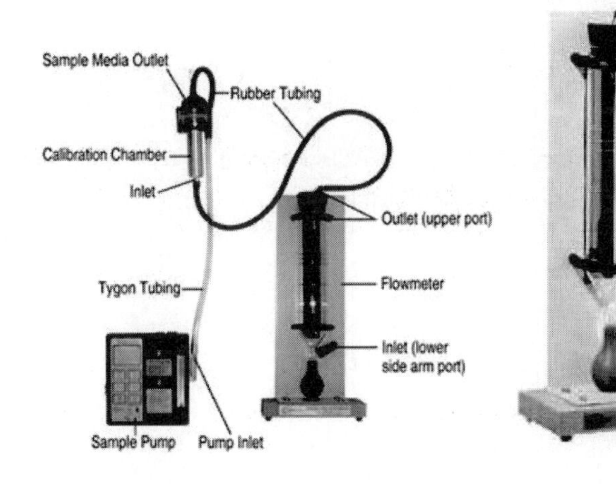

〈그림 15〉 Soap Film Flowmeters(bubble calibrator)

### 사례문제 129

미젯 임핀저를 사용하여 유량 0.89 L/min로 1시간 17분 동안 대기시료를 채취하여 오존을 분석하였다. 분석조건은 아이오딘화포타슘(KI, potassium iodide) 흡수액 13.5 mL, 임핀저 포집효율 71%로 3.6 μg/mL의 오존을 검출한 경우 대기 중 오존 가스의 농도(ppm)는?

풀이

시료채취량 = 0.89 L/min × (60 + 17) min = 68.5 L

오존($O_3$)의 분자량 = 48

$\left(\frac{100}{71}\right)$ = 임핀저의 비효율 포집계수 = 1.408

∴ 3.6 μg/mL × 13.5 mL × 1.408 = 68.4 μg $O_3$

$$\text{ppm} = \frac{\frac{\mu g}{L} \times 24.45}{\text{분자량}} = \frac{\frac{68.4\,\mu g}{68.5\,L} \times 24.45}{48} = 0.51\,ppm$$

### 사례문제 130

공기 중 질소의 농도(ppm)는?

풀이

공기: 78.09% $N_2$ + 20.95% $O_2$ + 0.93% Ar + ≅ 0.03% $CO_2$ + trace gases

(≅ 79% "불활성 가스(inerts)" + ≅ 21% $O_2$)

∴ N = 78.09% × 10,000 ppm/% = 780,900 ppm $N_2$

### 사례문제 131

50 L의 공기가 들어있는 대형 유리 보정병(carboy) 안으로 가스 주사기(syringe)를 사용하여 건조한 암모니아 가스 5 mL를 주입할 경우, 유리병 안의 암모니아 가스 농도(ppm)는?

풀이

방법 1: $\frac{10^6 \times 5\,mL}{50\,L \times 1{,}000\,mL/L} = 100\,ppm\,NH_3$

방법 2: $\frac{17\,g\,NH_3}{24.45\,L} = 0.695\,g/L = 0.695\,mg/mL,\quad 0.695\,mg/mL \times 5\,mL = 3.475\,mg$

$$50\text{ L} = 0.05\text{ m}^3 \quad \therefore \frac{\frac{3.475\,mg}{0.05\,m^3} \times 24.45}{17} = 100\,ppm\,NH_3$$

방법 3: $\frac{5\,mL}{50,000\,mL} = \frac{x\,ppm}{10^6\,ppm}$, $\therefore x = 100\,ppm\,NH_3$

이 기기 보정 유리병에는 100 ppm의 암모니아 가스가 함유되어 있다.

### 사례문제 132

2 ppm CO가 함유된 공기가 들어있는 313 L 기기 보정 용기 안에 75 ppm의 순수 CO를 혼합한 경우 CO의 농도(ppm)는? 단, CO 가스가 빠르게 용기 속으로 주입되어 희석 손실은 무시한다.

풀이

$$\frac{10^6 \times 0.075\,L}{313\,L + 0.075\,L} = 240\,ppm = \left[\frac{75\,mL}{313,000\,mL}\right] \times 10^6$$

(240+2) = 242 ppm

### 사례문제 133

어떤 임핀저에 염기성 희석용액 13 mL가 들어있다. 매 mL당 염산 가스 0.012 mg을 중화시킬 수 있다. 0.86 L/min의 유량으로 14.7 분간 공기를 채취하였더니 그 염기성 용액이 갑작스런 색깔 변화를 일으켰다. 시료채취 기간 동안 산성 가스의 평균 농도(ppm)는?

풀이

13 mL × 0.012 mg/mL = 0.156 mg HCl, HCl 분자량 = 36.5

0.86 L/min × 14.7 min = 12.64 L

$$ppm = \frac{\frac{156\,\mu g}{12.64\,L} \times 24.45}{36.5} = 8.27\,ppm\,HCl\ gas$$

### 사례문제 134

25℃, 760 mmHg에서 보정된 로타미터(rotameter)가 33℃, 690 mmHg에서 유량 1.45 L/min를 나타낼 경우, 정확한 표준공기의 유량(L/min)은?

풀이

$$L/\min = 1.45\,L/\min \times \sqrt{\frac{690\,mmHg}{760\,mmHg}} \times \sqrt{\frac{25℃ + 273\,K}{33℃ + 273\,K}} = 1.36\,L/\min$$

〈그림 16〉 아크릴 로터미터(Rotameter)

**사례문제 135**

산업위생에서 공기 시료채취 시 경험에 의한 "일반원칙(rules of thumb)" 두 가지를 나타내시오.

풀이

1) 최소 시료채취 부피($m^3$) $= \dfrac{\text{분석 감도}(mg)}{0.1 \times TLV(mg/m^3)}$

2) 최소 시료채취 시간(hr) $= \dfrac{\text{분석 감도}(mg)}{(0.1 \times TLV,\ mg/m^3) \times (\text{유량},\ m^3/hr)}$

일반적으로 공기 시료는 TLV, PEL, STEL, C, WEEL(workplace environmental exposure limit), REL 농도값의 최소 10%를 검출할 정도까지 채취하여야 한다.

**사례문제 136**

사염화티타늄($TiCl_4$) 600 g이 들어있는 시약병을 창고에서 깨뜨렸다. 그 시약이 다음과 같은 반응에 따라 높은 습도 하에서 가수분해하면서 빠르게 증발하였다.

$$TiCl_4 + 2\,H_2O \rightarrow TiO_2 \uparrow \ + \ 4\,HCl$$

창고(6 m × 18 m × 56 m)는 비어있어서, 환기장치가 가동되지 않은 상태로 작업을 하지 않고 있었다. 개인 호흡기를 착용하지 않고 그 창고에 들어가면 안전을 보장할 수 있는지를 확인하고, HCl 가스(ppm)와 $TiO_2$ 흄의 농도($mg/m^3$)를 계산하시오. 단, $TiCl_4$의 분자량 = 189.73, $TiO_2$의 분자량 = 79.9이고, 화학양론적 전환을 제공하는 공기 중 수분은 수증기 형태로 충분하다고 가정한다.

풀이

$6\text{ m} \times 18\text{ m} \times 56\text{ m} = 6{,}048\text{ m}^3$

$$\frac{600\,g\ TiCl_4}{189.73\,g/mole} = 3.16\,moles\ TiCl_4$$

반응식에서 생성되는 $TiO_2$의 양(mg) = 1 × 3.16 mols $TiO_2$ × 79.9 g/mol = 252,484 mg $TiO_2$

반응식에서 생성되는 HCl의 양(mg) = 4 × 3.16 mols HCl × 36.5 g/mol = 461,360 mg HCl

$$\therefore \frac{252{,}484\,mg\ TiO_2}{6{,}048\,m^3} = 41.75\,mg\ TiO_2\ fume/m^3$$

$$\frac{\dfrac{461{,}360\,mg\ HCl}{6{,}048\,m^3} \times 24.45}{36.5} = 51.1\,ppm\ HCl\ gas$$

HCl의 OSHA PEL = 5 ppm이므로 창고에 들어가면 안 된다. 만약 들어가려면 SCBA나 HEPA(High-efficiency particulate arrestance) pre-filter가 장착된 산 가스용 전면 개인 호흡기를 착용하고 들어가야 한다.

### 사례문제 137

지진으로 인하여 환기가 되지 않는 6 m × 38 m × 91 m의 체적을 갖는 화학 장치가 있는 작업장에 두 개의 인접된 압축 가스관이 동시에 폭발하여, 한 개의 파이프에서는 9 kg의 무수 암모니아가 누출되었고, 다른 파이프에서는 무수 염산 1.8 kg이 누출되었다. 폭발 즉시 높은 농도의 짙고 자극적인 흰색 흄이 형성되었다. 두 가스의 반응이 완전하게 일어났다고 가정할 때,

1) 작업장 내에 생성된 흰색 흄은 무슨 물질이며 그 양(g) 및 농도(mg/m$^3$)는?
2) 작업장 내에 잔류하는 가스는 무엇이며 그 가스의 농도(ppm)는?
3) 개인용 보호구인 호흡기를 착용하지 않고 사고가 난 작업장을 멋대로 돌아다닐 수 있는가?
4) 호흡기를 착용한다면 어떤 형태의 호흡기를 사용하여야 하는가?

풀이

누출된 염산과 암모니아 가스의 반응식은 $HCl + NH_3 \rightarrow NH_4Cl\ \uparrow$

$1{,}800\,g\ \ HCl + 9{,}000\,g\ \ NH_3 \rightarrow x\,g\ \ NH_4Cl = 1{,}800\,g\ \ HCl + 9{,}000\,g\ \ NH_3 \rightarrow y\,g\ \ NH_4Cl$

$$\frac{1{,}800\,g\ \ HCl}{36.5\,g\ \ HCl/g-mole} = 49.32\,moles\ \ HCl$$

$$\frac{9{,}000\,g\ \ NH_3}{17\,g\ \ NH_3/g-mole} = 529.4\,moles\ \ NH_3$$

따라서, 위 식으로부터 화학양론적으로 $NH_4Cl$ 49.32 mols이 생성된다.

($NH_4Cl$의 분자량 = 53.5 g/g-mol)

$$y\,g\,NH_4Cl = 49.32\,moles \times \frac{53.5\,g}{mole\ NH_4Cl} = y = 2{,}639\,g\,NH_4Cl$$

$6\ m \times 38\ m \times 91\ m = 20{,}748\ m^3$

$$\frac{2{,}639\ g}{20{,}748\ m^3} = \frac{0.127\ g}{m^3} = \frac{127\ mg\ NH_4Cl\ fume}{m^3}$$

$$1{,}800\ g\ \ HCl + 9{,}000\ g\ \ NH_3 \rightarrow 2{,}639\ g\ \ NH_4Cl\ fume$$

$$10{,}800\ g\ \text{총 반응물질량} - 2{,}639\ g\ \text{생성물질량} = 8{,}161\ g\ NH_3$$

$$ppm\ NH_3 = \frac{\dfrac{8{,}161{,}000\ mg}{20{,}748\ m^3} \times 24.45\ L/g-mole}{17\ g\ NH_3/g-mole} = 565.7\ ppm\ NH_3$$

※ 정답

1) $NH_4Cl\ fume$, 2,639 g, 127 mg/m$^3$
2) 565.7 ppm $NH_3$
3) 돌아다닐 수 없다.
4) 전면 정압공기 공급형 호흡기가 있는 개인호흡기(SCBA, self-contained breathing apparatus)를 착용한다. 왜냐하면 암모니아 가스의 노출 즉시 생명에 위험을 줄 수 있는 농도(IDLH, immediately dangerous to life and health) 값은 300 ppm이기 때문이다.

### 사례문제 138

건조 공기의 분자량을 계산하시오. 단, Ar의 원자량은 39.9이다.

풀이

| | % 부피 | | 분자량 | | 함유량별 분자량 |
|---|---|---|---|---|---|
| 산소($O_2$) | 21.0 | × | 32 | = | 6.72 |
| 질소($N_2$) | 78.1 | × | 28 | = | 21.866 |
| 아르곤(Ar) | 0.9 | × | 39.9 | = | 0.355 |
| 합계 | 100 | | | | 28.941 |

### 사례문제 139

고도 3,600 m에서 공기 중 산소 농도(%)는?

풀이

산소($O_2$)의 분압이 고도에 따라 감소될지라도 공기 중 % 농도는 변하지 않는다. 대기권에서는 어떤 고도에서도 $O_2$는 약 21%를 유지한다.

### 사례문제 140

3.4% S이 함유된 석탄 6.5톤이 완전연소(화학양론적으로 완전히 산화됨)될 때 생성되는 $SO_2$ 가스의 양(kg)은?

풀이

$S + O_2 \rightarrow SO_2 \uparrow \quad (2S + 3O_2 \rightarrow 2SO_3 \uparrow)$

6.5 ton × 0.034 = 0.221 ton S = 221 kg S

$$\frac{221\,kg\,S}{32\,g\,S/g-mole} \times \frac{1{,}000\,g}{kg} = 6906.25\,moles\ S$$

∴ 6905.25 몰의 $SO_2$가 생성된다. $SO_2$의 분자량 = 64

6905.25 mols $SO_2$ × 64 g $SO_2$/mol = 442,000 g $SO_2$ = 442 kg $SO_2$

### 사례문제 141

용량 29.8 L 유리병 안의 공기와 CO를 혼합시켜 35 ppm을 얻으려고 할 때 100% CO 가스의 주입량(mL)은? 단, 유리병 안의 공기는 Hopcalite® 여재를 사용하여 2 ppm CO가 함유된 공기를 CO-free상태로 하였다.

풀이

CO의 분자량 = 28

$$CO\text{의 밀도}(NTP, 25℃,\ 1\,atm) = \frac{\dfrac{28\,g}{g-mole}}{\dfrac{24.45\,L}{g-mole}} = \frac{1.145\,g}{L} = \frac{0.001145\,g}{mL}$$

$$\frac{35}{10^6} \times \frac{29.8\,L}{\dfrac{24.45\,L}{g-mole}} \times \frac{28\,g}{\dfrac{0.001145\,g}{mL}} = 1.043\,mL$$

※ 다른 풀이방식

$$\frac{x}{29{,}800\,mL} = \frac{35}{10^6},\quad \therefore\ x = 1.043\,mL\,CO$$

### 사례문제 142

공기 중 어떤 반응 가스의 붕괴상수(decay constant)는 $4.9 \times 10^{-2}$ 해리 분자수/min이다. 이 가스의 반감기(s)는?

풀이

1차 지수 붕괴 속도식 $N_t = N_o e^{-kt}$

여기서,

$N_t$: t 시간 후에 남아있는 분자수

$N_o$ : 반응 전의 분자수

$k$: 분자 해리상수

식으로부터 $N_t = \frac{N_o}{2}$, $t = T$로 대치하면, $\frac{N_o}{2} = N_o e^{-kT}$,

이 식을 T에 대하여 풀면 $0.5 = e^{-kT}$, 양변에 자연로그를 취하면, $\ln 0.5 = -kT$

$$\therefore\ T = \frac{\ln 0.5}{-k} = \frac{\ln 0.5}{-(4.9\times10^{-2}\ \text{해리 분자수/min})} = 14.15\,\text{min} = 849\,s,$$

849 s 마다 50%가 붕괴된다.

### 사례문제 143

사례 문제 141번에서 1시간 후에 남아있는 가스의 비율(%)은?

풀이

$N_t = N_o e^{-kt}$, 이 식의 양변을 $N_o$로 나누면, $\frac{N_t}{N_o} = e^{-kt}$

$$\frac{N_t}{N_o} = e^{-(0.049/\text{min})(60\,\text{min})} = 5.286\times10^{-2} = 5.3\%$$

불안정한 가스의 5.3%가 1시간 후 공기 중에 남게 된다.

### 사례문제 144

작은 활성탄관에 함유된 EO 가스를 $CS_2$ 2mL로 추출하였더니 3.7 μg EO/mL이었다. 작업장 공기 채취는 25℃에서 93 mL/min의 유량으로 97분 동안 이루어졌다. 분석 회수율이 79%라고 할 때 공기 중 EO(ethylene oxide) 농도(ppm)은?

풀이

EO gas = $C_2H_4O$, 분자량 = 44

(93 mL/min) × 97 min = 9,021 mL = 9.021 L

2 mL × (3.7 μg EO/mL) = 7.4 μg EO

$$\frac{\frac{7.4\,\mu g\,EO}{9.021\,L}\times24.45}{44}\times\frac{100}{79} = 0.6\,ppm\ EO\,gas$$

**사례문제 145**

화학양론적 연소 반응식에서 STP 상태의 공기 중 에테인($C_2H_6$) 25 L를 완전연소할 때, 생성되는 $CO_2$의 양(g)은?

풀이

연소반응식: $2C_2H_6 + 7O_2 \rightarrow 4CO_2 + 6H_2O \uparrow$

$C_2H_6$ 분자량 = 30, 30 g/g-mol, 22.4 L : 30 g = 25 L : $x$ g

$\frac{22.4\,L}{25\,L} = \frac{30\,g}{x\,g}$, $x = 33.48\,g$, $\frac{33.48\,g}{30\,g/g-mole} = 1.116\,moles\ C_2H_6$

∴ 생성된 이산화탄소: $1.116\,mols \times 2 = 2.232\,mols\ CO_2$, $2.232\,mols\ CO_2 \times (44\,g/g-mol) = 98.2\,g$

**사례문제 146**

100% CO 가스 7 mL를 CO가 전혀 포함되어 있지 않은 127 L 공기가 들어있는 플라스틱 백에 가스 주사기로 주입하였다. 플라스틱 백 안의 CO 가스 농도(ppm)는?

풀이

$$ppm\ CO = 10^6 \times \frac{0.007\,L}{127\,L + 0.007\,L} = 55.1\,parts\ CO/10^6\,parts\ Air = 55.1\,ppm$$

※ 다른 풀이:

$\frac{7\,mL}{127{,}007\,mL} \times \frac{x}{10^6}$, ∴ $x = 55\,ppm$

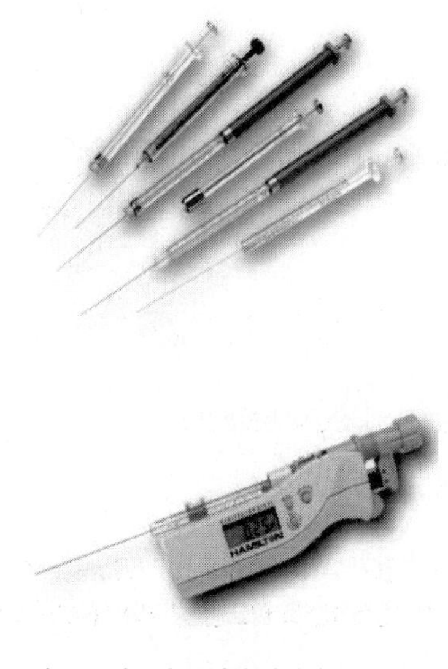

〈그림 17〉 가스시료 채취 시린지(syringe)

〈그림 18〉 가스시료 채취 백

**사례문제 147**

어떤 소각로 연소 시 주어진 연소반응식과 같이 초고온 조건 하에 메테인($CH_4$)과 과잉공기가 함유된 펜타클로로페놀(C6OHCl5) 45.5 kg/hr를 연소시키면, 14.5 g/hr의 포스겐($COCl_2$) 가스가 생성된다. 이 때 소각로에서 배출되는 총 가스 유량은 25℃, 1 atm(NTP)에서 130 m3/min이라면, 배출가스 중 포스겐 가스의 평균 농도(ppb)는?

$$C_6OHCl_5 + CH_4 + \text{과잉 공기}(O_2) \rightarrow CO_2,\ CO,\ Cl_2,\ HCl,\ H_2O,\ etc. + COCl_2$$

풀이

총 가스 유량: $130\ m^3/min \times \dfrac{60\ min}{hr} = 7,800\ m^3/hr$

$\dfrac{14.5 \times 10^3\ mg}{7,800\ m^3} = 1.86\ mg/m^3$,   $COCl_2$ 분자량 = 99

$\therefore\ ppm = \dfrac{1.86\ mg/m^3 \times 24.45}{99} = 0.46\ ppm = 460\ ppb$

**사례문제 148**

19℃, 741 mmHg에서 공기 13.7 L를 $SO_2$ 100% 흡수효율을 지닌 흡수액 14.4 mL가 들어 있는 미짓임핀저(midget impinger)로 채취하였다. 이 때 $SO_2$ 농도는 11.6 ㎍/mL이었다. 공기 시료 중 $SO_2$ 농도(ppm)을 계산하시오.

풀이

채취된 전체 $SO_2$ 양 = (11.6 ㎍/mL) × 14.4 mL = 167 ㎍

19℃, 741 mmHg에서 $SO_2$ 가스 1 ㎛ol의 부피

$= \dfrac{22.4\ \mu L}{\mu mol} \times \dfrac{760\ mmHg}{741\ mmHg} \times \dfrac{(273+19)\ K}{273\ K} = 24.6\ \mu L\ SO_2$

$SO_2\ (ppm) = \dfrac{167\ \mu g\ SO_2}{13.7\ Lair} \times \dfrac{\mu mol\ SO_2}{64\ \mu g\ SO_2} \times \dfrac{24.57\ \mu L\ SO_2}{\mu mol\ SO_2} = 4.68\ \mu L/L = 4.68\ ppm$

**사례문제 149**

천연가스의 주요 구성 성분은 메테인($CH_4$)으로 연소 시 다음과 같은 연소반응이 나타난다.

$$CH_4 + 2\ O_2 + 2(3.78)\ N_2 \rightarrow CO_2 \uparrow + 2H_2O \uparrow + 7.56\ N_2 \uparrow$$

여기서, 메테인 1 mol + 공기 9.56 mols은 이산화탄소 1 mol + 수증기 2 mols + 질소 7.56 mols로 바뀐다. 가스와 공기의 온도 21℃, 776 mmHg에서 $CH_4$ 28.3 m$^3$를 연소하는데 필요한 공기의 체적(m$^3$)과 질량(kg)을 구하시오.

풀이

위 연소반응식에서 공기 9.56 mols은 연료 가스 1 mol을 필요로 한다. 두 가스의 몰 부피는 같은 온도와 압력에서는 같다. 즉, (9.56) (28.3 $m^3$) = 270.55 $m^3$의 공기를 필요로 한다.

21℃, 776 mmHg에서 공기의 비중량은

$$1.3\,kg/m^3 \times \frac{273}{273+21} \times \frac{776\,mmHg}{760\,mmHg} = 1.23\,kg/m^3$$

$$\therefore\ 1.23\,kg/m^3 \times 270.55\,m^3 = 332.78\,kg\ \ air$$

### 사례문제 150

공기 시료채취용 임계 오리피스(critical orifice)가 고도 600 m, 18℃에서 시료채취량 1.40 L/min을 나타내었다. 이 오리피스를 고도 2,700 m, 27℃에서 사용할 경우, 공기 유량 미터 보정값(L/min)은? 단, 고도 600 m에서 공기압력은 708 mmHg, 2,700 m에서는 540 mmHg이다.

풀이

$$LPM(L/\min)_{actual} = LPM_{\text{indicated}} \times \sqrt{\frac{CP \times AT}{AP \times CT}}$$

여기서, P와 T는 절대 단위로써의 온도와 압력, C는 보정조건,
A는 실제 사용조건과 임계 오리피스 사용 상태

$$\therefore\ LPM_{actual} = 1.4\,L/\min \times \sqrt{\frac{708\,mmHg \times 300K}{540\,mmHg \times 291K}} = 1.62\,L/\min$$

보정값은 1.62 L/min. 보정계수 = $\frac{1.62\,Lpm}{1.40\,Lpm} = 1.157$, 오리피스 공기유량 미터에서는 보일 샤를의 법칙을 사용하지 않는다.

### 사례문제 151

어떤 일산화탄소 검지기의 보정 발색 길이가 기압 625 mmHg, 호흡영역에서 농도 100 ppm±25%을 나타내었다. 해수면으로 보정된 CO 가스의 농도(ppm)는?

풀이

$$100\,ppm \pm 25\% \times \frac{760\,mmHg}{625\,mmHg} = 122\,ppm \pm 25\% = 90 \sim 153\,ppm\ \ CO$$

**사례문제 152**

하이볼륨에어 샘플러를 이용하여 8시간 7분 동안 1.34 $m^3$/min의 유량으로 작업장 공기를 채취하였다. 채취된 공기량($m^3$)은?

풀이

480 min + 7 min = 487 min

487 min × (1.34 $m^3$/min) = 652.6 $m^3$

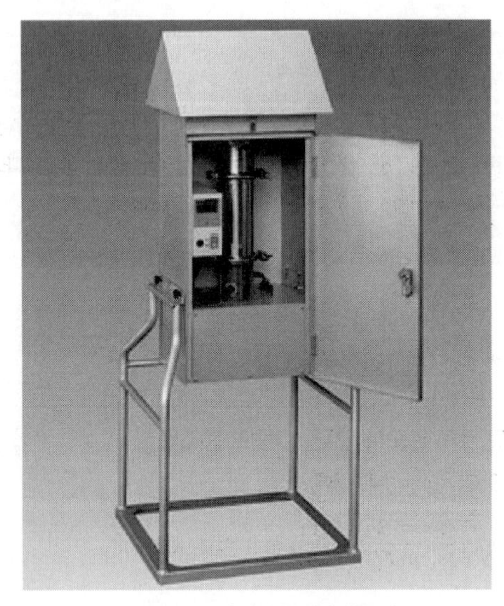

〈그림 19〉 하이볼륨에어샘플러

**사례문제 153**

어떤 전기도금 작업자가 네 가지 작업공정에서 HCl 가스에 노출되었다. 첫 번째는 디핑(dipping) 작업(2.5 hrs, 1.6 ppm), 두 번째는 드레이닝(draining) 작업(3.25 hrs, 2.9 ppm), 세 번째 산 보충(acid replenishment) 작업(15 min, 8.8 ppm), 네 번째는 청소작업(0.5 hrs, 0.7 ppm)이다. 작업자의 8-hr 작업 중 나머지 시간에 대한 노출은 무시한다고 가정할 경우, HCl 가스에 대한 TWAE(ppm)는?

풀이

$C \times T =$ 농도 × 노출시간 $= CT = dose$ (*Haber's law*)

| | |
|---|---|
| dipping | 1.6 ppm × 2.5 hrs = 4.00 ppm-hrs |
| draining | 2.9 ppm × 3.25 hrs = 9.43 ppm-hrs |
| replenishment | 8.8 ppm × 0.25 hrs = 2.20 ppm-hrs |
| cleanup | 0.7 ppm × 0.5 hrs = 0.35 ppm-hrs |

other 0.0 ppm × 1.5 hrs = 0.00 ppm-hrs
8.0 hrs 15.98 ppm-hrs

∴ HCl 가스에 대한 Total dose = (15.98 ppm hrs/8 hrs) = 2.0 ppm TWAE
작업자의 HCl에 대한 노출은 산보충 작업을 행할 때 OSHA STEL 5 ppm값을 초과한다. 따라서 이 작업을 행할 시 반드시 전면 산-가스 호흡기를 착용하거나 환기를 실행하여야 한다.

### 사례문제 154

인화칼슘($Ca_3P_2$) 2 kg 덩어리가 큰 물통에 빠져 다음 식과 같이 포스핀(인화수소, $PH_3$, phosphine) 가스가 누출되었다.

$$Ca_3P_2 + 6\,H_2O \rightarrow 3\,Ca(OH)_2 + 2\,PH_3\uparrow$$

이 반응식이 화학양론적으로 전환될 경우, 포스핀 가스의 물에 대한 용해도를 무시할 때 발생되는 포스핀의 양(g)은?

풀이

$Ca_3P_2$의 분자량 = 182, $PH_3$ 가스의 분자량 = 34.00

$$\frac{2{,}000\,g\ Ca_3P_2}{182\,g/mole} = 11.21\,mole\ Ca_3P_2,\ \ 11.21\,mols\ Ca_3P_2 \rightarrow 22.42\,mols\ PH_3\uparrow$$

22.42 mols × 34.00 g/mol = 762.28 g $PH_3$, ∴ 포스핀 가스 762 g이 누출되었다.

### 사례문제 155

사례 문제 153번에서, 포스핀 가스가 6 m × 15 m × 15 m의 체적을 가진 환기가 되지 않은 실내에서 발생하였을 때 포스핀 가스의 농도(ppm)는? 단, 실내 공기와 $PH_3$ 가스는 균일하게 혼합된다고 가정한다.

풀이

실내 공간의 체적 = 6 m × 15 m × 15 m = 1,350 $m^3$

$$ppm = \frac{\dfrac{762{,}280\,mg}{1{,}350\,m^3}\times 24.45}{34} = 387\,ppm\ PH_3$$

포스핀 가스의 TLV와 PEL은 0.3 ppm, STEL은 1 ppm이기 때문에 전면 정압공기 공급형 호흡기가 있는 개인호흡기(SCBA, self-contained breathing apparatus), 포스핀 가스에 대한 교육 및 누출 시 대비 훈련, 환기 등의 조치가 필요하다.

**사례문제 156**

산업용 클로로벤젠($C_6H_5Cl$) 폐액이 대형 수직형 유해물질 폐액 소각로에서 758 kg/hr의 유량으로 자동 노즐을 통하여 분사 공급되고 있다. 70%의 과잉 공기로 100% 산화처리 된다고 가정할 경우, 굴뚝 배출가스 중 총 연소 생성물의 양(kg/hr)과 생성되는 연소가스 비율(%)을 나타내시오.

풀이

연소 반응식:

$$C_6H_5Cl + 7\,O_2 + \left[\frac{0.79}{0.21}\times 7\,N_2\right] \rightarrow HCl\uparrow + 6CO_2\uparrow + 2\,H_2O\uparrow + \left[\frac{0.79}{0.21}\times 7\,N_2\right]$$

70% 과잉 공기로 산화할 경우:

$$C_6H_5Cl + (1.7\times 7)\,O_2 + \left[1.7\times\frac{0.79}{0.21}\times 7\,N_2\right] \rightarrow$$

$$HCl\uparrow + 6CO_2\uparrow + 2\,H_2O\uparrow + \left[1.7\times\frac{0.79}{0.21}\times 7\,N_2\right] + (0.7)7\,O_2$$

$C_6H_5Cl$의 분자량 = 112.5, $O_2$ =32, $N_2$ = 28, HCl = 36.5, $CO_2$ = 44

클로로벤젠 1 kg-mol은 산소 7 kg-mol을 필요로 한다.

$$\frac{758\,kg/hr}{112.5\,kg/kg-mol} = \frac{7\times 758\,kg-moles\;O_2}{112.5},\quad \frac{758}{112.5} = 6.74,\quad O_2:\ \frac{758}{112.5}\times 7 = 47.16$$

$$CO_2:\ \frac{758}{112.5}\times 6 = 40.43,\quad H_2O:\ \frac{758}{112.5}\times 2 = 13.48,$$

소각로 연소생성물:

$CO_2$: 6 kg-mol × 44 × 6.74 = 1779.36 kg

$H_2O$: 2 kg-mol × 18 × 6.74 = 242.64 kg

HCl: 1 kg-mol × 36.5 × 6.74 = 246.01 kg

$O_2$: 0.7 kg-mol × 7 × 32 × 6.74 = 1056.83 kg

$N_2$: $\frac{1.7\times 0.79}{0.21}\,kg-mol\times 7\times 28\times 6.74$ = 8448.37 kg

11,773.21 kg

$$CO_2:\ \frac{1779.36}{11,773.21} = 0.15 = 15\%$$

$$H_2O:\ \frac{242.64}{11,773.21} = 0.02 = 2\%$$

$$HCl:\ \frac{246.01}{11,773.21} = 0.02 = 2\%$$

$$O_2:\ \frac{1056.83}{11,773.21} = 0.090 = 9\%$$

$$N_2:\ \frac{8448.37}{11,773.21} = 0.72 = 72\%$$

1.000 100%

굴뚝 배출가스 중 총 연소 생성물의 양은 11,773.21 kg/hr, $CO_2$ 15%, $H_2O$ 2%, HCl 2%, $O_2$ 9%, $N_2$ 72%

**사례문제 157**

$ft^3$/hr의 단위로 보정된 어떤 로타미터(rotameter)가 공기 시료채취를 위해 2시간 39분 동안 사용되었다. 평균 로타미터의 눈금값이 4.6으로 나타났을 경우, 채취된 공기의 부피(L)는?

풀이

$$\frac{4.6\,ft^3}{hr} \times \frac{hr}{60\,\text{min}} \times 159\,\text{min} \times \frac{28.3\,L}{ft^3} = 345\,L$$

**사례문제 158**

1.78 mg/$m^3$ HF 가스를 ppm으로 환산하시오. 단, HF 분자량 = 20이다.

풀이

$$ppm = \frac{\frac{mg}{m^3} \times 24.45}{\text{분자량}} = \frac{\frac{1.78\,mg}{m^3} \times 24.45}{20} = 2.18\,ppm$$

HF 가스의 최고치 농도는 5ppm이다.

**사례문제 159**

1,000 mL 비누거품기구(soap bubble apparatus)를 통과한 시료채취 전, 후의 경과시간이 83.5 초와 84.9초일 경우, 공기시료채취 펌프의 평균 유량(L/min)은?

풀이

$$\frac{83.5\,s + 84.9\,s}{2} = 84.2\,s, \quad \frac{60\,s/\text{min}}{84.2\,s/L} = 0.713\,L/\text{min} = 713\ \text{mL/min}$$

**사례문제 160**

세렌화수소(hydrogen selenide, $H_2Se$) 가스 1 ppm을 mg/$m^2$으로 환산하시오. 단, $H_2Se$ 분자량은 81.0이다.

풀이

$$1\,ppm\,H_2Se = \frac{\frac{\mu g}{L} \times 24.45}{81} = \frac{3.31\,\mu g}{L} = 3.31\,mg/m^3$$

**사례문제 161**

황화수소(hydrogen sulfide) 가스가 함유된 공기가 아이오딘이 환원되기 전의 0.001 N 아이오딘($I_2$) 용액 10 mL가 들어있는 어떤 임핀저(흡수병)에 12분 동안 1 L/min으로 흡수되었다. $H_2S$의 농도(ppm)는?

풀이

$S^{-2} + I_2 \rightarrow S^0 + 2I^{-1}$

(mL) (N) = meq(milliequivalents) (여기서, $I_2$는 산화제, $H_2S$는 환원제이다.)

(10 mL) (0.001 N) = 0.01 meq $I_2$, 1 meq $I_2$는 0.5 meq $H_2S$에 상당한다.

0.01 meq $I_2$는 0.005 meq $H_2S$에 상당한다.

1 meq $H_2S$는 25℃, 760 mmHg에서 24.45 mL에 상당한다.

$\therefore\ 0.005\, meq\ H_2S \approx 0.122\, mL\ H_2S,\ \dfrac{0.122\, mL\ H_2S}{12\, L} = \dfrac{0.010\, mL}{L}$

$\dfrac{10\, mL}{1{,}000\, L} = 10\, ppm\ H_2S$ (황화수소는 강력한 화학 질식제이다.)

**사례문제 162**

어떤 배출가스를 오르잣(Orsat) 가스 분석기로 분석하였더니 과잉 공기 40%를 사용한 연소공정에서 $CO_2$ 12.9%, $O_2$ 4.9%였다. 이러한 조건 하에서 배출가스의 이론적인 최대 탄산가스 농도(%)는?

풀이

$$\text{이론적인 }(CO_2)_{max} = \frac{\text{배출가스 시료의 } CO_2\,(\%)}{1-\left[\dfrac{\text{배출가스 시료의 } O_2\,(\%)}{21\%}\right]} = \frac{12.9\%\ CO_2}{1-\left[\dfrac{4.9\%\ O_2}{21\%\ O_2}\right]} = 16.8\%\ CO_2$$

따라서, 연소효율 = $\left(\dfrac{12.9\%}{16.8\%}\right) \times 100 = 76.8\%$이다.

**사례문제 163**

연소되는 천연 가스를 오르잣 가스분석기로 분석하였더니 부피비로 $CO_2$ 10.4%, $O_2$ 2.9%, $N_2$ 86.7%였다. 이 천연가스는 부피비로 메테인($CH_4$) 89%, 질소가스 5%, 에테인($C_2H_6$) 6%로 구성되었다. 연소가스의 이론적인 최대 탄산가스 농도(%)와 과잉 공기비율(%)은? 단, 화학양론적으로 연소에 필요한 공기에 의해 생성되는 건연소가스의 비율은 대략 90%이다.

풀이

$$\% CO_2 = \frac{\text{연소가스의 } CO_2(\%)}{1-\left[\frac{\text{연소가스의 } O_2(\%)}{21\%}\right]} = \frac{10.4\% \; CO_2}{1-\left[\frac{2.9\% \; O_2}{21\% \; O_2}\right]} = 12.06\% \; CO_2$$

$$\text{과잉 공기비} = \frac{12.06\% \; CO_2 - 10.4\% \; CO_2}{10.4\% \; CO_2} \times 0.90 = 14.37\%$$

이 계산은 연료의 연소를 행하는 엔지니어가 연료의 최적 산화값과 최소량의 CO 및 배출 가스 중 다른 배출물질을 찾는 것을 도와준다.

### 사례문제 164

어떤 화학공장에서 발생한 인접한 두 개의 가스 라인의 파열로 인해 코를 찌르는 듯한 에어로졸에 작업자들이 노출되고 있다. 이로 인해 심한 폐부종으로 다섯 명의 작업자가 병원에 입원하였다. 그 사고를 실험실 차원으로 재복원한 결과, 최대 농도로 $NH_4Cl$ 6.3 mg/m$^3$ (STEL = 20 mg/m$^3$), $Cl_2$ 0.3 ppm(STEL = 1 ppm), $NH_3$ 3.6 ppm (STEL = 35 ppm)임이 밝혀졌다. 작업자가 10분 이상 노출되지 않았을 경우, 가장 타당성 있는 설명은?

a. 모든 노출값이 PELs 이하이므로, 이 작업자들은 아마도 어떤 다른 영향, 즉 심신 질환이거나 집단 히스테리를 나타낸 것이다.
b. 실험실 시뮬레이션 테스트에 오류가 있었다.
c. 제시된 대기오염물질은 폐부종을 일으키지 않는다.
d. 작업자들은 아마도 화학물질에 의한 폐렴(pneumonitis)을 갖고 있었다.
e. 암모니아 가스는 염소 가스와 반응하여 염소 가스나 암모니아 보다 잠재적으로 더 심하게 폐에 해로운 클로라민 화합물을 생성하는데 실험실 테스트는 클로라민 화합물을 고려하거나 검출하는데 실패 하였다.
f. 이 작업자들은 이전부터 폐기종(emphysema)이나 기관지염(bronchitis)을 갖고 있었다.

풀이

e

### 사례문제 165

고압 질소 가스가 충전되어 있고, 2.7% 아르신(arsine, $AsH_3$) 가스가 들어있는 체적이 150 L인 어떤 실린더가 환기가 되지 않는 3 m × 5.5 m × 11.5 m 크기의 실내에서 폭발하였다. 혼합되고 난 후, 아르신(arsine, $AsH_3$) 가스의 농도(ppm)는? 단, 아르신의 분자량은 78이다.

풀이

아르신 가스의 부피: 150 L × 0.027 = 4.05 L, 실내 체적 = 3 m × 5.5 m × 11.5 m = 189.75 m$^3$

$$\frac{4.05\,L \times \dfrac{m^3}{1,000\,L}}{189.75\,m^3} \times 10^6 = 21.34\,ppm$$

아르신 농도는 21.34 ppm이다. PEL = 0.05 ppm. 여기서 분자량은 의미가 없다.

### 사례문제 166

LPG 포크 리프트 운전자가 10시간을 작업하면서 다음과 같이 일산화탄소에 노출이 되었다. $3\frac{3}{4}$시간 동안 작업장으로 부품을 운반하면서 14 ppm, $2\frac{1}{2}$시간 동안 선적과 하역 플랫폼에서 빈 팔레트를 쌓은데 16 ppm, 15분간 두 번의 휴식 시간에 2 ppm, $1\frac{1}{2}$시간 동안 철로 박스카 내에서 135 ppm, $1\frac{3}{4}$시간 동안 트럭 트레일러 내에서 82 ppm에 노출되었다. 이 경우 작업자의 CO 가스에 대한 TWAE(ppm)는?

**풀이**

| 구분 | CO ppm | × | 시간(hr) | = | ppm-hrs |
|---|---|---|---|---|---|
| 부품 운반작업 | 14 | × | 3.75 | = | 52.5 |
| 팔레트 쌓기 작업 | 16 | × | 2.5 | = | 40 |
| 휴식 시간 | 2 | × | 0.5 | = | 1 |
| RR 박스카 내부 | 135 | × | 1.5 | = | 202.5 |
| 트럭 트레일러 내부 | 82 | × | 1.75 | = | 143.5 |
| 합계 | | | 10.0 | | 439.5 |

$$\therefore\ \frac{439.5\,ppm-hrs}{10\,hrs} = 43.95\,ppm\ TWAE$$

이 농도는 CO의 TLV 35 ppm을 초과한다. 트럭과 레일 카 내부에 있는 작업자의 노출시간을 줄일 필요가 있다.

### 사례문제 167

반응이 빠른 가스가 공장의 대기 중에 존재하고 있다. 이 가스는 공기 중에 존재하는 농도와는 별개로 예측 가능한 발생량에서 덜 해로운 가스로 분리되며 또한 공장 환기장치에 의해 제거된다. 직독식 가스측정기를 사용하는 측정한 초기 농도는 25 ppm이다. 30분 후에 가스의 농도가 10 ppm가 되었다면 공장 환기장치에 의한 이 가스의 결합붕괴상수(%/min)는?

**풀이**

$$\ln\left[\frac{\text{최종 농도}}{\text{초기 농도}}\right] = -T_{\frac{1}{2}} \times \text{시간} = \ln\left[\frac{10\,ppm}{25\,ppm}\right] = -T_{\frac{1}{2}} \times 30\,\text{min}$$

$\ln 0.4 = -T_{\frac{1}{2}} \times 30\,\text{min}, \therefore -T_{\frac{1}{2}} = -0.0305/\text{min}$

결합붕괴상수 = 0.0305/min = 3.05%/min

**사례문제 168**

사례 문제 167번에서 이 가스의 물리적인 반감기($T_p$)는 40분이다. 이 가스의 결합효과 반감기($T_{eff}$)와 희석환기 반감기($T_v$)를 계산하시오.

**풀이**

$$\ln\left(\frac{1}{2}\right) = \frac{-0.0305}{\text{min}} \times T_{eff},\quad T_{eff} = \frac{-0.693}{-0.0305/\text{min}} = 22.7\,\text{min}$$

$$T_{eff} = \frac{T_p \times T_v}{T_p + T_v},\quad 22.7\,\text{min} = \frac{40\,\text{min} \times T_v}{40\,\text{min} + T_v},\quad 908 + 22.7 \times T_v = 40 \times T_v$$

$$908 = (40 - 22.7) \times T_v,\quad \therefore T_v = 52.5\,\text{min}$$

결합효과 반감기 = 22.7분, 희석환기 반감기 = 52.5분

**사례문제 169**

체중이 70 kg인 어떤 사람이 먹고 있는 샌드위치 안으로 머리 위에 있는 빔에서 시안화소듐(sodium cyanide) 덩어리 1 g이 떨어져 삼켜버렸다. 즉시, 그 수용성 시안화염은 그 사람의 위에 있는 HCl과 접촉해서 HCN 가스로 변해서, 2,800 ppm HCN 가스가 함유된 400 mL 가스의 트림을 유발하였다. 트림 후에 그 사람의 몸에 남아 있는 시안화물(mg)은? 단, 그 사람의 위에 있는 염산은 충분하였고, 트림 가스는 몸에서 전부 배출되었다고 가정한다.

**풀이**

시안화물의 반응식: $NaCN + HCl \rightarrow HCN \uparrow + NaCl$

$NaCN$의 분자량 = 49, $HCN$의 분자량 = 27

$NaCN$/(49 g/mol) 1 g = 0.02041 mol $NaCN$, 따라서 0.02041 mol의 $HCN$이 생성된다.

$$\frac{mg}{m^3} = \frac{ppm \times \text{분자량}}{24.45} = \frac{2{,}800\,ppm \times 27}{24.45} = 3{,}092\,mg/m^3 = 3{,}092\,\mu g/L$$

$$\frac{3{,}092\,\mu g}{L} \times 0.4\,L = 1{,}237\,\mu g\ HCN$$

$$HCN\ \text{중}\ \%\ CN^- = \frac{26}{27} \times 100 = 96.3\%,\quad NaCN\ \text{중}\ \%\ CN^- = \frac{26}{49} \times 100 = 53.1\%$$

1,237 $\mu g$ $HCN \times 0.963$ = 1,191 $\mu g$ $CN^-$ = 1.19 mg $CN^-$

1,000 mg $NaCN \times 0.531$ = 531 mg $CN^-$

$\therefore$ 531 mg $CN^-$ - 1.19 mg $CN^-$ = 529.8 mg $CN^-$

### 사례문제 170

어떤 보정된 로타미터(rotameter)가 오전 7시 7분에 유량 2.37 L/min를 나타내고 있었다. 공기 중 먼지채취를 위해 사용되고 있는 이 로타미터는 오후 4시 2분에는 유량이 2.18 L/min를 가리켰다. 채취된 공기량($m^3$)은?

풀이

평균 공기 유량: $\frac{2.37\,L/\min + 2.18\,L/\min}{2} = 2.28\,L/\min$

경과시간: 15:62 - 7:07 = 8시간 55분 = 535분

$\frac{2.28\,L}{\min} \times 535\,\min = 1,219.8\,L \fallingdotseq 1,220\,L = 1.22\,m^3$

### 사례문제 171

저유량 공기 시료채취 펌프와 소형 활성탄관이 연결된 기기를 흐르는 공기유량을 100 mL 비누막 거품관(soap film bubble tube)으로 NTP 상태(25℃, 1 atm)에서 보정하였다. 두 번의 보정 결과 100 mL 비누 거품관을 통과하는 시간이 73.7초와 74.1초였다. 이 때 채취되는 평균  공기 유량(L/min)은?

풀이

$\frac{74.1\,\sec + 73.7\,\sec}{2} = \frac{73.9\,\sec}{100\,mL}$

여기서, 73.9 sec = 1.232 min, 100 mL = 0.1 L이므로

채취되는 평균 공기 유량(L/min) = $\frac{0.1\,L}{1.232\,\min} = 0.081\,L/\min$

### 사례문제 172

탄화칼슘(calcium carbide, $CaC_2$) 10 lb 덩어리를 10 × 12 × 12 ft인 실내에  있는 개방된 55 갈론 물통에 떨어뜨렸다. 실내는 환기가 되지 않고, 한 모서리에 촛불이 켜져 있었다. 이 때 탄화칼슘이 아세틸렌 가스로 정량적인 변화가 있을 경우 폭발은 발생할 것인가? 단, 아세틸렌 가스가 물 속으로 용해되는 것은 무시하며, 탄화칼슘과 아세틸렌의 분자량은 64.1과 26.04이다.

풀이

탄화칼슘이 물 속에 들어갔을 때의 화학반응식, $CaC_2 + 2\,H_2O \rightarrow Ca(OH)_2 + C_2H_2 \uparrow$

10 lb × 453.59 g/lb = 4,535.9 g $CaC_2$

$\frac{4,535.9\,g\,CaC_2}{64.1\,g/mole} = 70.76\,moles\,CaC_2$

따라서 70.76 mols의 아세틸렌 가스가 발생하여 공기 중으로 배출된다.

$$70.76\,mols\ C_2H_2 \times \frac{26.04\,g}{mol} = 1,842.67\,g\ C_2H_2$$

실내 체적 = 10 × 12 × 12 ft = 1,440 $ft^3$, 1,440 $ft^3$ × (28.32 L/$ft^3$) = 40,781 L = 40.78 $m^3$

$$\frac{\frac{1,842,670\,mg}{40.78\,m^3} \times 24.45\,L/g-mole}{26.04\,g/g-mole} = 42,427\,ppm\ C_2H_2\ gas$$

이 실내에서 아세틸렌 가스의 평균 농도는 4.24%이다. 공기 중 아세틸렌 가스의 LEL~UEL 범위는 2.5%~80%로 모든 폭발성 탄화수소 가스 중 가장 폭이 넓다. 비록 실내에서의 농도가 아세틸렌 가스의 폭발 하한치에 있더라도 이 실내를 완전히 폭발시킬 수 있을 것이다.

### 사례문제 173

70°F(21℃), 29.92 inchHg(760 mmHg)에서 표준 건조공기의 질량은?

a. 0.13 lb/$ft^3$
b. 0.013 lb/$ft^3$
c. 22.4 lb/1,000 $ft^3$
d. 0.003 grains/$ft^3$
e. 0.130 lb/1,000 $ft^3$
f. 0.075 lb/$ft^3$

**풀이**

f

MKS 단위로 환산할 경우 1.2 kg/$m^3$이다.

### 사례문제 174

어떤 유입 덕트가 사용되어 질 때 공기의 밀도(kg/$m^3$)는 어떻게 되는가? 예를 들어, 대기압 10,336 mm$H_2O$에서 입구 흡입력이 508 mm$H_2O$인 유입 덕트에 대한 공기 밀도보정을 계산하시오. 단, 공기 온도는 50℃, 고도는 600 m이다.

**풀이**

$$\text{대기압 보정계수} = \frac{10,336\,mmH_2O - 508\,mmH_2O}{10,336\,mmH_2O} = 0.951$$

$$\text{공기 밀도} = 1.2\,kg/m^3 \times \frac{273\,K + 21℃}{273\,K + 50℃} \times \frac{706\,mmHg}{760\,mmHg} \times \frac{0.951 \times 10,336\,mmH_2O}{10.336\,mmH_2O} = 0.97\,kg/m^3$$

**사례문제 175**

사례 문제 174번에 수증기가 부가된 건조 공기의 밀도(kg/m³)는?

풀이

공기의 밀도는 수증기가 부가(습식 스크러버 시스템처럼)되면 수증기의 분자량이 공기 분자량 보다 적기 때문에 감소된다(공기 분자량 = 29, 물의 분자량 = 18). 공기 온도 50℃, 고도 600 m, 입구 흡입력이 508 $mmH_2O$에서 포화 수증기가 함유된 공기를 생각하면(289, 290, 291번 문제를 참고하시오.)

$$0.97\,kg/m^3 \times \frac{706\,mmHg}{760\,mmHg} \times \frac{9,828\,mmH_2O}{10,336\,mmH_2O} = 0.86\,kg/m^3$$

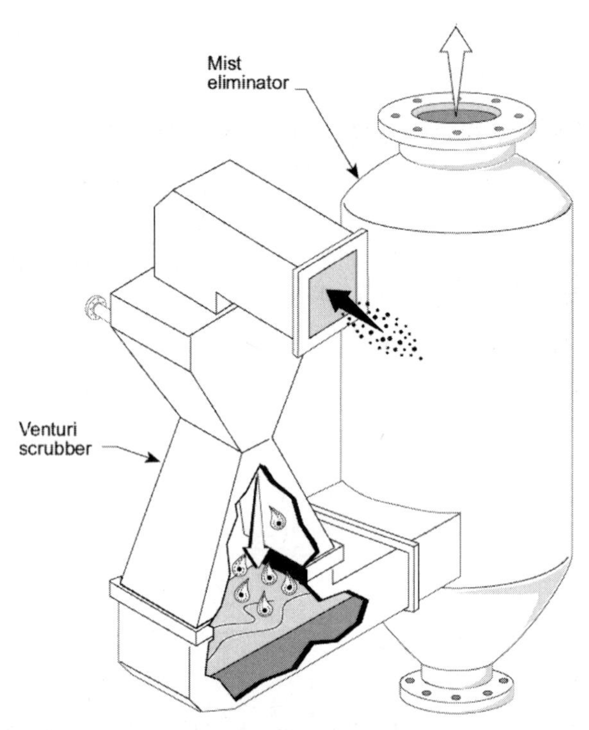


〈그림 20〉 습식 스크러버(wet scrubber)

**사례문제 176**

20% 초과 공기율로 황함유 연료유가 연소 공정에서 연소되고 있다. 무게비로 구한 연료유의 구성 성분 결과는 탄소 88.3%, 수소 9.5%, 황 1.6%, 회분 0.10%, 물 0.05%이었다. $SO_2$에서 $SO_3$로의 전환율이 4%일 경우,

1) 필요한 연소 공기량(scf, standard cubic feet)과 굴뚝에서 배출되는 가스 중 $SO_2$와 $SO_3$ 농도(ppm)는?
2) 완전 연소라고 가정할 경우, $CO_2$ 12%에서 배출 가스 중 회분의 농도(grain/scf)는?
   단, 이 연료유는 이론 건연소 공기량이 176.3 scf/lb이고, 연료유 1 lb당 60°F, 상대습도 40%에서 연소공기량은 177.6 scf이다.

풀이

1) 모든 계산식에서 이 연료유 1 lb 사용하는 것을 기본으로 한다.

이론적인 연소 공기량:

$C+O_2 \rightarrow CO_2 \uparrow$ (0.883 lb) (32/12) = 2.35 lb $O_2$

$H_2+1/2\ O_2 \rightarrow H_2O \uparrow$ (0.095 lb) (16/2) = 0.076 lb $O_2$

$S+O_2 \rightarrow SO_2 \uparrow$ (0.016 lb) (32/32) = 0.016 lb $O_2$

2.35 lb $O_2$ + 0.076 lb $O_2$ + 0.016 lb $O_2$ = 3.13 lb $O_2$/lb

$CO_2$에 대한 연소공기량

$$\frac{2.35\,lb}{3.13\,lb} \times \frac{176.3\,ft^3}{lb\ 연료유} = 132.4\,scf\ air$$

$H_2$에 대한 연소공기량

$$\frac{0.76\,lb}{3.13\,lb} \times \frac{176.3\,ft^3}{lb\ 연료유} = 42.8\,scf\ air$$

$S$에 대한 연소공기량

$$\frac{0.016\,lb}{3.13\,lb} \times \frac{176.3\,ft^3}{lb\ 연료유} = 0.90\,scf\ air$$

20% 초과 연소공기량에 대한 연소공기량:

연료유 1 lb당 이론 건연소 공기량 = 176.3 scf × 1.2 = 212 scf

수분 함유 연소 공기량 = 177.7 scf × 1.2 = 213 scf

연소가스 생성물 계산(32°F, 1기압에서 산소 1 lb-mol의 연소량은 359 ft³이므로 60°F에서 이 값은 $359\,ft^3/lb \times \frac{60°F+460°}{32°F+460°} = 379\,ft^3/lb$가 된다.):

$$(0.883\,lb\ CO_2)\left(\frac{44}{12}\right)\left(\frac{379\,scf}{44\,lb/mol}\right) = 27.9\,scf\ CO_2$$

$(0.095\, lb\, H_2O)\left(\frac{18}{2}\right)\left(\frac{379\, scf}{18\, lb/mol}\right) = 18.0\ scf\ H_2O$ : 연소 시 발생한 수증기량

$(0.0005\, lb\, H_2O)\left(\frac{379\, scf}{18\, lb/mol}\right) = 0.011\ scf\ H_2O$ : 연료유의 물에서 발생한 수증기량

질소량: $(212\, scf)(0.79) = 167.5\, scf$

60°F, 상대습도 40%에서 공기 중 수증기량: $\left(\frac{0.0072\, scf}{scf\, air}\right)(213\, scf) = 1.5\, scf\, H_2O$

$SO_2$로서의 황산화물:

$(0.016\, scf)\left(\frac{64}{32}\right)\left(\frac{379\, scf}{64\, lb/mol}\right) = 0.19\, scf\, SO_2$

산소량: $(176.3\, scf)((1.20-1.00)(0.21)) = 7.4\, scf$

연소 생성물의 총 scf: 27.9 + 18.0 + 0.011 + 167.5 + 1.5 + 0.19 + 7.4 = 222.3 scf

$SO_2$ 농도: $(0.016\, lb\, S)\left(\frac{379\, scf}{32\, lb/mol}\right)\left(\frac{1}{222.3\, scf}\right)(10^6)(0.96) = 818\, ppm\, SO_2$

$SO_3$ 농도: $(0.016\, lb\, S)\left(\frac{379\, scf}{32\, lb/mol}\right)\left(\frac{1}{222.3\, scf}\right)(10^6)(0.04) = 34\, ppm\, SO_2$

2) 배출가스 중 회분 농도: $(0.001\, lb)\left(\frac{7{,}000\, grain}{lb}\right)\left(\frac{1}{222.3\, scf}\right) = 0.0315\, grain/scf$

**사례문제 177**

17분 20초 동안 유량 0.84 L/min으로 15 mL 흡수액(impinger solution) 안에 철강 공장 공기 중 HCl 가스(분자량 = 36.5)를 채취하였다. HCl의 포집효율은 80%이고, 흡수액을 분석한 결과 채취시료 중에서는 4.7 μg Cl/mL, 공시료에서는 0.3 μg Cl/mL였다. 여기서 일하는 철강제조업자의 노출농도(ppm)은?

**풀이**

17분 20초 = 17.33분, 0.84 L/min × 17.33min = 14.56 L

$\frac{4.7\, \mu g\ Cl/mL}{0.8} = 5.88\, \mu g\ Cl/mL,\ \ 5.88\, \mu g\ Cl/mL - 0.3\, \mu g\ Cl/mL = 5.58\, \mu g\ Cl/mL$

$\frac{5.58\, \mu g\ Cl}{mL} \times 15\, mL = 83.7\, \mu g\ Cl,\ \ 83.7\, \mu g\ Cl \times \frac{36.5}{35.5} = 86.06\, \mu g\ HCl$

$$ppm = \frac{\frac{\mu g}{L} \times \frac{24.45\, L}{g-mole}}{\text{분자량}} = \frac{\frac{86.06\, \mu g}{14.56\, L} \times 24.45}{35.5} = 4.0\, ppm$$

4.0 ppm HCl 가스, HCl의 ACGIH TLV = 5 ppm (C)

### 사례문제 178

어떤 로타미터가 25℃, 760 mmHg로 보정되었다. 로타미터 유량 눈금 지시치가 33℃, 630 mmHg에서 2 L/min을 나타내었을 경우 보정된 공기 유량(L/min)은?

**풀이**

$$Q_{실제값} = Q_{지시값} \times \sqrt{\frac{P_{보정값}}{P_{측정값}} \times \frac{T_{측정값}}{T_{보정값}}} = \frac{2\,L}{\min} \times \sqrt{\frac{760\,mmHg}{630\,mmHg} \times \frac{306\,K}{298\,K}} = \frac{2.23\,L}{\min}$$

※ 참고 : 제곱근 함수는 오리피스 미터(로타미터와 임계 오리피스)에서 측정된 값만으로 사용해야 한다. 이것은 오리피스 이론과 공기 유량 오리피스 함수가 보정 조건과 다른 온도와 압력 상태일 때 사용되어 진다. 이러한 상황에서 보일-샤를의 법칙은 적용하지 말아야 한다.

### 사례문제 179

호흡대역 공기 시료를 채취한 9개의 검지관에서 작업 시간 동안 내내 $SO_2$ 2, 10, 5, 6, 2, 4, 14, 3, 6 ppm을 얻었다.

1) 작업자에 대한 산술평균값과 중앙값 노출농도(ppm)는?
2) 공기 시료가 로그 정규적으로 분포되었을 경우, 작업자 노출농도의 표준편차와 95% 신뢰구간 범위는?

**풀이**

$n = 9$

$SO_2$, ppm

| $x$ | $\log x$ | $(\log x)^2$ |
|---|---|---|
| 2 | 0.301 | 0.0906 |
| 2 | 0.301 | 0.0906 |
| 3 | 0.477 | 0.2275 |
| 4 | 0.602 | 0.3264 |
| 5 | 0.699 | 0.4886 |
| 6 | 0.778 | 0.6053 |
| 6 | 0.778 | 0.6053 |
| 10 | 1.000 | 1.000 |
| 14 | 1.146 | 1.3133 |
| $\sum = 52$ | $\sum = 6.082$ | $\sum = 4.7836$ |

1) 산술평균(arithmetic mean, the average) = 52 ppm $SO_2$/9 = 5.8 ppm $SO_2$

중앙값(median)은 antilog $\left(\frac{6.082}{9}\right) = 10^{0.6758} = 4.74$ ppm $SO_2$

2) 표준편차(standard deviation) = antilog $\sqrt{\dfrac{4.7836-\dfrac{6.082^2}{9}}{9-1}} = 10^{\sqrt{0.0842}} = 1.95$

95% 신뢰구간 범위(95% confidence interval range)에 대한 스튜던트의 $t$-분포:

| 측정값의 수 (number of measurements) | 자유도 (degreea fo freedon) | | $t-value$ |
|---|---|---|---|
| 2 | 1 | | 12.706 |
| 3 | 2 | | 4.303 |
| 4 | 3 | | 3.182 |
| 5 | 4 | | 2.776 |
| 6 | 5 | | 2.571 |
| 7 | 6 | | 2.447 |
| 8 | 7 | | 2.365 |
| 9 | 8 | = | 2.306 |
| 10 | 9 | | 2.262 |
| 11 | 10 | | 2.228 |
| 21 | 20 | | 2.086 |
| 31 | 30 | | 2.042 |
| 51 | 50 | | 2.009 |
| 101 | 100 | | 1.984 |
| 501 | 500 | | 1.965 |
| 1,001 | 1,000 | | 1.962 |
| ∞ | ∞ | | 1.960 |

95% 신뢰구간 범위 = antilog $\left[0.6758 \pm 2.306\sqrt{\dfrac{0.0842}{9}}\right] = antilog(0.6758 \pm 0.2230)$

상한치(upper limit) = $10^{(0.6758+0.2230)} = 7.9\,ppm\ SO_2$

하한치(lower limit) = $10^{(0.6758-0.2230)} = 2.8\,ppm\ SO_2$

따라서 노출농도의 95% 신뢰구간 범위 = 2.8 ppm에서 7.9 ppm $SO_2$이다.

### 사례문제 180

어떤 산업위생기사가 Chlor-Alkali 공장의 대기 중 수은 증기를 직독식 기기를 사용하여 측정하였다. 직독식 기기에 수은 농도가 0.04 mg $Hg/m^3$로 나타났을 때, 염소 가스의 누출이 발생하여 검지관으로 측정하여 보니 약 0.7 ppm $Cl_2$이었다. 이 때에 수은 증기 미터의 눈금이 0.01 $mg/m^3$로 떨어졌다. 이러한 명백한 감소를 어떻게 설명할 수 있는가?

**풀이**

수은 증기 감지기기는 수은염, 수은산화물 또는 유기수은 화합물이 아닌 오로지 수은 증기에만 반응한다. 염소 가스는 강력한 산화제이기 때문에, 아마도 UV 수은 증기 미터로 검출되지 않는 염화제일수은(甘汞,

mercurous chloride)과 염화제이수은(昇汞, mercuric chloride)의 두 염화물을 만드는 수은 증기와 염소 가스의 가스상 반응이 일어났을 것이다. 영리한 산업위생기사는 그러한 이례적인 결과치(높거나 낮은)에 대한 가능성으로 인하여 조금도 경계를 늦추지 않는다.

$$\frac{mg}{m^3} = \frac{ppm \times 분자량}{24.45} = \frac{0.7\,ppm \times (2 \times 35.5)}{24.45} = \frac{2.03\,mg\ Cl_2}{m^3}$$

따라서 과잉 염소 분자는 화학양론적인 반응에 도움이 될 것이다.

$Hg^o + Cl_2 \rightarrow HgCl_2$ (승홍)　　$2\,Hg^o + Cl_2 \rightarrow Hg_2Cl_2$ (감홍)

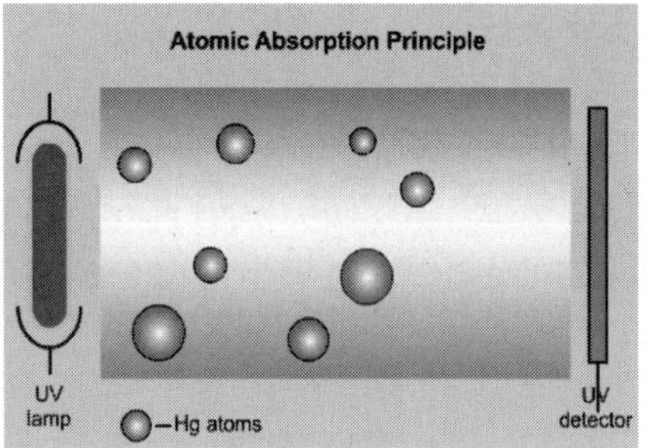


〈그림 21〉 Mercury Vapor Detector Model VM 3000

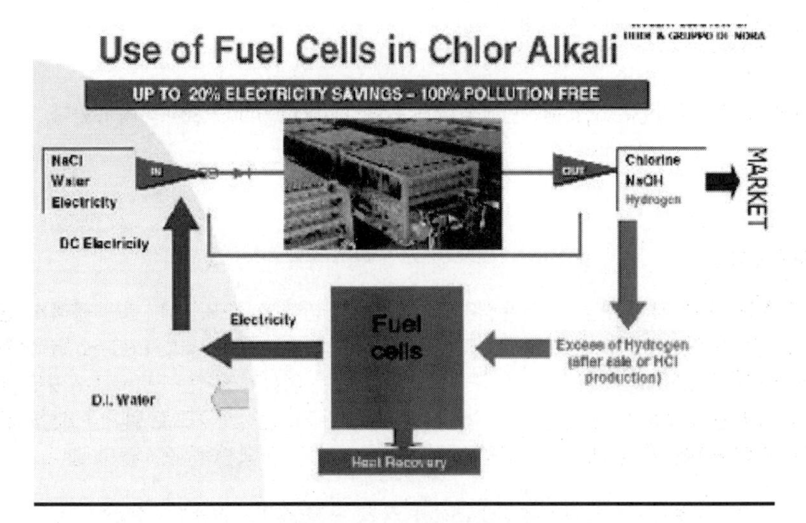


〈그림 22〉 Chloralkali Plant

**사례문제 181**

21℃, 760 mmHg에서 표준공기(Standard air)의 질량 밀도(kg/m$^3$)는?

a. 1.0 kg/m$^3$
b. 1.1 kg/m$^3$
c. 1.2 kg/m$^3$
d. 1.3 kg/m$^3$
e. 1.4 kg/m$^3$
f. 답 없음

풀이

b

**사례문제 182**

어떤 저유량 개인 공기 시료채취 펌프를 100 mL 뷰렛을 사용하여 보정하였는데, 비누막 거품이 78 mL를 가로지르는데 요구되는 시간이 51.3 s였을 경우, 시료공기 채취량(L/min)은?

풀이

$$\frac{51.3\,s}{\frac{60\,s}{\min}} = 0.855\,\min,\quad \frac{78\,mL}{\frac{1{,}000\,mL}{L}} = 0.078\,L$$

$$\text{공기 유량} = \frac{0.078\,L}{0.855\,\min} = \frac{0.091\,L}{\min} = \frac{91\,mL}{\min}$$

저유량의 공기 시료채취량은 소형 활성탄관의 최대 유량인 100 mL/min을 초과하지 않는다.

**사례문제 183**

어떤 아마추어 사진사가 지하 암실에서 뚜껑이 열린 현상접시 안에 3%(vol./vol.) 황산 용액 1 L를 부주의하게 붓고 잘못을 깨닫지 못한 채 그 자리를 떠났다. 그 현상접시에는 용액 1 mL당 60 mg 황화소듐($Na_2S$, sodium sulfide) 500 mL가 담겨져 있었다. 환기가 되지 않는 암실의 크기는 1.5 × 3 × 2.5 m이다. 현상접시의 용액 안에 발생된 가스의 30%가 녹는 경우, 발생된 가스는 정량적으로 얼마나 포함되어지며, 암실 안의 공기와 혼합된 후, 발생된 가스의 평균 농도(ppm)는? 단, 이 때 반응식은 다음과 같다.

$$\text{반응식: } Na_2S + \text{과잉 } H_2SO_4 + H_2O \rightarrow Na_2SO_4 + H_2S\uparrow + H_2O$$

풀이

반응물질의 양(과잉 $H_2SO_4$)에 대한 측정은 화학량론 반응이 있다는 것을 가리킨다. 즉, 황화수소($H_2S$) 가스에 대한 강산 용액 안의 황화소듐($Na_2S$)의 정량적으로 전환된 양이다.

암실의 체적: $1.5 \times 3 \times 2.5\ m = 11.25\ m^3$,

500 mL × (60 mg $Na_2S$/mL) = 30,000 mg $Na_2S$ = 30 g $Na_2S$
$Na_2S$의 분자량 = 78 g/mol,  $H_2S$의 분자량 = 34 g/mol

$$moles = \frac{g}{분자량} = \frac{30\,g\ Na_2S}{78} = 0.384\,mole$$

따라서, 발생 가스의 30%가 녹으므로 0.7 × 0.384 = 0.269 mol $H_2S$, 즉 0.269몰의 황화수소 가스가 배출된다.
배출된 $H_2S(g)$ = $H_2S$의 분자량 × 배출된 mol = $\frac{34\,g}{mole} \times 0.269\,mole = 9.17\,g\ H_2S$

$$ppm = \frac{\frac{mg}{m^3}\times 24.45}{분자량} = \frac{\frac{9,170\,mg\ H_2S}{11.25\,m^3}\times 24.45}{34} = 586\,ppm$$

암실에는 호흡기 마비를 유발하는 강력한 화학 질식제인 황화수소 가스가 586 ppm이 존재한다. 황화수소의 ACGIH STEL TLV는 15 ppm이다. 환기가 되지 않는 암실에서 위험한 액체 화학물질이 들어있는 대형 개방 팬은 독성 가스 배출 사건으로 초대하는 것이다.

### 사례문제 184

등속흡인 굴뚝 채취기(stack sampler)의 Greenburg-Smith 임핀저 안에 약산성(비휘발성)이고, 비완충된 증류수 100 mL를 넣어 2.8 $m^3$의 공기량으로 황산 미스트를 포집하였다. 초기 pH 4.3에서 시료 채취 후, pH 2.1로 떨어졌을 경우, 황산 미스트의 농도($mg/m^3$)는?
단, 황산미스트의 이온화는 100%이다.

풀이

황산의 이온화 반응식: $H_2SO_4 \leftrightarrow 2\,H^+ + SO_4^{2-}$

pH 2.1 용액은 L당 $10^{-2.1}$ mols의 수소이온($H^+$)이 함유되어 있다. 마찬가지로 시료채취 시작 전, 초기 pH 4.3인 흡수액에 함유된 수소이온 농도는 $10^{-4.3}$ mols $H^+$이다.

$10^{-2.1} = 0.00794\,mol\ H^+/L,\quad 10^{-4.3} = 0.00005\,mol\ H^+/L$

증가된 수소이온 = (0.00794 - 0.00005) mol/L = 0.00789 mol $H^+$/L

$\left(\frac{0.00789\,mol\ H^+}{L}\right)\times 0.1\,L = 0.000789\ mol\ H^+$, 반응식에서 1몰의 $H_2SO_4$는 2몰의 $H^+$이므로,

$\left(\frac{0.000789\,mol}{2}\right) = 0.0003945\,mol\ H_2SO_4$가 포집된다. $H_2SO_4$의 분자량 = 98 g/mol

$\left(\frac{98\,g}{mol}\right)\times 0.0003945\,mol = 0.03869\,g\ H_2SO_4$

$$\frac{38.69\,mg\ H_2SO_4}{2.8\,m^3} = \frac{13.82\,mg\ H_2SO_4}{m^3}$$

※ 참조 :
실제적으로 황산은 이양자(二陽子) 산이기 때문에 2단계로 이온화가 진행된다.
1단계: 강산의 반응식($H_2SO_4 \leftrightarrow H^+ + HSO_4^-$)으로 필수적으로 100% 이온화가 된다.
2단계: 약산의 반응식($HSO_4^- \leftrightarrow H^+ + SO_4^-$)으로 이온화 상수가 $1.3 \times 10^{-2}$이다.
여기서, 화학자는 2차 방정식과 특이한 계산방법을 이용하여 황산 미스트 농도가 얼마인지를 정확하게 나타낼 수가 있다. 실제적으로는 황산 이온의 이온전극을 사용하여 더욱 쉽고 정밀하게 구할 수 있을 뿐만 아니라, 황산에 대한 황산 이온의 분자량 비율을 이용함으로써 황산의 양을 계산할 수 있다. 평형상태에서 총 수소이온 농도는 2단계의 이온화 과정에 따른 농도의 합이다. 예를 들면, 0.01 몰의 황산용액 중 수소이온은 0.0147몰이다(1단계 이온화에서 0.01 + 2단계 수소황산염 이온의 이온화에서 0.0047). 이 황산 용액의 pH는 $-\log[H^+] = -\log(0.01+0.0047) = pH1.83$이다.

굴뚝에서 배출되는 공기 중 황산 미스트의 농도는 13.82 mg $H_2SO_4$ mist/$m^3$이다. 만약 굴뚝과 대기오염 제어 설비의 재질이 보호막이 없는 강철판이나 “white metal"로 만들어 졌다면, 심각한 부식이 바로 진행된다. 고효율 부식성 스크러버로 이어지는 유리섬유 강화 PVC 굴뚝은 즉시 교체해야 만 한다.

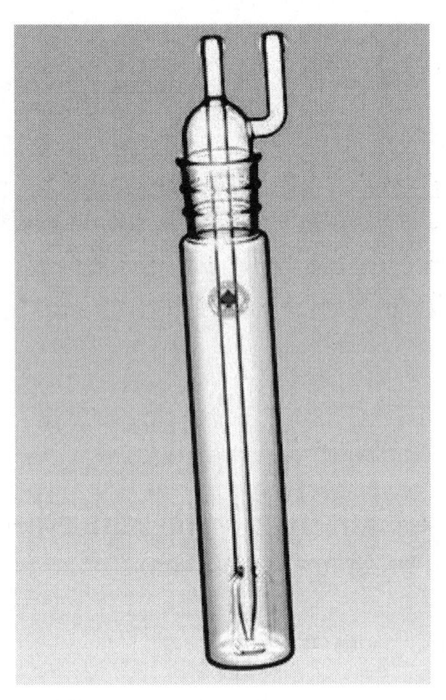

〈그림 23〉 Greenburg-Smith impinger

**◢ 사례문제 185**

잘게 조각난 플라스틱 폐기물의 혼합물에 폴리비닐 클로라이드 폴리머(polyvinyl chloride polymers)와 혼성중합체(copolymers)에서 발생한 9% 염소가 포함되어 있다. 이 PVC 폐기물을 100% 정량적, 화학양론적 연소 시 발생하는 염산 가스의 양(kg)은? 단, 폐기물의 질량은 100 kg이다.

풀이

PVC 연소 시 반응식: $RH-Cl+O_2 \rightarrow RO_2+H_2O+HCl$

Cl이 HCl로 변환되는 비율: $\frac{HCl\ 분자량}{Cl\ 분자량} = \frac{36.5}{35.5} = 1.028$

100 kg의 폐기물에 대한 HCl의 양(kg): 100 kg × 0.09 × 1.028 = 9.252 kg HCl

### 사례문제 186

대기 중 산화과정에 기인한 반감기가 4.7시간인 어떤 화학물질의 초기 농도가 19.8 mg/m$^3$일 경우, 반감기의 12배가 지난 다음 대기 중에 남아있는 이 화학물질의 농도(mg/m$^3$)는?

풀이

반감기의 $n$배가 지난 후, 대기 오염물질의 남아있는 분율은 $\left[\frac{1}{2}\right]^n$을 초기 농도에 곱하여 구할 수 있다.

$$\frac{19.8\,mg}{m^3} \times \left[\frac{1}{2}\right]^{12} = \frac{19.8\,mg}{m^3} \times 0.000244 = \frac{0.00483\,mg}{m^3} = \frac{4.83\,\mu g}{m^3}$$

4.7 hr × 12 = 56.4 hr, 즉, 56.4시간이 지난 후 4.83 $\mu$g/m$^3$이 대기 중에 존재한다.

### 사례문제 187

초기 가스 농도가 367 ppm인 어떤 불안정한 대기 오염물질이 39.3시간이 지난 후 농도가 1.6 ppm으로 변했을 경우, 1차 동역학식에 의해 줄어든 이 오염물질의 반감기(hr)는? 단, 이 오염물질은 처음에 발생한 후 더 이상의 발생이 없었고, 화학적인 변화와 환기 또는 다른 방법으로 손실되지 않았다.

풀이

이 문제는 186번과 유사한 문제이다.

39.3시간이 지난 후, 367 ppm, $C_o \rightarrow$ 1.6 ppm, $C$

$$(367\,ppm)\left[\frac{1}{2}\right]^n = 1.6\,ppm,\quad (0.5)^n = \frac{1.6\,ppm}{367\,ppm} = 0.00436$$

$$n = \frac{\log 0.00436}{\log 0.5} = 7.84\ half-lives,\quad \frac{39.3\,hr}{7.84\,half-lives} = \frac{5.01\,hr}{half-life}$$

$T_{\frac{1}{2}} = 5.0\,hr$, 1시간 후 오염물질은 184 ppm가 남아있게 된다.

**사례문제 188**

자동차에 장착된 에어백이 아지드화 소듐($NaN_3$, sodium azide)이 분해되면서 요란한 소리를 내며 갑자기 폭파되었는데 그 반응식은 다음과 같고, 배출된 질소 가스는 백을 빠르게 부풀렸다.

$$2\,NaN_3(\text{고체}) \xrightarrow{BOOM!} 2\,Na(\text{고체 에어로졸})\uparrow + 3\,N_2(g)\uparrow$$

화학양론적으로 30℃, 640 mmHg에서 70 g의 $NaN_3$가 분해되면서 발생된 $N_2$ 가스의 부피(L)는?

**풀이**

아지드화 소듐 2몰은 3몰의 질소 가스를 발생시킨다. 30℃ + 273K = 303 K

$$N_2\text{ 가스}(moles) = 70\,g\,NaN_3 \times \frac{1\,mol\,NaN_3}{65\,g\,NaN_3} \times \frac{3\,moles\,N_2}{2\,moles\,NaN_3} = 1.615\,mol\,N_2$$

$$V = \frac{nRT}{P} = \frac{(1.615\,mol)\,(0.0821\,L-atm/K-mole)\,(303\,K)}{\dfrac{640\,mmHg}{760\,mmHg}} = 47.7\,L\,N_2$$

아지드화 소듐 100 g은 1.64 mol의 가스를 발생시킨다는 보고서가 있다. 이론적으로 아지드화 소듐 70 g은 1.62 mol의 질소가스를 발생하므로, 100 g의 아지드화 소듐은 2.31 mol의 $N_2$를 배출해야 하지만, 1.64 mol의 질소 가스를 발생하기 때문에 그 반응은 정량적으로 71%의 효율을 지닌다. 즉, 약 29%가 폭파되지 않거나 부분적으로 폭파되지 않는 반응물질이 된다($NaN_3$ 에어로졸 ⇒ Na ⇒ NaOH ⇒ $Na_2CO_3$ ⇒ $NaHCO_3$).

**사례문제 189**

사례 문제 188번에서, 배출된 Na는 공기 중의 수분과 빠르게 반응하여 NaOH 에어로졸 형태가 되어 2 $m^3$의 자동차 내부 공기 속으로 분산된다고 가정할 경우, 에어로졸 중 NaOH의 평균 농도($mg/m^3$)를 계산하시오.

**풀이**

공기 중 수분막과 접촉한 반응하지 않은 어떠한 Na 에어로졸도 또한 자극성 NaOH를 만들어 낼 수 있다. 상대 위험도 분석 차원에서 자동차 에어백의 안전 편익과 이러한 NaOH에 대한 호흡과 눈에 대한 노출 위험도를 잘 따져 보아야 한다.

1몰의 아지드화 소듐은 1몰의 소듐을 발생한다.

$$\frac{70\,g\,NaN_3}{65\,g\,NaN_3/mole} = 1.077\,mole\,Na, \quad 2\,Na + 2\,H_2O \rightarrow 2\,NaOH + H_2\uparrow$$

따라서, NaOH 1.077몰이 발생하는 최대 양은

$$\frac{40\,g\,NaOH}{mole} \times 1.077\,moles = 43.08\,g\,NaOH, \quad \frac{43.08\,g\,NaOH}{2\,m^3} \times \frac{1{,}000\,mg}{g} = \frac{21{,}540\,mg\,NaOH}{m^3}$$

이 값은 순간적으로 강한 자극성을 지니지만, 인간의 생명을 에어백의 장착으로 구해진다는 것을 알아야 한다. 그럼에도 불구하고 눈과 호흡기 기도 막에 접촉하여 영향을 주는 Na와 NaOH 입자상 에어로졸은 물로 즉시 닦아 내지 않으면 심각한 부상을 입힐 수 있다. 콘텍즈렌즈를 착용한 사람은 결막, 각막과 눈꺼풀이 화학적 화상에 극도로 예민하게 반응할 수 있으므로 주의해야 한다.

### 사례문제 190

사례 문제 189번에서 발생된 수소 가스에 대해 생각하여 본다. 최악의 환경 하에서 폭발이 일어날 가능성이 있는가? 단, 에어백이 폭발할 당시 운전자가 담배를 피우고 있었거나 끄지 않은 상태였고, 더욱이 배출된 수소 가스가 500 L의 부피로 공기와 혼합되었다고 가정한다. Na 1몰은 0.5몰의 $H_2$를 발생시킨다. 게다가 Na 에어로졸은 완전하게 반응하며, 가장 습한 환경이며 NaOH와 수소 가스는 화학양론적으로 빠르게 변환되어지는 최악의 환경 조건이라고 가정한다.

**풀이**

1.077몰의 Na ⇒ 0.539몰의 $H_2$

$$\frac{2\,g\,H_2}{g-mole}\times 0.539\,mole = 1.078\,g\,H_2\,gas$$

$$ppm = \frac{\frac{mg}{m^3}\times 24.45}{\text{분자량}} = \frac{\frac{1{,}078\,mg}{0.500\,m^3}\times 24.45}{2} = 26{,}357\,ppm = 2.64\%$$

수소 가스의 LEL = 4%, UEL = 75%이므로, 최악의 시나리오인 상황에서 수소 가스 농도는 LEL 보다는 낮고, 최대 폭발 압력을 발생하는 화학양론적 중간지점 보다도 낮다. 수소 가스의 폭발은 이러한 상태에서는 일어나지 않는다고 보여진다.

### 사례문제 191

부피가 38,000 L인 기밀 탄소강 탱크가 대기압 760 mmHg으로 단단히 밀봉되어 있다. 그 탱크의 내부는 페인트나 기름막 등 어떤 다른 코팅이 안 되어 있는 상태이다. 탱크 안은 공기와 수분으로만 차있었는데, 10주가 지난 후 탱크의 내부 압력이 630 mmHg가 되었고, 온도는 25℃로 일정하게 유지되었을 경우 탱크 안의 산소 농도(%)는 어떻게 변했는가?

**풀이**

대기 중 산소는 이온 산화물 형태로 강철에 있는 철과 반응한다. $O_2$가 소비됨으로써 부분압이 감소되어 탱크 안의 전체적인 압력은 감소하게 된다. 강철 표면에 녹이 형성된다. 그 반응식은 다음과 같다.

$$3\,Fe(s) + 2\,O_2(g) \rightarrow Fe_3O_4(s),\quad 4\,Fe(s) + 3\,O_2(g) \rightarrow 2\,Fe_2O_3(s)$$

산소가 소비되면서 동시에 대기 중에 불활성 가스(질소와 아르곤)의 비율이 증가한다. 생성된 녹의 양이 탱크의 가스 부피를 눈에 뜨게 변화시키지는 않으며 그 차이는 무시할 정도이며, 소비된 산소의 몰수는 압력 강하와 관련이 있다.

초기 탱크의 압력 = (760 mmHg/760 mmHg) = 1.000 atm
나중 탱크의 압력 = (630 mmHg/760 mmHg) = 0.829 atm

1.000 atm - 0.829 atm = 0.171 atm, 이 값은 $O_2$의 화학적 소비량(철의 산화)과 일치한다.
25℃ + 273 K = 298 K,
소비된 $O_2$의 몰수, $n = \frac{PV}{RT} = \frac{(0.171\, atm)\,(38{,}000\, L)}{(0.0821\, L-atm/K-mole)\,(298\, K)} = 265.6\, moles$

$265.6\, moles.\ O_2 \times \frac{32\, g\, O_2}{mole} = 8{,}499\, g\, O_2$가 소비되었다.

원래 탱크에 들어있는 공기 38,000 L중 부피비로 산소는 21%이므로, 탱크 안에 있는 산소의 원래 몰농도는

$$n = \frac{PV}{RT} = \frac{(0.21\, atm)\,(38{,}000\, L)}{(0.0821\, L-atm/K-mole)\,(298\, K)} = 326.2\, moles\ O_2$$

탱크 안의 산소는 초기 산소 농도의 $\left[1 - \left[\frac{265.6\, moles}{326.2\, moles}\right]\right] \times 100 = 18.6\%$로 감소되었다.

탱크의 대기는 상당한 산소 결핍, 즉 부피비로 21% $O_2$ × 0.186 = 3.9% $O_2$가 되었다. 이 상태에서 탱크 내로 작업자가 들어와 대기를 흡입하면 즉시 의식을 잃고 쓰러져, 수분 내에 구조하지 못하면 생명이 위험함으로 즉각적인 심폐소생술(CPR, Cardiopulmonary Resuscitation)과 구급치료(EMS, Emergency Medical Service)를 받아야 한다. 미국에서 한정된 공간을 출입하는 절차는 OSHA(29 CFR 1910. 146)를 반드시 따라야 한다.

### 사례문제 192

오산화 이질소($N_2O_5$, dinitrogen pentoxide)가 일차 반응속도에 따라 분해되고 있다. 50℃에서 반응 속도상수가 약 0.00054/s이고, 이 고약한 가스 1몰의 선형반응 해리는 또 다른 더 고약한 가스 2몰을 생성한다($2\,N_2O_5 \rightarrow 4\,NO_2 + O_2$).

1) 초기 $N_2O_5$의 가스 농도가 3.9 ppm일 경우, 17.3분이 지난 후 $N_2O_5$ 농도(ppm)는?
2) 초기 농도로부터 0.4 ppm까지 분해되는데 걸리는 시간(분)은?
3) 초기 농도의 50%로 변환하는데 걸리는 시간(분)은?

**풀이**

1) $\ln \frac{C_{initial}}{C_{final}} = kt = \ln \frac{3.9\, ppm}{C_{final}} = (0.00054/s)\left[17.3\, \text{min} \times \frac{60\, s}{\text{min}}\right] = 0.5605$

$\ln \frac{3.9\, ppm}{C_{final}} = 0.5605,\quad \frac{3.9\, ppm}{C_{final}} = e^{0.5605} = 1.75,\quad C_{final} = 2.23\, ppm\ N_2O_5$

2) $\ln \frac{3.9\,ppm}{0.4\,ppm} = (0.00054/s)\,t$, $t = \frac{\ln 9.75}{0.00054/s} = 4,217\,s = 70.3\,\min$

3) $t = \frac{1}{k} \ln \frac{C_{initial}}{C_{final}} = \frac{1}{0.00054/s} \times \ln \frac{1}{0.5} = 1,852\,s \times \ln 2 = 1,283\,s = 21.4\,\min$

### 사례문제 193

작업장 공기 중 사염화 티타늄($TiCl_4$, titanium tetrachloride)의 미국산업위생협회(AIHA, American Industrial Hygiene Association) 작업장 노출기준(WEEL, Workplace Environmental Exposure Level)은 500 ㎍/$m^3$이다. $TiCl_4$는 이산화티타늄($TiO_2$, titanium dioxide) 흄과 염산(HCl, hydrogen chloride) 가스가 형성된 습한 공기에서 빠르게 가수분해된다. 대기 중 수증기가 과다한 상태에서 산성 가스로 WEEL 농도의 화학양론적 변환이 이루어질 경우, 염산 가스의 농도(ppm)는? 단, 사염화티타늄의 분자량은 189.73이다.

**풀이**

반응식: $TiCl_4 + 2\,H_2O \rightarrow TiO_2 + 4\,HCl$

$$\frac{500 \times 10^{-6}\,g}{\frac{189.73\,g}{mole}} = 2.64 \times 10^{-6}\,mole\ \ TiCl_4$$

따라서, 4 ($2.64 \times 10^{-6}$ mol) = $10.56 \times 10^{-6}$ mol HCl이 발생한다.

$$10.56 \times 10^{-6}\,mole\ \ HCl \times \frac{36.5\,g}{mole} = 385.4 \times 10^{-6}\,g\ \ HCl = 385.4\,\mu g\ \ HCl$$

$$ppm = \frac{\frac{mg}{m^3} \times 24.45}{\text{분자량}} = \frac{\frac{0.3854\,mg}{m^3} \times 24.45}{36.5} = 0.26\,ppm\ \ HCl$$

이 농도값은 ACGIH TLV(Ceiling) 5 ppm 이하이다. HCl 가스는 물에 매우 잘 녹기 때문에 폐 깊숙이 침입하는 독성물질 보다 더 위쪽의 호흡기 자극이 심한 경향이 있다. 그러나 이 가스는 $TiO_2$ 입자에 흡착하여 1 ㎛ 이하의 흄 형태로 폐 깊숙이 침투할 수 있으므로 주의하여야 한다.

### 사례문제 194

인화알루미늄(AlP, aluminum phosphide, 분자량 = 57.96) 1,360 g이 대기 중 수증기와 건조 AlP 알갱이의 양적 반응으로부터 수소화인($PH_3$, phosphine, 분자량 = 34 g/mol) 가스를 생성함으로써 체적 2,830 $m^3$인 곡물 저장창고를 훈증 소독하기 위해 사용되었다. 그 반응식은 다음과 같다.

$$2\,AlP + 3\,H_2O \rightarrow 2\,PH_3 \uparrow + Al_2O_3$$

창고 체적의 20%가 곡물로 채워진 공간 외의 빈 공간이라고 할 경우, 창고 안에 있는 포스핀 가스의 최종 농도(ppm)는?

풀이

$\frac{1,360\,g\,AlP}{57.96\,g/mol} = 23.46\,mols\ AlP$, 따라서, 1몰의 AlP가 1몰의 포스핀을 발생하므로 23.46몰의 $PH_3$ 가스가 고체 인화알루미늄 알갱이에서 배출된다.

$23.46\,mols \times 34.00\,g\ PH_3/mol = 797.6\,g\ PH_3$, 20% × 2,830 $m^3$ = 566 $m^3$

$$ppm = \frac{\frac{mg}{m^3}\times 24.45}{\text{분자량}} = \frac{\frac{797,600\,mg}{566\,m^3}\times 24.45}{34.00} = 1,013\,ppm$$

1,013 ppm $PH_3$, TLV-TWA = 0.3 ppm. STEL = 1 ppm.
$PH_3$의 IDLH(Immediately Dangerous to Life or Health Concentrations) = 200 ppm. 실험용 쥐에 대한 4시간 $LC_{50}$ = 11 ppm, 토끼에 대한 20분 간 $LCL_o$ (Lethal Concentration Low) = 2,500 ppm, 생쥐에 대한 2시간 $LCL_o$ = 273 ppm, 기니피그(guinea pig)에 대한 4시간 $LCL_o$ = 101 ppm, 고양이에 대한 2시간 $LCL_o$ =50 ppm이기 때문에, 1,360 g의 인화알루미늄(AlP)은 과잉된 양이라고 할 수 있다. 농작물 및 가축 등에게 해를 입히는 야생 동물 제어를 이루기 위해 만족스러운 포스핀 가스는 가장 최소량을 택하여야 한다. 미국 EPA에서 허가된 포스핀 훈증제의 양은 설치류와 곤충류에 대한 가장 안전한 유효량이다. AlP를 포스핀으로 변환시키지 위해 공기 중에 충분한 수증기(상대 습도)가 있는지가 타당성 있는 의문점이다. 만약 그렇지 않을 경우, 공기 중에 분무기를 이용한 기계적인 가습을 해야 한다. 포스핀의 사용은 인간의 죽음이 철도 차량과 또 다른 곤충이나 쥐 같은 동물이 들끓는 지역에 있는 곤충들의 훈증제로서 사용 할 때와 관련성이 있었기 때문에 주의하여 사용해야 한다.

〈그림 23〉 Guinea pigs

### 사례문제 195

시레인($SiH_4$, silane(silicon tetrahydride), 냄새가 고약한 수용성 가스로 반도체의 불순물 첨가제로 쓰임)의 TLV는 5 ppm이다. 이 발화성 가스는 대기압에서 수증기와 함께 빠르게 반응한다.

$$SiH_4 + 2\,H_2O \rightarrow SiO_2 + 4\,H_2$$

체적이 76 $m^3$인 폐쇄된 공간에 1기압 하에서 10,000 ppm(1%) $SiH_4$ 증기가 존재한다고 할 경우, $SiO_2$ 에어로졸과 수소 가스로 시레인이 정량적으로 가수분해되기 위한 충분한 양의 수증기가 존재할 때, 공기 중 폭발이 일어나는지를 밝히시오(공기 중 LEL $H_2 \cong$ 4%). 단, 시레인의 분자량 = 32, 화학반응 시 발생한 열은 수소 가스를 점화하기에 충분하고, 시레인은 무색으로 자발적인 인화성 가스이다. 거의 대부분 시레인 증기는 대기 중에서 규산(silicic acid) 형태(수화실리카, $SiO_2 \cdot n\text{-}H_2O$)로 수증기와 함께 반응한다. 에어로졸 안에서는 결정성 실리카의 형태로 나타나지는 않지만, 반응 생성물질로는 비결정질 실리카로 나타난다.

풀이

$$\frac{mg}{m^3} = \frac{ppm \times \text{분자량}}{24.45\ L/g-mole} = \frac{10,000\ ppm \times 32\ g/mole}{24.45\ L/g-mole} = 13,137\ mg/m^3$$

$$13,137\ mg/m^3 \times 76\ m^3 = 998,412\ mg\ SiH_4$$

$$\text{탱크 속 공기 중 시레인의 몰수: } \frac{\dfrac{998.4\ g\ SiH_4}{32\ g\ SiH_4}}{mole} = 31.2\ mole\ SiH_4$$

1몰의 시레인은 4몰의 수소 가스를 발생시키기 때문에, 수소 가스는 31.2 × 4 = 124.8몰이 생성된다.

124.8 mols × 2 g/mol = 249.6 g $H_2$ 가스

$$ppm = \frac{\dfrac{249,600\ mg\ H_2}{76\ m^3} \times 24.45}{2\ g/mole} = 40,150\ ppm\ H_2$$

이 값은 4.01%로 수소 가스의 LEL과 거의 같다. 시레인이 수소 가스로 정량적으로 변환될 경우, 이 탱크(폐쇄된 공간)는 폭발 직전의 상태이므로 자칫 잘못하다가는 역사의 사건이 될 것이다. 여기서 규폐증의 예방은 이슈거리가 아니다.

### 사례문제 196

어떤 연료의 완전 연소에 필요한 산소의 양을 계산하는데 사용하는 식을 나타내시오.

풀이

탄소(C), 수소(H), 황(S), 산소(O)가 들어 있는 연료를 태우기 위해 필요한 산소의 이론적인 양은 다음 식으로 나타낸다.

$$\frac{\text{산소 부피}}{\text{연료 질량}(lb)} = 359\ ft^3,\ \text{또는}\ 1,710\ ft^3 \left[\frac{C}{12} + \frac{H_2}{4} + \frac{S}{32} - \frac{O_2}{32}\right]$$

359라는 계수는 1기압, 0℃에서 $O_2$ 1 lb-mol의 부피($ft^3$)를 말한다. 이론 공기량을 얻기 위해 사용하는 계수로 1,710을 사용한다. 이 식은 어떤 건조 연료(예를 들어, 오일, 석탄, 목재, 가솔린, 프로페인, 케로센(kerosene) 등)에 사용되는 식이다. C, $H_2$, S, $O_2$는 연료 중 탄소가 81%가 있다면, C = 0.81과 같이 연료 1 lb당 성분 원소들의 값을 소수점으로 대입한다.

### 사례문제 197

280°F에서 $SO_2$가 포함된 연도(煙道) 가스(flue gas)가 직경 3 ft 덕트를 통하여 발전소 굴뚝으로 들어간다. 굴뚝 중앙에 설치된 피토우관(Pitot tube) 측정값이 0.7 in.$H_2O$, 덕트 벽에 설치된 마노미터의 정압은 – 0.6 in.$H_2O$이었다. 배출되는 가스 중 0.45 mol-% $SO_2$가 있고, 대기압 725 mmHg일 경우, 이 굴뚝에서 배출되는 $SO_2$ 가스의 배출량(lb/hr)은? 단, 피토우 단면과 정압 게이지는 어떤 난류 가스 흐름의 하류방향으로 덕트 직경의 10배가 넘는 위치에 설치되어 있다.

**풀이**

$$\Delta P = hp = [0.7'' - (-0.6'')] \times \frac{1\,ft}{12''} \times \frac{62.4\,lb}{ft^3} = \frac{6.76\,lb}{ft^3}$$

$$\gamma_{air} = \frac{1\,lb-mole}{359\,ft^3} \times \frac{29\,lb}{mole} \times \frac{492^\circ R}{740^\circ R} \times \frac{725\,mmHg}{760\,mmHg} = \frac{0.05123\,lb}{ft^3}$$

$$\frac{v_{max}^2}{2g_c} = \frac{\Delta P}{\gamma} = h_v,\quad v_{max} = \sqrt{2g_c \times \frac{\Delta P}{\gamma}} = \sqrt{\frac{2\times 32.2\times 6.76}{0.05123}} = \frac{92.2\,ft}{s}$$

$$\frac{v_{avg}}{v_{max}} = 0.81,\quad v_{avg} = 0.81\times 92.2\,ft/s = 74.7\,ft/s$$

$$Q = A\times v_{avg} = \frac{\pi}{4}\times(3\,ft)^2 \times \frac{74.7\,ft}{s} = \frac{528\,ft^3}{s}$$

$SO_2$ 가스 배출량 = $528\times 0.05123\times \frac{3,600\,s}{hr}\times\frac{1\,lb-mol}{29\,lb}\times\frac{64\,lb\,SO_2}{lb-mole}\times 0.0045 = \frac{967\,lb\,SO_2}{hr}$

### 사례문제 198

22 psia와 22℃에서 염산(hydrogen chloride) 증기와 건조 공기의 혼합 가스가 0.01 N NaOH 용액 180 mL가 함유된 가스 스크러버로 흡수되고 있다. 가스 버블러의 포집효율은 100%이고, 흡수가 완료된 후 스크러버에 남아있는 NaOH를 0.1 N HCl로 역적정(back-titrated) 하였더니 15.63 mL가 소요되었다. 혼합 건조 공기의 부피는 습식 가스미터로 740 mmHg, 25℃에서 측정하였더니 1.0 L이었다. 원래의 혼합 가스 안에 있는 질량 분율과 HCl의 몰분율(%)은?

**풀이**

흡수 반응식: $NaOH + HCl \rightarrow NaCl + H_2O$

mol 계산: 처음 NaOH = 0.18 × 0.01 = 0.0018 mol

나중 NaOH = 0.01563 × 0.1 = 0.001563 mol

세정된 HCl = $\Delta NaOH_{처음} - NaOH_{나중} = 0.0018 - 0.001563 = 0.000237\,mol$

부피를 습식 가스미터로 측정했을 때 공기 중 수증기가 없다고 할 경우,

$$공기의\ 몰수 = \frac{PV}{RT} = \frac{\left[\frac{740\,mmHg}{760\,mmHg}\right](1{,}000\,mL)}{(82.06)(298)} = 0.0398\,mole$$

공기 중 수증기가 있을 경우,

$$P_{H_2O} = 0.4594\,psia = 23.76\,mmHg,\ \ P_{air} = 740\,mmHg - 23.76\,mmHg = 716.24\,mmHg$$

$$공기의\ 몰수 = \frac{PV}{RT} = \frac{\left[\frac{716.24\,mmHg}{760\,mmHg}\right](1{,}000\,mL)}{(82.06)(298)} = 0.0385\,mole$$

공기 중 수증기가 있을 경우:

$$Y_{HCl} = \frac{0.000237}{0.000237 + 0.0385} = 0.0061$$

$$Y_{HCl} = \frac{Y_{HCl}\left[\frac{M_{HCl}}{M_{air}}\right]}{1 + Y_{HCl}\left[\frac{M_{HCl}}{M_{air}} - 1\right]} = \frac{(0.0061)\left[\frac{36.5}{29}\right]}{(1+0.0061)\left[\frac{36.5}{29} - 1\right]} = 0.0295$$

공기 중 수증기가 없을 경우:

$$Y_{HCl} = \frac{0.000237}{0.000237 + 0.0398} = 0.0059$$

$$Y_{HCl} = \frac{Y_{HCl}\left[\frac{M_{HCl}}{M_{air}}\right]}{1 + Y_{HCl}\left[\frac{M_{HCl}}{M_{air}} - 1\right]} = \frac{(0.0059)\left[\frac{36.5}{29}\right]}{(1+0.0059)\left[\frac{36.5}{29} - 1\right]} = 0.0286$$

건조 공기 중 HCl의 몰분율은 0.0286 mol, 습한 공기 중 HCl의 몰분율은 0.0295 mol이다. HCl/L의 0.0295 mol을 ppm으로 바꾸면,

0.0295 mol HCl × 36.5 g HCl/mol = 1.077 g HCl = 1,077,000 $\mu$g HCl

$$\frac{\frac{1{,}077{,}000\,\mu g\ HCl}{L} \times 24.45\,L/g-mole}{36.5\,g/g-mole} = 721{,}443\,ppm\ HCl = 72.14\%\ HCl$$

이 가스 시료 중 HCl의 농도는 확실히 높은 값을 나타냄으로 작업장 공기 시료는 아니고, HCl 제조 공장에서의 생성 유출량($Cl_2 + H_2 \rightarrow 2\,HCl$)이라고 말하는 화학 공정 기류라고 예상된다. 이러한 공정 기류에서 나온 1 L의 공기 시료로는 충분한 값이다.

**사례문제 199**

특히, 환기가 잘 되지 않는 정체된 작업 공간에서 기밀 구조 시스템에서 압력이 세고, 격심한 독성 가스(예를 들어, 아르신($AsH_3$, arsine))의 누출은 이 공간에 있는 화공 안전 관리자와 작업자에게 문제가 있다고 본다. 가스 누출량을 측정하는데 퐁퐁과 같은 식기 세정액과 누출 검지 용액이 사용되며, 이는 짧은 줄자와 스톱워치를 가지고 배출량을 계산할 수 있다. 구(球) 형태의 커진 가스 기포의 직경이 시간의 함수로 측정된다. 7.2초에 직경 2 cm인 가스 기포가 가스 선(gas line)에 일치되도록 배출될 경우, 질소 가스 속에 포함된 12% 포스겐($COCl_2$, phosgene)의 누출량(L/min)을 계산하시오.

풀이

$$V = \frac{\frac{1}{6}\times\pi\times d^3}{t} = \frac{\frac{1}{6}\times\pi\times(2\,cm)^3}{7.3\,s} = \frac{0.574\,cm^3}{s} = \frac{0.0344\,L}{\min}$$

$$\frac{0.0344\,L}{\min}\times 0.12 = \frac{0.004128\,L\ COCl_2}{\min}$$

여기서, $V$ = 가스 누출량(volume/time)

$d$ = 시간 $t$에서 가스 기포의 직경

$t$ = 직경 $d$인 가스 기포를 형성하는데 걸리는 경과시간

1분에 포스겐 가스 약 0.004128 L가 방출된다. 이 누출이 즉시 수리되지 않거나 즉각적으로 국소배기가 적용되지 않을 경우, 안전한 농도까지 포스겐 가스를 감소하기 위해 필요한 희석 공기의 부피를 계산할 수 있지만 일반적으로 높은 농도의 독성 가스를 희석 환기로 처리하려는 것은 좋지 않은 산업위생 방법이다.

**사례문제 200**

어떤 화학반응 공정에서 4,390 ppm $H_2S$가 함유된 공기 590 $m^3$가 배출될 것으로 예측된다. 공정에서 발생하는 가스로부터 $H_2S$를 제거하기 위해 수산화소듐(NaOH, sodium hydroxide) 용액과 결합시켜 중화반응을 한 후, 뒤이어 차아염소산(NaOCl, sodium hypochlorite) 용액과 산화반응을 하도록 하였다.

중화반응: $H_2S + 2\,NaOH \rightarrow Na_2S + 2\,H_2O$

산화 반응: $Na_2S + 4\,NaOCl \rightarrow Na_2SO_4 + 4\,NaCl$

$H_2S$ 가스는 물에 1% NaOH 210 L를 섞어 흡수 컬럼을 통하여 세정한다. 충분한 양의 NaOH가 있을 경우, $H_2S$ 가스의 흡수율은 100%이다. 그 다음 반응물인 황화소듐($Na_2S$, sodium sulfide) 용액은 최종 산화반응을 위해 차아염소산 용액과 반응한다. 여기서, 반응에 사용된 NaOH량은 충분한가?

풀이

$$\frac{mg}{m^3} = \frac{ppm\times \text{분자량}}{24.45} = \frac{4{,}390\,ppm\times 34.08}{24.45} = \frac{6{,}119\,mg\ H_2S}{m^3}$$

$$\frac{6,119\,mg\ H_2S}{m^3} \times 590\,m^3 = 3,610,210\,mg\ H_2S = 3,610\,g\ H_2S$$

세정할 황화수소의 몰수: $\dfrac{\dfrac{3,610\,g\ H_2S}{34\,g\ H_2S}}{mole} = 105.9\,moles\ H_2S$

따라서, 100% 반응에 필요한 NaOH의 몰수: 105.9 mols × 2 = 211.8 mols NaOH

1%(w/v) NaOH 용액 = 10 g NaOH/L, 210 L × 10 g NaOH/L = 2,100 g NaOH

∴ 이 반응에 소요된 수산화소듐의 몰수: $\dfrac{\dfrac{2,100\,g\ NaOH}{40.00\,g\ NaOH}}{mole} = 52.5\,moles\ NaOH$

반응에 사용되는 충분한 양의 NaOH 몰수는 211.8몰인데 문제에서 제시한 NaOH 몰수는 52.5몰이므로 공정류에서 발생하는 $H_2S$를 제거하기 위해 현재 사용하는 가스 세정액 중 NaOH량은 불충분하다. 화학양론적인 반응을 보장하기 위해서는 적어도 NaOH 용액의 농도를 5%로 증가하여야 한다. 5% NaOH 용액은 262.5몰 NaOH이 된다. 첫 번 째 컬럼에는 4% NaOH 용액 210 L, 두 번 째 컬럼에는 2% NaOH 용액 210 L가 함유된, 직렬로 연결된 2개의 흡수 컬럼을 통과하는 가스 공정류를 세정하도록 고려한다. 반응이 완전하게 이루어 진 후, 반응된 세정 용액은 차아염소산으로 산화시킨다. 황화수소를 산화시키기 위해 불꽃을 사용하거나 안전한 지상 농도로 가스를 희석하기 위해 굴뚝 높이를 높여 황화수소 가스를 분사시키는 것은 위험하고, 비용이 더 들며, 금지해야 할 일이다. 1950년 멕시코 포자리카(Poza Rica)의 정제공장의 황 회수 공정에서 밤 동안에 $SO_2$ 가스로 $H_2S$를 산화하기 위해 불꽃을 일으켰다가 실패하여, 그 지역 사람 22명이 죽고 320명이 병원에 입원한 사건이 있었다. 황화수소는 강력한 질식성 화학물질로 IDLH가 100 ppm이다. 또 다른 두 가지의 질식성 가스인 CO와 HCN의 IDLH는 1,200 ppm과 50 ppm이다.

### 사례문제 201

19.0℃, 740 mmHg에서 지역 대기 10.9 L를 석회수(lime water, $Ca(OH)_2$ 수성 현탁액)로 흡수하였다. 공기 시료 내의 이산화탄소 가스가 $CaCO_3$(calcium carbonate)로 침전되었다. 침전물의 무게가 0.058 g일 경우, 이 공기 시료 안의 $CO_2$ 부피(%)는? 단, $CO_2$ 분자량 = 44, $CaCO_3$ 분자량 = 100이고, 물 속의 $CaCO_3$ 용해율은 매우 낮다(25℃에서 0.00153 g/100 cc).

**풀이**

반응식: $CO_2 + Ca(OH)_2 \rightarrow CaCO_3 \downarrow + H_2O$, 10.9 L = 0.0109 m$^3$

$$\frac{\dfrac{0.058\,g\ CaCO_3}{100\,g\ CaCO_3}}{mole} = 0.00058\,mole\ CaCO_3$$

따라서, 10.9 L의 공기 시료에는 $CO_2$가 0.00058 mol이 있다.

$$0.00058\,mole\ CO_2 \times \left[\frac{44\,g\ CO_2}{mole}\right] = 0.0255\,g\ CO_2 = 25.5\,mg\ CO_2$$

$$ppm = \frac{mg}{m^3} \times \frac{22.4}{\text{분자량}} \times \frac{\text{절대온도, } K}{273\,K} \times \frac{760\,mmHg}{\text{압력, } mmHg}$$

$$= \frac{25.5\,mg\ CO_2}{0.0109\,m^3} \times \frac{22.4}{44} \times \frac{(273+19)\,K}{273\,K} \times \frac{760\,mmHg}{740\,mmHg} = 1{,}308\,ppm\ CO_2 = 0.1308\%$$

깨끗한 대기 중 이산화탄소 농도는 약 350 ppm이기 때문에 이 공기는 현저하게 오염되었다. 대부분의 도시 대기는 CO, 검댕(soot), HCHO, $NO_x$, $SO_x$ 등의 오염물질이 포함되어 있다.

**사례문제 202**

**평균 유량 1.73 L/min으로 멤브레인 필터를 통과한 다음 묽은 알칼리 용액 9.7 mL가 들어있는 임핀저로 공기 중 $NaNO_3$(sodium nitrate) 분진과 $HNO_3$ 가스를 포집하였다. 포집효율 100%로 29.5 min 동안 시료 채취가 이루어졌을 경우, 필터에 $NO_3^-$가 161 μg/mL, 임핀저에 2.7 μg/mL로 분석되었다면 분진($mg/m^3$)과 가스(ppm)의 농도는? 단, 시료채취는 25℃, 760 mmHg에서 이루어졌으며, $NaNO_3$ 분자량 = 85, $HNO_3$ 분자량 = 63이고, $NO_3^-$ 분자량 = 62이다.**

풀이

여기서, $HNO_3$ 가스는 필터를 그냥 통과하여 임핀저에서 포집되었고, $NaNO_3$ 분진은 필터를 통과하지 않았다고 가정하는 것이 타당하다.

1.73 L/min × 29.5 min = 51.035 L

$NaNO_3$(sodium nitrate) 분진농도:

$$161\,\mu g\ NO_3^- \times \frac{85}{62} = 220.7\,\mu g\ NaNO_3, \quad \frac{220.7\,\mu g\ NaNO_3}{51.035\,L} = 4.32\,mg\ NaNO_3/m^3$$

$HNO_3$ 가스 농도:

$$\left[9.7\,mL \times \frac{2.7\,\mu g\ NO_3^-}{mL}\right] \times \frac{63}{62} = 26.6\,\mu g\ HNO_3$$

$$ppm = \frac{\frac{26.6\,\mu g\ HNO_3}{51.035\,L} \times 63}{24.45\,L/g-mole} = 1.34\,ppm\ HNO_3$$

여기에 나타난 농도값은 분진 농도가 심하고, 자극적인 대기 상태이다. $HNO_3$ 가스의 ACGIH TLVs는 2 ppm, 총 흡입성 입자(NOC, nitrogen-containing organic)와 호흡성 입자의 ACGIH TLVs는 10 $mg/m^3$와 3 $mg/m^3$이다. 총 대기분진 중 1/3이 호흡성 분진일 경우, 혼합물의 상가작용으로 인한 노출값을 초과하는가?

$$\frac{1.44\,mg/m^3}{3\,mg/m^3} + \frac{2.88\,mg/m^3}{10\,mg/m^3} + \frac{1.34\,ppm}{2\,ppm} = 1.44$$

이 문제에서 공기 시료는 작업자의 호흡대역에서 장기적으로 노출이 이루어졌을 경우, 분명히 노출 농도를 초과한다. 이와 같은 단시간 공기 시료는 작업 컨트롤이 분명하게 요구되어짐으로 노출의 크기를 확실하게 받아들일 수 있다.

### 사례문제 203

폭발성 증기, 가스, 분진이 들어 있는 공간 안에 불활성(또는 산소를 줄이는) 분위기를 만들기 위해 불활성 가스를 통과시키는 환기 또는 희석 퍼징 작업이 행해진다. 이 시스템에서 길이 방향으로 배치되어 흐르는 보통 질소인 불활성 가스는 산소를 없앤다. 어떤 프로시저에서 그러한 선택은 불활성 가스 유입점과 유출점의 신중한 배치가 요구된다. 탱크 안의 초기 산소 농도가 21%, 불활성 가스 유량이 2 m$^3$/s, 탱크 헤드 스페이스의 체적이 700 m$^3$, 퍼지 가스의 산소 농도가 2%일 경우, 10분 경과 후 유출 가스 중 산소의 농도(%)는?

풀이

이 문제에 적용되는 공식: $O_f = O_p + [(O_i - O_p)\, e^{\left[\frac{-Q\,t}{V}\right]}$

여기서, $O_f$ = $t$시간 경과 후, 산소 농도(%)

$O_p$ = 불활성 퍼지 가스의 산소 농도(%)

$O_i$ = 초기 산소 농도(21%)

$Q$ = 퍼지 가스 유량(m$^3$/s)

$V$ = 용기의 헤드 스페이스 부피(m$^3$)

10 min = 600 s,

$$O_f = 2\% + [(21\% - 2\%)\, e^{\left[\frac{-2\,m^3/s \times 600\,s}{700\,m^3}\right]} = 5.42\%\ O_2$$

최소 산소 농도, 5.42%를 얻기 위한 퍼지 시간은 다음에 주어지는 공식을 재배치함으로써 계산할 수 있다.

$$t = -\frac{V}{Q}\ln\left[\frac{O_f - O_p}{O_i - O_p}\right] = -\frac{700\,m^3}{2\,m^3/s}\ln\left[\frac{5.42\% - 2\%}{21\% - 2\%}\right] = 600\,s = 10\,\mathrm{min}$$

### 사례문제 204

5.2기압, 20℃에서 NO(nitric oxide) 120 L가 담긴 실린더가 누출되었다. 누출된 곳을 고친 후, 실린더에 20℃에서 2.1기압의 NO 가스가 남아있을 경우, 빠져 나간 NO 가스의 몰수와 양(g)은?

풀이

빠져 나간 가스의 몰 수 = 원래 가스의 몰 수 - 나중 가스의 몰 수

$$= \frac{(5.2\,atm)\,(120\,L)}{(0.0821)\,(293\,K)} - \frac{(2.1\,atm)\,(120\,L)}{(0.0821)\,(293\,K)} = 25.94\,moles - 10.48\,moles = 15.46\,moles$$

15.46 moles NO × 30 g/mol = 463.95 g NO

### 사례문제 205

사례 문제 204번에서 NO 가스가 환기가 되지 않는 30 × 80 × 18 $ft^3$의 체적을 갖은 실내로 누출되었을 경우, 실내 공기와 혼합된 후 예상되는 NO 가스의 농도(ppm)는?

풀이

15.46 mols NO × 30 g/mol = 463.95 g NO

30 ft × 80 ft × 18 ft = 43,200 $ft^3$ = 1,223.3 $m^3$

따라서, $ppm = \dfrac{\dfrac{463,950\,mg}{m^3} \times 24.45}{30} = 309\,ppm\ NO$

이 실내의 NO 농도는 309 ppm(TLV = 25 ppm)이다. NO 가스는 1차 반응에 의해 $NO_2$로 전환된다. 따라서 이 실내 대기는 점점 유해가스가 혼합되어진다.

$2\,NO + O_2 \rightarrow 2\,NO_2 \rightarrow N_2O_4$

### 사례문제 206

외부의 신선한 공기가 들어오지 않는 좁고 사방이 막힌 작업 공간(예를 들어, 잠수함, 우주 캡슐, 종모양의 잠수기 등)은 인간의 호흡에서 나오는 이산화탄소 가스의 농도가 지속적으로 축적된다. 산화리튬($Li_2O$, lithium oxide)은 가장 효율적인 $CO_2$ 가스 제거제이다. 표준상태(STP)에서 산화리튬의 이산화탄소 흡수 효율이 100%일 경우, $Li_2O$ 1 kg당 $CO_2$ 가스 몇 L를 제거하는가?

풀이

반응식: $Li_2O + CO_2 \rightarrow Li_2CO_3$ (탄산리튬, $lithium\,carbonate$)

$$(1\,kg\,Li_2O)\left[\frac{1,000\,g}{kg}\right]\left[\frac{1\,mole\,Li_2O}{29.88\,g\,Li_2O}\right]\left[\frac{22.4\,L}{1\,mole\ \ CO_2}\right]\left[\frac{1\,mole\,CO_2}{1\,mole\,Li_2O}\right] = 749.7\,L$$

표준상태에서 이론적으로 산화리튬 1 kg은 749.7 L의 이산화탄소를 흡수한다. 체중, 대사율 등으로 계산한 사람 1명당 최대 이산화탄소 가스 발생율을 알면, 공기 청정 시스템에서 요구하는 산화리튬량이 계산된다. STP에서 $CO_2$의 무게는 1,977 g/$m^3$ = 1.977 g/L이다. 호기(呼氣) 중 이산화탄소 비율은 약 5.6%를 차지한다.

**사례문제 207**

연세가 많고, 치매가 있는 노인이 냉방장치가 없고, 환기가 되지 않은 꼭대기 방을 서늘하게 하려고 침대 옆에 50 lb의 드라이아이스 덩어리를 놓아 둔 상태였다. 안타깝게도 그 노인은 죽은 채 발견되었는데, 그 노인이 크기가 12 × 16 × 8 $ft^3$인 방에서 살아 있을 때, 드라이아이스 덩어리는 약 22 lb가 되었다. 노인의 몸이 발견되기 전에 그 방의 공기 중 평균 산소 농도(%)와 $CO_2$ 가스 농도(%)는?

풀이

환기나 공기의 교환이 전혀 없는 방에서 최악의 시나리오인 경우를 가정한다.

$$\frac{50\,lb\ CO_2 - 22\,lb\ CO_2}{12\,ft \times 16\,ft \times 8\,ft} = \frac{28\,lb}{1{,}536\,ft^3} = \frac{0.0182\,lb\ CO_2}{ft^3}$$

$$\frac{0.0182\,lb}{ft^3} \times \frac{35.315\,ft^3}{m^3} \times \frac{kg}{2.205\,lb} \times \frac{1{,}000\,g}{kg} \times \frac{1{,}000\,mg}{g} = \frac{291{,}489\,mg\ CO^2}{m^3}$$

$$ppm = \frac{\frac{291{,}489\,mg}{m^3} \times 24.45}{44} = 161{,}938\,ppm\ CO_2 = 16.19\%\ CO_2$$

남아있는 공기농도, 100% air − 16.19% $CO_2$ = 83.81%

83.81% air × 0.21 = 17.60% $O_2$

산소 약 17.6%와 이산화탄소 16.2%가 존재한다. OSHA에서 정한 산소결핍 장소는 19.5% 이하인 곳이다. $CO_2$의 NIOSH IDLH는 40,000 ppm(4%)이다. 17.5% 산소가 포함된 공기 중 건강한 사람의 지속적인 노출은 생리학적으로도 아주 힘들지라도 아마도 중요한 역효과를 일으키지 않을 수 있으나, 이 경우 이산화탄소가 호흡기와 심장에 미치는 독성 효과는 지속적인 이산화탄소의 흡입으로 인하여 대사성 산성 혈액증을 유발하여 그 노인은 심혈관 상해를 일으키고, 거의 대부분 열 부담을 받고, 심근 스트레스가 생긴다. 더욱이 드라이아이스 덩어리는 침대 옆에 놓여져 있었기 때문에 노인의 몸이 발견되었고, 이산화탄소 가스 포켓이 산소결핍, 질식, 심장마비를 일으킬 만한 충분히 긴 시간 동안 노인의 머리 주위에 위치하였다.

**사례문제 208**

실험 독성학에 사용하는 테스트 챔버 안에 있는 실험용 쥐가 내뿜는 이산화탄소를 챔버 공기가 재순환될 수 있게 하면서 흡수하였다. 이산화탄소 가스는 수산화포타슘(KOH, potassium hydroxide) 900 g이 함유된 용액에 몇 g이 흡수되는가? 단, $CO_2$ 가스는 100% 흡수되고, KOH 분자량은 56, $CO_2$는 44이다.

풀이

반응식: $CO_2 + 2\,KOH \rightarrow K_2CO_3 + H_2O$

$K_2CO_3$(탄산포타슘, potash)는 원래 목재 난로의 포타슘이 풍부한 재에서 얻을 수 있으며, 탄산포타슘과 돼지비계기름, 동물성 유지는 혼합하여 비누를 만드는데 사용된다. 위 반응식에서 KOH 2몰은 $CO_2$ 가스 1몰을 흡수한다.

$$\frac{900\,g\ KOH}{56\,g/mole} = 16.04\,moles\ KOH,$$ 16.04 몰 KOH는 8.02몰의 $CO_2$ 가스를 흡수한다.

$$8.02\,moles\ CO_2 \times \frac{44\,g}{mole} = 352.96\,g\ CO_2$$

약 353 g의 $CO_2$를 흡수한다. 433번 문제를 참조하여 일반적으로 $CO_2$ 가스 제거제로써 더욱 효과적인 산화리튬을 확인한다. 그러나 산화리튬의 가격이 비싸서 좀 더 싼 KOH나 NaOH를 쓰기도 한다.

### 사례문제 209

미국 원자력 규제 위원회(NRC, U.S. Nuclear Regulatory Commission)는 문서상에 NUREG-1391($UF_6$(육플루오르화 우라늄, uranium hexafluoride)의 화학 독성을 방사선량의 급성 효과와 비교한 문서)를 규정해 놓았다. 우라늄과 HF 가스에 대한 중요성은 $UF_6$를 취급하는 공정 설비에서 사고 분석 목적으로 사용되어진다. 대기 중 수분과 발열반응을 일으키는 $UF_6$ 반응은 $UO_2F_2$(플루오르화 우라닐, uranyl fluoride)와 HF(플루오르화 수소, hydrogen fluoride)를 형성한다.

반응식: $UF_6 + 2\,H_2O \rightarrow UO_2F_2 + 4\,HF +$ 열발생

플루오르화 수소에 대한 사람의 호흡 노출값은, $HF\text{ 농도} = \left[\frac{25\,mg}{m^3}\right]\sqrt{\frac{30\min}{t}}$

여기서 $t$는 노출되는 기간(min)이다. 노출시간이 15분일 경우, NRC 기준을 이용하여 최대 허용 HF 가스 농도(ppm)를 구하시오.

**풀이**

$$HF\text{농도} = \left[\frac{25\,mg}{m^3}\right]\sqrt{\frac{30\min}{15\min}} = \frac{35.4\,mg}{m^3}$$

$$ppm = \frac{\frac{mg}{m^3}\times 24.45}{HF\text{분자량}} = \frac{\frac{35.4\,mg}{m^3}\times 24.45}{20} = 43.3\,ppm\ HF$$

이 농도값은 ACGIH TLV-C 3 ppm을 초과한다. AIHA ERPG(emergency response planning guideline에 의하면 1시간 까지 노출 시 HF 가스의 농도는 2 ppm이다(이 경우 대부분의 사람은 일시적인 건강 악영향이나 불쾌한 악취를 분명하게 인지하는 것을 경험하지 못한다.). ERPG-2(이 농도에서 1시간 이상 노출되면 거의 모든 작업자가 비가역적이거나 심각한 건강 영향을 받게 되고 또한 보호 조치를 취하지 않으면 손상을 입게 된다.)의 HF 농도는 20 ppm, ERPG-3(이 농도에서 1시간 이상 노출되면 생명에 위협을 느낀다.)의 HF 농도는 50 ppm이다.

# 5. 작업장 공기오염물질 농도 계산 관련 문제

### 사례문제 210

트리클로로에틸렌(TCE, $C_2HCl_3$) 용매를 사용하는 작업장에서 일하는 여성 작업자가 하루 중 트리클로로에틸렌 증기 57 ppm에 2시간 15분, 12 ppm에 3시간 30분, 126 ppm에 1시간 45분, 그리고 261 ppm에 30분 노출되었다. 이 여성 작업자의 (1) 노출된 시간 가중평균(TWAE) (ppm)과 (2) ACGIH TLV(TCE = 15 ppm)의 초과 여부, (3) AL(감시 농도, action level, TCE의 AL = 25 ppm)의 몇 배인지 밝히시오.

풀이

Haber의 법칙 = 농도 × 노출시간 = CT

8시간 TWAE의 계산은

57 ppm × 2.25 hrs = 128 ppm-hrs

12 ppm × 3.5 hrs = 42 ppm-hrs

126 ppm × 1.75 hrs = 221 ppm-hrs

261 ppm × 0.5 hrs = 131 ppm-hrs

∴ 8.0 hrs = 522 ppm-hrs

(1) $\frac{522\,ppm \cdot hrs}{8.0\,hrs} = 65\,ppm\ TWAE(TCE_{vapor})$

(2) 초과하였음

(3) 2.6배

### 사례문제 211

사례 문제 210번에서 여성 작업자가 효율 90%(여과 효율 + 안면 마스크로 인한 증기 차단)인 유기 증기 카트리지 호흡기를 착용하였다고 가정할 경우, (1) 호흡기 보호계수(PF, protection factor)와 (2) 이 여성 작업자에게 실제적으로 노출되는 TWAE(ppm)는?

풀이

(1) 65 ppm × 0.9 = 58.5 ppm

65 ppm − 58.5 ppm = 6.5 ppm(10%가 호흡기 내로 침입)

호흡기의 PF = $\frac{\text{작업장 농도}}{\text{호흡기 보호구 내의 농도}}$ = $\frac{65\,ppm}{6.5\,ppm} = 10$

(2) 실제 노출 TWAE ≅ 7 ppm

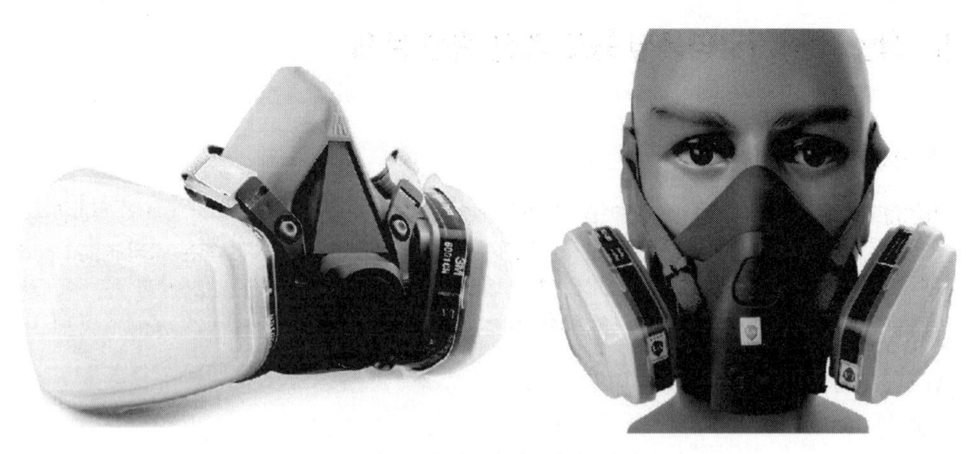

〈그림 24〉 유기증기 카트리지 호흡기

**사례문제 212**

어떤 도장 공장 작업자(paint sprayer)의 TWAEs가 미스트 형태가 아닌, 전부 증기상 오염물질로 MEK 68 ppm, 톨루엔 37 ppm, $n$-뷰틸알코올 6 ppm, 그리고 자일렌 23 ppm이었다. 독성의 영향은 상가작용(additive effect)이며, 작업자는 호흡기 보호구를 착용하지 않았다고 가정할 경우 노출기준의 초과여부를 나타내시오. 단, ACGIH TLVs는 각각 200, 100, 50, 100 ppm이다.

풀이

ppm 값으로 계산하면

$$\frac{E_1}{TLV_1}+\frac{E_2}{TLV_2}+\cdots\frac{E_n}{TLV_n}=\frac{68}{200}+\frac{37}{100}+\frac{6}{50}+\frac{23}{100}=1.06\ (\text{단위 없음})$$

E = 노출농도(ppm), TLV = 노출기준(ppm)

계산된 값이 1을 초과하지 않으면 노출기준을 초과하지 아니한 것으로 인정한다.

∴ 혼합된 화합물은 노출기준(TLV)을 6% 초과하였다.

**사례문제 213**

산업위생관리 기사가 용접 작업장에서 채취한 공기 시료채취량이 96 L인 시료여지로부터 0.256 mg의 아연을 분석하였다. 시료채취 기간 동안 용접공에게 노출된 ZnO 흄의 노출량(mg ZnO/m$^3$)은? 단, 아연의 원자량은 65이다.

풀이

ZnO의 분자량 = 65 + 16 = 81

ZnO 중 Zn은 $\frac{65}{81} \times 100 = 80\%$,

$\therefore$ 0.256 mg Zn 중 ZnO의 양 = $\frac{0.256\,mg\,Zn}{0.80} = 0.32\,mg\,ZnO = 320\,\mu g\,ZnO\,fume$

$\frac{\mu g}{L} = \frac{mg}{m^3}$, $\frac{320\,\mu g\,ZnO}{96\,L} = 3.3\,mg\,ZnO\,fume/m^3$

〈그림 25〉 용접작업 현장

### 사례문제 214

시설물이 10% 정도 채워진 작업장에 950 mL의 뷰틸알코올($n$-butanol, $CH_3(CH_2)_2CH_2OH$)이 든 약품병을 취급 부주의로 떨어뜨려 전체가 증발되었다. 환기가 되지 않는 작업장의 크기가 3 m × 10 m × 30 m일 때 작업장 내의 뷰틸알코올($n$-butanol) 증기 농도(ppm)는? 단, 뷰틸알코올($n$-butanol)의 밀도는 0.81 g/mL이다.

**풀이**

뷰틸알코올($n$-butanol) 증기가 증발된 작업장의 체적 = (3 m × 10 m × 30 m) - 10%
= 900 $m^3$ – 90 $m^3$ = 810 $m^3$

작업장으로 증발된 뷰틸알코올($n$-butanol)의 양(g) = 950 mL × 0.81 g/mL = 769.5 g

뷰틸알코올($n$-butanol)의 분자량 = $CH_3(CH_2)_2CH_2OH$ = $C_4H_{10}O$ = 74

$$\therefore ppm = \frac{\frac{769,500\,mg}{810\,m^3} \times 24.45}{74} = 313.89\,ppm\,n-butanol\text{ 증기}$$

### 사례문제 215

소금광산 작업장의 공기를 PVC 여지로 채취하여 다음과 같은 결과를 얻었다.

| | |
|---|---|
| 채취 전 여지의 무게: 73.67 mg, | 채취 후 여지의 무게: 88.43 mg |
| 채취 초기의 공기량: 2.18 L/min, | 채취 마무리 직전의 공기량: 1.98 L/min |
| 채취 시간: 7시간 37분, | 바탕시험 후 분석 여지 중 Na의 양: 5.19 mg |

공기 시료 중 소금 먼지와 총먼지의 농도($mg/m^3$)는?

**풀이**

총 시료채취시간(분) = 420 분 + 37분 = 457분

시료 채취량 = 88.43 mg − 73.67 mg = 14.76 mg

평균 시료채취 공기량(L/min) = $\frac{(2.18+1.98)\ L/\min}{2} = 2.08\ L/\min$

총 시료채취 공기량(L) = 457 min × 2.08 L/min = 951 L

총먼지 농도(mg total dust/$m^3$) = $\frac{14.76\,mg}{951\,L} = \frac{14.76\,mg}{0.951\,m^3} = 15.5\,mg/m^3$

분자량: Na = 23, Cl = 35.5, NaCl = 58.5

$\frac{\text{소금의 분자량}}{Na\text{의 분자량}} = \frac{58.5}{23} = 2.54,$

∴ Na가 5.19 mg일 때 소금의 양은 5.19 mg Na × 2.54 = 13.2 mg NaCl

채취 공기 중 소금의 농도(mg NaCl/$m^3$) = $\frac{13.2\,mg\,NaCl}{0.951\,m^3} = 13.9\,mg\,NaCl/m^3$

※ 참고 : 총먼지와 소금먼지의 차이는 15.5 $mg/m^3$ − 13.9 $mg/m^3$ = 1.6 $mg/m^3$, 이 값은 소금 광산에서 사용하는 장비인 디젤엔진에서 발생하는 연기와 흄으로 추정된다.

### 사례문제 216

어떤 광산 작업장 공기의 총먼지 농도가 평균 12 $mg/m^3$이었다. 이 먼지의 9%가 호흡성 먼지이고, 그 중 8%가 결정형 석영이다. α-quartz의 분석 검출 한계량이 50 μg, 채취 유량 1.7 L/min일 경우 시료 한 개를 채취하는데 걸리는 시간(min)은?

**풀이**

12 $mg/m^3$ = 12 μg/L,  12 μg/L × 0.9 × 0.8 = 0.0864 μg/L

$\frac{50\,\mu g\ quartz}{0.0864\,\mu g\ quartz/L} = 578\,L,\ \frac{578\,L}{1.7\,L/\min} = 340\,\min$ = 5시간 40분

〈그림 26〉 A지역 광산 작업장

### 사례문제 217

어떤 석회석 파쇄 작업장(limestone mill)의 먼지 농도를 측정한 결과 41 mppcf이었고, $CaCO_3$의 밀도는 2.71이다. 석회암 가루인 구형 방해석(calcite) 입자의 직경이 1.42 ㎛일 경우 체적 40,000 $ft^3$인 석회석 파쇄 작업장 공기 중 석회석 분진의 양(mg)과 작업자가 흡입하는 공기중 석회석 분진의 농도(㎍/L)는? 단, 1 $ft^3$ = 28.32 L이다.

풀이

방해석(方解石;모 방, 흩어질 해, calcite)은 탄산염 광물의 일종으로 탄산칼슘($CaCO_3$)의 가장 안정적인 동질이상이다.

mppcf(million particles per cubic feet) = $\frac{\text{백만개}}{ft^3} = \frac{10^6\ particles}{ft^3}$

방해석 입자의 입경 $\Phi$ = 1.42 ㎛ = 0.000142 cm, 반경 r = 0.000071 cm

구의 체적 = $\frac{4}{3}\pi r^3 = \frac{4}{3}\pi(0.000071\ cm)^3 = 1.5\times10^{-12}\ cm^3/dust\ particle$

$$40{,}000\ ft^3 \times \frac{1.5\times10^{-12}\ cm^3}{particle} \times \frac{41\times10^6\ particles}{ft^3} = 2.46\ cm^3 \times 2.71\ g/cm^3 = 6.67\ g$$

$= 6{,}670\ mg$

40,000 $ft^3 \times$ 28.32 L/$ft^3$ = 1,132,800 L

$$\therefore\ \frac{6{,}670\ mg}{1{,}132{,}800\ L} = 0.00589\ mg/L = 5.89\ \mu g\ CaCO_3\ dust/L$$

〈그림 27〉 석회석 파쇄 작업 현장

**사례문제 218**

어떤 분석자가 분진 여지 위에서 한 시야 당 3.4개의 섬유(3.4 fibers/field)를 계수하였다. 전체 여지가 27,900 시야(27,900 fields/filter)일 경우, 유량 2 L/min으로 89 min 동안 공기 시료를 채취하였다면 섬유 농도(개/$m^3$)는?

풀이

총 섬유개수 = 3.4 fibers/field × 27,900 fields = 94,860 fibers

$$\frac{94,680\ fibers}{2,000\ mL/\min \times 89\min} = 0.53\ f/cc = 530,000\ fibers/m^3$$

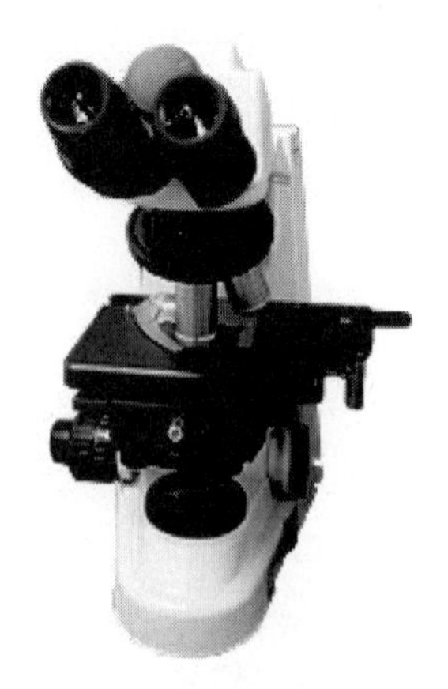

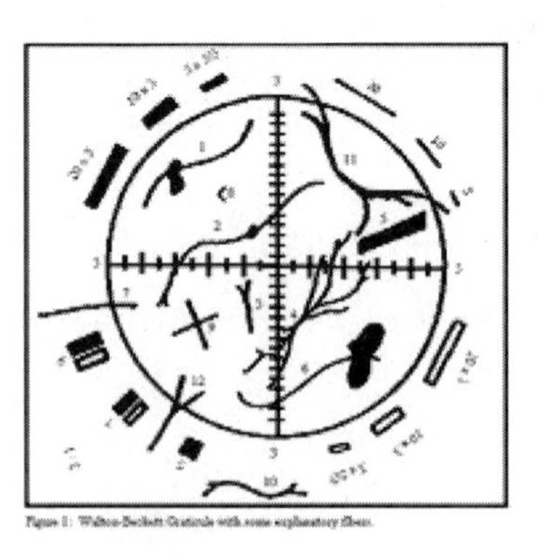

〈그림 28〉 위상차 현미경과 이를 이용한 석면의 계수

### 사례문제 219

어떤 금속의 TLV가 0.2 $mg/m^3$이다. 어떤 분석자가 신뢰성 있는 정도(good accuracy & precision)로 4 ㎍을 검출하였다. 1.1 L/min의 유량으로 공기 시료를 채취할 경우 TLV의 10%를 검출하기 위해 산업위생관리기사는 몇 시간 만큼의 공기시료를 채취하여야 하는가?

풀이

TLV = 0.2 $mg/m^3$ = 0.2 ㎍/L,   10% TLV = 0.02 ㎍/L

$\frac{4\,\mu g}{0.02\,\mu g/L} = 200\,L$ (산업위생관리기사는 최소 200 L의 공기 시료를 채취하여야 한다.)

$\frac{200\,L}{1.1\,L/\text{min}} = 182\,\text{min}$ (최소값),

∴ 산업위생관리기사는 3 기간 이상의 공기 시료를 채취하여야 한다.

### 사례문제 220

어떤 화학실험실의 분석자가 환기장치를 가동하지 않은 상태의 실험실에서 1 kg의 염소가스가 방출되는 시약병을 실수로 떨어뜨렸다. 사고 즉시 분석자는 실험실을 빠져나와 가스가 실험실 전체에 균일하게 퍼진 후, 전면 정압공기 공급형 호흡기가 있는 개인호흡기(SCBA, self-contained breathing apparatus)를 착용하고 실험실로 돌아왔다. 실험실 체적은 4 m × 6 m × 12 m이고, 51.5 m/min의 일정한 면속도를 가진 배기 후드를 가동시켰다. 후드의 크기는 100 cm × 168 cm이다. $Cl_2$ 가스 농도가 0.2 ppm(1 ppm STEL의 20%) 까지 감소하는데 걸리는 시간(min)은? 단, 이상적인 환기 혼합이 이루어진다고 가정한다.

풀이

후드면을 통과하는 환기량, Q = 1 m × 1.68 m × 51.5 m/min = 86.52 $m^3$/min

$Cl_2$ 분자량 = 71

실험실의 체적 = 4 m × 6 m × 12 m = 288 $m^3$

실험실로 퍼진 $Cl_2$ 농도 = $\frac{1,000\,g}{288\,m^3} = 3,472.2\,mg/m^3$

$$\therefore ppm = \frac{\frac{3472.2\,mg}{m^3} \times 24.45}{71} = 1,195.7\,ppm\,Cl_2$$

$$t = \frac{-\ln\left[\frac{C}{C_o}\right]}{\frac{Q}{V}} = \frac{-\ln\left[\frac{0.2\,ppm}{1,195.7\,ppm}\right]}{\frac{86.52\,m^3/\text{min}}{288\,m^3}} = 28.95\,\text{min}$$, 약 29분이 걸린다.

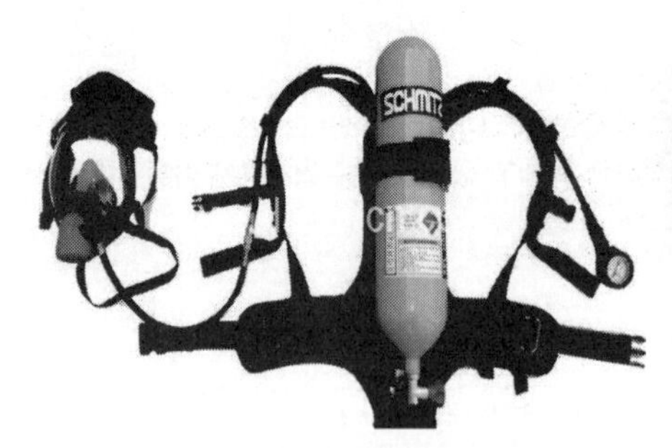

〈그림 29〉 전면 정압공기 공급형 호흡기가 있는 개인호흡기(SCBA, self-contained breathing apparatus)와 착용 모습

**사례문제 221**

**환기장치가 없는 체적 3 m × 7.5 m × 10.5 m인 탱크 내에서 메틸클로로폼(분자량 133.4) 20 kg이 증발하였다.**

1) 탱크 내 메틸클로로폼의 평형상태 농도(ppm)는?
2) 화재 위험성은 있는가?
3) 환기장치를 가동하여 증기 농도를 50 ppm(TLV의 1/7)으로 감소시킬 경우 탱크 내 용접작업은 허용되는가?
4) 작업자가 특별한 환기장치나 어떤 다른 대비책을 세우지 않고 양 쪽에 활성탄을 채운 카트리지가 있는 반면 방독마스크를 착용하고 탱크 안으로 들어갈 수 있는가?

풀이

1) 20 kg = $2 \times 10^7$ mg, 3 m × 7.5 m × 10.5 m = 236.25 $m^3$

$$\frac{2\times10^7\,mg}{236.25\,m^3} = 84{,}656\,mg/m^3,\ \therefore\ ppm = \frac{\dfrac{84{,}656\,mg}{m^3}\times 24.45}{133.4} = 15{,}516\,ppm = 1.55\%(V/V)$$

2) 없다. 이러한 일반적인 상태에서 화재 위험성은 없지만, 폭발 위험성이 없다는 상태는 아니다. 그러나 공기 중 매우 높은 농도, 특히 산소 농도가 높을 경우 폭발은 높은 온도 점화율을 지닌 발생원에서 일어날 수 있다. $COCl_2$, HCl, 다이클로로아세틸렌 등의 가스는 용접 아아크 작업에서 발생한다.

3) 없다.

4) 없다. 왜냐하면 반면 방독마스크에서 사용하는 활성탄 필터의 허용 최대농도가 1,000 ppm, 즉 노출 즉시 생명에 위험을 줄 수 있는 농도(IDLH, immediately dangerous to life and health) 값인 1,000 ppm 이하가 아니므로 착용해서는 안 되는 개인호흡기이다. 달리 말하면 메틸클로로폼의 IDLH 농도가 1,000 ppm이 아니고 700 ppm이기 때문이다. 만약에 증기 농도가 700 ppm을 넘지 않는다면 사용을 허락할 수 있다.

### 사례문제 222

건조 암모니아 가스 10 mL가 공기가 차있는 152 L 용기에 주입되었다. 이 때 $NH_3$ 가스의 농도(ppm)를 구하고 대부분 사람들이 이 농도에서 냄새와 자극에 의한 암모니아 가스 농도를 감지할 수 있는지를 나타내시오.

풀이

$NH_3$ 분자량 = 17, 밀도, $\rho = \frac{17\,g}{24.45\,L} = 0.7\,mg/mL$

10 mL $NH_3$ = 0.7 × 10 = 7 mg, $\frac{7\,mg}{152\,L} = 0.046\,mg/L = 46\,\mu g/L$

$$\therefore\ ppm\ NH_3 = \frac{\frac{46\,\mu g}{L} \times 24.45}{17} = 66.2\,ppm\ NH_3$$

대부분의 사람이 이 농도에서 암노니아 냄새를 감지할 수 있다.

### 사례문제 223

혼합 용매 0.1 mL가 313 L의 보정 용기 안에서 증발하였다. 그 혼합 용매는 각각 밀도가 0.805, 0.870, 1.335 g/mL인 MEK 30%, 톨루엔 30%, 메틸클로라이드 40%(부피비율)로 구성되어져 있다. 각각의 증기 농도(ppm)와 혼합물의 분자량을 계산하시오. 단, 각각의 분자량 = 72, 92, 85이다.

풀이

MEK: 0.03 mL × 0.805 g/mL = 0.02415 g

톨루엔: 0.03 mL × 0.870 g/mL = 0.0261 g

$CH_2Cl_2$: 0.04 mL × 1.335 g/mL = 0.0534 g

0.10 mL 0.1037 g

$$ppm\ MEK = \frac{\frac{24{,}150\,\mu g}{313\,L} \times 24.45}{72} = 26\,ppm \qquad ppm\ \text{톨루엔} = \frac{\frac{26{,}100\,\mu g}{313\,L} \times 24.45}{92} = 22\,ppm$$

$$ppm\ CH_2Cl_2 = \frac{\frac{53{,}400\,\mu g}{313\,L} \times 24.45}{85} = 49\,ppm$$

26 ppm + 22 ppm + 49 ppm = 97 ppm(total solvent vapors)

$$\frac{0.1037\,g}{313\,L} = 331\,\mu g/L$$

$$\therefore\ \text{혼합물의 분자량(M.W.)} = \frac{\frac{331\,\mu g}{L} \times 24.45}{97\,ppm} = 83.4$$

**사례문제 224**

탱크 내의 공기와 유기용제 증기의 혼합물 2,000 L가 깨끗한 공기에 의해 희석되거나 치환된 후, 액체 유기용제가 전혀 없는 4,000 L의 탱크 내에 남아있는 유기용제 증기의 농도(ppm)는? 단, 유기용제 증기의 초기 농도는 1,000 ppm이다.

풀이

$$(2.3\log 1{,}000\,ppm) - (2.3\log\, y\ ppm) = \frac{2{,}000\,L}{4{,}000\,L}$$

$(2.3 \times 3)$ - $(2.3 \log y \text{ ppm}) = 0.5$,　$(2.3 \log y \text{ ppm}) = 6.4$

$\log y\ ppm = \frac{6.4}{2.3} = 2.783$, $\therefore y = 606.74$ ppm

**사례문제 225**

어떤 공기 시료 여재가 36 μg의 Cr을 함유하고 있다. 만일 크롬 모두가 크롬산납($PbCrO_4$) 스프레이 에어로졸에서 발생하였을 경우 공기 중 크롬산납의 양(μg)은? 단, 크롬산납의 분자량은 323이다.

풀이

크롬산납($PbCrO_4$)의 분자량 = 207 + 52 + (4×16) = 323

$\frac{PbCrO_4}{Cr} = \frac{323}{52} = 6.21$,　$\therefore$ 36 μg Cr × 6.21 = 224 μg $PbCrO_4$

**사례문제 226**

어떤 작업자의 평균 호흡량이 15 L/min이고, 흡입된 공기 중 9 μg $Co/m^3$가 포함되어 있다고 가정한다. 8시간마다 교대 근무(work shift)를 하는 작업자에게 흡수되는 양이 25%이라고 한다면 축적되는 코발트(Co)의 양(μg)은? 단, 노출기간 동안 배설량은 무시한다.

풀이

$(9\ \mu g\ Co/m^3) \times 0.25 = 2.25\ \mu g\ Co/m^3 = 0.00225\ \mu g/L$

$$\frac{0.00225\,\mu g\ Co}{L} \times \frac{15\,L}{\min} \times \frac{60\min}{hr} \times \frac{8\,hr}{shift} = 16.2\,\mu g\ Co/shift$$

8 시간 교대 근무당 16.2 μg의 코발트가 작업자에게 축적된다.

**사례문제 227**

작업자의 호흡영역에 대한 공기 중 TWAE은 30 μg Pb/m$^3$ (PEL = 50 μg/m$^3$)과 0.8 mg $H_2SO_4$ mist/m$^3$ (PEL = 1 mg/m$^3$)이다. 혼합 기체의 농도는 PEL을 초과하는가?

**풀이**

$$\frac{30\,\mu g/m^3}{50\,\mu g/m^3} = 0.6 = PEL\text{의 } 60\%,\ \frac{0.8\,mg\,H_2SO_4/m^3}{1\,mg\,H_2SO_4/m^3} = 0.8 = PEL\text{의 } 80\%$$

초과하지 않는다. 두 오염물질의 독성 영향은 각각 독립적이기 때문이다.

**사례문제 228**

작업자의 근무시간이 12 시간으로 연장되어 오염물질에 노출될 경우, 노출 농도는 얼마까지 감소되어야 하는가?

**풀이**

The Brief and Scala model

노출 감소 보정 계수(exposure reduction factor) = $\frac{8}{h} \times \frac{24-h}{16}$

여기서, h = 하루당 노출된 시간

$$\therefore\ \frac{8}{12} \times \frac{24-12}{16} = 0.5$$

적어도 50% 까지 감소되어야 한다.

**사례문제 229**

질량비로 1/3이 파라치온(parathion)(PEL = 0.1 mg/m$^3$), 2/3가 EPN(PEL = 0.5 mg/m$^3$)인 혼합 살충제(insecticide)의 TWAE PEL(mg/m$^3$)은?

**풀이**

$$\frac{C_1}{0.1\,mg/m^3} + \frac{C_2}{0.5\,mg/m^3} = \frac{C_{mixture}}{T_{mixture}} = \frac{C_m}{T_m},\quad C_2 = 2C_1,\quad C_m = 3\,C_1$$

$$\frac{C_1}{0.1\,mg/m^3} + \frac{2C_1}{0.5\,mg/m^3} = \frac{3C_1}{T_m},\quad \frac{7\,C_1}{0.5\,mg/m^3} = \frac{3\,C_1}{T_m}$$

$T_m = \frac{1.5}{7} = 0.21\,mg/m^3$, ∴ 혼합 살충제의 PEL = 0.21 mg/m$^3$.

### 사례문제 230

40% X (TLV = 1 mg/m$^3$), 60% Y (TLV = 0.3 mg/m$^3$)인 혼합 광물분진의 TLV를 계산하시오. 단, 두 분진의 호흡계 건강에 대한 악영향은 부가작용(additive reaction)으로 폐섬유증(pulmonary fibrosis)을 유발한다.

풀이

$$\frac{C}{TLV} = \frac{0.4}{1} + \frac{0.6}{0.3},\quad \frac{1}{TLV} = 0.4 + 2.0 = 2.4,\quad 1 = 2.4 \times the\ TLV$$

$$TLV = \frac{1}{2.4} = 0.42\,mg/m^3$$

$$\therefore\ TLV_{x\ \mathrm{and}\ y} = 0.42\,mg/m^3$$

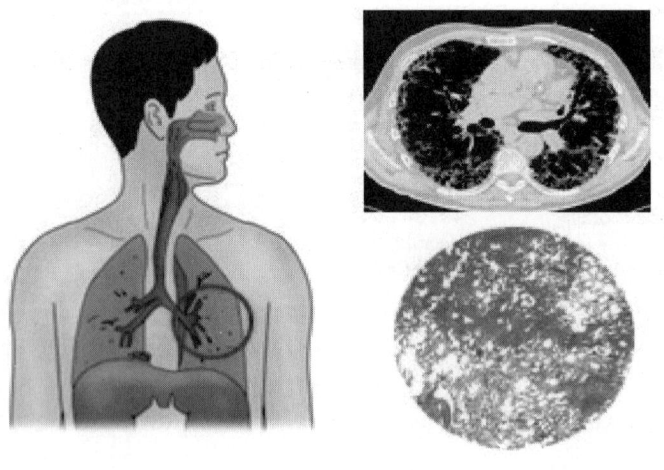

〈그림 30〉 특발성 폐섬유화증

### 사례문제 231

234 ppm 아세톤(TLV = 750 ppm), 119 ppm sec-뷰틸 아세테이트(TLV = 200 ppm), 113 ppm MEK(TLV = 200 ppm), 49 ppm 메틸클로로폼(TLV = 350 ppm) 증기가 혼합되어 있는 공기가 있다.

1) 혼합 증기의 농도(ppm)은?
2) 이 혼합 증기는 TLV를 초과하는가?

풀이

1) 234 ppm + 119 ppm + 133 ppm + 49 ppm = 535 ppm

2) $\frac{234\,ppm}{750\,ppm} + \frac{119\,ppm}{200\,ppm} + \frac{133\,ppm}{200\,ppm} + \frac{49\,ppm}{350\,ppm} = 1.71$, 약 71% 정도 초과한다.

### 사례문제 232

어떤 공기 시료채취 여재가 밀도 2.6, 비구형 1 μm 입자인 단분산 에어로솔을 채취하기 위해 1.36 L/min으로 26 min동안 사용되었다. 이 때 입자의 농도는 7.8 mppcf이었다. 여재 위에 포집된 입자의 개수와 분진 농도($mg/m^3$)는?

풀이

$$\frac{1.36\,L}{\text{min}} \times 26\,\text{min} = 35.36\,L = 1.25\,ft^3 \quad (\because 1\,L = 0.0353\,ft^3)$$

입자의 개수: $7.8\,mppcf \times 1.25\,ft^3 = 9.75 \times 10^6\ partlcles$

$d = 1.0\,\mu m = 0.0001\,cm,\quad r = 0.00005\,cm$

$$V = \frac{4}{3}\pi r^3 = \frac{4}{3}\pi(0.00005\,cm)^3 = \frac{5.236 \times 10^{-13}}{particle}$$

$$\frac{5.236 \times 10^{-13}}{particle} \times 9.75 \times 10^6\ partlcles = 5.11 \times 10^{-6}\,cm^3$$

$$\frac{5.11 \times 10^{-6}\,cm^3}{total\ particles} \times \frac{2{,}600\,mg}{cm^3} = 0.0133\,mg, \quad \therefore \text{분진 농도} = \frac{13.3\,\mu g}{35.36\,L} = \frac{0.376\,mg}{m^3}$$

### 사례문제 233

1.3 mL/min의 $NO_2$ 가스가 161.5 L/min 깨끗한 공기로 희석되었다. 보정이 되어있는 직독식 기기로 읽은 혼합된 가스 기류 속의 $NO_2$ 농도(ppm)는?

풀이

$$ppm = \frac{\text{가스의 체적/min}}{\text{공기의 체적/min}} \times 10^6 = \frac{\frac{1.3\,mL}{\text{min}}}{\frac{161.5\,L}{\text{min}} \times \frac{1{,}000\,mL}{L}} \times 10^6 = 8.05\,ppm\,NO_2$$

### 사례문제 234

250 ppm(W/V) $Pb(NO_3)_2$ 수용액이 호흡성 미스트 액적으로 분무화되어 공기 중 전체 미스트 농도가 360 $mg/m^3$(수분 포함)이 되었다. 공기 중 Pb 농도($mg/m^3$)는? 단, Pb의 원자량은 207이다.

풀이

$250\,ppm\ Pb(NO_3)_2$ 수용액 $= 250\,mg\ Pb(NO_3)_2/L$

$Pb(NO_3)_2$의 분자량 $= 207 + (2 \times 14) + (6 \times 16) = 331$

$$\frac{207}{331} \times = 62.5\% Pb, \quad \frac{250\, mg\, Pb(NO_3)_2}{L} \times 0.625 = \frac{156\, mg\, Pb}{L}$$

$$156\, ppm = 1.56 \times 10^{-4} = 0.000156, \quad \frac{360\, mg}{m^3} \times 0.000156 = \frac{0.056\, mg\, Pb}{m^3}$$

### 사례문제 235

어떤 화력발전소 굴뚝에서 0.64 ton/day의 양으로 입자상물질이 배출되고 있다. 배출량을 mg/min의 단위로 환산하시오.

풀이

$$\frac{0.64\, t}{day} \times \frac{10^6\, mg}{t} \times \frac{day}{24\, hr} \times \frac{hr}{60\, \mathrm{min}} = 444,444\, mg/\mathrm{min}$$

### 사례문제 236

어떤 작업자가 석영(quartz) 27%와 크리스토발라이트(cristobalite, 홍연석) 11%로 구성된 호흡성 분진을 흡입하였다. 이 섬유상 분진 혼합물의 PEL(mg/m³)은? 단, 분진 혼합물은 화학적으로 불활성이라고 가정한다.

풀이

호흡성 분진의

$$\text{PEL} = \frac{10\, mg/m^3}{(\%\, quartz + 2 \times \%\, cristobalite + 2)} = \frac{10\, mg/m^3}{27 + (2 \times 11) + 2} = 0.196\ mg/m^3$$

→ OSHA Permissible Exposure Limit (PEL) 참조

∴ PEL 〈 0.2 mg/m³

〈그림 31〉 석영

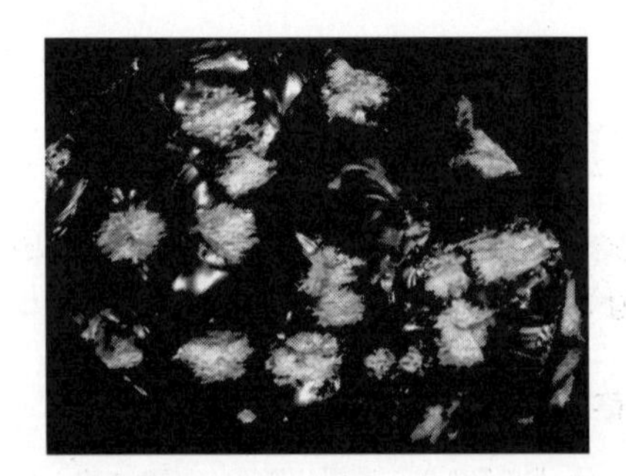

〈그림. 32〉 크리스토발라이트(cristobalite, 홍연석)

### 사례문제 237

0.062 mL의 에틸아세테이트(ethyl acetate, $C_4H_8O_2$)가 공기 중에서 34 L/min의 유량으로 1분간 증발되었다. 25℃, 760 mmHg에서 EA 증기의 농도(ppm)는? 단, EA의 분자량 = 88, 밀도 = 0.9 g/mL이다.

풀이

$$0.062\,mL \times (0.9\,g/mL) = 0.0558\,g$$

$$\frac{55.8\,mg}{34\,L} = \frac{1.64\,mg}{L} = \frac{1{,}640\,mg}{m^3},\quad \therefore\ ppm = \frac{\frac{1{,}640\,mg}{m^3} \times 24.45}{88} = 456\,ppm\,EA$$

### 사례문제 238

작업자의 호흡영역에서 오전, 오후 기간 동안 대기 분진 중 호흡성 규소의  노출을 파악하기 위해 공기 시료를 채취하여 다음 표로 나타내었다.

| 공기 시료채취 | 채취시간(분) | 채취량(L) | 호흡성분진의 채취질량(mg) | 규소(silica) 함유량(%) |
|---|---|---|---|---|
| 오전 | 161 | 274 | 0.961 | 6.9% quartz |
| | | | | 1.8% cristobalite |
| | | | | 0.0% tridymite |
| 오후 | 247 | 420 | 0.530 | 7.3% quartz |
| | | | | 1.9% cristobalite |
| | | | | 0.0% tridymite |
| 합계 | 408 | 694 | 1.491 | |

호흡성 분진 중 quartz, cristobalite, tridymite의 구성비와 혼합물과 작업자 노출에 대한 PEL을 계산하고, 작업자의 실제 노출값을 8시간 가중평균값으로 조정하시오. 단, 나머지 작업자는 실리카 분진이 발생하지 않은 지역에 있었고, 또한 작업자가 면도를 깨끗이 하고 유기 증기용 카트리지가 부착된 호흡기를 착용하고 있다고 가정한다.

풀이

석영(quartz): $6.9\% \times \frac{0.961\,mg}{1.491\,mg} + 7.3\% \times \frac{0.530\,mg}{1.491\,mg} = 7.0\%$

홍연석(cristobalite): $1.8\% \times \frac{0.961\,mg}{1.491\,mg} + 1.9\% \times \frac{0.530\,mg}{1.491\,mg} = 1.8\%$

$$PEL = \frac{10\,mg/m^3}{2 + \%quartz + 2(\%cristobalite) + 2(\%tridymite)} = \frac{10\,mg/m^3}{2+7+2(1.8)+2(0)} = \frac{0.79\,mg}{m^3}$$

→ OSHA Permissible Exposure Limit (PEL) 참조

$$\text{실제적인 노출값} = \frac{(0.961\,mg/m^3) + (0.530\,mg/m^3)}{0.694\,m^3} = 2.15\ mg/m^3$$

$$TWAE = \frac{2.15\,mg}{m^3} \times \frac{408\,\text{min}}{480\,\text{min}} = 1.83\,mg/m^3$$

〈그림 33〉 트리다마이트(tridymite)

**사례문제 239**

작업자가 주당 50시간 동안 납과 수은($PEL_S$ = 0.05 mg/m$^3$)과 같은 축적성이 있는 독성물질에 노출되었다면 상당 PEL(mg/m)은 얼마인가? 단, OSHA model을 사용한다.

풀이

$$\text{상당 PEL(equivalent PEL)} = \frac{40\,hrs}{\text{노출시간}/week} \times PEL = \text{주당 보정율을 고려한 값}$$

$$\frac{40\,hrs}{50\,hrs} \times 0.05\,mg/m^3 = 0.04\,mg/m^3$$

**사례문제 240**

환기가 되지 않고, 밀폐된 전화부스 안에 TDI(toluene diisocyanate, $CH_3C_6H_3(NCO)_2$) 한 방울(0.05 mL)이 증발되었다. 단, 부스 내부의 체적이 1.5 m이고, TDI 분자량 = 174, 액체 TDI 밀도 = 1.22 g/mL, TDI의 PEL = 5 ppb이다.

1) TDI 증기 농도(ppm)는?
2) 이 상태의 부스 내부 공기는 건강에 해로운가?

풀이

0.05 mL × 1.22 g/mL = 0.061 g = 61 mg TDI

$$1)\ ppm = \frac{\frac{mg}{m^3} \times 24.45}{\text{분자량}} = \frac{\frac{61\,mg}{1.5\,m^3} \times 24.45}{174} = 5.7\ ppm = 5,700\ ppb$$

2) TDI의 PEL = 5 ppb, $LC_{LO}$(lowest lethal concentration) = 500 ppb
(5,700 ppb/5 ppb PEL) = 1,140 배, $LC_{LO}$의 11.5배이므로, 건강에 매우 해롭다.

**사례문제 241**

공기 중 0.04 fiber/$cm^3$의 석면 섬유를 측정하기 위해 25 mm 셀룰로오즈 에스테르 멤브레인 필터(cellulose ester membrane filter)에 2 L/min의 유량으로 한 개의 시료를 채취하는데 걸리는 시간(min)은? 단, 필터의 면적은 385 $mm^2$이고, 최소 섬유 계수는 $mm^2$당 100개이다.

풀이

$$\text{시료채취 시간(분)} = \frac{385\,mm^2 \times \frac{100\,fibers}{mm^2}}{\frac{2.0\,L}{\min} \times \frac{0.04\,fiber}{cc} \times \frac{1,000\,cc}{L}} = 481.25\,\min$$

시료채취 시간은 약 8시간으로, 이 값은 OSHA PEL(0.04 f/cc)의 값이거나 20% 더 큰 석면의 노출값을 결정하기 위해 작업자의 호흡영역 공기 시료를 대상으로 한, 전 작업 이동시간을 나타내는 것이다.

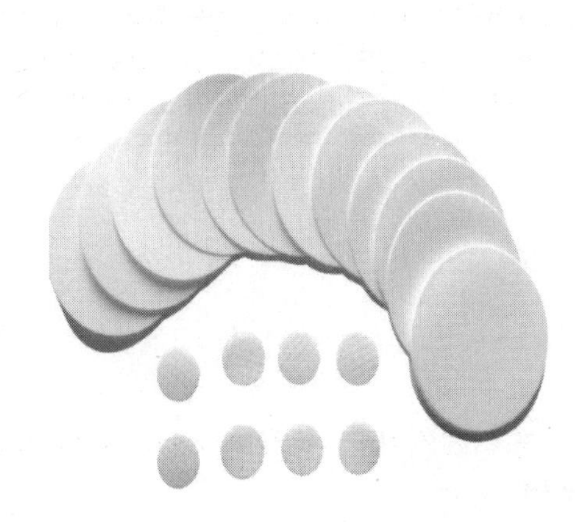
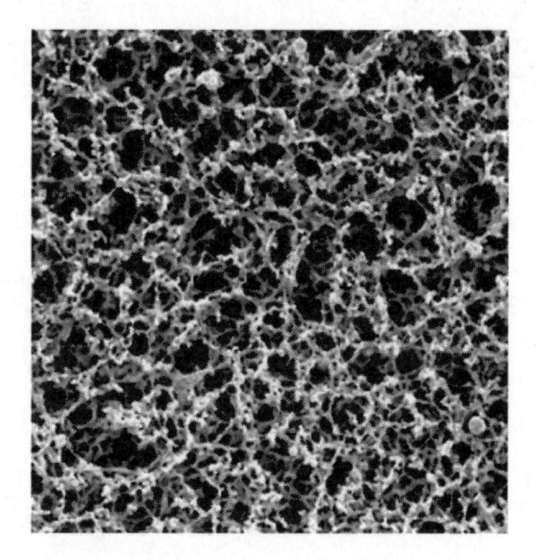

〈그림 34〉 셀룰로오즈 에스테르 멤브레인 필터(cellulose ester membrane filter)

### 사례문제 242

어떤 산업위생관리자가 아크 용접흄 발생이 일어나지 않는 기간을 고려하지 않고 "아크 발생 시간"동안 어떤 용접공의 용접흄에 대한 실질적인 노출 농도를 계산하고자 한다. 산업위생관리자는 평균 공기유량 2.13 L/min으로 3시간 36분간 공기 시료를 채취하였다. 공기시료 채취 전후 여지의 무게차는 6.77 mg이었다. 만일 이 용접생산품에 대한 실질적인 전기 아크 발생 시간의 측정값이 분당 21, 19, 14, 13, 26, 20, 15초 아크 발생 시간이었을 경우, 용접작업 시간동안 평균 용접흄 농도($mg/m^3$)는?

풀이

아크 발생 시간 평균 = $\frac{21+19+14+13+26+20+15}{7} = 18.3\,s$

아크 발생 시간% = $\frac{18.3\,s}{60\,s} \times 100 = 30.5\%$, 3시간 36분 = 216 분

216분 × (2.13 L/min) = 460 L

$$\therefore \frac{6.77\,mg}{0.460\,m^3} = \frac{14.71\,mg\text{ 총 흄}}{m^3}, \quad \frac{1}{0.305} \times \frac{14.71\,mg}{m^3} = \frac{48.33\,mg\text{ 흄}}{m^3}$$

30.5%의 실질적인 아크 발생 시간, 시료채취 기간 동안 TWAE 농도는 14.71 $mg/m^3$.
용접 아크 발생 동안 용접자에게 노출된 평균 농도는 48.33 $mg/m^3$.

### 사례문제 243

어떤 직독식 공기 시료채취 기기를 보정하기 위해 길이 43 mm의 $NO_2$ 가스 보급관을 사용하였다. 만일 관 전체를 흐르는 NO와 $NO_2$가 전혀 포함되지 않은 질소($N_2$) 유량이 43 mL/min 이고, 순수 희석 공기유량이 11.6 mL/min일 경우, 관 출구 쪽 $NO_2$ 농도(ppb)는? 단, 이 시스템 온도는 30℃이고, 같은 온도에서 $NO_2$ 가스 보급률(PR, permeation rate)은 1,200 ng/min·cm이고, $NO_2$ 보급률 K값(L/g)은 0.541이다.

풀이

43 mm = 4.3 cm, $\frac{1,200\,ng}{min \cdot cm} \times 4.3\,cm = \frac{5,160\,ng}{min}$

$$ppm = \frac{PR \times K}{A+B}$$

여기서, PR = 보급관의 $NO_2$ 가스발생량(μg/min), K = 제조업자에 의해 공급되는 $NO_2$ 가스 발생량 상수, A = 희석 공기의 유량(L/min), B = 희석 질소($N_2$)의 유량(L/min)

$$ppm\,NO_2 = \frac{\frac{5.16\,\mu g}{min} \times 0.541}{\frac{11.6\,L}{min} + \frac{0.043\,L}{min}} = 0.239, \therefore 240\text{ ppb } NO_2\text{ 가스}$$

### 사례문제 244

알코올 증기 탈착효율이 68%인 어떤 큰 사이즈의 활성탄 공기 시료채취관이 있다. 산업위생 관리자에 의해 보고된 이 알코올의 질량은 평균 공기 유량 770 mL/min으로 119분 동안 채취한 공기 중 4.23 mg이었다. 알코올의 분자량이 74일 경우 그 농도(ppm)는? 단, 공기 시료채취 온도는 25℃, 압력은 760 mmHg이다.

풀이

$$\frac{\text{보정된}\, mg}{\text{시료}} = \frac{\text{검출된 질량},\, mg}{\text{탈착 효율}} = \frac{4.23\, mg}{0.68} = 6.22\, mg$$

채취된 공기 부피 = 199 min × 0.77 L/min = 91.63 L

$$\therefore ppm = \frac{\frac{6,220\, mg}{91.63\, L} \times 24.45}{74} = 22.43\, ppm\ \ R-OH$$

22.4 ppm 알코올 증기, 특별히 MeOH는 활성탄으로부터의 흡착 및 탈착율이 나쁘기 때문에 실리카겔이나 다른 흡착제를 사용하여야 한다.

### 사례문제 245

전형적인 무기질 먼지 1 mg은 표준 임핀져 계수기술로 측정하면 약 3,000~5,000만개의 입자에 상당한다. 어떤 흡입성 먼지 사이클론을 사용하여 450분 동안 유량 1.67 L/min으로 호흡영역 공기시료를 채취하였더니, 여지 상의 먼지 무게가 0.35 mg이었다. $m^3$당 호흡성 먼지의 무게(mg)와 입자의 개수(백만개, mppcf)는?

풀이

채취공기량 = (1.67 L/min) × 450 min = 751.5 L

호흡성 먼지의 농도($mg/m^3$) = $\frac{0.35\, mg}{0.7515\, m^3} = 0.466\, mg/m^3$

입자의 개수:

$$\frac{0.35\, mg}{751.5\, L} \times \frac{30 \sim 50 \times 10^6\, particles}{mg\, dust} = \frac{14 \sim 23 \times 10^6}{m^3} \times \frac{m^3}{35.3\, ft^3} = 0.40 \sim 0.65\, mppcf$$

0.466 $mg/m^3$, 14~23 백만개, 0.40~0.65 mppcf

**사례문제 246**

어떤 3,000 $cm^3$의 체적을 지닌 가솔린 엔진이 밀폐된 정비소 안에서 850 rpm으로 가동되고 있을 경우, 이 엔진이 매 시간 발생되는 배출가스의 부피는? 또한 배출가스가 부피비로 0.76%의 CO 가스를 함유하고 있을 때, 시간당 발생되는 CO 가스는 몇 $m^3$인가?

풀이

$$\frac{\text{엔진 배기량}(cm^3) \times \text{엔진}\ rpm \times \frac{60\ \text{min}}{hr}}{2^* \times \frac{10^6\ cm^3}{m^3}} = \text{배출가스 부피}(m^3)$$

*윗 식에서 분모 2는 엔진 실린더 안 피스톤(상승, 하강할 때)의 부피가 50%인 것을 나타낸다.

$$\frac{3,000\ cm^3 \times 850\ rpm \times \frac{60\ \text{min}}{hr}}{2 \times \frac{10^6\ cm^3}{m^3}} = 76.5\ m^3/hr$$

시간 당 발생되는 CO: 76.5 $m^3$/hr × 0.0076 = 0.58 $m^3$/hr

**사례문제 247**

사례 문제 246번에서 공기 교환율 0.5/hr으로 자연환기가 이루어진다면 엔진 가동을 시작하여 5분 후에 CO 농도(ppm)는? 단, 정비소의 체적은 110 $m^3$이다.

풀이

밀폐된 공간에서의 공기 오염물질의 농도는 공기 오염물질의 발생량과 그 공간에서의 환기량으로 계산된다. 단, 오염물질 발생이 지속적이고, 공기 혼합이 잘 이루어져야 한다.

$$C = \frac{100\,K(1 - e^{-Rt})}{RV}$$

여기서, C = 그 공간에서 시간 t가 지난 후, 가스 또는 증기의 부피 %(V/V)

R = 시간당 공간의 공기교환량

t = 시간, hr

V = 공간 체적, $m^3$

K = 오염물질 발생량, $m^3$/hr

$$\therefore\ C = \frac{100\left[\frac{0.58\ m^3}{hr}\right](1 - e^{-(0.5)(\frac{5}{60})})}{(0.5)(110\ m^3)} = 0.043\%\ CO = 430\ ppm\ CO$$

처음에 일산화탄소 가스의 농도는 증가하다가 엔진 가동이 지속되면서 일정한 값을 지니면서 그 값을 유지하게 되고, 결국 발생량은 환기 손실에 의해 균형을 이루게 된다. 정답인 430 ppm은 NIOSH IDLH 값인 1,500 ppm을 초과하지는 않았으나, OSHA의 최고값 농도인 200 ppm을 초과하였으므로, 정비소에서는 엔진을 정지시키고 환기를 행하여야 한다.

**사례문제 248**

ASHRAE(미국 난방냉동공조기술자학회, American Society of Heating, Refrigerating and Air-Conditioning Engineers)는 배출가스 중 1,000 $ft^3$당 4 grain의 먼지를 초과하는 농도가 발생할 시 배출가스를 정화하기 위해 필터가 없는 집진기를 추천한다. 이 먼지 농도를 $mg/m^3$로 변환하시오.

풀이

$$\frac{4\,grains}{1{,}000\,ft^3} \times \frac{35.315\,ft^3}{m^3} \times \frac{0.06480\,g}{grain} \times \frac{1{,}000\,mg}{g} = \frac{9.15\,mg}{m^3}$$

**사례문제 249**

7시간 47분간 37 mm 멤브레인 필터에 2.14 L/min의 평균 유량으로 채취된 공기가 있다. 그 시료는 알루미늄 흄 산화물인 $Al_2O_3$에 대한 용접 작업자의 TWAE를 얻기 위해 얻어졌다. 산업위생 분석가가 기기분석을 하여 바탕시험 후에 필터에 존재하는 알루미늄을 분석하였더니 7.93 mg이었다. 알루미늄 산화흄의 농도($mg/m^3$)는? 단, 알루미늄의 원자량 = 27, 알루미늄 산화물의 분자량 = 102이다.

풀이

$$\frac{1\text{ 알루미늄 산화물}}{2\text{ 알루미늄}} = \frac{102}{2 \times 27} = 1.89 = Al_2O_3\text{에 대한 } Al\text{의 몰 변환계수}$$

$$7\,hrs,\ 47\,\text{min} = 467\,\text{min} = \frac{467}{480} \times 100 = 8\text{시간 작업의 } 97.3\%$$

$$467\,\text{min} \times 2.14\,L/\text{min} = 999.4\,L$$

$$\frac{7{,}930\,\mu g\,Al}{999.4\,L} = 7.93\,mg\,Al/m^3$$

$$7.93\,mg\,Al/m^3 \times 1.89 = 14.99\,mg\,Al_2O_3/m^3\ \ TWAE$$

$$14.99\,mg/m^3 \times 467\,\text{min} = 7{,}000.33\,mg/m^3 - \text{min}$$

$$0\,mg/m^3 \times 13\,\text{min} = 0\,mg/m^3 - \text{min}$$

$$\frac{7{,}000.33\,mg/m^3 - \text{min}}{480\,\text{min}} = 14.58\,mg/m^3\ \ TWAE$$

(작업자의 잔여 작업시간에는 $Al_2O_3$ 흄의 노출이 없다고 가정한다.)

이 값은 알루미늄 산화물의 TLV가 10 $mg/m^3$(알루미늄으로)이기 때문에 다소 높은 값을 나타낸다. 흄에 대한 이러한 노출이 호흡에 불쾌한 입자상물질의 TLV와 PEL값은 10 $mg/m^3$을 초과하지만, 알루미늄으로 계산할 때 TLV값을 충족한다. 그러나 분명하게 용접흄에 대한 이러한 노출은 작업장의 더 나은 관리를 요구한다. 흔히 알루미늄 용접은 불활성 가스 용접(MIG, metal inert gas welding) 기술을 이용하므로 많은 양의 오존 가스가 발생한다. 또한 $Al_2O_3$ 먼지는 당연히 $Al_2O_3$ 흄보다 높은 TLV를 나타낸다.

**사례문제 250**

어떤 백하우스에 8 시간의 가동시간 동안 42 kg의 먼지가 집진되었다. 백하우스 공간으로 이어진 배기관의 내경이 46 cm이고, 반송속도가 985 m/min일 경우, 유입관에서의 평균 먼지 농도(mg/m$^3$)는?

풀이

덕트 면적 = $\frac{\pi}{4}(0.46^2) = 0.17\,m^2$, $Q = AV = 0.17\,m^2 \times 985\,m/\text{min} = 167.45\,m^3/\text{min}$

$\frac{42\,kg}{480\,\text{min}} = 0.0875\,kg/\text{min}$ , $\frac{0.0875\,kg/\text{min}}{167.45\,m^3/\text{min}} = 0.000523\,kg/m^3 = 523\,mg/m^3$

〈그림 35〉 Bag filter

〈그림 36〉 쇄석 공장에 설치된 백하우스 장치

**사례문제 251**

공기 중 부피비로 10% CO가 함유된 6 m$^3$ 짜리 압축가스 실린더가 환기가 되지 않는 3 m × 9 m × 18 m 실내의 바닥에 넘어졌다. 가스 밸브에는 보호 커버가 없어서 그 밸브는 걸쇠가 벗겨져서 CO 가스 혼합기체가 빠르게 누출되고 있다. 또한 실린더의 압력이 떨어지면서 윙윙 소리를 내며 빠르게 가스의 혼합이 실내에서 이루어지고 있었다. 실내공기와 완전히 혼합된 다음 최종적인 CO 가스 농도(ppm)는? 단, 누출된 가스로부터 실내의 전체적인 대기압 소폭 증가는 무시한다.

풀이

$6\ m^3 \times 0.1 = 0.6\ m^3\ CO,\ \ 3\ m \times 9\ m \times 18\ m = 486\ m^3$

$$\frac{0.6\, m^3\ \ CO}{486\, m^3} = 1,235\ ppm\ CO$$

**사례문제 252**

화강암 채석장의 작업자가 다음에 나타난 작업을 행할 시 분진에 노출되었을 경우, 대기 중 분진에 노출된 작업자의 8시간 TWAE(mppcf)는?

| 작업명 | 측정값(mppcf) | 작업시간 |
|---|---|---|
| 드릴작업 | 192 | 3시간 45분 |
| 구멍 속 분진 불어내기 작업 | 1,260 | 15분 |
| 드릴 교체 작업 | 12 | 1시간 15분 |
| 드릴 감시 작업 | 9.8 | 2시간 15분 |
| 구멍 확대 작업 | 8.1 | 30분 |

풀이

각 작업별 mppcf-hrs를 구한다.

| | | | | | |
|---|---|---|---|---|---|
| 드릴작업 | : | 192 | × | 3.75 | = 720 |
| 구멍 속 분진 불어내기 작업 | : | 1,260 | × | 0.25 | = 315 |
| 드릴 교체 작업 | : | 12 | × | 1.25 | = 15 |
| 드릴 감시 작업 | : | 9.8 | × | 2.25 | = 22 |
| 구멍 확대 작업 | : | 8.1 | × | 0.5 | = 4 |
| | | | | 8.0 | 1,076 |

$$\therefore\ \frac{1,076\, mppcf - hrs}{8.0\, hrs} = 134.5\, mppcf$$

이 작업장은 분진이 많이 발생하는 작업장이므로 작업자에게 방진마스크(PAPR, powered air-purifying respirator) 착용시키거나, 분진발생 억제를 위한 습식작업, 국소배기장치, 작업방법의 향상 등을 지시하는 것이 좋다.

### 사례문제 253

제철소의 고로(高爐)에서 작업하는 배관공이 1분에 15,000 ppm의 일산화탄소를 흡입하였다(첫 번째 흡입으로 급성 허탈증세가 일어났고, 의식이 없는 상태에서 동료 작업자에게 구조되기 전까지 다시 50초 동안 계속해서 CO 가스를 흡입하였다). 제철소 주변의 CO가스에 대한 배경농도는 3 ppm이었다.

1) 사고가 발생한 날 다른 CO 가스에 대한 노출이 없었다고 가정할 때 그 작업자의 8시간 TWAE(ppm)는?
2) 작업자가 전면 정압공기 공급형 호흡기가 있는 개인호흡기(SCBA, self-contained breathing apparatus)를 착용하였다고 판단하는가?

풀이

1) 1 min × 15,000 ppm CO = 15,000 ppm-min

$$\left(8\,hr \times \frac{60\,\text{min}}{hr} - 1\,\text{min}\right) \times 3\,ppm\ \ CO = 1{,}437\ \text{ppm-min}$$

15,000 + 1,437 = 16,437 ppm-min

$$\therefore\ \frac{16{,}437\,ppm-\text{min}}{480\,\text{min}} = 34\,ppm$$

2) SCBA는 착용하지 않았다고 판단된다.

이러한 엄청나고 중요한 노출사고에도 작업자가 살아났다면 CO에 대한 TWAE는 34 ppm이다. 사고를 당한 작업자가 방심하지 않은 동료 작업자에 의해 구조되지 않았다면, 작업자의 8시간 TWAE가 OSHA의 CO PEL 35 ppm을 준수하였다고 그의 미망인에게 이야기 했을지도 모른다.

### 사례문제 254

3시간 27분 동안 사전에 무게를 달은 PVC 멤브레인 필터로 평균 유량 2.34 L/min로 공기를 채취하였다. 채취 전, 후 필터의 무게차가 2.32 mg일 경우, 공기 중 TSP 농도(mg/m$^3$)는?

풀이

207 min × 2.34 L/min = 484.4 L

∴ TSP = 2,320 $\mu$g/484.4 L = 4.79 mg/m$^3$

### 사례문제 255

전기발전 엔진 동력을 갖춘 어떤 가솔린 차가 체적 12 ft(h) × 30 ft(w) × 40 ft($l$)인 정비소에서 CO 1.2%(vol/vol)를 함유한 총 배출가스량 47 ft$^3$/min으로 배출하고 있다. 이 정비소의 환기량은 바닥면적 1 ft$^2$당 0.3 ft$^3$/min이다. 환기에 사용되는 공기(make up air)의 CO 농도는 무시한다고 가정할 경우, 엔진 가동 30분 후에 정비소의 CO 가스 농도(ppm)는?

풀이

$$ppm\ CO = \frac{G \times 10^6 \left(1 - e^{-\left[\frac{Q}{V}\right]t}\right)}{Q}$$

여기서, G = CO발생량, V = 정비소의 체적, Q = 환기량, t = 시간, e = 2.7813

G = 47 $ft^3$/min × 0.012 = 0.56 $ft^3$/min

Q = 0.3 $ft^3$/min·$ft^2$ × 30 ft × 40 ft = 360 $ft^3$/min

V = 12 ft(h) × 30 ft(w) × 40 ft(l) = 14,400 $ft^3$

$$\therefore ppm\ CO = \frac{G \times 10^6 \left(1 - e^{-\left[\frac{Q}{V}\right]t}\right)}{Q} = \frac{0.56 \times 10^6 \left(1 - e^{-\left[\frac{360}{14,400}\right] \times 30}\right)}{360} = 824\,ppm\ CO$$

30분 후의 CO 농도는 824 ppm이다. 따라서 신선한 공기로 환기를 계속해야 한다.

**사례문제 256**

사례 문제 255번에서 가솔린 차의 동력이 멈춘 후에 산업위생관리기사가 CO 검지관으로 공기 시료 중 CO 농도를 측정할 경우, CO농도가 20 ppm까지 감소하는데 걸리는 시간(hr)은? 단, 정비소의 환기는 계속 이루어진다고 가정한다.

풀이

$$\text{희석 환기 시간} = \frac{V}{Q} \times \left[\ln \frac{C_2}{C_1}\right] = \frac{14,400\,ft^3}{360\,ft^3/\text{min}} \times \left[\ln \frac{824\,ppm}{20\,ppm}\right] = 148.8\,\text{min} \fallingdotseq 2.5\,\text{hr}$$

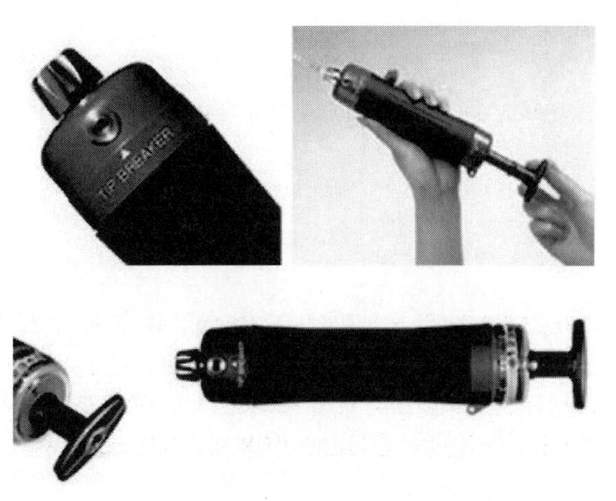


〈그림 37〉 CO 검지관을 사용한 직독식 가스검지기

### 사례문제 257

어떤 산업위생관리기사가 기기를 보정하기 위해 25 L 짜리 가스 시료채취 백 안에 CO 농도 35 ppm을 준비하려고 한다. 시료채취 백에 CO가 전혀 없는 공기가 들어 있을 경우, 35 ppm을 얻기 위해 1,760 ppm CO 가스 농도는 몇 L가 필요한가?

풀이

$$C_1 \times V_1 = C_2 \times V_2, \ \therefore \ V_1 = \frac{C_2 \times V_2}{C_1} = \frac{35\,ppm \times 25\,L}{1,760\,ppm} = 0.497\,L$$

CO가 전혀 없는 공기를 25 L에 1,760 ppm CO를 497 mL 넣는다.

### 사례문제 258

체적 3.6 m × 6 m × 8 m인 실내 공간에 8.5 L/min의 암모니아가 새어 나오는 컴프레셔가 있다. 그 실내에 희석공기가 7.4 m$^3$/min의 유량으로 공급될 경우, 암모니아 농도가 10 ppm을 초과하지 않도록 하기 위해 증가시켜야 할 공기량(m$^3$/min)은?

풀이

실내 체적, $V = 3.6\,m \times 6\,m \times 8\,m = 172.8\,m^3$

초기 공기량, $Q_o = 7.4\,m^3/\min$

초기 암모니아 농도, $C_o = \dfrac{8.5\,L/\min}{172.8\,m^3/\min} \times \dfrac{10^3\,mL}{L} = 49.2\,ppm$

나중 암모니아 농도, $C = 10\,ppm$

나중 공기량 = $7.4\,m^3/\min \times \dfrac{49.2\,ppm}{10\,ppm} = 36.41\,m^3/\min$

따라서, 29.01 m$^3$/min (36.41-7.4)에서 36.41 m$^3$/min까지 희석공기를 증가시켜야 한다.

### 사례문제 259

가성소다(NaOH) 먼지가 들어있는 용기 속 공기를 0.92 L/min의 유량으로 17 1/2분간 13.2 mL의 묽은 황산 용액이 들어있는 미짓 임핀저(midget impinger)에 통과시켰다. 황산 1 mL는 지시약의 색깔 변화가 보라색에서 초록색으로 바뀌면서 NaOH 0.43 ㎍을 중화시킨다. 임핀저의 포집효율이 100%일 때, 지시약(methyl purple)의 변색를 일으키는 공기 중 NaOH 먼지의 평균 농도(mg/m$^3$)는?

풀이

채취된 공기량 = 0.92 L/min × 17.5 min = 16.1 L

13.2 mL × 0.43 ㎍/mL = 5.68 ㎍ NaOH

$$\therefore \frac{5.68\,\mu g\,NaOH}{16.1\,L} = 0.35\,\mu g/L = 0.35\,mg/m^3$$

**사례문제 260**

어떤 작업자가 에쿠아도르(Ecuador) 바나나 농장에서 살충제를 뿌리고 있었다. 호흡기 영역 공기시료를 채취하기 위해 사전에 무게를 달은 PVC 멤브레인 필터를 사용하여 스프레이에서 나오는 에어로졸 미스트를 채취하였다. 포집된 입자의 35%가 살충제가 아니고, 살충제의 7%가 공기 새료채취 중 필터로부터 증발되었다. 시료채취량 2.1 L/min으로 7시간 41분 동안 공기를 채취하였을 경우, 채취 전 필터의 무게가 45.46 mg이었고, 채취 후 필터의 무게가 49.13 mg이었다면 스프레이에서 뿜어져 나오는 살충제 노출 농도($mg/m^3$)는?

**풀이**

$(2.1\,L/\mathrm{min}) \times 461\,\mathrm{min} = 968.1\,L$

$49.13\,mg - 45.46\,mg = 3.67\,mg$ (PVC 필터에 포집된 총 에어로졸 입자의 무게)

$3.67\,mg \times 0.65 = 2.39\,mg$ 살충제$/m^3$

$(2.39\,mg$ 살충제$/m^3) \times 1.07$ (증발율을 고려한 값) $= 2.56\,mg/m^3$

호흡기 영역의 공기 중 살충제 노출 농도는 2.56 $mg/m^3$이다.

**사례문제 261**

목화씨를 파먹는 바구미가 각각의 다리에 분자량 378인 살충제 600 ng을 붙여 밭에서 서식지로 돌아와 급성 콜린에스테라아제(cholinesterase) 중독으로 죽었다. 환기가 되지 않는 지하동굴 서식지의 체적은 11 $cm^3$이다. 바구미의 다리에서 증발되고 난 후, 서식지 공기 중 살충제의 농도(ppm)는? 단, 다 자란 바구미의 STEL은 위험에 처한 같은 서식지의 다른 바구미와 마찬가지로 1 ppm(15 분)이며, 바구미의 다리는 6개이다.

**풀이**

1 ng = $10^{-9}\,g = 10^{-3}\,\mu g$, $(600\,ng/ft) \times 6\,ft = 3{,}600\,ng$

바구미의 암컷이 유해한 쓰레기 매립지에 오염된 사체를 묻기 위해 애도하면서 준비하는 동안 죽은 바구미의 발로부터 살충제 3.6 ㎍이 증발되고 있다.

$$11\,cm^3 = 11\,mL \times \frac{L}{1{,}000\,mL} = 0.011\,L,\quad \frac{3.6\,\mu g}{0.011\,L} = \frac{327.3\,\mu g}{L}$$

$$ppm = \frac{\frac{327.3\,\mu g}{L} \times 24.45}{378} = 21.2\,ppm$$

다른 바구미들도 지속적인 노출로 인해 위험에 처해 있다.
콜린에스테라아제(cholinesterase): 아세틸콜린이라고도 하며 신경전달물질의 한가지로 근육을 지배하는 신경의 말단에서 분비되어서 근육의 수축을 유도하기도 하며, 부교감신경의 말단에서 분비되어서 부교감 신경의 전달을 담당하기도 하고, 뇌의 신경세포에서도 분비되어 여러 가지 작용을 하는 물질이다. 이 물질이 분해를 담당하는 효소가 콜린에스테라아제이다.

〈그림 38〉 목화바구미

### 사례문제 262

석면에 대한 OSHA의 AL(감시 농도, action level)는 8시간 가중평균 노출농도로서 0.1 fiber/cc이다. 어떤 작업자가 근무시간 동안 석면 0.1 f/cc가 함유된 공기 10 $m^3$을 흡입할 경우, 석면 섬유의 흡입 개수는?

풀이

$$10\,m^3 \times \frac{1{,}000\,L}{m^3} \times \frac{1{,}000\,cm^3}{L} \times \frac{0.1\,fiber}{cm^3} = 10^6\,fibers$$

### 사례문제 263

개인시료채취기(personal air sampler)를 이용하여 코크스 오븐 위쪽에서 작업하는 작업자에게서 채취한 Silver membrane air filter에서 벤젠이 추출되었다. 시료채취 전 필터무게는 78.57 mg, 체취 후 무게는 82.97 mg이었고, 동일 필터에서 벤젠을 추출한 후 무게는 80.76 mg이었다. 2.07 L/min의 유량으로 463분 동안 공기를 채취하였을 경우, 공기 중 총 입자상물질의 노출 농도(mg/$m^3$)와 코크스 오븐 배출량(COE, coke oven emissions) 중 용해성 벤젠의 함유율(%)은?

풀이

$(2.07\ L/\min) \times 463\ \min = 958.4\ L,\ \ 82.97\ mg - 78.56\ mg = 4.41\ mg$

$\frac{4{,}410\ \mu g \text{ 총 입자상물질}}{958.4\ L} = \frac{4.60\ mg\ TSP}{m^3}$

$82.97\ mg - 80.76\ mg = 2.21\ mg\ COE/m^3$

공기 중 총 입자상물질의 노출 농도는 4.60 mg/m$^3$이고, 이 중 용해성 벤젠의 함유율은 48%이다.

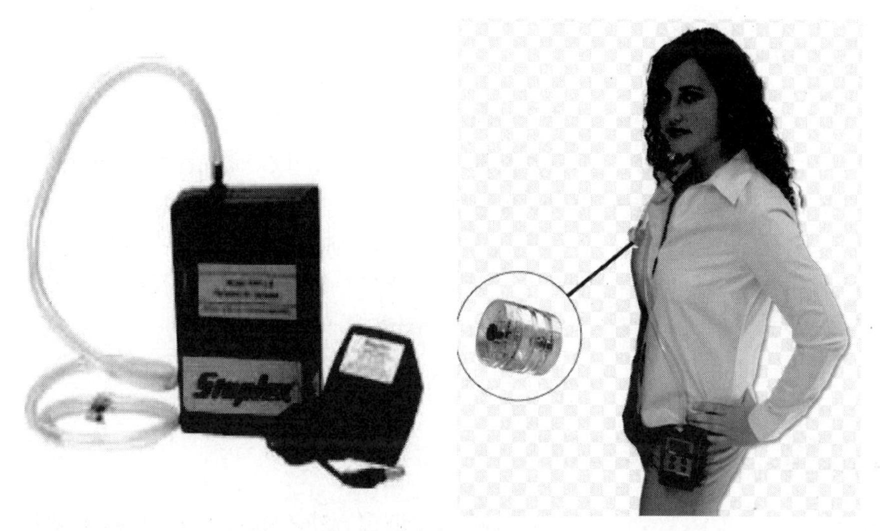

〈그림 39〉 개인시료채취기(personal air sampler)

**사례문제 264**

어떤 풍선 판매업자가 생일 축하파티용으로 어린 여자아이들에게 순수 헬륨대신에 20% 암모니아와 80% 헬륨이 채워진 12개의 풍선을 팔면서 축하 깜짝쇼를 할 때 동시에 모든 풍선을 터뜨리라고 알려주었다. 각 풍선마다 혼합가스 6 L가 들어 있다. 아이들이 환기가 되지 않는 2.5 × 5 × 5.5 m인 방에서 동시에 풍선들을 터뜨릴 때 암모니아 농도(ppm)는?

풀이

$12\ balloons \times \frac{6\ L}{balloon} \times 0.2 = 14.4\ L\ NH_3$

$\frac{14.4\ L}{2.5 \times 5 \times 5.5 \times 1{,}000\ L} \times 10^6 = 209.5\ ppm\ NH_3$

실내에서 암모니아의 평균 농도는 210 ppm이지만, 풍선 가까이에서 터질 당시의 농도는 200,000 ppm이다. 이 농도는 기침과 눈물을 야기시킨다.

**사례문제 265**

에틸 머캡탄(ethyl mercaption)은 약 128 mg/$m^3$의 농도로 주로 천연가스와 액화 연료 가스들의 부취제로 사용되고 있다. 천연가스 중 $C_2H_5$-SH 농도(ppm)는? 단, 에틸 머캡탄(ethanethiol)의 밀도는 0.839 g/mL, 분자량은 62이다.

풀이

$$\frac{\frac{128\,mg}{m^3}\times 24.45}{62} = 50\,ppm\;\; C_2H_5SH$$

이 값은 모든 사람들이 감지할 수 있는 0.5 ppb(0.0005 ppm)의 취기 감지농도를 훨씬 초과한다. 부취제의 발생원 농도는 누출 농도와 누출되는 가스를 감지하는 사람 사이에 상당한 희석이 일어나기 때문에 취기 감지농도 보다는 훨씬 커야 한다. 물론 중요한 고려사항에는 내가 1 ppb에서도 이 부취제의 냄새를 맡을 수 있고, 누출 농도가 50 ft 이상 떨어진 장소에서도 발생원과 나 사이의 어디에서든지 LPG 농도가 LEL을 초과할 수 있다는 개념이 포함되어 있다. 어떤 발화 지점에서라도?

**사례문제 266**

탱크 내부를 건조시키기 위해 LPG를 연료로 사용하는 히터로 작업하다가 탱크 내부에 폭발이 일어났다. 사고를 조사하는 감식관이 탱크 밖에 있는 LPG 실린더와 탱크이 있는 히터로 프로페인 가스를 주입하는 호스를 발견했다. 히터가 엎어져 있고 점화 불꽃이 꺼져 있었으며, 누출된 프로페인 가스가 탱크 내부에 가득 차 있었다. LPG 용기에 자체 중량과 수분 용량이 찍혀져 있는 것을 토대로 확인한 결과, 직경 8 ft, 길이 24 ft인 원통형 탱크 내부에서 LPG 2.8 갤런(gallons)이 증발된 것으로 나타났다. 점화원은 탱크 반대쪽 근처에 위치한 사용하지 않은 배기팬인 것으로 나타났다. LPG의 밀도가 0.51 g/mL일 때, 폭발한 탱크 내 프로페인 가스의 최대 농도(%)는?

풀이

원통형 탱크의 체적 = $\pi(r)^2(h) = \pi(4\,ft)^2(24\,ft) = 1{,}206.37\,ft^3 \times \frac{28.3\,L}{ft^3} = 34{,}164\,L$

$$2.8\,gallons \times \frac{3{,}785.3\,mL}{gallon} \times \frac{0.51\,g}{mL} = 5{,}405\,g$$

$$\frac{5{,}405.5\,g}{34{,}164\,L} = \frac{0.1582\,g}{L} = \frac{158.2\,mg}{L} = \frac{158{,}200\,mg}{m^3},\qquad C_3H_8\text{의 분자량} = 44$$

$$\therefore\;\; ppm = \frac{\frac{158{,}200\,mg}{m^3}\times 24.45}{44} = 87{,}909 = 8.79\%$$

프로페인의 LEL = 2.2% = 22,000 ppm이고, UEL = 96,000 ppm이므로, 8.79%는 LEL-UEL 범위 중 폭발 가능한 농도가 많은 쪽에 도달하는 것으로 나타난다.

#### 사례문제 267

흔히 산업위생기사는 "ppm이 얼마나 적은 값인가?", "µg의 먼지 입자는 얼마나 적은 양인가?", "섬유의 길이가 5 µm란 얼마나 짧은가?", "0.002 mg Be/$m^3$은 무엇을 나타내는가?" 등에 대해 설명을 해야만 할 경우가 있는데, 여기에 익숙해 질 수 있는 하나의 좋은 접근 방법은 이러한 값들을 자주 대하는 것이다. 예를 들면, OSHA PEL 50 µg Pb/$m^3$이라는 개념을 공유하는 것은 우리가 레스토랑에서 설탕팩에서 보이는 작은 종이 포장지에서 발견되는 인공 감미료의 무게가 그 중 하나인 것이다. 이것은 미식축구 경기장의 넓이인 가로 300 ft, 세로 160 ft에 높이가 14 ft인 어떤 건물 내부의 먼지 농도를 나타내는데 사용될 수 있다. 작은 종이 포장지에 들어있는 인공 감미료의 무게가 1 g으로 아주 미세한 납 가루라고 가정할 경우, 미식 축구경기장 크기 건물의 공기 중 부유하고 있는 납먼지 농도(µg/$m^3$)는?

풀이

$$\frac{1\,g \times \dfrac{10^6\,\mu g}{g}}{\dfrac{\dfrac{300\times160\times14\,ft}{35.315\,ft^3}}{m^3}} = 53\,\mu g/m^3$$

이 농도는 OSHA PEL 50 µg Pb/$m^3$을 약간 초과하지만, 작업장 공기 중 납의 Action level 23 µg Pb/$m^3$을 초과한다. 그리고 이 농도에서 그렇게 작고 미세하게 분리된 먼지는 거의 보이지 않는다.

#### 사례문제 268

고층건물 건설공사에 사용하는 어떤 크레인이 41층에서 용접에 사용할 100% 아세틸렌($C_2H_2$) 200 $ft^3$가 들어있는 압축가스통을 들어 올리다가 20층의 빈 공간에서 폭발하였다. 폭발 수 µs 후, 가스통 4 ft 떨어진 곳에서 가스 농도가 100,000 ppm이었다면, 8, 12, 16 ft 떨어진 곳에서 예측되는 아세틸렌 가스 농도(ppm)는? 단, 가스가 즉시 희석되었고, 바람이나 열기류가 없었고 또한 압축 아세틸렌 실린더가 파열되면서 일어나는 에너지 분산은 일정하다고 가정한다.

풀이

여기서는 "역제곱법칙(inverse square law)"이 적용된다. 즉, 가스 농도는 발생원에서 거리의 제곱의 역으로 감소된다. 이것은 진원지에서 아세틸렌 가스 팽창구면(膨脹球面)에서의 농도와 에너지가 거리의 제곱의 역으로 감소되는 것이다.

가스 실린더에서 100% 아세틸렌은 1,000,000 ppm, 4 ft에서 100,000 ppm

8 ft에서: $\left(\frac{1}{2^2}\right)\times 100,000\,ppm = 25,000\,ppm$(4 $ft$의 두 배)

12 ft에서: $\left(\frac{1}{3^2}\right)\times 100,000\,ppm = 11,111\,ppm$(4 $ft$의 세 배)

16 ft에서: $\left(\frac{1}{4^2}\right)\times 100,000\,ppm = 6,250\,ppm$(4 $ft$의 네 배)

8 ft 떨어진 거리에서 25,000 ppm, 12 ft 떨어진 거리에서 11,111 ppm, 16 ft 떨어진 거리에서 6,250 ppm의 아세틸렌($C_2H_2$) 농도가 존재한다.

### 사례문제 269

철수는 12 kg의 옷을 세탁소에서 찾아와 20%의 옷이 차있는 1 m × 1.2 m × 2.4 m 크기의 옷장에 걸었다. 옷을 싼 비닐 포장지를 제거하고 옷장에 건 후에 퍼클로로에틸렌 1 mL가 남아 있었다. 옷장은 환기가 되지 않은 상태였고, 기르는 고양이가 옷장에 있는 상태에서 문을 닫았다. 퍼클로로에틸렌이 모두 증기로 되었을 경우, 옷장에 있는 고양이에게 노출된 퍼클로로에틸렌 증기의 농도(ppm)는? 단, 퍼클로로에틸렌(perc's)의 분자량은 165.8, 밀도는 1.62 g/mL이다.

풀이

퍼클로로에틸렌 증기가 존재하는 옷장의 체적:

$1 \times 1.2 \times 2.4\ m = 2.88\ m^3,\ \ 2.88 - (0.20 \times 2.88\ \ m^3) = 2.304\ \ m^3$

$$\frac{1.62\, g\,'perc'}{2.304\, m^3} = \frac{1{,}620{,}000\, \mu g}{2.304\, m^3} = \frac{703.13\, \mu g}{L}$$

$$\frac{\frac{703.13\, \mu g}{L} \times 24.45\, L/g-mole}{165.8\, g/g-mole} = 103.7\, ppm\,'perc'\, vapor$$

### 사례문제 270

3 g의 액체 수은을 카페트에 엎질렀다. 진공청소기로 수은을 제거했지만 청소기 백에서 수은 증기가 지속적으로 배출되고 있었다. 진공청소기 작동 시 증발률이 300 μg Hg/min이고, 배기량은 50 $ft^3$/min인 경우, 청소기에서 공기 중으로 배출되는 수은 증기 농도(mg/$m^3$)는?

풀이

$$\frac{300\, \mu g}{\text{min}} \times \frac{mg}{1{,}000\, \mu g} = \frac{0.3\, mg\, Hg}{\text{min}},\quad \frac{50\, ft^3}{\text{min}} \times \frac{m^3}{35.315\, ft^3} = \frac{1.416\, m^3}{\text{min}}$$

$$\frac{0.3\, mg\, Hg/\text{min}}{1.416\, m^3/\text{min}} = 0.212\, mg\, Hg/m^3$$

### 사례문제 271

어떤 용접공이 볼트를 가열하는 동안 260 μg Pb/$m^3$에서 75분간, 페인트된 용접 부위를 용접할 때 38 μg Pb/$m^3$에서 199분간, 용접 전 용접 부위에서 납이 함유된 페인트 칠을 제거하기 위해 연마재 블래스터를 사용할 때 560 μg Pb/$m^3$에서 27분간 노출되었고, 그 외 시간의 기타 노출 평가치는 1.5 μg Pb/$m^3$이었다. 용접공의 TWAE(μg Pb/$m^3$)는?

풀이

| 작업명 | C($\mu$g Pb/m$^3$) | | T(분) | | CT($\mu$g Pb/m$^3$-min) |
|---|---|---|---|---|---|
| 볼트 가열 작업 | 260 | × | 75 | = | 19,500 |
| 용접 작업 | 38 | × | 199 | = | 7,562 |
| 블래스팅(털어내기 작업) | 560 | × | 27 | = | 15,120 |
| 기타 | 1.5 | × | 179 | = | 269 |
| | | | 480 | | 42, 451 |

$$\frac{42{,}451\,\mu g\ Pb/m^3 \cdot \text{min}}{480\,\text{min}} = \frac{88.4\,\mu g\ Pb}{m^3}$$

납 먼지와 흄에 대한 8시간 TWAE(time-weighted average exposure)는 88 $\mu$g Pb/m$^3$이다. 이 값은 OSHA의 PEL를 약 77% 초과한다.

**사례문제 272**

액체 염소 9톤이 실려 있는 어떤 철도 유조차가 탈선을 하여, 기울어지고, 균열이 생겨 선로용지에 따라 나 있는 배수로로 그 내용물이 쏟아져, 매우 가볍고 더운 여름 미풍에 의해 길이 약 1.3마일, 폭 0.67마일, 높이 200 ft의 가스 구름을 일으키며 약간의 액체가 증발되고 있다. 이 구름 속 평균 $Cl_2$ 가스 농도(ppm)는? 단, 남겨진 액체 염소가 포함되기 전에 배수로 안에는 유조차에 실려 있던 액체 염소 20%가 휘발되었다.

풀이

가스 구름의 길이 = 1.3 miles × (5,280 ft/mile) = 6,864 ft

가스 구름의 폭 = 0.67 mile × (5,280 ft/mile) = 3,538 ft

가스 구름의 체적 = 200 × 6,864 × 3,538 ft = $4.857 \times 10^9$ ft$^3$

$4.857 \times 10^9$ ft$^3$ × (28.32 L/ft$^3$) = $1.376 \times 10^{11}$ L = $1.376 \times 10^8$ m$^3$

배수로로 쏟아진 액체 염소의 양:

$$9\text{톤} \times \frac{2{,}000\,lb}{\text{톤}} \times \frac{453.59\ g}{lb} \times \frac{1{,}000\,mg}{g} \times 0.20 = 1.633 \times 10^9\ mg\ Cl_2$$

따라서,
$$\frac{\dfrac{1.633 \times 10^9\ mg\ Cl_2}{1.376 \times 10^8\ m^3} \times \dfrac{24.45\ L}{g-mole}}{70.9} = 4.1\ ppm\ Cl_2$$

이 구름 속 염소 가스의 평균 농도는 4.1 ppm이다. 그러나 그 계산방법이 대기오염과 지역사회 위험도 평가 목적일 경우에는 우세 기상조건에 대한 문제가 있으므로, 더 큰 농도가 있을 개연성이 존재한다. 이러한 기상 조건은 $x$, $y$, $z$ 수평면 안의 가스 확산 파라미터와 그 유출 장소로부터 떨어진 선택된 지점에서의 예상 농도 결정을 도와준다.

**사례문제 273**

시료채취 전 33.19 mg, 시료채취 후 38.94 mg의 무게를 나타낸 MCE 멤브레인 필터(mixed cellulose ester membrane filter)로 5시간 40분 동안 유량 1.8 L/min에서 보리의 총 분진에 대한 호흡대역공기(BZ, breathing zone)를 채취하였다. 질량의 85%가 비호흡성일 경우 호흡성 분진에 대한 곡물 저장기(grain silo) 작업자의 8시간 TWAE 노출농도($mg/m^3$)는?

풀이

5시간 40분 = 340분

$1.8\ L/min \times 340\ min = 612\ L = 0.612\ m^3$

$38.94\ mg - 33.19\ mg = 5.75\ mg$

$\frac{5.75\,mg}{0.612\,m^3} = 9.4\,mg/m^3$ $TWAE$ (340분을 8시간 노출로 대신한다고 가정할 경우)

| | | | | |
|---|---|---|---|---|
| 340 min | × | 9.4 $mg/m^3$ | = | 3,190 $mg/m^3$-min |
| +140 min | × | 0 $mg/m^3$ | = | 0 $mg/m^3$-min |
| 480 min | | | | 3,190 $mg/m^3$-min |

$$\frac{3,190\,mg/m^3 - \min}{480\,\min} = 6.7\,mg/m^3\ 8-hr\ TWAE$$

질량의 15%가 호흡성이므로,

$9.4\ mg/m^3 \times 0.15 = 1.4\ mg/m^3$ respirable

$6.7\ mg/m^3 \times 0.15 = 1.0\ mg/m^3$ respirable

곡물분진 TLV(귀리(oats), 밀(wheat), 보리(barley) 등) = 4 $mg/m^3$

340분 분진 노출을 8시간 노출로 대신한다고 가정할 경우 총 보리 분진 농도는 9.4 $mg/m^3$ TWAE이다. 그리고 곡물적재 분진이 없는 시간을 고려할 경우 작업자의 노출농도는 6.7 $mg/m^3$ 이다. 예를 들어, 곡물, 실리카, 규소화합물, 해충류, 미생물류, 내독소류, 포자류 등에 대한 대기 중 총 BZ 분진의 340분, 8시간 호흡성분진의 노출농도는 1.4 $mg/m^3$ TWAE, 1.0 $mg/m^3$ TWAE이다.

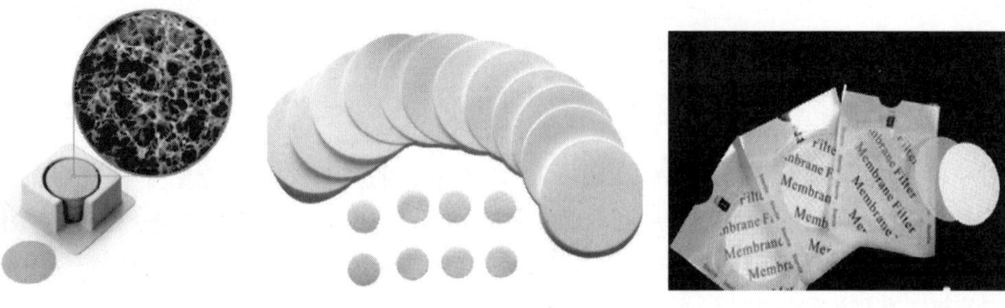


〈그림 40〉 시판되는 MCE 멤브레인필터

### 사례문제 274

17분 20초 동안 유량 0.84 L/min으로 15 mL 흡수액(impinger solution) 안에 철강 공장 공기 중 HCl 가스(분자량 = 36.5)를 채취하였다. HCl의 포집효율은 80%이고, 흡수액을 분석한 결과 채취시료 중에서는 4.7 μg Cl/mL, 공시료에서는 0.3 μg Cl/mL였다. 여기서 일하는 철강제조업자의 노출농도(ppm)은?

풀이

17분 20초 = 17.33분, 0.84 L/min × 17.33min = 14.56 L

$$\frac{4.7\,\mu g\ Cl/mL}{0.8} = 5.88\,\mu g\ Cl/mL,\ \ 5.88\,\mu g\ Cl/mL - 0.3\,\mu g\ Cl/mL = 5.58\,\mu g\ Cl/mL$$

$$\frac{5.58\,\mu g\ Cl}{mL}\times 15\,mL = 83.7\,\mu g\ Cl,\ \ 83.7\,\mu g\ Cl\times\frac{36.5}{35.5} = 86.06\,\mu g\ HCl$$

$$ppm = \frac{\frac{\mu g}{L}\times\frac{24.45\,L}{g-mole}}{\text{분자량}} = \frac{\frac{86.06\,\mu g}{14.56\,L}\times 24.45}{35.5} = 4.0\,ppm$$

4.0 ppm HCl 가스, HCl의 ACGIH TLV = 5 ppm (C)

### 사례문제 275

3시간 15분 동안 17 μg Pb/m$^3$, 97분 동안 565 μg Pb/m$^3$, 2시간 10분 동안 46 μg Pb/m$^3$의 노출농도로 작업한 고철 가공 작업자의 납 분진과 흄에 대한 8시간 TWAE 노출농도(μg Pb/m$^3$)를 계산하시오. 단, 작업자는 5시간 30분 동안 HEPA 분진/흄/미스트 필터 카트리지가 장착된 호흡기를 착용하고 있었다.

풀이

| 농도(C) | × | 시간(T, min) | = | 노출량(CT) (Haber's Law) |
|---|---|---|---|---|
| 17 μg Pb/m$^3$ | × | 195 min | = | 3,315 μg Pb/m$^3$-min |
| 565 μg Pb/m$^3$ | × | 97 min | = | 54,805 μg Pb/m$^3$-min |
| 46 μg Pb/m$^3$ | × | 130 min | = | 5,980 μg Pb/m$^3$-min |
| | | 422 | | 64,140 μg Pb/m$^3$-min |

OSHA Pb PEL = 50 μg Pb/m$^3$ × 480 min = 24,000 μg Pb/m$^3$-min

$$\frac{64,100\,\mu g/m^3-\text{min}}{24,000\,\mu g/m^3-\text{min}} = 2.67\times PEL,\ \ \frac{64,100\,\mu g/m^3-\text{min}}{480\,\text{min}} = 133.5\,\mu g\ Pb/m^3\ \ TWAE$$

8시간 작업 중 주어진 시간을 제외한 시간의 노출농도가 "0"일 경우,

$$\left(\frac{422\,\text{min}}{480\,\text{min}}\right)\times 133.5\,\mu g/m^3 = 117.4\,\mu g\ Pb/m^3\ \ TWAE$$

TWAE = 133.5 μg Pb/m$^3$ 또는 PEL의 2.67배, 8시간 작업 중 주어진 시간을 제외한 시간의 노출농도가 "0"일 경우, TWAE = 117.4 μg Pb/m$^3$.

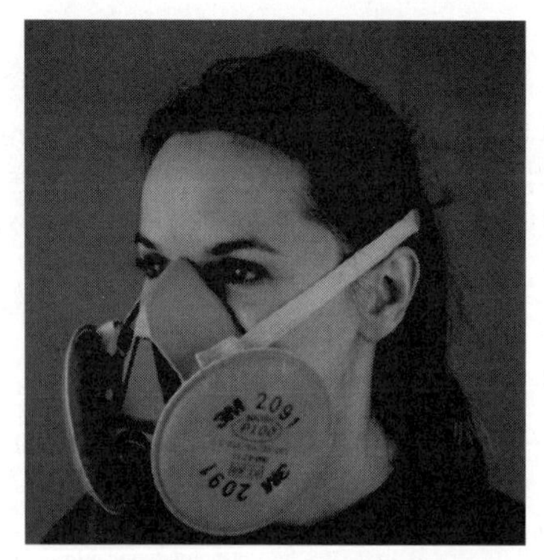

〈그림 41〉 시판중인 HEPA dust/fume/mist 필터 카트리지 호흡기

**사례문제 276**

어떤 화학공장 작업자가 작업 후, 휴일을 마치고 월요일에 8시간 TWAE 노출농도를 확인하여 보니 톨루엔($C_6H_5CH_3$) 32 ppm, 자일렌($C_6H_4(CH_3)_2$) 19 ppm, MEK(메틸에틸케톤, $CH_3COC_2H_5$) 148 ppm이었다. 이 화학물질 들의 TLVs가 각각 50, 100, 200 ppm이고, 상가작용을 할 경우 노출농도 초과율(%)은?

풀이

$$\frac{32\,ppm}{50\,ppm}+\frac{19\,ppm}{100\,ppm}+\frac{148\,ppm}{200\,ppm}=1.57$$

TLV를 57% 초과한다. 또는 활동농도(action level) 0.5의 약 3.1배로 나타난다.

**사례문제 277**

866 L의 공기 유량을 포집한 멤브레인필터(MF)를 분석한 결과 2,667 ㎍ Zn을 검출하였을 경우, 그 장소에서 작업한 용접공의 호흡대역에서 나타난 ZnO(zinc oxide) 흄의 농도($mg/m^3$)는? 단, ZnO의 분자량은 81이다.

풀이

$\frac{81}{65}=1.246$, 2,667 ㎍ Zn × 1.246 = 3,323 ㎍ ZnO

$$\frac{3,323\,\mu g\,ZnO}{866\,L}=3.84\,mg\,ZnO/m^3$$

### 사례문제 278

가솔린 1갈론이 갑자기 대형 스탬프식 세척기 아래에 있는 10 × 10 × 10 $ft^3$ 체적을 지닌 프레스 피트에 쏟아져 몇 시간이 지났고, 그 피트는 고정된 기계적인 강제 환기 장치가 없었다.

1) 그 피트에서 가솔린 증기 농도(ppm)는?
2) 얼마나 위험한 상황인가? 단, 가솔린의 밀도는 0.75 g/mL이고, 분자량은 73 g/g-mol이다.

**풀이**

1) 피트의 체적: $\frac{10\,ft \times 10\,ft \times 10\,ft}{35.3\,ft^3/m^3} = 28.32\,m^3$

가솔린 1갈론의 무게(mg): $1\,gallon \times \frac{3,785\,mL}{gallon} \times \frac{0.75\,g}{mL} \times \frac{1,000\,mg}{g} = 2,838,750\,mg$

$$ppm = \frac{\frac{mg}{m^3} \times \frac{24.45\,L}{g-mole}}{\text{분자량}} = \frac{\frac{2,838,750\,mg}{28.32\,m^3} \times 24.45}{73} = 33,572\,ppm$$

2) 가솔린의 LEL과 UEL은 1.4%와 7.6%이므로, 이 농도는 높은 위험도를 갖는 폭발 중간 범위에 있다. 천장치가 500 ppm으로 TLV = 300 ppm(0.03%), IDLH 농도는 5,000 ppm(0.5%, 또는 ≅ LEL의 1/3)이다. 이 증기 혼합물질 안에 벤젠 증기 농도는 거의 300 ppm 또는 그 이상이 있다. 나중에 "고열 작업"에 대한 예방조치를 취하지 않고 피트 위에서 어떤 용접공이 프레스 수리를 행한다면 어떻게 될까? 이 증기 혼합물의 LEL과 UEL 중간 농도인 포화 농도에서 즉, 유기 폭발성 액체에 성냥불을 긋는 꼴이 되고 만다.

### 사례문제 279

22℃에서 포화 수증기압은 19.8 mmHg이다. 대기압 725 mmHg, 상대습도 50%일 경우, 이 온도에서 수증기의 질량 농도(mg/$m^3$)는?

**풀이**

대기 중 수증기 농도(ppm) = $0.50 \times \left[\frac{19.8\,mmHg}{725\,mmHg}\right] \times 10^6 = 13,655\,ppm = 1.37\%$

$$\frac{mg}{m^3} = \frac{ppm}{\frac{22.4\,L/g-mole}{\text{분자량}} \times \frac{\text{절대온도}(K)}{273\,K} \times \frac{760\,mmHg}{725\,mmHg}}$$

$$= \frac{13,655\,ppm}{\frac{22.4}{18} \times \frac{295}{273} \times \frac{760}{725}} = \frac{9,687\,mg\,H_2O\,vapor}{m^3}$$

### 사례문제 280

6.6 L의 과산화염소($ClO_2$, chlorine dioxide) 가스가 밀폐된 12 × 30 × 10 ft 크기의 실험실 내로 부주의로 인하여 방출되었다. 완전히 혼합된 후, 실험실 내 $ClO_2$ 가스 농도(ppm)는?

**풀이**

$$(12 \times 30 \times 10\ ft) \times \left[\frac{28.32\ L}{ft^3}\right] = 101,952\ L$$

$$ppm = \frac{6.6\ L}{101,952\ L} \times 10^6 = 64.7\ ppm\ \ ClO_2$$

매우 높은 산화력을 지닌 가스가 방출되었기 때문에, 그 농도는 실험실 내에 있는 환원제와 유기물질과 반응하여 시간이 지남에 따라 감소된다. 이 실험실에는 SCBA없이는 출입하지 말아야 하며, 배출과 희석 환기를 행하여 확실하게 공기 시료채취를 한 후, $ClO_2$ 가스 농도가 〈 0.05 TLV이거나 검출되지 않는 농도라야 위험성이 없어진다.

### 사례문제 281

어떤 공정에서 작업장으로 아황산 가스가 일정한 속도로 누출되고 있다. $SO_2$를 2 ppm까지 희석하기 위해 필요한 공기량이 2,492 $m^3$/min일 경우, 발생된 $SO_2$의 양($m^3$/hr)은?

**풀이**

$$\frac{2,492\ m^3}{\text{min}} = \left[\frac{\text{발생량},\ m^3/\text{min}}{2\ ppm}\right] \times 10^6$$

$$SO_2\ \text{발생량}(m^3/hr) = \frac{(2,492\ m^3/\text{min}) \times 2\ ppm}{10^6} \times \frac{60\ \text{min}}{hr} = \frac{0.3\ m^3\ \ SO_2}{hr}$$

시간당 0.3 $m^3$의 아황산 가스가 누출된다. 누출된 부위를 꼼꼼이 점검하고 희석 공기로 잘 희석하면 상당한 감소를 이룰 수 있다. “소잃고 외양간 고치지 말고” 울타리를 잘 치고 밧줄을 이용하여 소를 잘 가두듯이 발생원을 잘 점검하는 습관을 들이도록 노력해야 한다. 가스상 물질은 잘 새어 나오기 때문에 일단 작업장으로 누출되면 제어하기가 힘들어진다.

### 사례문제 282

공기 중 납에 대한 OSHA PEL은 50 $\mu g/m^3$(W/V)이다. 이 값을 질량 기준에 대한 질량비(W/W)로 나타낼 경우 납의 PEL은?

**풀이**

납 에어로졸이 포함되어 있는 공기 질량에 대한 납의 질량으로 나타낸다.

$$\frac{50\,\mu g\,Pb}{m^3} = \frac{50\,\mu g\,Pb}{1.202\times10^6\,\mu g\,air} = \frac{1\,\mu g\,Pb}{2.4\times10^7\,\mu g\,air} = 4.2\times10^{-8}$$

공기 질량 약 42,000,000당 납 질량 1로써, 이 값은 질량비로 42 ppb Pb에 해당한다.

### 사례문제 283

용융제인 플루오린화 바륨($BaF_2$, barium fluoride) 분진에 노출된 작업자의 호흡대역에서 공기 시료를 8시간 작업 중 473분 동안 평균 유량 1.64 L/min로 채취하였다. 채취된 필터에서 593 ㎍의 바륨을 얻었다. 이 작업자가 플루오린화합물 분진 외에 다른 물질에는 노출되지 않았을 경우, 작업한 날 바륨과 플루오르에 대한 TWA 노출값($mg/m^3$)은? 단, $BaF_2$와 Ba의 분자량은 175.33과 137.33이다.

**풀이**

473 ≅ 8 hr(전체 작업시간의 98.5%). 노출 계산값의 1.5%를 감한다.

채취된 공기량: $\frac{1.64\,L}{\min}\times 473\,\min = 775.7\,L$, $\frac{593\,\mu g\ Ba}{775.7\,L} = \frac{0.764\,mg\ Ba}{m^3}$

$$\frac{BaF_2\text{의 몰질량}}{Ba\text{의 몰질량}} = \frac{175.33}{137.33} = 1.277,\quad 593\,\mu g\ Ba\times1.277 = 757.3\,\mu g\ BaF_2$$

$$757.3\,\mu g\ BaF_2 - 593\,\mu g\ Ba = 164.3\,\mu g\ F,\quad \frac{164.3\,\mu g\ F}{775.7\,L} = \frac{0.212\,mg\ F}{m^3}$$

0.764 mg $Ba/m^3$와 0.212 mg $F/m^3$. 명확하게 노출값은 TLV 0.5 mg $Ba/m^3$(용해성 화합물)을 초과하지만 TLV 2.5 mg $F/m^3$(용해성 화합물)은 초과하지 않는다. 독성 영향에 대한 두 물질의 작용은 거의 상가작용을 하지 않는다. 다만 플루오린화 바륨은 물에 대한 용해성이 적어(25℃에서 0.12 g/100 cc), 과다 노출에 대한 판단을 내리기가 힘들다. 0.5 mg $Ba/m^3$ 이하로 작업자가 노출된다면 산업 위생 측면에서도 좋지만 플루오린화 바륨의 만성 독성에 대하여 알려진 바가 거의 없기 때문에 독성의 판단은 신중을 기해야 한다.

### 사례문제 284

페인트공은 가끔씩 어리석게도 벽과 천장에 칠하는 페인트에 어떤 액체 살충제 혼합물을 섞는 경우가 있다. 짐작컨대 나중에 살충제를 흡수한 건조한 페인트에 닿은 어떠한 곤충이라도 죽게 된다. 클로르피리포스(농약, Chlorpyrifos)가 이러한 목적으로 사용되어지곤 한다. ACGIH TLV 위원회에 의해 "Skin(피부)" 기호로 표기된 이러한 유기인제 살충제의 TLV는 0.2 $mg/m^3$이다. 클로르피리포스($C_9H_{11}Cl_3NO_3PS$)의 분자량은 350.57, 증기압은 25℃에서 $1.87\times10^{-5}$ mmHg이다. 어떤 페인트공이 페인트 1갈론(gallon)에 클로르피리포스의 혼합물 11%(W/V) 액체 3온스(ounces)를 섞은 후, 유아 침실의 크기가 같은 4면의 벽과 천장에 칠했다. 유아 침실의 벽 면적은 8 × 10 ft, 천장은 10 × 10 ft이었다. 페인트가 마른 후, 침실은 환기가 되지 않을 경우,

1) 클로르피리포스 증기의 최대 포화 농도($mg/m^3$)는?
2) 증기로 공기를 포화시키기 위해 페인트에 충분한 클로르피리포스가 있었는가?
3) 그 페인트공이 이 페인트를 붓칠이나 롤링으로 칠하지 않고 분사시켜서 칠할 때, 페인트공의 호흡 대역의 평균 총 미스트 농도가 그 침실을 칠하기 위해 필요한 페인트량으로 1 시간 동안 1 $mL/m^3$ 이었다면, 이 페인트공의 클로르피리포스 미스트에 대한 8시간 TWA 노출값($mg/m^3$)은?

단, 이 침실을 칠하기 위해 사용한 페인트는 약 400 $ft^2$ [4(8 × 10 ft) + (10 × 10 ft) = 420 $ft^2$]의 면적을 칠하는데 1갈론을 모두 사용하였고, 페인트 1 mL를 분사시켜 칠하는 동안 페인트공의 호흡대역 공기 1 $m^3$에 미스트 에어로졸로서 존재하였고, 페인트의 밀도는 1.4 g/mL이다.

풀이

1) 포화상태에서 클로르피리포스 증기 농도(ppm) = $\frac{1.87\times10^{-5}\,mmHg}{760\,mmHg}\times10^6 = 0.0246\,ppm$

$$\frac{mg}{m^3} = \frac{ppm\times 분자량}{24.45\,L/g-mole} = \frac{0.0246\,ppm\times350.57\,g/mole}{24.45\,L/g-mole} = 0.35\,mg/m^3$$

클로르피리포스 증기 농도는 8시간 TLV 노출값으로 계산할 때, TLV(Threshold Limit Value)를 초과하였다. 그러나 페인트공은 단지 1시간 동안만 그 침실에 있었기 때문에, 클로르피리포스가 짧은 시간에 증기 포화 농도를 나타내지는 않을 것이고, 아마도 피부에 닿지도 않았으며, 증기에 지나치게 노출되지는 않았을 것이다.

2) 페인트 1갈론당 클로르피리포스의 질량(g) = $\frac{11\,g}{100\,mL}\times3\,ounces\times\frac{29.57\,mL}{ounce} = 9.76\,g$

침실의 체적($m^3$) = 10 ft × 10 ft × 8 ft × $\frac{m^3}{35.3\,ft^3} = 22.67\,m^3$

포화 증기 상태에서 침실 공기 중 클로르피리포스 증기의 질량(mg)

= $22.67\,m^3\times\frac{0.35\,mg}{m^3} = 7.93\,mg$

1갈론의 페인트에 있는 9.76 g의 클로르피리포스는 침실의 포화된 공기 중 총 증기 0.00793 g을 크게 넘어서기 때문에 증기 포화 농도는 이론적으로 달성되었다.

3) $\frac{9.76\,g}{gallon}\times\frac{1{,}000\,mg}{g}\times\frac{gallon}{3{,}785\,mL} = \frac{2.58\,mg}{mL}$

클로르피리포스 미스트에 대한 8시간 TWA 노출값 = $\frac{\frac{2.58\,mg}{m^3\cdot hr}}{8\,hr} = \frac{0.32\,mg}{m^3}$

페인트의 밀도가 1.4 g/mL이므로, 페인트공의 총 미스트에 대한 8시간 TWAE

= 1.4 g/mL × 1.0 mL × 1,000 mg/g = 1,400 mg(클로르피리포스가 함유된 총 페인트 미스트 질량)

$$\frac{\frac{1{,}400\,mg}{m^3\cdot hr}}{8\,hr} = \frac{175\,mg}{m^3}$$

이 경우 페인트를 분사시켜 칠하는 동안 페인트공에게 전면 송기 마스크(full-face airline respirator)가 반드시 필요하다. 유기인제가 함유된 살충제는 특히 유아들과 오랜 기간 동안 폐쇄된 방에서 생활하는 사람(콜린에스테라아제 효소 결핍증을 지닌 8시간 이상 숙면자, 신경 장애를 갖고 지속적으로 앓아누워 있는 장애인, 임산부 등)의 건강을 해칠 수 있기 때문에, 이러한 가정의 인테리어에는 절대로 사용해서는 안 된다.

**사례문제 285**

720,000 organisms/mL인 레지오넬라균(L. pneumophillae) 배양액 3 mL가 포함된 시험관이 초원심분리기 안에서 산산이 부서졌다. 그 결과 최악의 호흡성 용량을 추정하는 목적으로 파악해도 단지 이 용액 0.5 mL만이 환기가 되지 않는 30 × 40 × 12 ft 크기의 실험실에 호흡성 에어로졸 형태로 배출된 것으로 추정되었다. 이 경우 실험실 공기 중 레지오넬라균(L. pneumophillae)의 평균 농도(organism/L)는?

풀이

$$\frac{720,000\ organisms}{mL} \times 0.5\ mL = 360,000\ organisms,$$

30 × 40 × 12 ft = 14,400 ft$^3$ = 407,763 L

$$\frac{360,000\ organisms}{407,763\ L} = \frac{0.88\ organism}{L}.$$

즉, 100 L 공기당 88 개의 레지오넬라균이 있다는 것이다. 흡입 공기 50 L 안에 한 개의 레지오넬라균(L. pneumophillae)이 취약한 인간 숙주에 대한 감염량이라고 추정되어진다. 파열된 미생물 에어로졸 농도는 0.88 organism/L 보다는 더 크다고 생각되기 때문에 초원심분리기 근처에 서 있었던 측정자가 크나큰 위험에 직면했을 것이다.

〈그림 42〉 레지오넬라균(L. pneumophillae)

**사례문제 286**

천장 높이가 4 m이고, 넓이는 미식축구 경기장의 크기(91.4 m × 48.7 m)인 건물에 벤젠 한 컵(240 mL)이 증발되었을 경우, 평균 증기 농도(ppm)는? 단, 벤젠의 밀도는 0.88 g/mL, 분자량 = 78이고, 벤젠이 증발되면서 공기와 혼합되어 건물 내에서만 환기되고 더 이상의 희석은 이루어지지 않았다. 다시 말해서 희석이 없기 때문에 건물 내에서 평형 증기 농도가 얼마인가를 묻는 것이다.

풀이

건물의 체적 = 91.4 m × 48.7 m × 4 m = 17,805 $m^3$

증발된 벤젠의 질량 = 240 mL × 0.88 g/mL = 211.1 g = 211,200 mg

$$ppm = \frac{\frac{mg}{m^3} \times 24.45}{분자량} = \frac{\frac{211,200\,mg}{17,805\,m^3} \times 24.45}{78} = 3.7\,ppm$$

벤젠 증기 농도는 3.7 ppm으로 TLV(0.5 ppm)의 약 7.4배의 값이다. 이렇게 가정한 예제의 계산은 작업자, 관리자, 비전문가, 배심원, 판사, 배우자와 아이들, 이웃사람 들에게 공기 중 오염물질 농도가 낮은 이유를 설명하는데 많은 도움이 된다. 또 다른 비슷한 예제를 사용함으로써, 즉 예를 들어 가정에서 사용하는 바느질용 골무에 들어갈 벤젠량(2.2 mL)이 환기가 안 되는 차고의 1배 반의 공간에 엎질러져, 그 결과로 증기 농도가 9.5 ppm이었다면, 이 농도는 OSHA PEL(8-hrs TWA = 10 ppm)과 거의 같다라고 설명할 수 있다. 이같이 질문을 어려운 전문 용어로만 사용하지 말고 가정에서 사용하는 물건을 이용하여 설명하면 일반인들에게도 쉽게 이해할 수 있다는 것을 나타낸다.

**사례문제 287**

새로 생산되는 주괴(ingots)를 접합하는 작업자의 호흡대역에 산화철 흄($Fe_2O_3$) 농도가 4.7 mg/$m^3$ 이다. 산화철 흄의 TLV가 Fe로 5 mg/$m^3$일 경우, 이 접합 작업자의 노출량(mg Fe/$m^3$)은? 단, $Fe_2O_3$의 분자량 = 159.69, Fe의 분자량 = 55.847이다.

풀이

$$\frac{2\,Fe}{Fe_2O_3} = \frac{2 \times 55.847}{159.69} = 0.6994 = 69.94\%\ Fe$$

4.7 mg $Fe_2O_3$/$m^3$ × 0.6944 = 3.29 mg Fe/$m^3$

**사례문제 288**

신축 건물의 지하실에 Rn(radon)-222의 농도가 1.85 × $10^{-6}$ mole/L이다. 지하실 공기는 정체되어 있고, Rn-222의 방출은 더 이상 없을 경우, 2.3일이 지난 후 Rn-222의 농도(μg/L)는? 단, Rn-222의 반감기는 3.8일이다.

풀이

지하실에 남아있는 Rn-222의 양 = $(1.85\times10^{-6}\,mole/L)\left[\frac{1}{2}\right]^{\frac{2.3\,days}{3.8\,days}} = 1.22\times10^{-6}\,mole/L$

$(1.22\times10^{-6}\,mol/L)\times(222\,g\,Rn/mol) = 270.84\times10^{-6}\,g/L = 270.84\,\mu g/L$

**사례문제 289**

점 배출원에서 배출되는 대기 오염물질에 대한 작업자의 노출은 오염물질 분산 계산법을 이용하여 계산할 수 있다. 예를 들어, 점오염원(압축 라인 내의 누출 밸브와 같은)에서 HF 가스가 수평 방향으로 4.47 m/s의 풍속으로 배출되는 배출량 33 mg/s인 산업 공정이 있을 경우,

1) 점 배출원에서 50 ft 떨어진(즉, 발생원의 풍하측) 작업자에게 노출되는 가스 농도($mg/m^3$)는?
2) 거리가 10 ft 떨어진 경우, HF의 농도($mg/m^3$)는?

풀이

흡대역에서 예상되는 대기 오염물질의 농도($mh/m^3$)를 구하는 공식

$$C = \frac{Q}{k\,u\,x^n}$$

여기서, $k$ = 0.136(상수)

$u$ = 풍속(m/s), 최저 풍속은 0.5 m/s

$x$ = 오염원과 작업자 사이의 떨어진 거리(m)

$n$ = 1.84(상수) $Q$ = 배출량(mg/s)

50 ft = 15.24 m, 10 ft = 3.048 m

1) $C = \frac{33\,mg\;HF/s}{(0.136)\,(4.47\,m/s)\,(15.24\,m)^{1.84}} = 0.35\,mg\;HF/m^3$

2) $C = \frac{33\,mg\;HF/s}{(0.136)\,(4.47\,m/s)\,(3.048\,m)^{1.84}} = 6.98\,mg\;HF/m^3$

HF의 TLV(C)는 2.3 mg HF/$m^3$이다. 10 ft 떨어진 곳에서의 농도는 약 7 mg HF/$m^3$으로 TLV(C)의 3배가 된다. 여기서 알 수 있듯이 기본적이고 기초적인 산업위생 제어 방법은 환경적인 스트레서(대기 오염물질, 온열, 소음, 방사선 등)와 작업자 사이의 거리를 증가시킴으로써 노출을 감소한다는 것이다.

**사례문제 290**

기름 연소식 난로에서 비산재를 제거하는 보일러 제작자가 8시간 넘게 작업하면서 호흡용 보호구를 착용하지 않은 채 평균 3 mg/$m^3$의 분진 농도에 노출되었다. 미세먼지의 구성성분을 분석하지 않을 경우, 잠재적인 주요한 흡입 유해성이 존재하는가? 다시 말해서, 어떤 정보가 부족하기 때문에 산업 위생 관리를 시행하지 않아야 하는가? 결국, 단순히 어떤 유해성 분진(TLVs: 흡입성 분진 = 10 mg/$m^3$, 호흡성 분진 = 3 mg/$m^3$)이 있을 경우, 과다 노출 농도가 나타나지 않았는가?

풀이

기름 연소에서 발생한 재의 금속 분석 자료

| 철(iron, Fe) | 22.90%(무게비) |
|---|---|
| 알루미늄(Al) | 21.90 |
| 바나듐(V)☆ | 19.60 |
| 규소(Si) | 16.42 |
| 니켈(Ni)☆ | 11.86 |
| 마그네슘(Mg) | 1.78 |
| 크롬(Cr)☆ | 1.37 |
| 칼슘(Ca) | 1.14 |
| 소듐(Na) | 1.00 |
| 코발트(Co)☆ | 0.91 |
| 티타늄(Ti) | 0.55 |
| 몰리브덴(Mo) | 0.23 |
| 납(Pb)☆ | 0.17 |
| 구리(Cu) | 0.05 |
| 은(Ag) | 0.03 |
| 기타 | 0.09 |
| 합계 | 100% |

〈자료출처〉 Air Pollution Engineering Manual, U.S. Department of Health, Education, and Welfare(1967)

☆기름 연소 재의 주요 금속 노출 농도:

3 mg/$m^3$ × 0.196(V) = 0.59 mg V/$m^3$, TLV = 0.05 mg/$m^3$(호흡성 $V_2O_5$ 분진 또는 흄으로)

3 mg/$m^3$ × 0.1186(Ni) = 0.36 mg Ni/$m^3$, TLV = 0.05 mg/$m^3$(수용성 Ni), 0.1 mg/$m^3$(비수용성 Ni)

3 mg/$m^3$ × 0.0137(Cr) = 0.04 mg total Cr/$m^3$, TLV = 0.01~0.5 mg/$m^3$

3 mg/$m^3$ × 0.0091(Co) = 0.03 mg Co/$m^3$, TLV = 0.02 mg/$m^3$

3 mg/$m^3$ × 0.0017(Pb) = 0.005 mg Pb/$m^3$, PEL = 0.05 mg/$m^3$

몇몇 금속에 대해서는 과다 노출되었다고 생각되어 관리 방법이 있어야 하고, $SiO_2$에 대한 분석도 이루어져야 한다.

**사례문제 291**

지역 공기를 8 × 10 in.크기의 입자 채취용 고효율 필터에 7.3 $ft^3$/min의 유량으로 30일 17시간 동안 채취하였다. 이 필터 2 cm × 2 cm를 취하여 분석한 결과 89 μg의 납을 얻었다. 시료채취 기간 동안 지역 대기 중 평균 납 농도(μg/$m^3$)는? 단, 납 질량은 필터 표면에 있는 것으로만 한다.

**풀이**

$[30\,days \times (24\,hrs/day)] + 17\,hrs = 737\,hrs = 44{,}220\,\text{min}$

44,220 min × 7.3 $ft^3$/min = 322,806 $ft^3$ = 9,14.8 $m^3$

$4\,cm^2 = 0.62\,in.^2 \quad (\frac{80''^2}{0.62''^2}) = 129.03 =$ 필터 면적에 대한 배율

89 μg Pb × 129.03 = 11,484 μg Pb

따라서, $\frac{11{,}484\,\mu g\ Pb}{9{,}140.8\,m^3} = \frac{1.26\,\mu g\ Pb}{m^3}$

보통 미국의 LA 지역의 대기 중 가솔린으로부터 배출되는 유기납의 농도는 산술 평균값 1.7 μg Pb/$m^3$, 기하 평균값 1.08 μg Pb/$m^3$ 정도이다.

**사례문제 292**

50 lb의 수산화소듐(NaOH, sodium hydroxide) 알갱이가 40 gallons의 물이 담긴 뚜껑이 열린 철제 탱크로 빠르게 투입되고 있다. 탱크 속의 용액은 매우 뜨거워 졌으며, 자극적이고 부식성이 있는 미스트 에어로솔이 발생하고 있다. 실온으로 되돌아온 후, 탱크에는 42.9 gallons의 용액이 남아있고, 소듐함량을 바탕 보정한 후, 용액에는 80,070 mg Na/L가 들어있었다. NaOH 에어로솔이 35 × 120 × 18 ft 크기의 실내에 배출될 경우, 공기 중으로 방출되는 수산화소듐의 양(lb)과 그 실내가 환기가 되지 않을 경우 평균 미스트 농도(mg/$m^3$)는?

**풀이**

Na와 NaOH의 분자량은 23과 40이다.

$$42.9\,gallons \times \frac{80.07\,g\ Na}{L} \times \frac{1\,L}{0.264\,gallon} \times \frac{40}{23} \times \frac{1\,lb}{453.59\,g} = 49.88\,lb\ NaOH$$

$$\frac{(50\,lb\ NaOH - 49.88\,lb\ NaOH)}{35\,ft \times 120\,ft \times 18\,ft} = \frac{0.12\,lb\ NaOH}{75{,}600\,ft^3}$$

$$\frac{0.12\,lb\ NaOH}{75{,}600\,ft^3} \times \frac{35.314\,ft^3}{m^3} \times \frac{459.59\,g}{lb} \times \frac{1{,}000\,mg}{g} = \frac{25.8\,mg\ NaOH}{m^3}$$

0.12 lb의 NaOH가 공기 중으로 방출되고, 공기 중 NaOH 미스트의 평균 농도는 25.8 mg/$m^3$(ACGIH TLV-C = 2 mg/$m^3$)이다. 처음에 탱크 근처의 미스트 농도는 너무 높게 나타난다.

### 사례문제 293

위상차 현미경(PCM, phase contrast microscopy)을 사용하여 공기 필터 중 타당성 있고 신뢰할만한 섬유수를 측정한 결과 100시야(fields)당 10 개의 섬유수가 측정되었다. 이 때 채취된 공기의 부피가 3,000, 5,000, 7,500 L일 경우, 측정된 섬유 개수농도(f/cc)는? 단, 필터의 직경은 37 mm이며 섬유 포집 면적은 855 $mm^2$이고, PCM의 한 시야당 크기는 0.003 $mm^2$이다.

풀이

더 작은 필터 직경(예를 들어, 25 mm)을 사용하면 검출한계를 개선시킬 수가 있다. 그리고 시야의 면적이 커지면 신뢰할만한 개수 농도를 얻을 수 있다.

$$\text{개수 농도} = \frac{10\text{ 개 섬유}/100\text{ 시야}}{3{,}000\,L} \times \frac{855\,mm^2}{0.003\,mm^2} \times \frac{1\,L}{1{,}000\,cc} = \frac{0.01\text{ 개 섬유}}{cc}$$

$$\frac{0.01\,f/cc}{x\,f/cc} = \frac{5{,}000\,L}{3{,}000\,L},\ x = 0.006\,f/cc,\quad \frac{0.01\,f/cc}{x\,f/cc} = \frac{7{,}500\,L}{3{,}000\,L},\ x = 0.004\,f/cc$$

채취된 공기의 부피가 3,000, 5,000, 7,500 L일 경우, 섬유 개수 농도는 0.01 f/cc, 0.006 f/cc, 0.004 f/cc가 된다. NIOSH PCM Method 740에 채취하는 공기 시료의 부피가 같을 경우 신뢰할만한 개수 농도 개선방법이 나와 있다.

※ 참조 : 위상차현미경은 굴절률이나 두께의 변화가 있는 무색의 투명 표본을 농담(濃淡)의 분포에 대한 상(像)으로서 관찰할 수 있으며, 염색 등의 번거로운 처리가 덜 필요하다. 이 장치에는 집광렌즈의 물체측 초점에 도넛 모양의 조리개를 두어 대물렌즈의 상측(像側) 초점에 생기는 조리개의 상에 1/4파장의 광로차가 나타나는 위상판(位相板)이 놓여 있다. 표본을 그냥 지나온 빛은 이 위상판을 통과하여 표본에서 굴절 혹은 회절된 빛은 위상판의 외부를 지나므로 양자 사이에 생긴 의 위상차에 의하여 농담의 상을 얻게 된다.

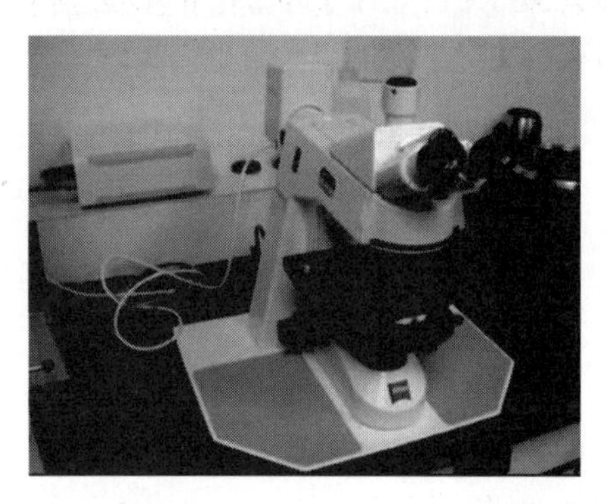

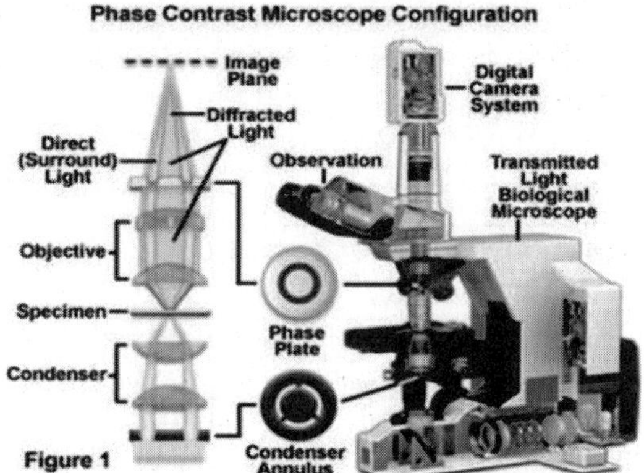


〈그림 43〉 위상차 현미경과 구조

**사례문제 294**

어떤 사람이 입에서 체온계를 홱 잡아채 벽을 향해 세게 던졌다. 체온계는 박살나면서 침실 카페트로 0.5 mL의 수은이 엎질러졌다. 그 사람은 지하실이 없는 크기가 1,500 $ft^2$인 단층집에 살고 있고, 천장은 8 ft이다. 이 단층집은 환기가 전혀 안 되지 않을 경우, 수은이 쏟아졌을 때 최대 평균 수은 증기의 농도($mg/m^3$)는? 단, 수은이 표면에 흡착이 되지 않았다고 가정하며, 25℃에서 수은의 분자량은 200.6, 밀도는 13.6 g/mL, 증기압은 0.0012 mmHg이다.

풀이

이 문제를 해결하는데 세 가지 순서로 접근한다. 1. 수은 증기 농도가 평형상태에 도달할 때 까지 실내 공기를 채취한다. 2. 모든 수은이 집안 전체로 증발되었다고 가정하고 계산한다. 3. 수은 증기압을 기초로 최대 수은 증기 농도를 계산한다.

$\frac{질량}{부피}$ 계산법:

수은 증기의 질량, $0.5\,mL \times 13.6\,g/mL = 6.8\,g = 6,800\,mg$

실내 체적: $1,500\,ft^2 \times 8\,ft = 12,000\,ft^3 = 339.8\,m^3$

$$\frac{6,800\,mg}{339.8\,m^3} = 20.01\,mg/m^3$$

증기압 계산법:

포화상태에서, $\frac{0.0012\,mmHg}{760\,mmHg} \times 10^6 = 1.579\,ppm\ \ Hg\ vapor$

$$mg\ Hg/m^3 = \frac{ppm \times 분자량}{24.45\,L/g-mole} = \frac{1.579\,ppm \times 200.6}{24.45} = 12.95\,mg/m^3$$

두 가지 계산법으로 계산된 농도 사이에 큰 변동이 있다. 수은의 농도는 포화된 상태의 농도보다 더 많이 들어있을 수 없기 때문에, 정확한 농도는 12.95 $mg/m^3$이다. 작업장에서 수은의 ACGIH TLV는 0.025 $mg/m^3$이므로 결과적으로 이 집 내에 존재하는 수은 증기 농도가 아주 크게 나타났다.

엎질러진 수은을 빨리 제거하거나, 통 안으로 집어 넣거나, 화학 결합제를 사용하거나, 환기를 시키지 않으면 그 집에 있는 사람은 수은 중독의 위험에 빠진다. 요약하면 가정에서 사용하는 체온계 안의 액체 수은 량일지라도 1,500 $ft^2$의 면적을 가진 집안의 공기를 유독한 증기로 바꿀 수 있다는 것을 명심하여야 한다.

# 6. 전체환기 및 국소배기 관련 문제

**사례문제 295**

일반적으로 오염된 공기를 깨끗한 희석 환기로 뛰어난 혼합을 행함으로써, 국한된 공간 대기를 환경 대기 농도와 같아지게 하기 위해서는 가능한 최대로 회의 공기 교환횟수가 필수적이다.

a. 2
b. 5
c. 10
d. 20
e. 53

**풀이**

d

즉, 오염 추정치가 제한된 공간 대기의 오염농도 100%(이를테면, 1,000,000 ppm)라고 할 경우, 2.3회 공기 교환 후에 제한된 공간의 오염농도는 100,000 ppm으로 감소된다. 다시 2.3회의 공기 교환(총 4.6회)이 이루어진 후에는 10,000 ppm으로 감소된다. 6.9회의 공기 교환횟수가 있은 후에는 1,000 ppm이 되고, 다시 2.3회(총 11.5회)의 공기 교환횟수가 이루어지면 초기 농도 100%가 10 ppm으로 감소된다. 총 18.4회의 공기 교환이 이루질 때 농도는 0.01 ppm으로, 이어서 20.7회이면 최종적으로 0.001 ppm(1 ppb)가 된다. 이러한 경우는 대부분 TLVs와 PELs 이하의 농도값이다(bis-chloromethyl ether($C_2H_4Cl_2O$)와 osmium tetroxide(사산화오스뮴, $OsO_4$)가 가스상 물질과 증기에 대한 현재 주목할 만한 예외 물질이다.).

**사례문제 296**

다음 상황 중 주요한 작업장 실내공기질의 가장 타당성 있는 지표는?

a. 상대습도가 30%에서 55%로 증가한다.
b. 상대습도가 55%에서 30%로 감소한다.
c. 건구온도의 시간당 변화가 21℃에서 13℃로, 다시 21℃로 오르내린다.
d. 작업장에서 공기 유속이 1 m/s에서 0.5 m/s로 감소한다.
e. 배기 덕트와 충만실에 호열성 방선균류가 존재한다.
f. 라돈(Rn)의 공기 농도가 정상 상태이다.
g. 아침에 300~400 ppm이던 $CO_2$ 농도가 정오에 1,000 ppm 이상으로 증가하였다.
h. 공기 중 일산화탄소의 악취가 작업장의 작업자에게 공급되었다.

**풀이**

g

$CO_2$ 농도가 1,000 ppm 이상인 것이 주요 실내공기질의 지표이다.

**사례문제 297**

외기(outdoor air)의 $CO_2$ 농도 400 ppm, 환기(return air)의 $CO_2$ 농도 750 ppm, 혼합 공기(mixed air)의 $CO_2$ 농도 650 ppm인 건물로 유입되는 외기 %를 계산하기 위하여 이산화탄소 가스 측정기를 사용하였다. 이러한 조건 하에 공급되는 외기 %는?

풀이

$$\%\,outdoor\ air = \frac{ppm_{return\ air} - ppm_{mixed\ air}}{ppm_{return\ air} - ppm_{outdoor\ air}} \times 100 = \frac{750\,ppm - 650\,ppm}{750\,ppm - 400\,ppm} \times 100 = 28.6\%$$

건물의 전체 환기 공기의 약 29%가 외부로부터 공급된다. 건물 안 공기의 약 71%는 재순환 된다.

**사례문제 298**

어떤 공정에서 8시간 동안 비어있는 실내의 공기로 벤젠 1.3 pints가 증발하고 있다. 벤젠의 밀도는 0.88 g/mL, 분자량은 78이다. 추천하는 NIOSH TWAE 농도인 0.1 ppm 이하로 벤젠의 증기 농도를 유지하기 위해 요구되는 희석 공기의 부피는?

풀이

희석 공기의 부피를 구하는 자체가 의미 없다. 왜냐하면 벤젠 증기는 공기로 희석하는 환기와 같은 어떤 제어방법에 의존하기에는 너무 해롭고 잠재적인 독성을 갖고 있기 때문에, 증발량을 감소시키고 국소배기 장치를 사용하는 것이 노출되는 작업자의 건강을 보호하기 위해 추천된다. 건강에 좀 덜 해로운 유기용제로 대체하는 것도 한 방법이다.

※참고 : 1 pint ≒ 473 mL

**사례문제 299**

체적이 30 m × 15 m × 3.5 m인 어떤 작업장에 바닥 면적 1 $m^2$당 외부의 신선한 공기가 0.05 $m^3$/min의 유량으로 들어오고 있고, 오염물질이 0.1 $m^3$/min의 유량으로 퍼져가고 있었다. 배기팬을 끄고 공기 시료를 채취하여 분석한 결과 가스상 오염물질의 농도가 580 ppm이 되었다. 배기팬을 가동하기 시작하면서 작업장 내 오염물질 농도가 100 ppm이 되기까지 걸리는 시간(min)은? 단, 오염물질과 희석 공기의 혼합은 완벽히 이루어졌다고 가정한다.

풀이

$$30\ \mathrm{m} \times 15\ \mathrm{m} \times \frac{0.06\,m^3/\mathrm{min}}{m^2} = 22.5\ m^3/\mathrm{min}$$

$$t_{,\min} = \frac{2.303 \times m^3}{Q} \times \log\frac{G-(Q \times C_a)}{G-(Q \times C_b)}$$

$$= \frac{2.303 \times 1,575\, m^3}{22.5\; m^3/\min} \times \log \frac{0.1\, m^3/\min - \left(22.5\, m^3/\min \times \frac{100}{10^6}\right)}{0.1\, m^3/\min - \left(22.5\, m^3/\min \times \frac{580}{10^6}\right)} = 8.2\min$$

오염물질과 공기의 혼합이 좋다면 최소 8.2분이 걸린다. 혼합이 잘 안된다면 시간은 더 걸린다고 봐야 한다.

### 사례문제 300

어떤 건물 내로 들어오는 공기 침투량을 계산하기 위해 트레이서(추적) 가스를 사용하였다. 트레이서 가스의 초기 농도는 0.01%(100 ppm)이고, 한 시간 후 그 농도는 0.0012%(12 ppm)이 되었다. 건물의 크기가 6 m × 12 m × 24 m일 때, 건물 내로 들어오는 공기의 침투량($m^3$/min)은?

풀이

$$C = C_o\, e^{-\left(\frac{kt}{V}\right)}$$

여기서, $C$ = $t$ 시간 경과 후, 트레이서 가스의 농도

$C_o$ = 트레이서 가스의 초기 농도

$e$ = 2.718, $k$ = 외부 공기 침투량, $t$ = 경과 시간, $V$ = 건물 체적

위 식의 양변에 자연로그 ln을 취하여 $k$값을 구하면,

$$k = \frac{-\ln\left[\frac{C}{C_o}\right]}{\frac{t}{V}} = \frac{-\ln\left[\frac{0.0012}{0.01}\right]}{\frac{60\min}{1,728\, m^3}} = 61.06\, m^3/\min$$

### 사례문제 301

실내에서 근무하는 작업자에 의한 후각 인식에 따르면, 어떤 작업장 면적에서 악취 강도가 2배가("doubled") 된다고 한다. 악취발생원에서 발생율이 일정할 경우, 악취강도가 2배될 때 줄어야 할 희석 환기량($m^3$/min)은? 단, 초기 악취 농도를 희석하기 위한 환기량은 16,400 $ft^3$/min(cfm)이다.

풀이

악취강도를 $I$ 라고 하면, $\frac{I_1}{I_2} = \frac{\log cfm_2}{\log cfm_1}$

이 공식은 일반적인 생리적 반응의 Weber-Fechner 법칙과 비슷하다. 즉, 어떤 감각은 그 자극에 대한 대수값에 비례한다(사람의 감각은 대수적으로 느끼는데, 소음을 느끼는 것도 이에 해당한다).

$$\therefore \frac{1}{2} = \frac{\log cfm_2}{\log 16,400\, cfm},\; 0.5 = \frac{\log CMM_2}{4.215},\quad \log cfm_2 = 2.108,\; \therefore cfm_2 = 128$$

악취 강도가 배가된다면 희석 환기량은 약 16,400 cfm에서 128 cfm까지 감소해야 한다. 이러한 사실은 후각 강도를 인식하는 농도의 50%로 감소시키는데 상대적으로 엄청난 부피의 깨끗한 공기가 악취를 희석하는데 필요하다는 반증이다.

※ 참조 : 베버-페히너(Weber-Fechner)의 법칙이란 감각기에서 자극의 변화를 느끼기 위해서는 처음 자극에 대해 일정 비율 이상으로 자극을 받아야 된다는 이론을 말한다. 즉 처음에 약한 자극을 받으면 자극의 변화가 적어도 그 변화를 인지할 수 있다. 하지만 처음에 강한 자극을 받으면 자극의 변화가 커야 그 변화를 인지할 수 있는 것이다.

〈그림 44〉 독일의 물리학자인 Weber (1795~1878)와 Fechner (1801~1887)

**사례문제 302**

**사례 문제 301번에서 희석 환기량을 16,400 cfm에서 128 cfm까지 줄임으로써 감각적인 악취강도가 2배로 되었다면, 실제 악취제 농도는 확실하게 몇 배가 증가하였는가?**

**풀이**

$\frac{16,400\,cfm}{128\,cfm} = 128$ , 즉 128배가 증가하였다.

여기서 알 수 있는 것은 악취 강도는 농도의 대수값으로 바뀐다는 것이다(log 128 = 2.1) 후각, 청각, 시각, 맛, 터치 등 여러 가지 감각을 포함하는 또 다른 생리적 반응을 나타내는 식은 Steven's law이다.

$$I = k\,C^{\alpha}$$

여기서, $I$ = 감각 또는 악취의 감지 강도, $k$ = 상수, $C$ = 자극제, 악취제의 물리적 강도

일반적으로 감각은 자극제의 멱함수에 따라 바뀐다. 후각에 있어서, $\alpha$값은 1보다 적다. Steven의 법칙은 일반적으로 Weber-Fechner 대수법칙을 대신한다. 대체적으로 $\alpha$값의 범위는 0.2~0.7이다. 대푯값으로 $\alpha$=0.7일 경우, 악취제 농도는 5가지 요소에 의해 악취 감지를 줄이기 위해서 10배까지 줄어든다. $\alpha$=0.2일 때, 악취 감지를 5배 줄이려면 농도로는 3,000배를 줄여야 한다.

**사례문제 303**

어떤 소금물-암모니아(brine-ammonia) 냉동 공장에서 구매 기록부에 의하면 매일 평균 35 $ft^3$의 암모니아가 밸브와 공정 장비에서 누설되어 없어진다. $NH_3$ TLV = 25 ppm의 10% 이하로 관리하기 위해 필요한 희석 공기량($ft^3$/min)은?

풀이

$$\frac{35\,ft^3/day}{24\,hrs/day} = \frac{1.458\,ft^3}{hr} \times \frac{hr}{60\,\text{min}} = 0.0243\,ft^3/\text{min}$$

$$25\text{ ppm} \times 0.1 = 2.5\text{ ppm},\quad \frac{0.0243\,ft^3/\text{min}}{2.5\,ppm} \times 10^6 = 9,720\,ft^3/\text{min}$$

양호한 혼합 조건일 경우 9,720 $ft^3$/min의 공기가 필요하다. 먼저 누설되는 장비를 고치고, 희석 환기를 강화하여야 한다.

**사례문제 304**

길이가 30 ft, 폭이 8 ft인 압연강의 평판 위에서 발생하는 공기량($ft^3$/min)을 추정하시오. 압연 공장에서 10 in. 두께의 두꺼운 평판에서의 열손실 추정량은 처음 4시간 동안 평균 5,500,000 BTU/hr이다. 이 평판은 복사 열손실의 대부분이 현열과 뜨거운 공기 대류로 바뀌기 때문에 40 ft 높이의 알루미늄판 복사 패널로 사면을 둘러싸여 있다. 철제 압연기의 높이는 비닥에서 100 ft이다.

풀이

공기의 움직임은 다음 식으로 추정된다. $Q_z = 1.9\,Z^{1.5}\,\sqrt[3]{q}$

※ 공식의 출처 : Roger L. Wabeke, Air contaminants and Industrial hygiene ventilation, 1998

여기서, $Q_z$ = 유효 높이 Z에서 공기량($ft^3$/mi)

$q$ = 열체로부터의 대류 열손실(BTU/hr)

$Z$ = Y + 2B,

Y = 열체 위 실제 높이(이 경우는 열보호막의 높이, ft),

B = 열체의 가장 긴 수평거리(ft, 거리가 짧은 폭은 사용하지 않는다.)

$Z = 40\,ft + (2 \times 30\,ft) = 100\,ft$(철제 압연기의 높이와 일치한다.)

$$Q_z = (1.9)\,(100)^{1.5}\,[\sqrt[3]{5,500,000}\,] = 335,383\,(ft^3/\text{min})$$

### 사례문제 305

건물의 공기교환량을 측정하기 위해 사용하는 트레이서 가스로 옳은 것은?

a. $SO_2$, $H_2$, He, $N_2$, $CH_4$
b. He, $COCl_2$, Ar, $H_2Se$, $N_2$
c. Ar, $N_2$, He, $CO_2$, $H_2$
d. $CH_4$, $SF_6$, $C_2H_6$, $NO_2$, He
e. $SF_6$, $CO_2$, He, $PH_3$, $AsH_3$
f. $N_2$, $CO_2$, $SF_6$, He, Ar

**풀이**

d

이 중에서도 He(헬륨)와 $SF_6$(sulfur hexafluoride)가 가장 자주 사용된다.

### 사례문제 306

체적(V), 전체 환기량(Q), 초기 농도($C_o$), 발생 정지(G = 0) 후 반감기가 지날 때 농도(C)에서, 실내 오염물질의 반감기 농도를 계산하는 방정식을 유도하시오. 단, t는 반감기 농도에 도달할 때까지 걸리는 시간이다.

**풀이**

공간의 체적과 전체 환기량이 반감기 농도를 결정한다.

$$C = C_o \times \left(e^{-\left[\frac{Qt}{V}\right]}\right), \quad \text{여기서, } C = 0.5\, C_o (\text{반감기 농도})$$

$$\frac{0.5\, C_o}{C_o} = e^{-\left[\frac{Qt}{V}\right]}, \quad \therefore t = -\left[\frac{V}{Q}\right] \ln 0.5 = 0.693 \left[\frac{V}{Q}\right]$$

실내공기 오염물질 반감기 농도는 $0.693\left[\frac{V}{Q}\right]$이다.

### 사례문제 307

전체 환기량이 바닥 면적 $ft^2$당 1.3 $ft^3$/min인 20 ft(h) × 45 ft(w) × 60 ft(l)의 체적을 가진 어떤 공장이 있다. 환기량은 공장 전체를 고르게 분포한다. 그 공장의 CO농도가 200 ppm일 경우,

1) 이러한 상황에서 이 공장의 반감기는 몇 분인가?
2) 세 번의 반감기가 지난 후 CO의 농도(ppm)는?

**풀이**

$$\frac{\frac{1.3\, ft^3}{\min}}{ft^2} \times (45 \times 60\, ft) = \frac{3{,}510\, ft^3}{\min}, \quad \text{공장 체적, } V = 20 \times 45 \times 60\, ft = 54{,}000\, ft^3$$

$$half-life = 0.693\left[\frac{V}{Q}\right] = 0.693\left[\frac{54{,}000\, ft^3}{3{,}510\, ft^3/\min}\right] = 10.66 \min$$

$$three\ half-lives = (10.66\,\text{min}/half-live)\times 3 = 32\,\text{min}$$

$$200\,ppm \times (0.5)^3 = 25\,ppm$$

1) 반감기는 10.7분이다.
2) 전체 환기가 시작될 시 CO 가스가 발생되고 누출되어 전체 환기로 인해 세 번의 반감기가 지난 후, 이 공장 공기 중 남아있는 CO 가스의 농도는 25 ppm이다.

### 사례문제 308

어떤 건조기에서 작업장 안으로 MEK(methyl ethyl ketone or 2-butanone) 증기가 배출되고 있다. 이 유기용제 소비량이 4분 동안 473 mL이고, 건조기에서 배출되는 MEK 증기의 농도가 200 ppm일 경우, 건조기의 환기량($m^3$/min)은? 단, MEK 증기 부피는 증발된 473 mL당 0.13 $m^3$이다.

**풀이**

$$\text{농도} = \frac{\text{배출되는 오염물질 부피}(m^3)}{\text{요구되는 희석 공기량}(m^3)}$$

$$\frac{0.13\,m^3}{473\,mL}\times\frac{473\,mL}{4\,\text{min}} = \frac{0.0325\,m^3}{\text{min}}$$

$$\text{필요한 희석 공기량} = \frac{\text{배출된 오염물질 부피}(m^3)}{\text{농도}} = \frac{0.0325\,m^3/\text{min}}{\frac{200}{10^6}} = 162.5\,m^3/\text{min}$$

이 값은 건조기의 출구에서 나오는 공기량이 아니고 건조기 입구 대기 온도에서의 공기량이다.

### 사례문제 309

사례 문제 307번에서 건조기 온도 150℃에서 대기온도 21℃로 방출되는 공기량($m^3$/min)은?

**풀이**

$$Q = 162.5\,m^3/\text{min}\times\frac{(273+150)K}{(273+21)K} = 233.8\,m^3/\text{min}$$

### 사례문제 310

체적 14 × 50 × 6 m인 건물에 206.6 $m^3$/min의 공기가 공급되고 있다. 단, 이 단층 건물에 47명의 근로자가 일하고 있다.

1) 시간당 몇 번의 공기 교환이 일어나는가?
2) 공기 교환 1회당 요구되는 시간(분)은?
3) 건물의 바닥 면적 1 $m^2$당 공급되는 공기량($m^3$/min)은?
4) 공기가 재순환되는 비율이 90%일 경우, 한 사람당 외부공기 환기량($m^3$/min)은?

풀이

1) $$\frac{206.6\,m^3/\text{min} \times \frac{60\,\text{min}}{hr}}{14 \times 50 \times 6\,m^3} = 3\text{회 공기교환}/hr$$

2) $$\frac{60\,\text{min}/hr}{3\,\text{회 공기교환}/hr} = 20\,\text{min}/\text{공기교환}$$

3) $$\frac{206.6\,m^3/\text{min}}{14 \times 50\,m^2} = \frac{0.3\,m^3/\text{min}}{m^2}$$

4) $$\frac{0.1 \times 206.6\,m^3/\text{min}}{47\,\text{명}} = \frac{0.44\,m^3/\text{min}}{\text{명}}$$

### 사례문제 311

대표적으로 프로페인(propane) 연료와 가솔린(gasoline) 연료 적재용 트럭에서 최저 기본 설계 환기량 ($ft^3$/min)은?

a. 프로페인 연료: 300 $ft^3$/min, 가솔린 연료: 600 $ft^3$/min
b. 프로페인 연료: 600 $ft^3$/min, 가솔린 연료: 300 $ft^3$/min
c. 프로페인 연료: 1,000 $ft^3$/min, 가솔린 연료: 2,000 $ft^3$/min
d. 프로페인 연료: 5,000 $ft^3$/min, 가솔린 연료: 8,000 $ft^3$/min
e. 프로페인 연료: 6,000 $ft^3$/min, 가솔린 연료: 10,000 $ft^3$/min

풀이

d

이것은 배가스 중 CO 1%와 2% 이하, 트럭 가동시간 50% 이하, 희석 환기 공기량의 양호한 분포, 적재 트럭 한 대당 최소 150,000 $ft^3$ 설비 체적인 정규 엔진 정비 프로그램일 때를 가정한다. ACGIH의 산업환기 매뉴얼(Industrial Ventilation)에 나타나 있는 정비, 트럭 가동, 환기인자들의 다른 조건들을 참조하시오.

**사례문제 312**

공기조화 계통(HVAC, Heating, Ventilation and Air- Conditioning)의 회수 공기(return air) 온도 76°F, 혼합 공기(mixed air)의 온도 72°F, 실외 공기(outdoor air) 온도가 42°F일 때, 열적 물질수지 계산법을 사용하여 실외 공기량의 함유비(%)를 계산하시오.

풀이

$$\text{실외 공기(\%)} = \frac{T_{return\,air} - T_{mixed\,air}}{T_{return\,air} - T_{outdoor\,air}} \times 100 = \frac{76°F - 72°F}{76°F - 42°F} \times 100 = 11.8\%$$

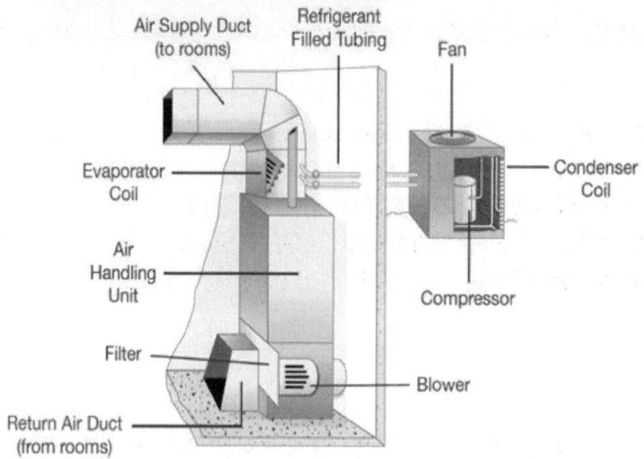


〈그림 45〉 HVAC(Heating, Ventilation and Air- Conditioning) system

### 사례문제 313

혼합 공기의 $CO_2$ 가스 농도가 440 ppm, 회수 공기는 490 ppm, 실외 공기 325 ppm일 때, 탄산가스 측정 계산법을 이용하여 실외 공기의 함유비(%)를 계산하시오.

**풀이**

$$\text{실외 공기(\%)} = \frac{C_S - C_R}{C_O - C_R} \times 100 = \frac{440\,ppm - 490\,ppm}{325\,ppm - 490\,ppm} \times 100 = 30.3\%$$

### 사례문제 314

규소질 모래와 쇠구슬은 As-Ni 주물로부터 납이 함유된 페인트, Cd 도금, Pu-Hg-Be 합금, 촉매로 사용되는 강력한 산화제인 사산화 오시뮴($OsO_4$)을 제거하기 위해 연마가공 캐비넷 안에서 사용되어 진다. 사용된 캐비넷의 내부 크기가 3.5 ft × 3.5 ft × 4.5 ft이고, 캐비넷 입구의 열려진 총면적은 1.7 $ft^2$일 경우,

1) 개구면 제어속도를 500 ft/min이하로 사용하지 않을 때, 필요환기량($ft^3$/min)을 구하시오.
2) 캐비넷 안의 환기를 분당 20회 이하로 바꾸지 않을 때, 필요 환기량($ft^3$/min)을 구하시오.

**풀이**

1) $Q = A \times V = 1.7\,ft^2 \times 500\,ft/\text{min} = 850\,ft^3/\text{min}$

2) 분당 20회 시 필요환기량, $Q = 20 \times booth\ \ volume = 20 \times (3.5 \times 3.5 \times 4.5\,ft) = 1{,}103\,ft^3/\text{min}$

두 가지 필요환기량 중 큰 값을 사용하여 개구면 제어속도를 다시 계산하면

$$V = \frac{Q}{A} = \frac{1{,}103\,ft^3/\text{min}}{1.7\,ft^2} = 649\,ft/\text{min}$$

두 가지 필요환기량 중 큰 값을 사용한다. 여기서는 배출 공기 중 먼지 배출량의 공학적인 제어 시 매우 조심스런 주의를 기울여야 한다. 아마도 이 국소배기 장치에 초 고효율 백필터 장치가 사용되어야 할 것으로 생각한다. 그 백 하우스 필터 하우징은 각각의 배출물질을 에워 싼 독립된 집진기와 절대적인 오염물질 시스템을 가져야만 할 것이다.

### 사례문제 315

어떤 산업공정에서 작업장 대기 중으로 시간당 17,300 mg의 오염물질이 발생하고 있다. 전체 희석환기를 사용하여 이 오염물질에 대한 작업자의 노출에 대한 8시간 시간가중평균TWA, time-weighted average) 노출 농도를 불과 10 mg/$m^3$ 이내로 요청하고자 한다. 환기 결함 혼합 계수 = 4일 경우, 오염물질이 없는 공급공기를 사용할 때 환기량($m^3$/min)은?

풀이

17,300 mg/hr = 288.3 mg/min

$$V_{reg} = 4\left[\frac{288.3\,mg/\mathrm{min}}{10\,mg/m^3}\right] = 115.32\ m^3/\mathrm{min}$$

발생량을 낮추고(이 방법은 항상 우선적인 방법이다.), 오염된 공기를 신선한 공기로 혼합하는 방법을 개선시키고, 산업위생 작업 방법을 개선하여 필요환기량 감소를 시도한다.

### 사례문제 316

국소배기장치의 어떤 가지 덕트(branch duct)가 계산된 정압($P_s$)이 2.10 in.$H_2O$에서 설계유량 10,000 ft$^3$/min일 경우, 배기량 50,000 ft$^3$/min을 운반하는 주 덕트(main duct)의 정압은 가지 덕트 입구에서 2.40 in.$H_2O$이었다. 평형 상태 조건에서 가지 덕트를 거쳐서 들어오는 실제적인 배기량(ft$^3$/min)은?

풀이

$$Q_b = 10{,}000\,ft^3/\mathrm{min} \times \sqrt{\frac{2.40''}{2.10''}} = 10{,}700\,ft^3/\mathrm{min}$$

### 사례문제 317

크기가 14 in. × 20 in.인 어떤 사각형 덕트가 있다. 원형 덕트로 환산한 환산 직경(in.)은?

풀이

환산 직경, $D_{e\,quiv} = (1.3)\left[\frac{(A \times B)^{0.625}}{(A+B)^{0.25}}\right]$

여기서, $D_{e\,quiv}$ = 사각형 덕트를 원형 덕트로 환산한 직경(in.)

$A$ = 사각형 덕트의 가로 길이(in.)

$B$ = 사각형 덕트의 세로 길이(in.)

$$D_{e\,quiv} = (1.3)\left[\frac{(14 \times 20)^{0.625}}{(14+20)^{0.25}}\right] = 18.2\,inches$$

18.2 in. 이지만 실제적으로는 기성품(off-the-shelf)인 18 in.를 선택한다. 더 작은 크기의 직경을 선택하면 반송속도(transport velocity)가 커진다. 일반적으로 원형 덕트는 반강접사각 덕트보다 더 강하다.

**사례문제 318**

국소배기 시스템 중 두 개의 가지 덕트가 큰 차이가 나는 정압을 가지고 연결되어 있어, 낮은 압력손실을 가진 가지 덕트의 유량을 증가시킴으로써 균형을 이루었다. 크기가 작은 가지 덕트의 공기 유량은 580 $ft^3$/min이고, 계산된 정압은 － 1.75 in.$H_2O$이다. 연결 부위에서 연결된 가지 덕트 들의 정압이 － 3.5 in.$H_2O$일 경우, 이 가지 덕트의 보정된 필요환기량($ft^3$/min)은?

풀이

압력손실은 유량의 제곱에 따라 증가하므로, 낮은 저항을 지닌 가지 덕트를 통과하는 공기 유량이 증가한다.

$$Q_{new} = Q_{calc.} \times \sqrt{\frac{SP_{junction}}{SP_{branch}}} = 580\,ft^3/\text{min} \times \sqrt{\frac{-3.5''}{-1.75''}} = 820\,ft^3/\text{min}$$

크기가 작은 가지 덕트에서 새로 구한 필요환기량은 820 $ft^3$/min이다.

**사례문제 319**

615 mL의 사이클로헥세인($C_6H_{12}$, cyclohexane)이 7분간 배기 후드 안의 스팀욕조 넘어 긴 트레이를 따라 균일하게 증발되고 있다. 배기 후드 면 넓이는 0.76 m × 1.36 m이고, 면속도(face velocity)는 45 m/min이다. 액체 사이클로헥세인의 밀도가 0.78 g/mL일 때 후드 배기의 사이클로헥세인의 농도(ppm)는?

풀이

증발되는 사이클로헥세인: $\frac{615\,mL}{7\,\text{min}} = 88\,mL/\text{min}$

$Q = A \times V = (0.76\,m \times 1.36\,m) \times 45\,m/\text{min} = 46.5\,m^3/\text{min}$,

사이클로헥세인 분자량, $C_6H_{12} = 84$, $\frac{88\,mL/\text{min} \times 0.78\,g/mL \times 1{,}000\,mg/g}{46.5\,m^3/\text{min}} = \frac{1{,}476\,mg}{m^3}$

$$ppm = \frac{\frac{mg}{m^3} \times 24.45}{84} = \frac{\frac{1{,}476\,mg}{m^3} \times 24.45}{84} = 430\,ppm$$

**사례문제 320**

폭 5 cm, 길이 1.2 m인 슬롯 후드가 600 m/min의 유속으로 공기를 배출하고 있다. 이 후드의 시간당 배출되는 공기량(ton)은? 여기에 사용된 슬롯 후드는 안산에 있는 도금 공장에서 사용하는 것이라고 가정한다.

풀이

$$0.05\,m \times 1.2\,m \times 600\,m/\text{min} \times \frac{60\,\text{min}}{hr} \times \frac{1.2\,kg}{m^3} = 2{,}592\,kg/hr = 2.592\,\text{ton/hr}$$

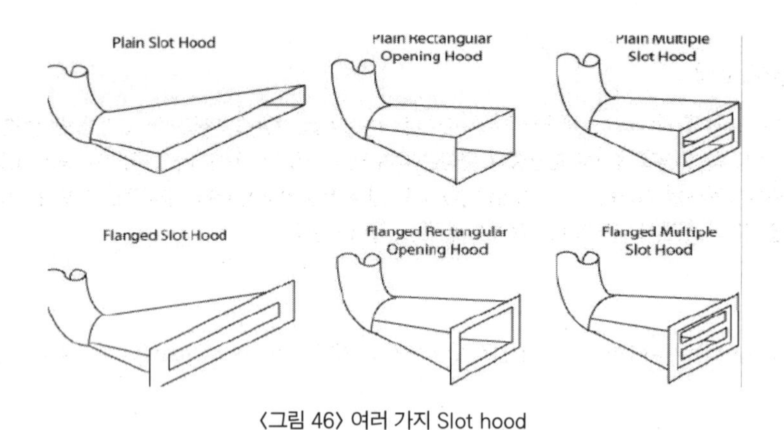


〈그림 46〉 여러 가지 Slot hood

**사례문제 321**

후드에서 어떤 설비까지 배가스의 재투입량을 측정하기 위해 육불화황($SF_6$)이 사용되었다. 후드의 배기 환기량이 18,500 $ft^3$/min일 때, 후드 배기 시스템으로 $SF_6$ 가스 0.05 $ft^3$/min가 누출되었다. 그 설비의 일반적인 보충공기량(replacement air or make-up air)은 77,600 $ft^3$/min이었다. 만일 그 설비에서 정상 상태의 $SF_6$ 농도가 0.004 ppm이었다면 배가스 재투입량의 비율(%)은?

풀이

배가스 농도 = $\dfrac{0.05\,cfm}{18{,}500\,cfm} \times 10^6 = 2.7\,ppm$

희석환기율 = $\dfrac{77{,}600\,cfm}{18{,}500\,cfm} = 4.19$

설비 안쪽에서 측정된 육불화황($SF_6$) 농도는 0.004 ppm이므로, 희석해야 할 오염물질의 희석비율은 $\dfrac{2.7\,ppm}{0.004\,ppm} = 675$ 배, 후드에서 설비까지 오염물질의 재투입율은 누출된 $SF_6$의 비율로 주어진다.

$\dfrac{4.19}{675} = 0.0062$ $\therefore$ 0.0062 × 누출량, 또는 배가스 재투입량의 비율은 0.62%이다.

**사례문제 322**

크기가 24 in × 48 in인 전면 개방 실험실 배기 후드에서 연간 배출되는 공기량(ton)은? 단, 개구면 제어속도는 130, 140, 120, 120, 140, 130, 110, 120, 110 $ft^3/\text{min} \cdot ft^2$이고, 후드 가동시간은 하루 8시간, 1년 50주로 한다.

풀이

$$\left[\frac{130+140+120+120+140+130+110+120+110}{9}\right] ft^3/\text{min} \cdot ft^2 = 124.4\,ft/\text{min} \cdot ft^2$$

$24'' \times 48'' = 2 \times 4\,ft = 8\,ft^2, \quad 8\,ft^2 \times 124.4\,ft^3/\min \cdot ft^2 = 995.2\,ft^3/\min$

$$\frac{995.2\,ft^3}{\min} \times \frac{60\min}{hr} \times \frac{8\,hrs}{day} \times \frac{5\,days}{week} \times \frac{50\,weeks}{year} \times \frac{0.075\,lb}{ft^3} \times \frac{\text{톤}}{2{,}000\,lb} = 4{,}478.4\,\text{톤}/year$$

### 사례문제 323

필요환기량을 구하는 식 $Q = 0.75\,V_c(10X^2 + A)$은 어떤 후드에 대한 것인가?

a. 플랜지(flange)가 없고 형상비(aspect ratio)가 0.2 이하인 슬롯 후드
b. 플랜지가 있고 형상비가 0.2 이하인 슬롯 후드
c. 플랜지가 없고 형상비가 0.2 이상이거나 플랜지가 없는 외부식 원형 후드
d. 플랜지가 있고 형상비가 0.2 이상인 외부식 후드
e. 고열 가스, 연기, 흄, 스팀의 흡입을 위한 원형 캐노피 후드
f. 두 개 또는 그 이상의 슬롯과 형상비 0.2 이상인 다수 슬롯 외부식 후드
g. 플랙시블 덕트 후드용이 아닌 모든 판금 후드

풀이

d

### 사례문제 324

슬롯 속도가 10 m/s이고, 플랜지가 부착된 개구면적 6.4 cm × 90 cm의 슬롯 후드 앞쪽 20 cm 떨어진 곳의 예상 제어속도(m/s)는?

풀이

형상비가 6.4/90 = 0.07인 플랜지가 부착된 슬롯의 공기 유량에 대한 기본적인 계산식은 $Q = 2.6\,L\,V_c\,X$이다. 여기서, $Q$ = 필요환기량, $L$ = 슬롯 길이, $V$ = 제어속도, 그리고 $X$ = 후드 개구면 앞에서 떨어진 거리(제어거리)이다.

$$Q = A \times V = 0.064\,m \times 0.9\,m \times 10\,m/s = 0.576\,m^3/s$$

$$\therefore\ V_c = \frac{Q}{2.6 \times L \times X} = \frac{0.576\,m^3/s}{2.6 \times 0.9\,m \times 0.2\,m} = 1.23\,m/s$$

### 사례문제 325

배출 표준공기가 흐르는 덕트 안의 속도압이 21 $mmH_2O$일 때, 덕트 안의 반송속도(m/s)는?

**풀이**

$$V = 4.043 \times \sqrt{VP} = 4.043 \times \sqrt{21\, mmH_2O} = 18.53\, m/s$$

### 사례문제 326

어떤 배기 덕트 정압이 34 $mmH_2O$, 전압이 −16 $mmH_2O$이었다. 이 경우 표준공기 속도압($mmH_2O$)과 덕트 반송속도(m/s)는?

**풀이**

배기 덕트이기 때문에 정압은 음압이다. 즉, -34 $mmH_2O$이다.

$SP + VP = TP,\quad VP = TP - SP,$

$VP = (-16\, mmH_2O) - (-34\, mmH_2O) = 18\, mmH_2O$ 〈참조〉 $VP$는 항상 양압(+)이다.

$$V = 4.043 \times \sqrt{VP} = 4.043 \times \sqrt{18\, mmH_2O} = 17.14\, m/s$$

속도압은 18 $mmH_2O$이고, 덕트 반송속도는 17.14 m/s이다.

### 사례문제 327

직경 20 cm인 덕트의 반송속도가 13 m/s이다. 이 덕트가 축소되어 직경이 15 cm로 되었다면 이 축소된 덕트에서의 반송속도(m/s)는?

**풀이**

원의 단면적 = $\pi r^2$, 20 cm $\Phi$의 단면적 = 0.0314 $m^2$, 15 cm $\Phi$의 단면적 = 0.0177 $m^2$ $V_1 \times A_1 = V_2 \times A_2$

여기서, $V_1$ = 면적 $A_1$인 덕트의 반송속도, $V_2$ = 면적 $A_2$인 덕트의 반송속도

$$V_2 = \frac{V_1 \times A_1}{A_2} = \frac{13\, m/s \times 0.0314\, m^2}{0.0177\, m^2} = 23\, m/s$$

**사례문제 328**

직경 36 cm인 덕트의 반송속도가 16 m/s일 경우, 덕트의 공기 유량($m^3$/min)은?

풀이

$$Q = A \times V = \frac{\pi D^2}{4} \times V = \frac{\pi \times 0.36^2}{4} m^2 \times 16\, m/s \times \frac{60\, s}{\min} = 97.67\, m^3/\min$$

**사례문제 329**

산업위생관리기사는 좋지 않은 성과와 방해기류에 의한 효율이 안 좋아서 좀처럼 캐노피형 후드를 사용하지 않으려고 한다. 그럼에도 불구하고 이러한 후드를 설계하기 위해 사용하는 필요 송풍량 식은?

a. $Q = 1.4\, PD\, V_c$
여기서, $P$ = 오염물질 탱크 둘레(ft), $D$ = 오염물질 탱크 끝 면과 캐노피 바닥 면 사이의 수직거리(ft), $V_c$ = 설계 제어속도(ft/min)

b. $Q = (\frac{LWH}{2}) \times V_c$
여기서, $L$ = 캐노피의 길이(ft), $W$ = 캐노피 폭(ft), $H$ = 캐노피와 오염물질 탱크사이의 높이(ft), $V_c$ = 설계 제어속도(ft/min)

c. $Q = C_e \times SP_h \times V_c$
여기서, $C_e$ = 후드 유입계수, $SP_h$ = 후드 정압($mmH_2O$), $V_c$ = 설계 제어속도(ft/min)

d. $Q = V_c(5X^2 + A)$
여기서, $X$ = 제어거리(ft), $A$ = 후드 개구면적($ft^2$)

e. $Q = \pi\, CL\, W$
여기서, $C$ = 후드로 유입되는 오염물질 농도(ppm), $L$ = 캐노피의 길이(ft), $W$ = 캐노피 폭(ft)

풀이

a

제어속도는 공기 흐름의 단면 이동 방해기류와 열적 대류를 고려하여 50 ft/min~500 ft/min (0.3~2.5 m/s)의 범위에서 결정된다.

〈그림 47〉 캐노피형 후드(canopy type hood)

### 사례문제 330

후드 개구면에서 15 cm 떨어진 곳의 대기 오염물질을 포착하기 위해 필요한 송풍량이 30 $m^3$/min일 경우, 후드 개구면에서 30 cm 떨어진 곳의 오염물질을 포착하기 위해 필요한 송풍량($m^3$/min)은?

a. 15 $m^3$/min
b. 30 $m^3$/min
c. 60 $m^3$/min
d. 90 $m^3$/min
e. 120 $m^3$/min
f. 150 $m^3$/min

풀이

e

대기오염물질 발생원에서 떨어진 거리의 제곱에 해당하는 만큼 필요 송풍량은 증가한다. 이 사실은 대기오염물질 발생원에 가능한 가깝게 배기 후드 개구면이 위치해야 한다는 중요한 사실을 지적하는 것이다. 송풍량을 절약하면 더욱 더 효과적인 오염물질의 포착이 이루어진다.

### 사례문제 331

개구면 크기가 0.8 × 1.3 m이고, 개구면에서 평균 속도는 0.56 m/s인 어떤 외부식 측방 배기후드가 있다. 이 후드에서 배기되는 송풍량($m^3$/min)과 후드의 개구면을 0.7m × 1 m로 줄였을 경우, 개구면의 평균 속도(m/s)는?

풀이

$$Q = A \times V = 0.8\,m \times 1.3\,m \times 0.56\,m/s \times \frac{60\,s}{\min} = 35\,m^3/\min$$

$$V = \frac{Q}{A} = \frac{35\,m^3/\min}{0.7\,m \times 1\,m} \times \frac{\min}{60\,s} = 0.83\,m/s$$

후드의 개구면을 약간 줄이거나 후드 주위를 방해기류가 없도록 둘러쌓게 되면 후드의 제어 속도는 증가한다.

### 사례문제 332

국소 배기시스템에서 송풍기 입구의 정압이 −70 $mmH_2O$이고, 송풍기 출구의 정압은 6.4 $mmH_2O$이었다. 송풍기 출구에서 배기 덕트의 직경이 60 cm, 송풍량이 113 $m^3$/min일 경우, 송풍기 정압($mmH_2O$)은?

풀이

60 cm인 덕트의 단면적: $A = \frac{\pi D^2}{4} = \frac{\pi \times 0.6^2}{4} = 0.28\,m^2$

송풍기 입구 속도, $V = \frac{113\,m^3/\min}{0.28\,m^2} = 403.6\,m/\min = 6.73\,m/s$

$$VP = \frac{V^2}{4.043^2} = \frac{6.73^2}{4.043^2} = 2.77\,mmH_2O$$

$$fan\ SP = |SP_{in}| + SP_{out} - VP_{in} = 70\ mmH_2O + 6.4\,mmH_2O - 2.77\,mmH_2O = 73.63\,mmH_2O$$

이 수치는 시판용 송풍기의 카탈로그로부터 적절한 송풍기를 선택할 경우 도움을 준다.

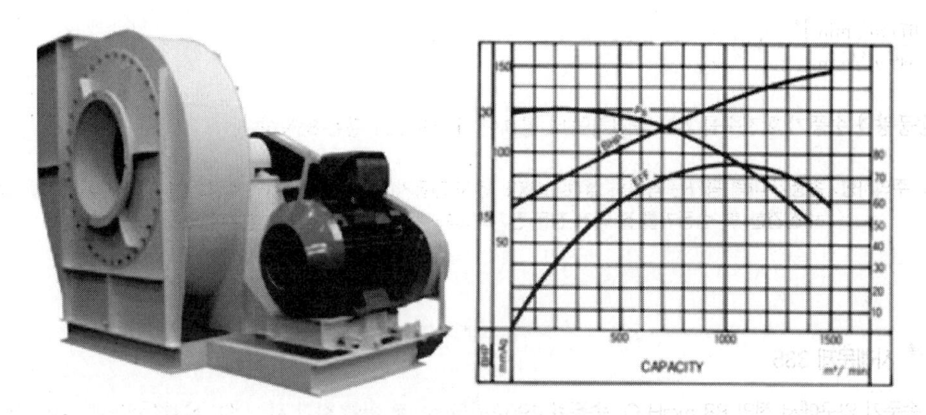


〈그림 48〉 시판용 송풍기의 카탈로그로

### 사례문제 333

어떤 국소 배기 시스템이 549 m³/min의 송풍량으로 가동되고 있는데, 한 개의 후드가 추가되어 총 시스템 송풍량이 671 m³/min가 요구되었다. 이 경우 송풍기의 회전수를 현재 보다 몇 %를 초과하여야 요구되는 송풍량에 적합하게 가동되는가? 단, $Q_1$ = 원래의 배기량, $Q_2$ = 새로운 배기량

풀이

요구되는 송풍량은 송풍기의 회전수(rpm)로 조절할 수 있다.

$$\frac{Q_2}{Q_1} = \frac{rpm_2}{rpm_1} = \frac{671\,m^3/\min}{549\,m^3/\min} = 1.22$$

송풍기의 속도를 22% 증가시키면 된다. 즉, 현재 상태의 송풍기 회전수(rpm)에 1.22를 곱하면 된다. 여기서 알아두어야 할 것은 반드시 최대 송풍기 회전수와 안전 관련 수칙 속도를 초과하지 않도록 하는 것이 중요하다.

**사례문제 334**

**사례 문제 332번에서 송풍기의 마력(horsepower)을 증가시키기 위해서는 송풍량을 얼마나 높여야 하는가?**

풀이

송풍기 마력은 송풍기 회전수와 송풍량의 세제곱에 비례한다. 그러므로 송풍기 회전수(rpm) 증가에 요구되는 비율은,

$$\left[\frac{671\,m^3/\text{min}}{549\,m^3/\text{min}}\right]^3 = 1.83$$

송풍량과 송풍기 회전수를 22% 증가하는데 필요한 에너지 요구량은 83%이다.

※ 주의사항: 송풍기 마력 평가는 꼼꼼히 살펴야 한다. 먼저 전동기(motor) 설명서와 송풍기의 최대 가동 용량을 확실히 점검한 후, 송풍기를 잘 아는 전문 전기기술자와 기계수리 기술자의 컨설팅을 받도록 한다.

**사례문제 335**

**송풍기 입구에서 정압 88 mmH₂O, 송풍량 495 m³/min으로 어떤 환기 시스템이 설계되었는데, 가동 2년 후 이 시스템에 설치되었던 송풍기 입구에서 측정된 정압이 68 mmH₂O인 경우, 현재의 송풍량(m³/min)과 감소된 송풍량(m³/min)은 얼마인가?**

풀이

$$Q_{now} = Q_{then} \times \sqrt{\frac{SP_{now}}{SP_{then}}} = 495\,m^3/\text{min} \times \sqrt{\frac{68\,mmH_2O}{88\,mmH_2O}} = 435\,m^3/\text{min}$$

줄어든 송풍량 = $495\,m^3/\text{min} - 435\,m^3/\text{min} = 60\,m^3/\text{min}$,

송풍량은 설계 당시보다 약 12%가 줄어들었다. 오염된 필터, 송풍기 벨트의 미끄러짐, 댐퍼의 밀착, 시스템의 부식과 구멍남, 열교환 코일의 막힘과 오염 등을 진단하면 그 원인을 찾을 수 있다. 여기서, 송풍량은 송풍기 입구 정압의 제곱근에 비례하는 것을 알 수 있다.

**사례문제 336**

**외기 온도 20°F, 배출 공기온도 75°F(Δ t = 55°F) 일 경우, 지붕의 배출구 면적 30 ft², 지상의 유입구 면적 35 ft²인 높이 50 ft의 공장에서 배출되는 공기량(ft³/min)은?**

풀이

ASHRAE(미국 난방냉동공조기술자학회, American Society of Heating, Refrigerating and Air-Conditioning Engineers)는 건물의 바닥과 천장 사이에 존재하는 온도 차이에 따라 굴뚝(chimney) 또는 굴뚝(stack) 영향으로 인한 환기를 계산하는데 편리한 식을 제공하고 있다.

$$Q(ft^3/\min) = 9.4 \times A \times h \times \sqrt{t_{in} - t_{out}}$$

※ 공식의 출처 : Roger L. Wabeke, Air contaminants and Industrial hygiene ventilation, 1998

여기서, $A$ = 지상과 천장에서 총 입구와 배출구 면적(ft²) - 두 가지 중 적은 값을 사용한다.
$h$ = 입구와 출구 사이의 거리(ft)
$t_{in}$ = 유입되는 공기 온도(°F)
$t_{out}$ = 유출되는 공기 온도(°F)

$$Q = 9.4 \times 30\, ft^2 \times 50\, ft \times \sqrt{75°F - 20°F} = 14,788\, ft^3/\min$$

온도 구배로 인하여 약 14,800 $ft^3$/min의 공기량이 자연적으로 배출되었다. 이것은 단순히 온도 자체의 차이에 따라 큰 유량의 자연환기가 나타남을 입증하는 것이다. 예를 들면, 어떤 제철소에서 1톤의 철을 생산하기 위해 600톤의 공기량이 배출된다는 것을 나타내기도 한다.

### 사례문제 337

직경 25 cm인 원형 공기 공급관의 배출 지점에서 불어 나오는 공기의 속도를 측정한 결과 21 m/s였다. 여기서, 공기 유속에 관해서는 이 덕트의 출구로부터 얼마만큼 떨어진 거리에서 어떻게 정량적인 설명이 적용되는가?

**풀이**

경험식(a rule of thumb)에 따르면 덕트 직경의 30배 정도 떨어진 거리에서 배출구 유속의 약 10%가 나타난다. 즉, 이 문제에서는 25 cm의 30배, 즉, 30 × 25 cm = 750 cm = 7.3 m 떨어진 거리에서 공기의 유속은 주위에 방해 기류가 없다면 거의 2.1 m/s가 된다.

### 사례문제 338

어떤 높이가 낮은 캐노피형 후드가 180°F인 물이 들어있는 원형 탱크 위에 위치하고 있었다. 탱크와 후드 사이의 거리는 3 ft 이하이고, 실내 온도가 70°F, 탱크의 직경이 4 ft일 경우, 수증기를 제어하기 위해 이 후드에 요구되는 총 필요 환기량($ft^3$/min)은?

**풀이**

$$Q = 4.7 \times (D)^{2.33} \times (T)^{0.42}$$

※ 공식의 출처 : Roger L. Wabeke, Air contaminants and Industrial hygiene ventilation, 1998

여기서, $Q$ = 총 필요환기량($ft^3$/min), $D$ = 후드 직경(ft) - 발생원 직경에 1 ft를 더한 값이다. $T$ = 대기오염물질 열원 온도와 대기 온도 사이의 차이(°F)

$Q = 4.7 \times (4+1)^{2.33} \times (180°\text{F} - 70°\text{F})^{0.42} = 1,225\ ft^3/\text{min}$

열적으로 팽창하는 공기량과 송풍기의 입구에서 들어오는 대기 온도에 입각하여 송풍기 선택이 이루어져야 한다.

### 사례문제 339

반송속도가 18 m/s이고, 직경 0.3 m인 덕트로부터 0.3 m 떨어진 곳의 제어속도(m/s)는?

**풀이**

경험식(a rule of thumb)에 따르면 배기 후드 개구면에서 덕트 직경의 1배 떨어진 곳에서의 제어 속도는 반송속도의 약 10%이므로, 여기서는 1.8 m/s이다.

### 사례문제 340

어떤 덕트 내의 속도압이 0.48 in.$H_2O$, 대기압 640 mmHg, 기온 190 °F일 경우, 덕트의 반송속도(ft/min)는?

**풀이**

대기압, $P_b = 640\ mmHg = 25.197\ in.Hg$, 절대온도 190 °F + 460 °R = 650 °R

공기 밀도, $D = 1.325 \times \dfrac{P_b}{T_{abs}} = 1.325 \times \dfrac{25.197}{650} = \dfrac{0.05136\ lb}{ft^3}$

반송속도, $v_T = 1,096.2 \times \sqrt{\dfrac{P_v}{D}} = 1,096.2 \times \sqrt{\dfrac{0.48''\ H_2O}{0.05136}} = \dfrac{3,351\ ft}{\text{min}}$

기온이 증가하고, 대기압이 감소되어 이 경우에는 거의 1/3 정도 공기 밀도가 감소된다.

### 사례문제 341

대부분의 배기 후드에 적용되는 균일한 제어와 공기 분포를 보장하기 위해서 최대 충만실 유속은 슬롯 유속의 몇 % 이내 이어야 하는가?

a. 10% b. 30%
c. 50% d. 75%
e. 110% f. 150%

**풀이**

c

예를 들면, 10 m/s의 속도를 지닌 슬롯 후드에 대한 최대 충만실 유속은 5 m/s를 초과하지 않아야만 한다. 이것은 슬롯을 가로지르는 균일한 유량과 보통의 압력손실을 위해 좋은 선택이다. 만일 설계 시, 계산되어진 충만실 유속이 너무 높으면(설계된 슬롯 유속의 50% 이상이라면) 충만실의 크기는 커져야만 한다.

**사례문제 342**

표준 벤치 그라인드 후드의 유입계수가 0.78, 덕트의 원주 길이는 16인치이고, 이 후드의 스로트(throat) 정압은 – 2.75 in.$H_2O$일 경우, 후드로 배출되는 공기량($ft^3$/min)은?

풀이

$$Q(ft^3/\text{min}) = 4{,}005 \times A \times C_e \times \sqrt{SP}$$

여기서, $A$ = 스로트에서 덕트의 단면적($ft^2$)

$C_e$ = 후드의 유입계수

$SP$ = 후드 스로트에서 정압(in.$H_2O$)

덕트 원주 길이 = 2 × π × r = 16 in., $r = \dfrac{16''}{2 \times \pi} = 2.55\, inches$

따라서, 덕트 내경 = 5 in.(표준 길이 – 실질적인 덕트 반경 = 2.5 in.)

$$A = \frac{\pi \times (2.5'')^2}{\dfrac{144\, in^2}{ft^2}} = 0.136\, ft^2$$

$$Q = 4{,}005 \times 0.136\, ft^2 \times 0.78 \times (2.75)^{0.5} = 705\, ft^3/\text{min}$$

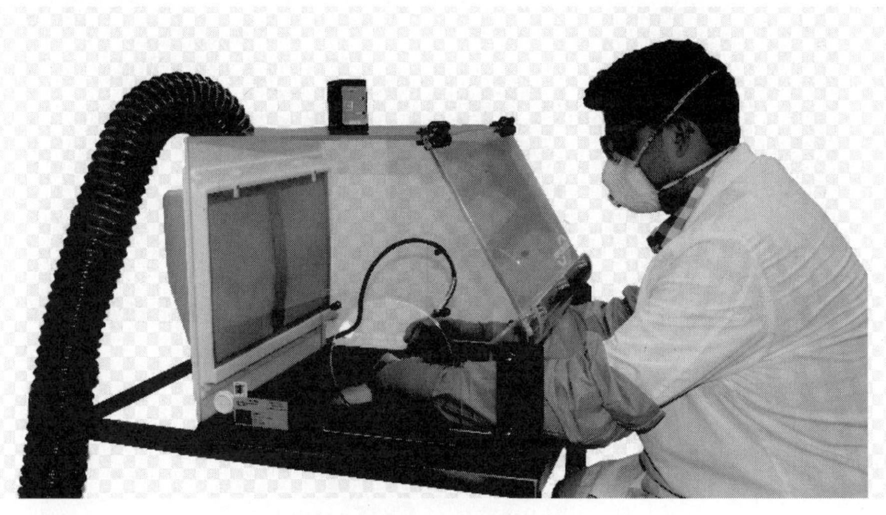

〈그림 49〉 표준 벤치 그라인드 후드

**사례문제 343**

높이가 2 m, 폭이 3 m인 어떤 페인트 스프레이 부스(booth)가 있다. 여기서 스프레이 작업이 부스 앞 1.5 m에서 행해지곤 하였다. 스프레이 작업 지점에서 제어속도는 방해기류가 거의 없을 시 0.5 m/s이다. 이 부스의 필요환기량($m^3$/min)과 후드 개구면 속도(m/s)는?

풀이

$$Q= V\left[\frac{10\,X^2+2\,A}{2}\right]$$

이 식은 주위에 장애물이 없고, 단독으로 설치된 후드에 적용하는 고전적인 필요환기량 방정식을 보정한 식으로 평평한 면을 한 쪽 면 위에 칸막이를 한 사각형 후드에 적용된다. 이 후드는 실제 후드의 거울 효과를 나타내는 추가적인 부분과 이등분한 칸막이 면으로 된 실제 크기의 2배로 여기면 된다.

$$Q= 0.5\,m/s\times\frac{60\,s}{\min}\times\frac{\left[(10)(1.5\,m)^2\right]+(2)(2\,m)(3\,m)}{2}=\frac{517.5\,m^3}{\min}$$

$$\text{후드 개구면 속도} = \frac{Q}{A}=\frac{\dfrac{517.5\,m^3}{\min}\times\dfrac{\min}{60\,s}}{2m\times 3\,m}=1.44\,m/s$$

〈그림 50〉 페인트 스프레이 부스(booth)에서 분사하는 모습

**사례문제 344**

건조하고 빽빽이 채운 시멘트 분진 18,900 $ft^3$가 저장 사일로(silo) 안의 소성 건조로로부터 3분을 주기로 약 매 시간마다 운반되어지고 있다. 그 공정은 사일로 안으로 시멘트 분진을 단계적으로 쌓을 수 있도록 시멘트를 쏟아 붓고 다시 들어 올리는 작업에 앞서 국소배기장치의 송풍기를 가동시키는 사람이 필요하게 된다. 분진으로 가득 찬 공기가 3 × 5 ft 크기의 구멍을 통하여 사일로를 빠져 나간다. 어떤 기술자가 그 구멍의 배출면에서 분진 환기 제어속도를 300 ft/min로 채택하였다. 주변 대기 중으로 시멘트 분진이 빠져 나가는 것을 막기 위해 이 속도가 충분한지를 검토하시오. 단, 포장된 시멘트 분진 안의 공기가 차지하는 공간(전체 부피의 10%)은 이 공기가 시멘트 분진과 함께 사일로에서 빠져나가기 때문에 계산식에 넣지 않는다.

풀이

사일로에서 이동되는 분진으로 가득 찬 공기량: $\dfrac{18,900\,ft^3}{3\,\text{min}} = 6,300\,ft^3/\text{min}$

시멘트가 3분간에 걸쳐 트림을 하는 것처럼 공정을 이동하기 때문에, 배기 설계 우발계수를 5로 한다. 따라서, 6,300 $ft^3$/min × 5 = 31,500 $ft^3$/min

$$Q = AV,\quad V = \frac{Q}{A} = \frac{31,500\,ft^3/\text{min}}{3\,ft \times 5\,ft} = 2,100\,ft/\text{min}$$

제어속도 300 ft/min는 너무 낮은 값이다. 이 속도로는 분진이 가득 찬 공기량 6,300 $ft^3$/min 중 송풍기를 가동하여도 4,500 $ft^3$/min(15 $ft^2$ × 300 ft/min)의 양만을 배출하게 된다. 제어 속도를 300 ft/min로 채택할 경우, 사일로는 분진이 가득 찬 공기를 평균 1,800 $ft^3$/min로 내뿜게 된다. 약 2,100 ft/min의 제어 속도를 가진 공기를 배출하는 사일로를 제공하기 위해서는 송풍기, 집진기, 적절한 크기의 덕트를 선택해야 한다. 제어속도를 증가시키기 위해서는 배기 개구면의 크기를 줄이거나 그렇지 않으면, 좀 더 작은 송풍기와 배기 시스템이 제어속도 2,100 ft/min로 사용될 수 있을 것이다.

또한 이러한 시도는 드럼통과 탱크 채우기 작업을 위한 국소배기 시스템을 설계하고 선택할 경우 사용된다. 예를 들어, 휘발성 유기용제를 55갈론 드럼통에 2분 동안 채울 경우 (27.5 gal/min = 3.7 $ft^3$/min), 미덥지 않은 배기 시스템은 분당 포화 유기용제 증기가 함유된 공기 3.7 $ft^3$을 제어할 수 있다. 전형적으로 이와 같이 아주 큰 부피를 선택한 양호한 산업 위생 실제방법은 이 경우 100 $ft^3$/min 배기관(elephant trunk)을 4 in.의 통에 난 구멍에 배치한다.

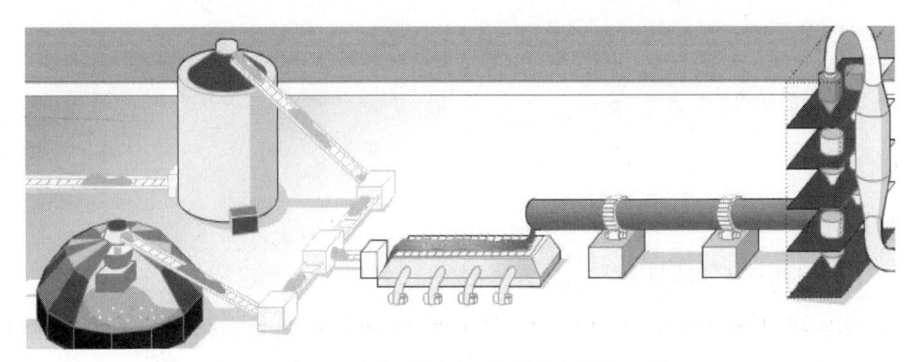

〈그림 51〉 시멘트 공장의 소성 공정과 사일로 저장

### 사례문제 345

일반적으로 배기 후드시스템 개구면에 플랜지를 붙이면 대기오염물질의 제어가 약 몇% 정도가 향상되는가?

a. 15%
b. 25%
c. 40%
d. 60%
e. 75%

**풀이**

b

동일한 제어속도에서 후드의 플랜지는 필요환기량의 약 25%를 감소한다. 플랜지의 폭은 후드 개구면적의 제곱근의 25%를 초과하거나 같다. 다시 말해서, 어떤 후드의 개구면이 1.5 m × 1.8 m = 2.7 $m^2$일 경우, 플랜지의 폭은 $0.25 \times [(2.7\ m^2)^{0.5}] \cong 0.4$ m이다.

### 사례문제 346

어떤 덕트의 반송속도가 20 m/s일 경우, 속도압($mmH_2O$)은?

**풀이**

$V = 4.043 \times \sqrt{VP}$ 에서 $20 = 4.043 \times \sqrt{VP}$

따라서, $VP = 25\, mmH_2O$

표준온도에서 건조 공기일 경우, 속도압은 25 $mmH_2O$이다.

### 사례문제 347

반송속도 14.7 m/s, 직경 20 cm인 플랜지가 부착된 덕트에 공기가 흐르고 있다.

1) 이 경우 공기 유량($m^3$/min)은?
2) 이 덕트 입구에서 20 cm 떨어진 곳의 제어속도(m/s)는?
3) 방해기류가 없다고 할 경우, 배출 덕트에서 6 m 떨어진 곳의 유출속도(m/s)는?
4) 만약 부착된 플랜지가 없어졌을 경우, 배기 덕트 앞 20 cm의 제어속도는 감소가 되는가?

**풀이**

원의 면적 $= \pi r^2 = \pi\ (0.1\ m)^2 = 0.0314\ m^2$

1) $Q = AV = 0.0314\, m^2 \times 14.7\, m/s \times \frac{60\, s}{\text{min}} = 27.7\, m^3/\text{min}$

2) 배기 덕트 개구면에서 덕트 직경의 1배 떨어진 곳에서의 제어 속도는 반송속도의 약 10% 이므로 1.47 m/s

3) 배출 덕트 직경의 30배 정도 떨어진 거리(20 cm × 30 = 600 cm = 6 m)에서 유출속도는 배출구 유속(반송속도)의 약 10% 이므로 1.47 m/s
4) 플랜지가 있을 경우 약 25%의 제어속도가 증가되므로, 플랜지가 없어졌다면 원래의 제어 속도의 75%로 줄어들게 된다. 즉, 1.47 m/s - (1.47 m/s × 0.25) = 1.10 m/s

**사례문제 348**

어떤 국소배기 시스템이 5개의 가지 덕트(branch ducts)를 통해 공기를 공급하고 있다. 그 국소배기 시스템의 필요환기량이 425 $m^3$/min이었는데 또 다른 덕트가 연결되어 총 공급 환기량이 480 $m^3$/min으로 되었다. 송풍기 출구에서 정압이 15 $mmH_2O$이고, 가지 덕트가 연결된 주 덕트에서의 정압은 10 $mmH_2O$이었다. 이 경우 송풍기 출구와 송풍기 입구 충만실에서의 바뀐 정압($mmH_2O$)은?

풀이

새로운 연결 부위에서 송풍기로부터 주 덕트 내의 줄어든 바뀐 SP를 계산한다.

$$\sqrt{\frac{480\,m^3/\text{min}}{425\,m^3/\text{min}}} \times (15\,mmH_2O - 10\,mmH_2O) = 5.3\,mmH_2O$$

송풍기 출구에서 바뀐 SP = 10 $mmH_2O$ + 5.3 $mmH_2O$ = 15.3 $mmH_2O$

송풍기 입구 충만실에서 바뀐 SP = $\frac{480\,m^3/\text{min}}{425\,m^3\text{min}} \times 10\,mmH_2O = 11.3\,mmH_2O$

5.3 $mmH_2O$ = 새로운 덕트에서 바뀐 정압 저하치
15.3 $mmH_2O$ = 송풍기 출구에서 바뀐 정압치
11.3 $mmH_2O$ = 송풍기 입구에서 바뀐 정압치
송풍기에서 요구되는 rpm과 마력(horsepower)의 증가는 이제 송풍기 가동 카탈로그에서 얻을 수 있다.

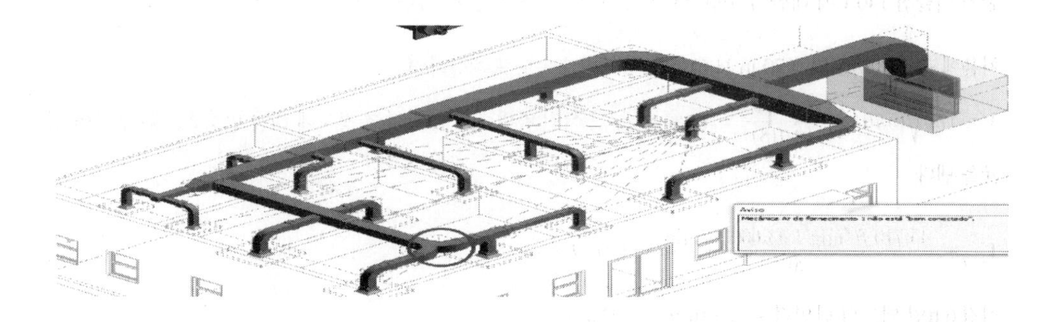

〈그림 52〉 가지덕트 CAD 설계도면

**사례문제 349**

직경이 6 ft인 덕트에서 두 방향의 횡단면에 대하여 피토우관(Pitot tube)으로 10지점을 측정하여 아래와 같은 결과를 얻었다. 단, 배출가스 온도 300°F, 고도 100 ft, 가스의 이슬점 140°F이다.

| | |
|---|---|
| 0.70 in.$H_2O$ (4,180 ft/min) | 0.62 in.$H_2O$ (3,930 ft/min) |
| 0.79 in.$H_2O$ (4,440 ft/min) | 0.65 in.$H_2O$ (4,030 ft/min) |
| 0.83 in.$H_2O$ (4,550 ft/min) | 0.67 in.$H_2O$ (4,080 ft/min) |
| 0.89 in.$H_2O$ (4,710 ft/min) | 0.75 in.$H_2O$ (4,330 ft/min) |
| 0.91 in.$H_2O$ (4,760 ft/min) | 0.90 in.$H_2O$ (4,740 ft/min) |
| 0.90 in.$H_2O$ (4,740 ft/min) | 0.89 in.$H_2O$ (4,730 ft/min) |
| 0.93 in.$H_2O$ (4,820 ft/min) | 0.89 in.$H_2O$ (4,730 ft/min) |
| 0.85 in.$H_2O$ (4,620 ft/min) | 0.89 in.$H_2O$ (4,730 ft/min) |
| 0.80 in.$H_2O$ (4,470 ft/min) | 0.70 in.$H_2O$ (4,180 ft/min) |
| 0.78 in.$H_2O$ (4,420 ft/min) | 0.70 in.$H_2O$ (4,180 ft/min) |
| $\Sigma$ = 45,710 | $\Sigma$ = 43,660 |

1) 실제 유량($ft^3$/min)과 반송속도(ft/min)를 구하시오.
2) 표준 유량($ft^3$/min)을 구하시오.

**풀이**

적용 공식 $V = 174\sqrt{P_v \dfrac{(t+460)}{K \times d}}$

여기서, $V$ = 반송속도(ft/min), $P_v$ = 속도압(in.$H_2O$), $t$ = 배출가스 온도(°F)

$K$ = 고도에 따른 상대 밀도(1,000 ft 이하의 고도에서는 1.0)

$d$ = 수분에 대한 상대 밀도 보정계수(수증기 분자량이 공기의 분자량보다 적기 때문에 수증기의 양이 증가하면 가스 밀도가 감소된다. 즉, 18 : 29)

공기 이슬점 140°F에 대한 수분량 = 0.17 lb $H_2O$/lb 건조 공기, 표준 공기선도표에서 $d$ = 0.918.

처음에 측정된 속도압 0.70 in.$H_2O$을 취하여 반송속도를 계산하면,

$V = 174\sqrt{(0.70)\dfrac{(300+460)}{(1)(0.918)}} = 4{,}180\ ft/\text{min}$, 이런 방법으로 19지점 측정치에 대한 반송속도를 구하여 평균을 낸다.

$$V_{avg} = \frac{45{,}710\ ft/\text{min} + 43{,}660\ ft/\text{min}}{20} = 4{,}470\ ft/\text{min}$$

직경 6 ft인 덕트의 단면적 = $\dfrac{\pi}{4} \times (6\ ft)^2 = 28.3\ ft^2$,

따라서 실제 유량 = 28.3 $ft^2$ × 4,470 ft/min = 126,500 $ft^3$/min

배출가스 온도가 300°F이므로, 표준 유량은 $126{,}500\ ft^3/\text{min} \times \dfrac{460+70}{460+300} = 88{,}200\ ft^3/\text{min}$

배출가스가 표준상태로 될 경우, 물의 응축이 발생된다.

### 사례문제 350

직경 15~100 cm인 원형 굴뚝이나 덕트의 속도압을 측정할 때, 피토우 횡단면을 몇 개나 취하여야 하는가?

a. 한 개의 중심선 × 0.8
b. 공기 또는 가스온도가 38℃일 때, 측정값의 30~50%가 제시된 서로 다른 값들의 10% 내에 있을 경우에 한하여 5개부터
c. 6 개
d. 측정할 공기나 가스의 수증기량, 밀도, 온도, 먼지 부하에 따라 달라진다.
e. 20 개 측정점과 서로 다른 90° 교차점 모두를 포함한 10 포인트 횡단면 2개
f. 공기 또는 가스온도가 38℃일 때, 10 개 측정점과 서로 다른 90° 교차점 모두를 포함한 5 포인트 횡단면 2개

풀이

e

※ 참조 : ACGIH에서 발간한 최신판 "Industrial Ventilation"을 참고한다.

### 사례문제 351

설계 유량이 10,000 $ft^3$/min인 가지 덕트의 입구 정압이 −2.1 in.$H_2O$이고, 유량 50,000 $ft^3$/min인 주 덕트의 정압은 가지 덕트 입구에서 −2.4 in.$H_2O$이다. 평형 상태의 환기 시스템에서 가지 덕트를 통과하는 유량($ft^3$/min)을 나타내시오.

풀이

적용 공식 $Q_b = Q_o \sqrt{\frac{P_b}{P_o}}$

여기서, $Q_b$ = 평형 상태 환기 시스템에서 요구되는 유량($ft^3$/min 또는 $m^3$/min)
$Q_o$ = 설계 유량($ft^3$/min 또는 $m^3$/min)
$P_b$ = 평형 상태 환기 시스템에서 요구되는 정압(in.$H_2O$ 또는 mm$H_2O$)
$P_o$ = 평형 상태 환기 시스템에서 처음에 계산된 정압(in.$H_2O$ 또는 mm$H_2O$)

$$Q_b = 10{,}000\,ft^3\text{min} \times \sqrt{\frac{2.40}{2.10}} = 10{,}700\,ft^3/\text{min}$$

### 사례문제 352

조립 라인 생산 공정에서 발생하는 비철금속의 텅스텐-아크 용접 가스를 흡입하기 위해 외부식 후드를 사용한다. 후드 개구면은 아크 발생으로부터 9 in. 떨어져 있고, 후드 개구면에는 8 × 12 in. 크기로 플랜지(flange)가 부착되어 있다. 후드 주위의 방해 기류를 제어하기가 어렵기 때문에 제어속도를 300 ft/min가 요구되었다. 이 경우 필요환기량($ft^3$/min)은?

풀이

적용 공식 $Q = K(10x^2 + A)\ V_x$

여기서, $Q$ = 필요 환기량(ft³/min)

$x$ = 용접 흄, 연기, 가스 배출 발생지점에서 후드 개구면 중앙까지 떨어진 거리(ft)

$A$ = 플랜지를 포함하지 않은 후드 개구면적(ft²)

$V_x$ = 최소 제어속도(ft/min)

$K$ = 플랜지 미부착일 때 1.0, 큰 플랜지가 부착된 후드 0.75

$$Q = 0.75 \times \left[10\,(0.75\,ft)^2 + \left(\frac{8'' \times 12''}{144''^2/ft^2}\right)\right] \times 300\,ft/\mathrm{min} = 1{,}416\,ft^3/\mathrm{min}$$

알루미늄의 TIG(tungsten inert gas) 용접(비소모성 텅스텐 용접봉과 모재간의 아크열에 의해 모재를 용접하는 방법)과 같은 아크 용접에서는 오존 가스가 발생하기 때문에 일정거리 이상 후드를 떨어뜨려 설치해서는 안 된다.

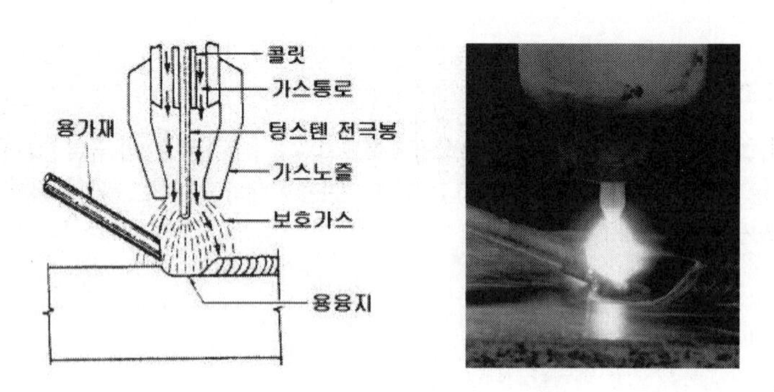


〈그림 53〉 TIG용접의 원리도 및 용접 사진

**사례문제 353**

사례 문제 352번에서 최소 반송속도 3,000 ft/min를 제공해 주는 원형 덕트의 직경(in.)은?

풀이

$$A = \frac{Q}{V} = \frac{1{,}416\,ft^3/\mathrm{min}}{3{,}000\,ft/\mathrm{min}} = 0.472\,ft^2$$

따라서, 원형 덕트의 직경은 0.8 in.

### 사례문제 354

어떤 5마력의 송풍기 전동기에서 배출되는 필요환기량이 92 $m^3$/min이었고, 전기회로에서 측정된 암페어는 9.8이었다. 하지만, 220 Volts에서 5마력을 내기 위해 평가된 송풍기의 전동기 암페어는 13.2이다. 전동기의 속도가 5마력에서 전동기의 전체적인 하중(load)이 증가될 경우, 새로운 필요환기량($m^3$/min)은?

풀이

전동기 실제 마력 = $\dfrac{\text{측정된 전류의 세기}}{\text{평가된 전류의 세기}} \times \text{평가된 마력} = \dfrac{9.8\,amps}{13.2\,amp} \times 5\,HP = 3.7\,HP$

송풍기의 닮음 법칙에 의하면, 마력은 송풍량 또는 송풍기 회전수(rpm)의 세제곱에 비례하므로,

$$\frac{HP_1}{HP_2} = [\frac{Q_1}{Q_2}]^3,\ \ Q_2 = Q_1 \times [\frac{HP_2}{HP_1}]^{0.333} = 92\,m^3/\min \times \sqrt[3]{\frac{5\,HP}{3.7\,HP}} = 101.7\,m^3/\min$$

### 사례문제 355

어떤 송풍기가 공기 밀도 0.97 kg/$m^3$에서 흡입력이 508 $mmH_2O$로 채택되어질 경우, 송풍기 채택 정압($mmH_2O$)은?

풀이

송풍기의 압력 평가는 표준 가스 밀도 1.2 kg/$m^3$에 근거를 두고 있기 때문에 선택 압력은 1.2 kg/$m^3$에 맞추어져야 한다.

송풍기 채택 정압 = $508\,mmH_2O \times \dfrac{1.2\,kg/m^3}{0.97\,kg/m^3} = 629\,mmH_2O$

### 사례문제 356

어떤 송풍기가 정압 10 in.$H_2O$, 온도 600°F에서 배기량 1,000 $ft^3$/min을 배출하고 있을 경우, 1) 요구되는 송풍기 마력(HP)은?
2) 공기를 100°F로 식힐 경우, 절약되는 마력(즉, 전기비용)의 비율(%)은?

풀이

송풍기 마력(HP) = 0.000158 × 1,000 $ft^3$/min × 10 in.$H_2O$ = 1.58 HP

100°F에서 바뀐 공기량을 계산하기 위해 Charles의 법칙을 사용한다.

$$\frac{100°\text{F 에서의 } Q}{600°\text{F 에서의 } Q} = \frac{100°\text{F} + 460°}{600°\text{F} + 460°}$$

$$100°\text{F 에서의 } Q = 1{,}000\,ft^3/\min \times \frac{560°A}{1{,}060°A} = 528\,ft^3/\min$$

여기서, 100°F에서 Q는 100°F에서 공기량을 의미하고, (100°F+460°)는 절대온도를 나타낸다. 낮은 온도에서 밀도의 증가치는 무시해도 될 정도의 값이라고 가정할 경우,

1) 송풍기 마력(HP) = 0.000158 × 528 $ft^3$/min × 10 in.$H_2O$ = 0.83 HP

2) 공기를 100°F로 식힐 경우, 절약되는 마력(즉, 전기비용)의 비율(%)은 600°F에서 요구되는 마력의 $\frac{0.83}{1.58} \times 100 = 52.5\%$이다.

### 사례문제 357

직경이 28인치인 송풍기가 정압 4.75 in.$H_2O$에서 송풍량 4,700 $ft^3$/min으로 공급되는 회전수 1,080 rpm에서 작동되고 있다. 동일한 정압에서 송풍량이 10,900 $ft^3$/min으로 변경되어 공급될 때, 송풍기가 동일 형식과 시리즈일 경우, 이 때 송풍기의 직경(inches)은?

**풀이**

$$\text{송풍기 직경} = \left[\frac{10,900\,ft^3/\text{min}}{4,700\,ft^3/\text{min}}\right]^{0.333} \times 28'' = 37\,inches$$

송풍기 직경이 커져야 한다. 36, 38, 40인치의 기성제품이 있으므로 송풍기 선정 시 이를 참조하여야 한다.

### 사례문제 358

건조기에 설치된 어떤 송풍기가 송풍량 340 $m^3$/min로 316℃의 공기를 배출하고 있다. 이 공기의 밀도는 높은 수증기가 함유되어 있기 때문에 0.6 kg/$m^3$이었고, 건조기 배출 공기의 정압은 102 mm$H_2O$, 송풍기 회전수는 630 rpm이었고, 이 송풍기는 13 HP(horsepower)를 사용하였다. 만일 21℃의 공기가 배출될 경우, 송풍기의 필요한 마력(HP)은?

**풀이**

$$HP = 13\,HP \times \frac{1.2\,kg/m^3}{0.6\,kg/m^3} = 26\,HP$$

26 HP가 필요하다. 만일 26 HP가 필요한 이 국소배기 시스템에 단지 15 HP의 송풍기만 있다면, 시동을 걸기 전에 전기적으로 송풍기 전동기의 과부하를 방지하기 위해 댐퍼(damper)를 사용할 필요성이 있을 것이다. 그 시스템의 필요조건들을 처리하기 위해 충분한 마력을 지닌 송풍기의 설치가 항상 보장되어야 한다. 흔히 비교적 큰 송풍기를 설치하는 비용은 미래 시스템의 변경사항(예를 들어, 배기 시스템에 또 다른 후드가 덧붙여지거나 또는 높은 정압 손실을 가진 집진기의 설치 등) 들이 예상될 수 있으므로 초기 설치 시에 타당성이 있게 준비해야 한다.

### 사례문제 359

어떤 비어있는 실내(20 × 38 × 12 ft)에 600 ppm 사이클로헥센(cyclohexene, $C_6H_{10}$) 증기가 함유되어 있을 경우, 1,550 ft$^3$/min의 환기량을 갖는 안내날개 축류형 송풍기(vane-axial exhaust fan)를 가지고 6 ppm으로 희석할 때까지 걸리는 시간(분)은? 단, 불완전한 환기에 대한 혼합계수(ventilation imperfect mixing factor), K = 3이다.

풀이

$t = ?$ $C_o \rightarrow C$, 즉, 600 ppm을 6 ppm까지 희석한다.

실내 체적 = 20 × 38 × 12 ft = 9,120 ft$^3$

초기농도, $C_o$의 10%인 60 ppm까지 2.3 volumes($\because -\ln\left(\frac{60\,ppm}{600\,ppm}\right) = 2.3$)

또 60 ppm을 6 ppm으로 줄이는데 2.3 volumes

따라서, 2.3 volumes + 2.3 volumes = 4.6 volumes

4.6 volumes × 9,120 ft$^3$ = 41,952 ft$^3$, $41,952\,ft^3 \times \frac{min}{1,550\,ft^3} = 27.1\,min$

K = 3, 27.1 min × 3 = 81.3 min

※참고식 : $t = \dfrac{-\ln\left[\frac{C}{C_o}\right]}{\frac{Q}{V}} = \dfrac{-\ln\left[\frac{6\,ppm}{600\,ppm}\right]}{\frac{1,550\,ft^3/min}{9,120\,ft^3}} = 27.1\,min)$

완전 혼합이 이루어졌을 경우, 600 ppm을 6 ppm까지 희석하는데 걸리는 시간은 27.1분이지만, 불완전한 환기에 대한 혼합계수(K)를 3으로 적용하여 희석시간이 81분으로 증가되었다.

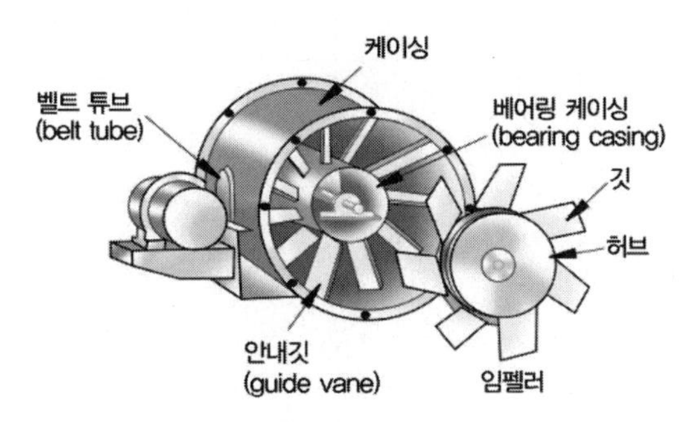


〈그림 54〉 안내날개 축류형 송풍기(vane-axial exhaust fan)

**사례문제 360**

송풍기 출구의 정압 13 mmHg, 입구의 정압 – 165 mmHg, 덕트 속도압이 20 mmHg일 경우, 송풍기의 정압(mmHg)은?

**풀이**

$FSP = SP_{outlet} - SP_{inlet} - VP = +13\ mmHg - (-165\ mmHg) - 20\ mmHg = 158\ mmHg$

# 7. 굴뚝 배출가스 시료채취 및 대기오염 방지기술 관련 문제

**사례문제 361**

대기오염물질에 대한 제한된 공간의 대기 시험은 어떤 물질을 우선적으로 사용하여 시험하는 것이 적절한 순서(첫 번째, 두 번째, 세 번째)인가? 단, 가연성 물질과 연소성 물질은 동일한 것으로 본다.

a. 독성물질(toxics), 산소(oxygen), 가연성 물질(flammables)
b. 산소(oxygen), 가연성 물질(flammables), 독성물질(toxics)
c. 연소성 물질(combustibles), 독성물질(toxics), 산소(oxygen)
d. 산소(oxygen), 독성물질(toxics), 가연성 물질(flammables)
e. 독성물질(toxics), 가연성 물질(flammables), 산소(oxygen)
h. 이상 답 없음

**풀이**

b
연상법을 이용하여 기억하시오. "OFT"en = Oxygen, Flammables, Toxics

**사례문제 362**

유량 1.09 L/min로 지정된 시간 동안 증류수 15 mL가 들어있는 미짓 임핀저(midget impinger)를 통하여 공기 시료가 채취되었다. 대기압 710 mmHg, 기온 14°F, 실험실 분석 검출 한계치는 mL당 320,000 입자수이다. 먼지 농도 30 mppcf의 20%를 결정하기 위해 시료 한 개를 채취하는데 걸리는 시간(분)은?

**풀이**

임핀저 안의 물이 얼 때 까지 시료를 채취한다. 그 액체의 어는점이 낮아지도록 NaCl, MeOH 또는 IPA(icosapentaenoic acid, 아이코사펜타엔산)를 넣는다. 이렇게 할 경우, 아래 계산식을 적용할 수 있다.

$$\frac{320,000\,particles}{mL} \times 15\,mL = 4,800,000\,particles$$

$$30\,mppcf\text{의 } 20\% = \frac{6\times10^6\,particles}{ft^3} \times \frac{ft^3}{28.32\,L} = \frac{211,864\,particles}{L}$$

$$\frac{4,800,000\,particles}{211,864\,particles/L} = 22.66\,L, \quad \frac{22.66\,L}{1.09\,L/\min} = 20.7\,\min$$

**사례문제 363**

두 개의 임핀저를 직렬로 연결하였다. 전체적으로 포집된 대기 오염물질량이 78.9 ㎍이고, 그 중 두 번 째 임핀저에 6.3 ㎍의 동일한 대기 오염물질량이 포함되었다. 첫 번 째 임핀저의 포집효율(%)은?

풀이

$$\% \text{ 효율} = 100\left[1-\frac{C_2}{C_1}\right] = 100\left[1-\frac{6.3\ \mu g}{78.9\ \mu g}\right] = 92\%$$

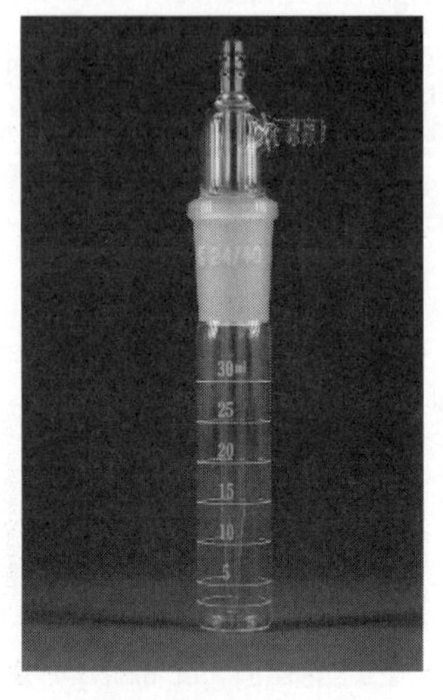

〈그림 55〉 Midget impinger

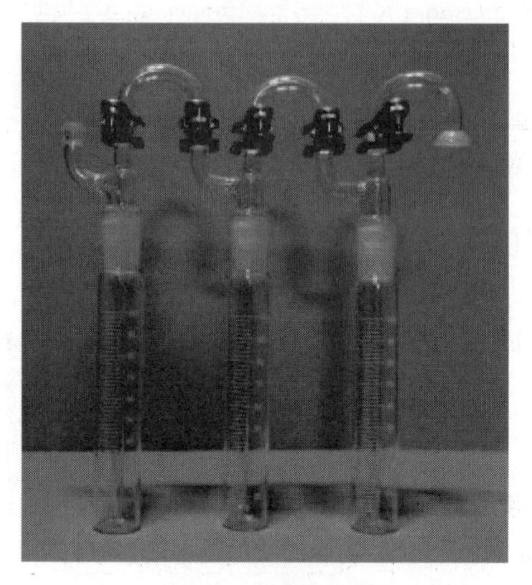

〈그림 56〉 연결된 임핀저

**사례문제 364**

입경 1 ㎛ 크기의 입자는 말단 기도인 폐포(肺胞)에 침투하여 체류하는 최적의 크기이다.

1) 정체 공기 속의 실리카(α-quartz의 밀도, $SiO_2$ = 2.65 g/cm$^3$) 1 ㎛ 입자의 침강 속도(cm/hr)는? 단, 스토크스의 법칙을 적용한다. Stoke's law: $v_s = \frac{g\,d^2(\rho-\rho_a)}{18\eta}$

   여기서, $v_s$ = 입자의 침강속도(cm/s)
   
   $g$ = 입자의 중력인력(981 cm/s)
   
   $d$ = 입경(cm)
   
   $\rho$ = 입자의 밀도(g/cm$^3$)
   
   $\rho_a$ = 25℃에서 공기 밀도( = 0.00117 g/cm$^3$)
   
   $\eta$ = 25℃에서 공기의 점성계수( = 1.828 × $10^{-4}$ poises)

2) 공기에서 낙하하는 입자와 바닥과 땅에 침강하는 입자도 이 공식을 적용하는가?

풀이

1) $$v_s = \frac{\left[\frac{981\ cm}{s}\right](0.0001\ cm^2)(2.65\ g/cm^3 - 0.00117\ g/cm^3)}{(18)(1.828 \times 10^{-4}\ poises)} = \frac{0.0079\ cm}{s}$$

※ 참고 :

1 poise = 1 dyn · s/cm$^2$ = 1 g/cm · s, 단위기호로는 P가 사용된다.

0.01P를 1 centipoise(cP)라고 한다. SI 단위로는 1 poise = 0.1 Pa · s가 된다.

$$\frac{0.0079\ cm}{s} \times \frac{60\ s}{\min} \times \frac{60\ \min}{hr} = \frac{28.4\ cm}{hr}$$

2) 보통 기류는 그러한 작은 입자를 대기 중에 수분의 응결핵으로 제공될 때 까지 또는 다른 입자와 응집할 때 까지 영구적으로 공기 중에 부유하도록 유지시키는 경향이 있다.

실제적으로 말하면, 폐에 손상을 입히는 먼지는 작업장 공기 중에서 침강하지 않고, 보이지 않게 공기 중에 존재하게 된다.

※ 참고 : 정체된 공기 중 입경 1 ㎛ 이하의 입자의 입자 침강 속도를 계산하기 위해 커닝햄 보정계수(Cunningham's factor)를 적용한다.

$$C = C'\left[1 + K\left[\frac{1}{r}\right]\right]$$

여기서, $C'$ = Stoke's law에서 사용된 계산값

$K$ = 0.8~0.86

$r$ = 입자 반경(cm)

반경 0.1 ㎛ 이하의 입자는 가스 분자와 같이 움직이며, 브라운 운동(Brownian motion)에 따라 침강하고, 그 식은 다음과 같다.

$$A = \sqrt{\frac{RT}{N} \times \frac{t}{3\pi\eta r}}$$

여기서, $A$ = $t$ 시간당 움직인 거리

$R$ = 일반 기체 상수( = 8.316 × $10^7$)

$T$ = 절대온도(K)

$N$ = 1 몰당 분자수( = 6.023 × $10^{23}$)

$\eta$ = 21℃에서 공기의 점성계수(poise) ( = 1.828 × $10^{-4}$)

$r$ = 입자의 반경(cm)

### 사례문제 365

가장 좋은 조건 하에서(조명, 대비, 색깔, 안정감 등) 육안으로 보이는 가장 작은 입자의 입경은 약 50~100 μm 정도이다. 그렇게 큰 입자(산업위생관리기사와 대기오염 엔지니어 입장에서는 바위 크기임)는 호흡 기도로 침투하지 않는다. 예를 들어, 입경 100 μm 입자는 폐의 폐포 영역에 도달하지 않는다. 100 μm 전체 입자의 1% 이하만이 기관과 기관지 영역에 까지 침투하며, 100 μm 입자의 50% 정도가 비강인두(鼻腔咽頭) 영역(콧구멍과 목 부위 위쪽)에 침강한다. 나머지 50%는 침강하지 않고 밖으로 배출된다. 정체된 공기(유속 0.25 m/s 이하) 중 100 μm 입자의 침강 속도를 계산하시오(문제 333번과 비교).

**풀이**

$$v_s = \frac{\left[\frac{981\,cm}{s}\right](0.001\,cm^2)(2.65\,g/cm^3 - 0.00117\,g/cm^3)}{(18)(1.828\times10^{-4}\,poises)} = \frac{0.789\,cm}{s}$$

$$\frac{0.789\,cm}{s}\times\frac{60\,s}{\min}\times\frac{60\min}{hr} = \frac{2,840\,cm}{hr}$$

비록 그러한 큰 입자일지라도 보통 기류에서는 떠 있을 수 있다. 조용한 공기 중 2,840 cm/hr의 속도로 침강하는 비호흡성 입자는 감지할 수 있는 공기 움직임을 지닌 대기 중에서 침강하지 않는 경향이 있다. 즉, 0.25 m/s 기류에 의해 흔들렸다가 0.008 m/s의 속도로 침강하는 100 μm 입자를 생각할 수 있다.

### 사례문제 366

실험실 벤치 후드 구석에 100 mL 액체 염소가 들어있는 뚜껑이 열린 비커를 놓아 두었다. 벤치의 구석 아래에서 9 in 떨어진 $Cl_2$ 가스 농도가 10,000 ppm(1%)이고, 이 지점에서 공기와 가스 혼합물의 비중은 1.015이었다(문제 8번 참조). $Cl_2$ 가스와 공기 혼합물의 침강속도(ft/s)는?

**풀이**

침강속도식: $V_s = \sqrt{\frac{2g(SG-1)h}{SG}}$

여기서, $V_s$ = 가스와 공기 혼합물의 침강속도(ft/s)

$g$ = 중력, 32.2 ft/s$^2$

$h$ = 발생원으로부터의 거리(ft)

$SG$ = 공기의 비중과 밀도와 관련된 공기와 가스 또는 증기 혼합물의 비중(단위없음)

$$V_s = \sqrt{\frac{2\times(32.2\,ft/s^2)\times(1.015-1)\times0.75\,ft}{1.015}} = \frac{0.845\,ft}{s}$$

이 속도는 50.7 ft/min으로 정체된 공기의 속도(50 ft/min)와 기본적으로 동일한 값을 지닌다. 위의 식은 발생원에서 1 ft 이상 떨어진 곳의 가스나 증기에는 사용할 수가 없다.

### 사례문제 367

입열(入熱) 2,000 BTU당 연소 설비로 들어오는 외부 공기의 유입 최소 면적($in^2$)은?

a. 1 $in^2$
b. 2 $in^2$
c. 5 $in^2$
d. 10 $in^2$
e. 27 $in^2$

풀이

a

* BTU or Btu(British thermal unit): 1 BTU는 물 1 lb를 1 ℉(68 ℉에서 69 ℉) 올리는데 필요한 열량 = 252 cal

### 사례문제 368

내부 산업 설비 구조물에 침강된 아주 미세하게 분쇄된 대기 분진(예를 들어, 밀가루, 설탕, 금속분말, 녹말, 플라스틱 분말 등)은 충분한 양이 대기 중에 있고, 점화원이 존재할 경우, 상당한 폭발 위험성이 있다. 일반적으로 침강된 분진 양의 두께가 몇 인치를 초과하지 않아야 하는가?

a. 투명접착 테이프로 제거할 수 있는 눈으로 보이는 양
b. 1/32 in.
c. 1/16 in.
d. 3/32 in.
e. 1/8 in.
f. 1/4 in.
g. 정답이 없음

풀이

e

침강된 먼지층 두께가 1/8 in.를 초과하지 않아야 한다. 만일 이 두께가 초과하면, 국소 배기와 공정의 포위, 설비 청소를 실시해야 하며, 이 먼지를 압축공기로 청소를 하는 것은 결코 바람직하지 않은 일이다.

### 사례문제 369

작업자의 호흡대역에서 탄산칼슘(limestone) 분진의 최대 허용 농도는 TLV = 10 mg/m$^3$의 10%로 선택되었다. 작업장에 들어오는 전체 희석환기량은 10,000 cfm(ft$^3$/min)이고, 재순환되는 공기량은 2,000 cfm(ft$^3$/min), 환기 혼합계수 K는 3이다. 작업장 실내 공기가 혼합되어 최대 노출 농도 1 mg/m$^3$로 되기 전에 집진기에서 배출되는 공기 중 탄산칼슘 분진의 최대 허용 농도(mg/m$^3$)는?

**풀이**

풀이에 적용되는 공식: $C_R = \frac{1}{2}(TLV - C_o) \times \frac{Q_T}{Q_R} \times \frac{1}{K}$

$C_R$ = 희석공기로 혼합되기 전 집진기에서 배출되는 공기 중 오염물질의 농도(mg/m$^3$)

$Q_T$ = 해당 작업장의 전체 환기량(cfm, ft$^3$/min)

$Q_R$ = 해당 작업장의 재순환 공기량(cfm, ft$^3$/min)

$K$ = 보통 3~10으로 주어지는 환기 혼합 계수

(1 = 최적의 조건, 3 = 양호한 혼합 조건, 10 = 극심한 비혼합 조건)

$TLV$ = 공기 오염물질의 허용농도

$C_o$ = 국소배기를 통해 밖으로 배출되는 공기 중 작업자 호흡대역에서의 오염물질 농도(mg/m$^3$)

$$\therefore\ C_R = \frac{1}{2}(10\,mg/m^3 - 1\,mg/m^3) \times \frac{10{,}000\,ft^3/\mathrm{min}}{2{,}000\,ft^3/\mathrm{min}} \times \frac{1}{3} = 7.5\,mg/m^3$$

작업자의 호흡대역에 대한 오염물질 농도는 반드시 1 mg/m$^3$을 넘지 않으면서 희석 공기로 혼합하기 전에 집진기의 배출 공기 중 최대 농도는 7.5 mg/m$^3$ 이하이어야 한다.

### 사례문제 370

어떤 석탄 화력발전소의 굴뚝에서 배출되는 연기가 온도 127℃, 배출량 236 m$^3$/s에서 0.2% $SO_2$(부피비)를 배출하고 있다. 이 때 $SO_2$의 배출량을 초당 질량의 단위(g/s)로 나타내시오. 단, $SO_2$의 분자량은 64, 대기압은 980 millibar이다.

**풀이**

$$\frac{\text{질량}}{\text{시간}} = \frac{V}{t} \times \frac{PM}{RT} = \frac{236\,m^3/s \times 0.002 \times 64 \times 980}{0.0832 \times 400\,K} = 890\,g\,SO_2/s$$

1초당 890 g의 아황산가스를 배출한다.

**사례문제 371**

염소($Cl_2$) 가스의 비상 배출용으로 설계된 어떤 굴뚝에서 배출되는 염소 가스의 최대 지상 농도(ppm)는? 단, 굴뚝의 높이는 110 ft이고, 염소 가스의 최대 배출량은 5 $ft^3$ $Cl_2$/s이다. 또한 대기 중으로 배출되는 가스의 토출속도에 의한 유효 굴뚝높이는 120 ft이고, 굴뚝 정상에서 풍속은 10 miles/hr이다. 환기하거나 굴뚝에서 배출되는 대기오염물질의 최대 지상 농도를 계산할 때 사용되는 보상케-피어슨 공식을 적용하시오.

$$C_{max} = \frac{2.15 \times Q \times 10^5}{V \times H^2} \times \frac{p}{q}$$

〈공식의 출처〉 Roger L. Wabeke, Air contaminants and Industrial hygiene ventilation, 1998

여기서, $p/q$ = $x$, $y$, $z$ 좌표의 확산 파라미터, 보통 일괄적으로 0.63을 취한다.
$H$ = 유효 굴뚝높이 = 실제 굴뚝 높이 + 가스의 토출속도와 열부력에 의한 연기의 높이(ft)
$C_{max}$ = 대기오염물질의 최대 지상 농도(ppm)
$Q$ = 대기 온도에서 가스상 오염물질의 배출량($ft^3$/s)
$V$ = 풍속(ft/s)

**풀이**

$$\frac{10\,miles}{hr} \times \frac{5{,}280\,ft}{mile} \times \frac{hr}{60\,\mathrm{min}} \times \frac{\mathrm{min}}{60\,s} = \frac{14.7\,ft}{s}$$

$$\therefore\ C_{max} = \frac{2.15 \times \dfrac{5\,ft^3}{s} \times 10^5}{\dfrac{14.7\,ft}{s} \times (120\,ft)^2} \times 0.63 = 3.2\,ppm\ Cl_2$$

가스상 대기오염물질인 $Cl_2$의 지상에서의 농도는 3.2 ppm이다. 이 경우 $C_{max}$ 인 지점에서 굴뚝 까지의 거리는 대략 10 $H$ 정도이다. 즉, 10 × 120 ft = 1,200 $ft^2$. 거주 지역에서 떨어진 거리를 점검해본다.

**사례문제 372**

1 $cm^3$의 석영 덩어리를 한 개의 부피가 1 $\mu m^3$인 입자로 분쇄시킬 경우 몇 개의 입자가 발생하는가?

**풀이**

1 cc = 1 $cm^3$, 1 m = $10^6$ $\mu$m, 1 cm = $10^4$ $\mu$m

$\therefore\ (10^4\ \mu m)^3\ =\ 10^{12}\ particles$

호흡성 분진이 $10^{12}$ 개(1,000,000,000,000 입자)가 발생한다.

**사례문제 373**

입경 3 μm인 입자에 대한 1 μm 입자의 표면적 비율을 비교하시오.

풀이

구형 입자의 표면적 = $4\pi r^2 = 4\pi\left(\frac{d_p}{2}\right)^2 = \pi d_p^2$

1 μm 입자의 표면적 = $\pi \times (1\,\mu m)^2 = 3.14\,\mu m^2$

3 μm 입자의 표면적 = $\pi \times (3\,\mu m)^2 = 28.27\,\mu m^2$

$\therefore\ \frac{28.27\,\mu m^2}{3.14\,\mu m^2} = 9$배 크다(입경의 제곱만큼 크다. 예를 들어 입경 5 μm의 표면적은 25배 크다.).

입경이 3배가 되면 표면적은 9배 증가하고, 예를 들어 입경이 6배 증가하면 표면적은 $6^2$인 36배 증가한다.

**사례문제 374**

작업장 먼지에 대한 PEL은 총부유먼지(TSP, total suspended particulates)로 0.3 mg/$m^3$이다. 검출한계가 5 μg이고, 유량이 1.06 L/min일 경우, PEL의 10%를 검출하는데 걸리는 한 개의 시료채취시간(분)은?

풀이

최소 시료채취시간(분):

$$\frac{\text{분석 민감도}(\mu g)}{0.1 \times PEL(\mu g/L) \times L/\text{min}} = \frac{5\,\mu g\ TSP}{0.1 \times 0.3\,\mu g/L \times 1.06\,L/\text{min}} = 157.2\,\text{min}$$

시료채취시간은 적어도 2시간 38분이 걸린다.

**사례문제 375**

1 $cm^3$인 고체 덩어리를 1 $\mu m^3$ 정육면체로 파쇄하였다.

1) 부서진 전체 입자는 몇 개인가?
2) 원래 고체 덩어리의 표면적과 부서진 전체 입자의 표면적을 비교하시오.
3) 폐표면에 대한 활성도는 어떻게 되는가?

풀이

1) 부서진 입자개수: 1 cm = $10^4$ μm이므로

$10^4 \times 10^4 \times 10^4 = 10^{12}$ 개

2) 1 $cm^3$인 고체 덩어리의 표면적: 6면 × ( 1 cm × 1 cm)/면 = 6 $cm^2$

부서진 입자 1개의 표면적: 6면 × ( 1 μm × 1 μm)/면 = 6 $\mu m^2$

부서진 전체 입자의 표면적: $10^{12}$ 개 × 6 $\mu m^2$/개 × $\frac{m^2}{10^{12}\ \mu m^2}$ = 6 $m^2$ = 60,000 $cm^2$

3) 원래 고체 덩어리의 표면적과 부서진 전체 입자의 표면적 차이는 후자가 10,000배 더 크므로 잘게 부서진 입자의 생물학적인 활성도가 더 증가하는 것으로 판단된다.

### 사례문제 376

작업장 대기 중 비슷한 크기의 범위에 있는 규소 분진 1 mg에 일반적으로 200~300 백만개의 입자수가 있다고 할 경우, 규소 분진 한 개 입자의 질량(pg)은?

**풀이**

$$\frac{250\times10^{6}\text{개 입자}}{1,000\,\mu g} = \frac{250,000\text{ 개 입자}}{\mu g} = \frac{250\text{ 개 입자}}{ng} = \frac{0.25\text{ 개 입자}}{pg}$$

따라서, 평균 한 개의 규소 분진 입자의 질량은 약 $4\times10^{-12}$ g이다.

### 사례문제 377

대기 중 입자의 거동을 가장 잘 나타낸 물리적인 법칙과 인자들은?

a. 스토크스의 법칙(Stokes' law), 아르키메데스의 원리(Archimedes' principle), 뉴턴의 중력법칙(Newtonian gravity), 브라운 운동(Brownian motion)
b. 프랭크의 마찰 계수(Frank's friction factor), 커닝험 계수(Cunningham's factor), 중력, 뉴턴의 중력법칙(Newtonian gravity)
c. 브라운 운동(Brownian motion), 아보가드로의 법칙(Avogadro's law), 중력, 이온플럭스(ion flux)
d. 뉴턴의 중력법칙(Newtonian gravity), 스토크스의 법칙(Stokes' law), 드린커 계수(Drinker's coefficient), 맥웰랜드의 동역학적 미끄럼 계수(McWelland's aerodynamic slip factors)
e. 중력, 스토크스의 법칙(Stokes' law), 커닝험 계수(Cunningham's factor), 브라운 운동(Brownian motion)

**풀이**

e

※ 참조:
1) 스토크스의 법칙은 유체동역학에서, 유체가 물체(입자)에 가하는 마찰력을 계산하는 공식이다.
2) 아르키메데스의 원리는 어떤 물체를 유체에 넣었을 때 받는 부력의 크기가, 물체가 유체에 잠긴 부피만큼의 유체에 작용하는 중력의 크기와 같다는 원리이다.
3) 뉴턴의 중력법칙은 만유인력의 법칙(law of universal gravity)이라고도 하며 이는 질량을 가진 물체(입자) 사이의 중력 끌림을 기술하는 물리학 법칙이다.
4) 브라운 운동은 1827년 스코틀랜드 식물학자 로버트 브라운(Robert Brown)이 발견한, 액체나 기체 속에서 미소 입자들이 불규칙하게 운동하는 현상이다. 브라운 운동에 의한 물체의 움직임을 표류(漂流)라고 한다.

5) 유체역학에서 커닝험 계수(또는 커닝험 보정계수)는 미세입자의 경우 미끄러짐 현상으로 인해 입자에 작용하는 실제적인 항력이 적어지게 되는 비연속체에 미치는 영향(noncontinuum effects)이 나타나 이를 보정하기 위해 사용하는 값이다.
6) 아보가드로의 법칙은 이탈리아의 아메데오 아보가드로가 1811년 발표한 기체 법칙에 대한 가설이다. 모든 기체는 같은 온도, 같은 압력에서 같은 부피 속에 같은 개수의 입자(분자)를 포함한다.

**사례문제 378**

**다음과 같은 굴뚝 채취 조건을 지닌 어떤 소각로 굴뚝에서 발생하는 먼지 배출량(lb/hr)을 계산하시오.**

〈측정 조건〉

$V_m$ = 가스미터의 부피 = 105 ft³, $T_m$ = 가스미터의 온도 = 83°F + 460 = 543°R
$T_s$ = 굴뚝 배출가스의 온도 = 240°F + 460 = 700°R
$P_b$ = 측정 기압 = 27.8 inHg, $P_m$ = 가스미터의 평균 압력 = 2.5 inHg
$V_w$ = 응축수 = 138 cm³, $W_t$ = 채취된 먼지량 = 23 g
$V_o$ = Pitot 횡단면 배출가스량 = 37,200 ft³/min

풀이

총 가스채취량: 가스미터 측정조건에서 $H_2O$ 응축액을 수증기 체적으로 변환한다.

$$V_v = 0.00267 \times \frac{V_w \times T_m}{P_b - P_m} = 0.00267 \times \frac{138\ cm^3 \times 543\ ^\circ R}{27.8\ "\ Hg - 2.5\ "\ Hg} = 7.91\ ft^3$$

총 배출가스 채취량 = $V_v + V_m$ = 7.92 ft³ + 105 ft³ = 112.92 ft³

채취된 가스 중 수분량 = $M_m$ = 가스미터 측정 조건에서 측정된 가스 중 남아있는 수분의 부피(ft³)
83°F에서 $H_2O$의 증기압 = 1.138 inHg

$$\therefore\ M_m = \frac{V_p \times V_m}{P_b - P_m} = \frac{1.138\ "\ Hg \times 105\ ft^3}{27.8\ "\ Hg - 2.5\ "\ Hg} = 4.72\ ft^3$$

$$수분\ \% = \frac{V_v + M_m}{V_v + V_m} \times 100 = \frac{7.91\ ft^3 + 4.72\ ft^3}{7.91\ ft^3 + 105\ ft^3} \times 100 = 11.2\%$$

굴뚝 측정조건에서 채취된 전체 배출가스 부피로 변환한다.

$$V_t = (V_m + V_v) \times \frac{P_b - P_m}{P_b} \times \frac{T_s}{T_m} = (105\ ft^3 + 7.92\ ft^3) \times \frac{27.8\ "\ Hg - 2.5\ "\ Hg}{27.8\ "\ Hg} \times \frac{700\ ^\circ R}{543\ ^\circ R}$$
$$= 132.4\ ft^3$$

일반적으로 미국, 영국에서 먼지 농도는 grains/ft³와 lb/hr로 나타낸다.
( 1grain = 64.8 mg, 1 pound(lb) = 453.6 g, 1 lb = 7,000 grains)
먼지 농도를 grains/ft³로 나타내기 위해서는 굴뚝에서 채취된 필터에 채취된 먼지 질량( $W_t$ )을 총배출가스( $V_t$ )로 나누어 주면 되고, 단위 g을 grains로 변환한다.

$$grains/ft^3 = \left(\frac{W_t}{V_t}\right) \times 15.43 = \left(\frac{23}{132.4}\right) \times 15.43 = 2.68\, grains/ft^3$$

$$lb/hr = (grains/ft^3) \times V_o \times \left(\frac{60}{7{,}000}\right) = \frac{2.68\, grains}{ft^3} \times \frac{37{,}200\, ft^3}{\min} \times \frac{60}{7{,}000} = 854\, lb/hr$$

### 사례문제 379

과잉 공기의 보정계수는 종종 연소 공정에서 요구되며, 배출가스는 오르잣 가스 분석기로 $CO_2$, $O_2$, CO를 분석한다. 또한 질소 가스는 전체 배출가스에서 앞의 세 가지 가스를 합한 값의 차로 결정된다. 어떤 배출가스를 오르잣 가스 분석기로 분석한 값이 $CO_2$ 10.1%, $O_2$ 11.1%, CO 0.8%이었다. 50% 과잉공기가 사용되었을 경우, 배출가스 먼지 부하량을 보정하시오. 배출가스에 함유된 먼지량은 가스 1 kg당 0.493 g이다.

**풀이**

$$공기비 = \frac{실제\ 공기량}{이론\ 공기량} = \frac{N_2}{N_2 - 3.782(O_2 - \frac{1}{2}CO)} = \frac{78}{78 - 3.782(11.1 - 0.5 \times 0.8)} = 2.08$$

총 공기량 % = 100% + 과잉 공기량 %

$$\frac{실제\ 공기량}{이론\ 공기량} = \frac{총\ 공기량\%}{100},\quad \frac{(2.08)\left(\frac{0.493\, g}{kg}\right)}{\frac{150}{100}} = 0.68\ g\ dust/kg\ gas$$

∴ 배출가스 1 kg당 0.68 g 먼지를 보정한다.

### 사례문제 380

어떤 유해물질 폐액을 소각하는 수직형태의 소각로가 21℃에서 가스 유량 125 $m^3$/min을 배출하고 있다. 소각로 내부 치수는 면적 2.7 m × 2.7 m, 높이 11.2 m이고, 소각로의 설계 가동온도는 1,200℃이다.

1) 배출가스의 실제 유량($m^3$/min)은?
2) 소각로 내의 증기 1 몰의 체류시간(s)은?
3) 체류시간이 3초일 경우 필요한 소각로의 치수는?

**풀이**

1) 21℃ = 294K, 1,200℃ = 1,473K

샤를의 법칙을 적용시키면, $\frac{V_i}{V_f} = \frac{T_i}{T_f}$ 에서

$$V_f = \frac{T_f \times V_i}{T_i} = \frac{125\, m^3/\min \times 1{,}473K}{294K} = 626.3\, m^3/\min$$

2) $Q = AV$에서 $V = \frac{Q}{A} = \frac{626.3\, m^3/\min}{2.7 \times 2.7\, m^2} = 85.9\, m/\min$ = 1.43 m/s

소각로의 높이가 11.2 m이므로

$$\frac{\text{평균 체류시간}}{molecule} = \frac{11.2\,m}{1.43\,m/s} = 7.8\,s,$$

3) 소각로 체적 = 2.7 m × 2.7 m × 11.2 m = 81.65 $m^3$

체류시간이 3초일 경우 필요한 소각로의 치수: $\frac{81.65\,m^3}{7.8\,s} = \frac{x\ m^3}{3\,s}$, $x$ = 31.4 $m^3$

**사례문제 381**

다음 제시된 요인 들 중 굴뚝 시료채취(stack sampling)에서 중요하지 않은 항목들은?

a. 공기/가스 밀도, 응축수, 먼지 금속통 무게
b. 굴뚝 배출가스 유량, 등속흡인, 배출가스 온도
c. 가스미터의 흡입 압력, 응축수, 배출가스 유량
d. 공기 분자량, 마찰손실, 계절적 요인
e. 시료채취 트레인을 통과하는 배출가스 유량, 기압계, 시료채취시간
f. 피토우관 보정계수, 가스:먼지 비율, 반응 가스 간의 영향, 배출가스 온도

풀이

d

〈그림 57〉 굴뚝 배출가스 시료채취기(stack sampler)

**사례문제 382**

어떤 대기오염 분석가가 화학물질 합성 반응조에서 배출되는 염소 가스의 배출량을 알아내려고 한다. 다음 제시된 항목 중 고려하지 않아도 좋은 것은?

a. 배출가스 중 염소 가스의 농도
b. 등속흡인
c. $Cl_2$ 가스가 포함된 공기 또는 가스의 밀도
d. 공정 가동 또는 사이클 시간
e. 총 공기량 또는 가스 배출량
f. 공기나 가스 중 수분량

풀이

b

가스나 증기의 단순한 농도 측정 시 굴뚝 배출가스 시료채취에서 사용하는 등속흡인은 필요 없다. 등속흡인은 덕트, 굴뚝, 배출관에서 먼지 농도를 측정할 경우 의무적으로 행하여야 한다. 제시된 다른 모든 항목들은 분석 시 중요한 인자들이다.

### 사례문제 383

내경 30 cm인 굴뚝에서 배출가스 중 23 ppm의 염소 가스가 3.4 m/s의 속도로 배출되고 있을 경우, 염소 가스의 배출량($mg/m^3$)은?

풀이

굴뚝 면적 = $\frac{\pi}{4}(0.3^2) = 0.071\,m^2$, $Q = AV = 0.071\,m^2 \times 3.4\,m/s \times \frac{60\,s}{\min} = 14.48\,m^3/\min$

$$\frac{mg}{m^3} = \frac{ppm \times 분자량}{24.45} = \frac{23 \times 71}{24.45} = \frac{66.79\,mg}{m^3}$$

$$\frac{66.79\,mg}{m^3} \times \frac{14.48\,m^3}{\min} = 967.12\,mg/m^3$$

### 사례문제 384

어떤 탄소 흡착 대기오염방지 설비가 입구 측 증기 농도 360 ppm, 출구 측 농도 25 ppm, 유량 187 $m^3$/min으로 가동되고 있다. 이 설비가 일주일 간 100시간, 연간 50주 가동된다고 할 때 연간 절약되는 금액은? 단, 이 설비에 사용되는 유기용제의 비용은 1,300원/L이고, 분자량은 114, 밀도는 0.83 g/mL이다. 그리고 활성탄관에 흡착된 유기용제 증기의 회수율은 97%이다.

풀이

입구측 증기 농도 360 ppm − 출구측 증기 농도 25 ppm = 포집농도 335 ppm(포집효율 93.1%)

$$\frac{mg}{m^3} = \frac{ppm \times 분자량}{24.45} = \frac{335 \times 114}{24.45} = \frac{1,562\,mg}{m^3}$$

$$\frac{1,562\,mg}{m^3} \times \frac{187\,m^3}{\min} \times \frac{60\,\min}{hr} \times \frac{5,000\,hrs}{year} \times 0.97 = 85,000\,kg/yr$$

$$\frac{85,000\,kg}{yr} \times \frac{1,000\,g}{kg} \times \frac{mL}{0.83\,g} \times \frac{L}{1,000\,mL} \times \frac{1,300\,원}{L} = 133,132,530\,원/yr$$

연간 수리비용, 인건비, 세금, 가동 비용, 감가상각 비용 등 약 1억3천3백만원을 절약할 수 있다. 대체기술, 증기 포집 효율의 향상, 액체 유기용제 회수율 향상, 저렴한 유기용제의 사용을 포함한다면 또 다른 절약 기회를 얻을 수 있다.

### 사례문제 385

백 하우스 안으로 유입되는 입구 측 연소가스의 평균 먼지 농도는 348 $mg/m^3$이고, 출구 측 먼지농도는 4.7 $mg/m^3$이다. 이 먼지에 대한 백 하우스 필터의 평균 집진효율(%)은?

풀이

$$집진효율(\%) = 100\left[1 - \frac{C_{out}}{C_{in}}\right] = 100\left[1 - \frac{4.7\,mg/m^3}{348\,mg/m^3}\right] = 98.65\%$$

입자의 질량은 입경의 세제곱에 비례하기 때문에, 그 질량 집진효율은 입자의 집진효율과는 같지 않다. 다시 말해서, 예를 들면 입자의 형태가 제 각각이어서 입자 질량의 80%는 2%의 입자 개수만으로도 이루어질 수 있기 때문에, 95%의 집진효율을 가진 먼지 백 집진기이라고 할지라도 배출 공기를 재순환시키는 것은 작업자에게 매우 해로울 수 있다. 이 점을 대기오염 방지기술 설비의 제작자들은 항상 염두에 두어야 한다.

### 사례문제 386

어떤 시멘트 공장 굴뚝에서 공기 펌프를 가동시켜 유량 약 1 $ft^3$/min로 먼지 시료를 등속 흡인하여 채취하였다. 노즐로 흡입되는 먼지의 속도는 대표성이 있는 먼지 시료채취를 보장하기 위해 노즐을 통과하는 먼지와 같은 속도로 하였다. 굴뚝 배출가스의 속도가 먼지 시료채취 지점에서 37.65 ft/s로 일정하고 균일하였을 경우, 요구되는 노즐 직경(inches)은?

풀이

배출가스 시료량 = $60 \times V \times \frac{\pi \times d^2}{4 \times 144\, in^2/ft^2}$

여기서, $V$ = 먼지 속도(ft/s), $d$ = 시료채취 탐침(porbe)의 내경(inches)

$$1\,ft^3/\text{min} = 0.327 \times (37.65\,ft/s) \times d^2,\ d^2 = \frac{\frac{1\,ft^3}{\text{min}}}{(0.327)(37.65\,ft/s)} = 0.0812\,in^2$$

$$\therefore\ d = \sqrt{0.0812\,in^2} = 0.285\,inches$$

이 값과 가장 가까운 표준 노즐 크기는 내경 0.25 in이다. 따라서, 더 작아진 노즐 기기 유량을 계산하기 위해서는 같은 굴뚝 삽입 탐침속도(대표적인 먼지 시료의 포집도 마찬가지임)가 필요하다.

$Q = V \times A$, (37.65 ft/s) × (60 s/min) = 2,259 ft/min

공기 시료채취 펌프 기기 유량 = 2,259 ft/min × 0.00545 × (0.25 in)$^2$ = 0.769 $ft^3$/min

### 사례문제 387

열용량이 $10^8$ BTU/hr를 초과하는 어떤 고정 발생원인 석탄 연소 장치에서 배출되는 탄화수소 배출량0.2 lb/ton이다. 열용량 450 × $10^6$ BTU/hr인 어떤 스팀발생기를 가진 발전소가 275 tons/day의 석탄을 연소할 경우, 연간 탄화수소 배출량(톤)은?

풀이

$$\frac{275\text{톤}}{\text{일}} \times \frac{365\text{ 일}}{\text{년}} \times \frac{0.2\,lb\ HC}{\text{톤}} = \frac{20{,}075\,lb\ HC}{\text{년}},\ \frac{20{,}075\,lb\ HC}{year} \times \frac{454\,g}{lb} \times \frac{\text{톤}}{10^6\,g} = 9.11\text{톤}$$

약 9톤 이상의 탄화수소 증기와 가스가 연간 배출된다.

### 사례문제 388

정유공장에 있는 유동접촉 분해장치에서 배출되는 연간 탄화수소 배출량은 석유 1,000 배럴(barrels)당 220 lb이다. 연간 250일 동안 CO 보일러가 없이 가동되고, 하루 중 12,000 배럴의 석유가 소비될 경우, 이 장치에서 배출되는 연간 HC 배출량(lb HC/year)은?

**풀이**

$$\frac{12,000\,bbl}{day}\times\frac{220\,lb}{1,000\,bbl}\times\frac{250\,days}{yr}=\frac{660,000\,lb\ HC}{yr}$$

연간 660,000 파운드(lb) (약 300 tons)의 HC 증기가 배출된다.

### 사례문제 389

미국 독성물질 질병등록국(ATSDR, Agency for Toxic Substances and Disease Registry)은 지속적으로 노출되어도 건강에 악영향을 나타내지 않는 공기 중 무기 수은의 농도를 0.26 $\mu g/m^3$ 이하로 간주한다. 검출 한계치가 0.1 $\mu g$인 경우, 이 농도를 검출하기 위해 흡착관을 통과하는 공기 유량이 1 L/min이라면 몇 분 동안 채취를 하여야 하는가?

**풀이**

$$\frac{0.26\,\mu g}{m^3}\times\frac{m^3}{1,000\,L}\times\frac{1\,L}{\min}=\frac{0.00026\,\mu g}{\min},\quad 0.1\,\mu g\times\frac{\min}{0.00026\,\mu g}=384.6\,\min$$

포집효율과 탈착효율이 100%일 때, 시료채취 시간은 385분이다.

# 8. 산업위생 통계 관련 문제

**사례문제 390**

작업장의 공기를 채취할 경우 시료채취 시 발생하는 오차가 하루 중 노출량의 ± 50%이었고, 분석 정확도의 오차가 참값의 ± 10%, 시료채취 시간에 대한 오차가 참값의 ± 1%, 그리고 공기 유량의 오차가 참값의 ± 5%이었다. 이 경우 누적오차(%)는?

풀이

누적오차(cumulative error)

$$E_c = \pm\sqrt{(E_1)^2 + (E_2)^2 + \cdots (E_n)^2} = \pm\sqrt{50^2 + 10^2 + 1^2 + 5^2} = \pm 51.2\%$$

이 값은 시료채취분석 오차(SAE, sampling analytical error)로써 참고할 수 있다.

**사례문제 391**

참 값(TV, true value)이 13 ppm이고, 실험값(EV, experimental value)이 16 ppm일 경우 측정 오차(%)는?

풀이

$$\%error = \frac{EV - TV}{TV} \times 100 = \frac{16-13}{13} \times 100 = 23\%$$

**사례문제 392**

공기 중 부유 분진이 정규 확률분포 상태이고, 기하평균(geometric mean) = 1.25 ㎛, 84.13% 크기 = 2 ㎛일 경우 기하표준편차(GSD, geometric standard deviation)는 얼마인가?

풀이

$$\frac{2.0\ \mu m}{1.25\ \mu m} = 1.6\ GSD$$

### 사례문제 393

산업위생관리 산업기사가 스마트폰을 이용하여 자기가 사용하는 스톱워치를 보정하였다. 보정 시 스마트폰의 시작 시각은 2시 13분 20초이고, 정확하게 보정을 마친 시각은 2시 27분 10초였다. 이 기간 동안 스톱워치의 시각을 확인하여 보니 13분 33초였다. 스톱워치의 %오차는?

**풀이**

2:27:10 = 2:26:70, 2:26:70 − 2:13:20 = 0:13:50

$$\%\text{오차} = \frac{\text{실험값} - \text{참값}}{\text{참값}} \times 100 = \frac{813\,s - 830\,s}{830\,s} \times 100 = -2.05\%$$

$$\text{스톱워치 보정계수} = \frac{830\,s}{813\,s} = 1.021$$

### 사례문제 394

10 cm × 10 cm의 표면 wipe(헝겊) 시료면에 채취한 Be(beryllium) 양(μg)을 분석하여 아래와 같은 결과값을 얻었다. 평균값과 표준편차(standard deviation)를 구하시오.

6.3, 9.7, 9.4, 12.1, 8.5, 7.7

**풀이**

$$\text{평균값} = \frac{6.3+9.7+9.4+12.1+8.5+7.7}{6} = 9\,(\mu g)$$

∴ 평균값은 9.0 μg Be/100 $cm^2$,

$$\text{표준편차(SD)} = \sqrt{\frac{1}{n-1}\sum_{i=1}^{n}(X_i - \overline{X})^2}$$

$$= \sqrt{\frac{1}{6-1}((6.3-9)^2+(9.7-9)^2+(9.4-9)^2+(12.1-9)^2+(8.5-9)^2+(7.7-9)^2)} = 1.8$$

### 사례문제 395

사례 문제 394번에서 결과값 들의 약 95%를 포함할 수 있는 가장 가능성이 있는 범위는?

**풀이**

결과값 들의 약 95% 정도가 평균값으로부터 2×SD 이내에 떨어져 있다.

즉, 평균값 − 2×SD ~ 평균값 + 2×SD = 9 − 2×1.8 ~ 9 +2×1.8

∴ 5.4 ~ 12.6 μg Be/100 $cm^2$

※ 참고 : 표준편차는 측정값 들이 평균으로부터 얼마나 떨어져 있는가를 알려준다.
법칙": 결과값 들의 약 68% 정도가 평균값으로부터 1 × SD 이내에 떨어져 있다.
결과값 들의 약 95% 정도가 평균값으로부터 2 × SD 이내에 떨어져 있다.

**사례문제 396**

다음과 같은 "$x$"와 "$y$"값 사이에 통계학적 상관계수는 얼마인가?

$x$ : 5, 13, 8, 10, 15, 20, 4, 16, 18, 6
$y$ : 10, 30, 30, 40, 60, 50, 20, 60, 50, 20

풀이

최소제곱법(method of least squares, least squares approximation)으로 풀이한다.
r = 0.866

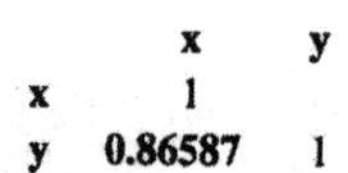

| | x | y |
|---|---|---|
| x | 1 | |
| y | 0.86587 | 1 |

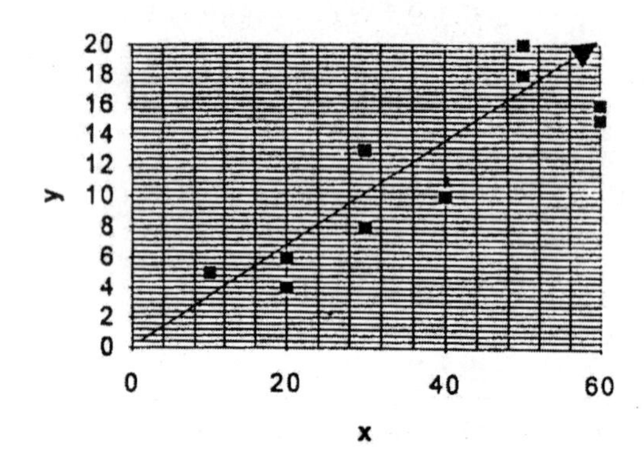


**사례문제 397**

직독식 기기를 공기 중 CO 가스를 측정하기 위해 25℃, 해수면에서 보정하였다. 만일 이 기기의 표시창에 29℃, 2,300 m 고도에서 47 ppm CO가 나타났을 경우, 그 기기의 보정값(ppm)은?

풀이

경험에 의한 "일반원칙(rules of thumb)": 해수면 위에서 기압의 변화는 고도 100 m당 약 8.3 mmHg씩 감소한다.

따라서 2,300 m 고도에서 기압은 760 mmHg − 2,300 m × $\frac{8.3\,mmHg}{100\,m}$ = 569.1 mmHg

25℃, 1atm에서 $ppm$ = 기기로 읽은 값 $\times \frac{P}{760} \times \frac{298\,K}{T} = 47\,ppm \times \frac{P}{760} \times \frac{298\,K}{T}$

$= 47\,ppm \times \frac{569.1\,mmHg}{760\,mmHg} \times \frac{298\,K}{302\,K} = 34.73\,ppm$

기기 보정계수 = $\frac{34.7\,ppm\ CO}{47\,ppm\ CO} = 0.74$

### 사례문제 398

석유정제공업 화학공장 근로자가 6주간의 계획표에 따라 3주간은 12시간씩 4회, 또 3주간은 12시간씩 3회 작업하였다. 이 작업자의 PEL과 TLV의 노출 감소 보정계수는?

풀이

이 작업자의 주간 평균 노출시간은 산업안전보건법에서 적용하는 주 40시간보다 조금 많은 48시간이다. 그럴 경우 "The Brief and Scala model "을 적용하고, 40 시간보다 적은 36시간일 경우는 적용하지 않는다.
TLV 노출 감소 보정 계수(exposure reduction factor)

$= \frac{8}{h} \times \frac{24-h}{16} = \frac{8\,hrs}{12\,hrs} \times \frac{24\,hrs - 12\,hrs}{16\,hrs} = 0.5$

### 사례문제 399

일반 대기 중 수은의 농도는 0.01~0.02 ㎍/m$^3$이다. 이 농도에서 흡입 공기 1 L당 수은의 분자수는?

풀이

$\frac{6.023 \times 10^{23}\ \text{개 수은 분자수}/g-mole}{200.59\,g\ Hg/g-mole} = \frac{3 \times 10^{21}\ \text{개 분자수}}{g} = \frac{3 \times 10^{15}\ \text{개 분자수}}{\mu g}$

0.01 $\mu$g/m$^3$ = 0.00001 $\mu$g/L

$\frac{10^{-5}\,\mu g}{L} \times \frac{3 \times 10^{15}\ \text{개 분자수}}{\mu g} = \frac{3 \times 10^{10}\ \text{개 수은 분자수}}{L}$

### 사례문제 400

NIOSH 매뉴얼에 의하면 1,1-다이클로로에테인(1,1-dichloroethane, $C_4H_4Cl_2$)에 대한 분석변동율 계수가 0.06이라고 한다. 또한 활성탄관으로 공기 시료채취를 행할 때 로터미터 측정기로 측정한 값에 대한 변동율 계수는 0.05이다. 시료채취와 분석에 대한 총 변동율 계수(CV)는?

풀이

$$CV = \sqrt{(0.06)^2 + (0.05)^2} = 0.078$$

**사례문제 401**

어떤 분석기기의 1,2-dichloroethane(DCE)의 검출한계(detection limit)가 40 $\mu g/m^3$이다. 이 물질의 농도를 검지하기 위해 소형 활성탄관을 가지고 유량 100 mL/min로 한 개의 시료를 채취할 경우 걸리는 시간(min)은? 단, DCE에 대한 분석감도는 1 $\mu g$이다.

풀이

$$\text{시료채취시간, min} = \frac{1\,\mu g}{\frac{40\,\mu g}{10^6\,mL} \times \frac{100\,mL}{\min}} = 250\,\text{min} = 4\text{hr } 10\text{min}$$

**사례문제 402**

작업공정에서 얻어진 97개의 공기 시료 자료를 대수정규 그래프 용지에 작도해 보니 직선으로 분포되어 있었고, 그 그림에서 50% 농도값은 1.03 ppm, 84% 농도값은 2.41 ppm이었다. 이 공기시료 자료로부터 얻어낸 기하표준편차(GSD, geometric standard deviation)는?

풀이

$$GSD = \frac{84\%\ \text{값}}{50\%\ \text{값}} = \frac{2.41\,ppm}{1.03\,ppm} = 2.34$$

### 사례문제 403

직독식 공기시료 채취기기가 다음과 같이 보정되었다.

| 보정 농도(참값, ppm) | 기기에서 읽은 값(ppm) |
|---|---|
| 10 | 7 |
| 30 | 63 |
| 70 | 91 |
| 200 | 320 |
| 500 | 570 |

이 자료로부터 입력값이나 원인을 나타내는 독립변수(independent variable)와 결과물이나 효과를 나타내는 종속 변수(dependent variable) 사이의 집단 상관성은 어떠한가?

**풀이**

상관계수 $r = 0.986$으로 상관성은 매우 높다. 비록 집단 상관성이 훌륭할지라도 몇 개의 직독 수치는 변화가 심하기 때문에, 이 기기는 제작회사에게 서비스를 받거나 보정하기 위해 수리를 받아야 하거나 돌려보내져야 한다.

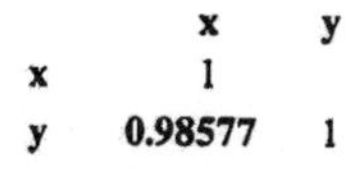

| | x | y |
|---|---|---|
| x | 1 | |
| y | 0.98577 | 1 |

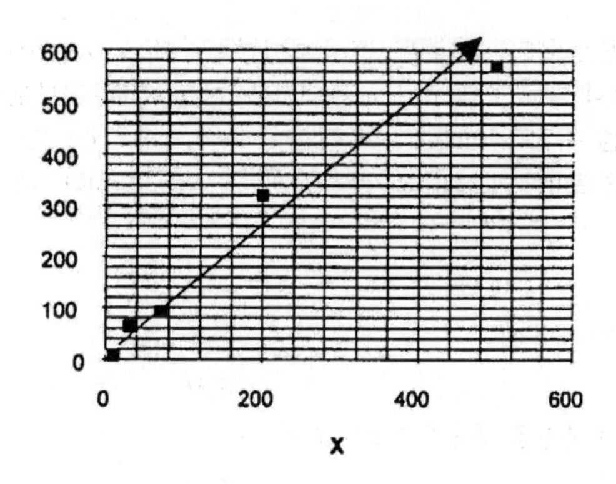


### 사례문제 404

8시간 동안 $NO_2$ 가스에 대한 어떤 작업자의 호흡대역 공기 시료채취를 임의 지점에서 직독식으로 "실시간(real time)" 측정한 결과 다음과 같은 결과치를 얻었다. 1.3, 0.2, 0.6, 8.1, 15.6, 1.9, 0.5, 0.1, 27.3 ppm. 이 시험 결과치에 대한 기하평균(geometric mean) (ppm)은?

풀이

| 시험 결과치 | 시험 결과치의 log값 |
|---|---|
| 1.3 ppm | 0.1139 |
| 0.2 ppm | −0.6990 |
| 0.6 ppm | −0.2218 |
| 8.1 ppm | 0.9085 |
| 15.6 ppm | 1.1931 |
| 1.9 ppm | 0.2788 |
| 0.5 ppm | −0.3010 |
| 0.1 ppm | −1.0000 |
| 27.3 ppm | 1.4361 |
| | $\sum$ = 1.7086 |

log 값 $\sum$의 산술평균 = 1.7086 ppm $NO_2$/9 = 0.19 ppm $NO_2$

기하평균 = 0.1898의 역대수(anti-log) = $10^{0.19}$ = 1.55 ppm $NO_2$

**사례문제 405**

정규분포에서 임의적인 분산 오차의 상대적인 변동성은 변동계수(CV, coefficient of variation)라고 한다. 대기 시료채취에서 분석, 시료 포집, 유량 보정 등에서 오차는 수많은 기회에서 발생하는데 일괄하여 총합 오차에 대한 CV라고 할 수 있다. 아래에 비색 검지관, 개인시료채취기의 로타미터 유량계, 활성탄관, 호흡성 분진, 총 분진량 등을 포함한 시료채취와 분석과정에서 CV 등급을 나타내시오.

풀이

| | |
|---|---|
| 개인시료채취기의 로타미터 유량계 | 0.05 CV |
| 총분진 | 0.05 |
| 시료채취/분석 시 석탄광산 분진을 제외한 호흡성 분진 | 0.09 |
| 시료채취/분석 시 활성탄관 | 0.10 |
| 비색 검지관 | 0.14 |
| 시료채취/계수 시 석면 | 0.24~0.38 |

**사례문제 406**

유량 8.3 L/min인 임계 오리피스 유량계(critical orifice flowmeter)가 22℃에서 8.9 L/min로 보정되었다. 이 유량계는 안산 공업단지에 있는 주물공장 주변 지역의 공기(7℃) 중 실리카 분진을 채취하기 위해 사용되었다. 임계 오리피스 유량계를 통과한 실제 공기 유량(L/min)은? 단, 보정과 대기 시료를 채취하는 동안 대기압은 동일하다.

풀이

$$Q_{실제값} = Q_{지시값}\sqrt{\frac{T_{실제값}}{T_{보정값}}}$$

$$Q_{actual} = 8.9\ L/\text{min} \times \sqrt{\frac{273\ K + 7℃}{273\ K + 22℃}} = 8.67\ \ L/\text{min}$$

보정과 대기 시료를 채취하는 동안 대기압이 다를 경우는 다음 식을 사용한다.

$$Q_{실제값} = Q_{지시값}\sqrt{\frac{P_{보정값} \times T_{실제값}}{P_{실제값} \times T_{보정값}}}$$

여기서 적용하는 인자의 단위는 같아야 하고, 온도는 절대온도로 나타내어야 한다. 제곱근 함수는 여러 가지 오리피스 유체 유량계에서 항상 사용된다.

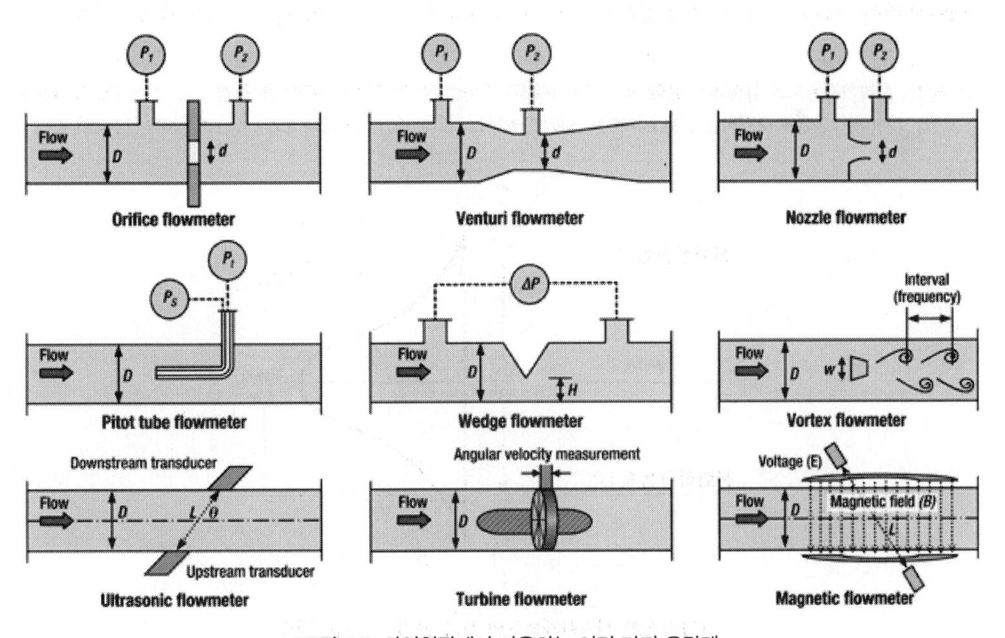


〈그림 58〉 산업현장에서 사용하는 여러 가지 유량계

**사례문제 407**

어떤 작업자의 유기 증기에 대한 8시간 시간가중 공기 시료채취 농도값이 28 ppm인 경우, 이 농도에 대한 신뢰하한농도(LCL, lower confidence limits)와 신뢰상한농도(UCL, upper confidence limits)를 계산하시오. 이 유기 증기의 PEL/TLV는 25 ppm이다. 분석, 시료채취, 기타 축적 오차는 ±19.5%(시료 분석 오차, SAE; 문제 5번에 SAE를 계산하는 과정을 참조하세요.)

풀이

적용 공식: $LCL = \frac{EC}{PEL \text{ 또는 } TLV} - SAE, \quad UCL = \frac{EC}{PEL \text{ 또는 } TLV} + SAE$

여기서, UCL은 산업위생 측정시에는 거의 사용하지 않는다.

EC = 노출 농도(ppm, f/cc, mg/m$^3$)

PEL 또는 TLV = 허용 노출 농도(ppm, f/cc, mg/m$^3$)

SAE = 십진법으로 계산된 시료채취 및 분석 오차

$LCL = \left(\frac{28}{25}\right) - 0.195 = 0.925, \quad UCL = \left(\frac{28}{25}\right) + 0.195 = 1.315$

LCL은 1보다 적기 때문에 정상적인 노출 농도가 분포가 이루어진다면 PEL과 TLV를 침해하는 경우는 일어나지 않는다. 그러나 노출이 한계 수준을 넘어설 경우 산업위생 제어가 필요하게 된다. 이 통계적인 파라메타에 대한 신뢰도는 95%이며, 참값은 92.5%(25.9 ppm)에서 131.5%(36.8 ppm) 사이에 놓여진다.

※ 참조 : 신뢰한계농도의 결정에는 보통 3σ법이 이용된다. 3σ법이란 농도값의 기대치를 중심으로 이 농도값의 표준편차(σ)의 3배에 해당하는 값을 더하여 신뢰상한농도(LCL, lower confidence limit)로 정하는 방법이다.

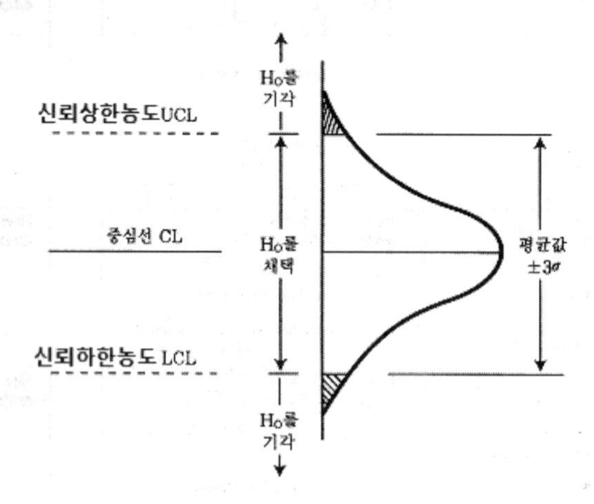


〈그림 59〉 신뢰한계농도의 결정(3σ법, σ: 표준편차)

# 9. 독성학 및 유해성 관련 문제

**사례문제 408**

경질 폴리우레탄 폼 기기를 작동하는 작업자의 TWAEs가 TDI(toluene diisocyanate) 증기 0.003 ppm과 $CH_2Cl_2$(다이클로로메테인) 증기 36 ppm으로 측정되었다. 이 혼합된 오염물질에 노출된 작업자의 노출기준 유해성에 대하여 설명하시오.

**풀이**

일반적으로 이 경우 상가작용은 적용되지 않는다. TDI는 호흡기 민감제이면서 잠재적 발암물질임과 동시에, $CH_2Cl_2$(다이클로로메테인)는 주로 중추신경계(CNS, central nervous system)와 혈액 HgB(COHb 형태)로 잠재적으로 간과 폐의 발암물질이다. 즉, 이 두 물질은 기관지와 점막을 자극하는 자극성 물질이다.

〈그림 60〉 경질 우레탄 폼 단열재와 작업현장

**사례문제 409**

하루 공기 호흡량이 22.8 $m^3$(표준 몸무게가 70 kg)인 어떤 작업자의 일주일 간 호흡한 공기 질량(kg)은?

**풀이**

$$\frac{22.8\,m^3}{day} \times \frac{7\,days}{week} \times \frac{1.2\,kg}{m^3} = 191.52\,kg/week$$

표준 몸무게가 70 kg인 작업자의 일주일 간 호흡한 공기 질량(kg)은 약 180~202 kg이다. 몸무게가 증가할수록 대사활동량이 증가하는 것처럼 호흡량도 증가한다.

### 사례문제 410

평균 0.7 ppm Hg가 함유된 석탄 680 톤이 화력발전소에서 연소되고 있다. 석탄 내의 수은화합물의 98%가 휘발한다면 매 시간 배출되는 수은량(g)은?

**풀이**

$$\frac{680\,t}{day}\times\frac{10^6\,g}{t}=6.8\times10^8\,g\,coal/day\,,\quad \frac{6.8\times10^8\,g/day}{24\,hrs/day}=2.83\times10^7\,g/hr$$

$$0.98\left[\frac{2.83\times10^7\,g}{hr}\right]\times0.7\times10^{-6}\,Hg=19.4\,g\,Hg/hr$$

시간당 19.4 g의 수은이 배출되었다.

휘발되는 수은은 $Hg^{\circ}$ 증기, 산화수은, 수은황화물, 수은황산염 형태로 추측된다.

### 사례문제 411

직경 10 cm의 페트리디쉬(Petri dish)에 공기 시료 776 L를 채취하여 배양한 결과 0.6 CFU/$cm^2$의 값을 얻었다. 이 값이 나타내는 생존 가능한 균수/$m^3$는?

**풀이**

776 L = 0.776 $m^3$, 반경 = 5 cm

$A=\pi r^2=\pi\times5^2\,cm=81.07\,cm^2,\ 81.07\,cm^2\times0.6\,CFU/cm^2=48.6\,CFU/Petri\ \ dish$

$\frac{48.6\,CFU}{0.776\,m^3}=\frac{63\,CFU}{m^3}$, ∴ 공기 1 $m^3$당 63 CFU가 존재한다.

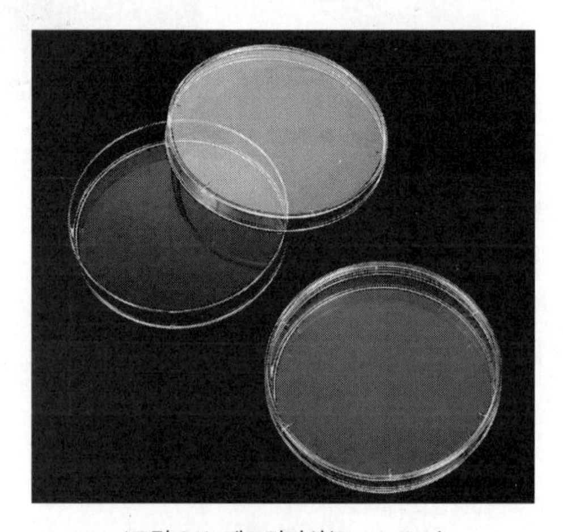

〈그림 61〉 페트리디쉬(Petri dish)

### 사례문제 412

작업자의 흡기 중 케톤(ketone, RC(=O)R′) 증기의 농도는 48 ppm이고, 호기(the end-exhaled air) 중 농도는 19 ppm이었다. 이 케톤의 몸 속 평균 보유율(%)은?

**풀이**

$$\%\ 보유율 = \frac{C_i - C_e}{C_i} \times 100 = \frac{48\,ppm - 19\,ppm}{48\,ppm} \times 100 = 60\%$$

보유율은 몸 속 대사-배설, 해독, 저장의 상관적 요소이다.

### 사례문제 413

흡입된 공기 중 탄화수소 증기의 농도가 70 mg/m$^3$이고, 노출시간은 8시간, 호흡량은 1.2 m$^3$/hr, 체내 평균 보유량이 73%일 때, 체내에 생물학적으로 흡수되는 양(mg)은?

**풀이**

$$C(mg/m^3) \times T(hrs) \times V(m^3/hr) \times R(\%) = 체내\ \ 흡수량(mg)$$

$$체\ 내\ 흡수량(mg) = \frac{70\,mg}{m^3} \times 8\,hrs \times \frac{1.2\,m^3}{hr} \times 0.73 = 490\,mg$$

### 사례문제 414

염산(HCl) 가스의 TLV(C)는 5 ppm이다. 주 3일간 12시간을 작업한 경우 염산 가스에 의한 수정 TLV를 적용하여야 하는가?

**풀이**

TLV의 기본은 급성 호흡기 자극에 대하여 예방하는 것이기 때문에 그 이하의 농도는 인정되지 않는다. 일반적으로 8시간 한계치를 감소시키는 개념은 체계적으로 볼 때 독성물질에 적용되며, 급성 영향과 최고치를 지닌 대기오염물질에 대해서는 정상적으로 적용되지 않는다.

### 사례문제 415

작업자가 체계적으로 독성 대기오염물질에 하루 12시간, 주 6일 동안 노출되었다. 작업자의 건강을 보호하기 위해서는 노출농도를 얼마로 줄여야 하는가?

풀이

"The Brief and Scala model "을 적용, $\frac{40}{h} \times \frac{168-h}{128}$

여기서, $h$ = 주당 작업시간

40 = 주당 근로자 작업시간

168 = 주당 전체시간(24 × 7 =168)

128 = 주당 전체시간에서 독성물질을 배설하거나, 독성을 없애기 위해 필요한 시간

(168 - 40 = 128)

$\therefore \ \frac{40}{(12\times6)} \times \frac{168-(12\times6)}{128} = 0.42$

감시기준(action limites)를 포함하여 작업자의 노출기준을 최소한 42%까지 줄여야 한다.

**사례문제 416**

**작업자가 30분 동안 방사성 사이안화제이수은[$Hg^{203}(CN)_2$] 먼지구름 6 $mg/m^3$에 노출되었다. 그 날 다른 물질에는 노출되지 않았다고 가정한다.**

1) 작업자의 수은과 사이안화물에 대한 TWAE($mg/m^3$)는? 단, $Hg^{203}$는 β-emitter(방사체)로 측정한 결과 반감기($T_{1/2}$)가 7일이었다.
2) 건강에 해로운 3가지는 무엇이며 그 중 가장 해로운 것은?
3) 이 물질로 인한 가장 심각한 것은? 단, 3 μm의 모든 입자상물질은 전적으로 호흡성이 있다고 가정한다.

풀이

1) $Hg(CN)_2$ 분자량 = 203 + (12 × 2) + (14 × 2) = 255

Hg의 비율 $\frac{203}{255}\times100 = 79.6\%$, $(100-79.6) = 20.4\%\ CN^{2-}$

$(6\ mg/m^3) \times 0.796 = 4.78\ mg\ Hg^{203}/m^3$

$(6\ mg/m^3) \times 0.204 = 1.22\ mg\ CN^{2-}/m^3$

$\frac{(4.78\,mg\,Hg/m^3)\times0.5\,hr+0}{8\,hrs} = 0.3\,mg\,Hg/m^3$, (TLV 무기 Hg = 0.05 mg $Hg/m^3$)

$\frac{(1.22\,mg\,CN^{2-}/m^3)+0}{8\,hrs} = 0.08\,mg\,CN^{2-}/m^3$, (TLV $CN^{2-}$ = 5 $mg/m^3$)

2) 3가지: 급성 무기 수은, 사이안화물의 독성, 체내 전리방사선(체내 β-emitter의 폐 침착과 조직 흡수), 전리 방사선의 위해성이 지연과 만성 영향(chronic effects, Ca?)으로 인한 수은과 사이안물의 위해성보다 더 크다.

3) 비록 수은의 노출이 단 한 번에 발생하여 TLV값 보다 6배 초과했을지라도, 더 심각한 것은 긴 노출시간과 만성영향인 것이다.

**사례문제 417**

CO 80 ppm, HCN 3 ppm, H2S 8 ppm의 오염가스가 체적이 190 m3인 탱크 내에 존재한다. 3명의 배관공이 탱크 내에서 행하여야 할 일 중 옳은 것은?

a. 8시간 마다 30분을 초과하지 않는 범위 내에서 탱크 내로 들어가는 것을 허용한다.
b. 8시간 마다 60분을 초과하지 않는 범위 내에서 탱크 내로 들어가는 것을 허용한다.
c. 작업이동 시간의 25% 이상을 초과하지 않는 범위 내에서 들어가는 것을 허용한다.
d. 배관공이 1 시간 동안은 탱크 내에 있고, 1 시간은 밖으로 나와 있는다면 들어가는 것을 허용한다.
e. 20분 동안 14 $m^3$/min의 유량을 가진 송풍기로 환기를 한다.
f. 배관공이 마스크를 벗는다면 들어가는 것을 허용한다.
g. 들어가는 것을 허용하지 않는다.
h. 회피하고 탱크 커버를 덮어버린다.
I. 면허가 있는 산업위생사를 부른다.

풀이

정답은 g.

그 이유는 1) 세 가지 질식가스가 같은 제한된 공간에 존재하는 것이 매우 드문 경우이고,
2) 배관공이 이러한 가스가 들어있는 탱크나 배관의 완전한 상태를 보장할 수 없고, 또한 너무 높은 농도의 가스가 배관공의 작업장에서 발생하기 때문에 더 이상의 측정 작업이 행해질 때까지 탱크 내로 들어가는 것을 허락하지 말아야 한다. 포괄적이고 국한된 공간 출입의 모든 원칙들은 배관공의 건강과 안전을 보호하기 위해 요구되어진다(OSHA 29 CFR 1910.1025를 참조하시오.).

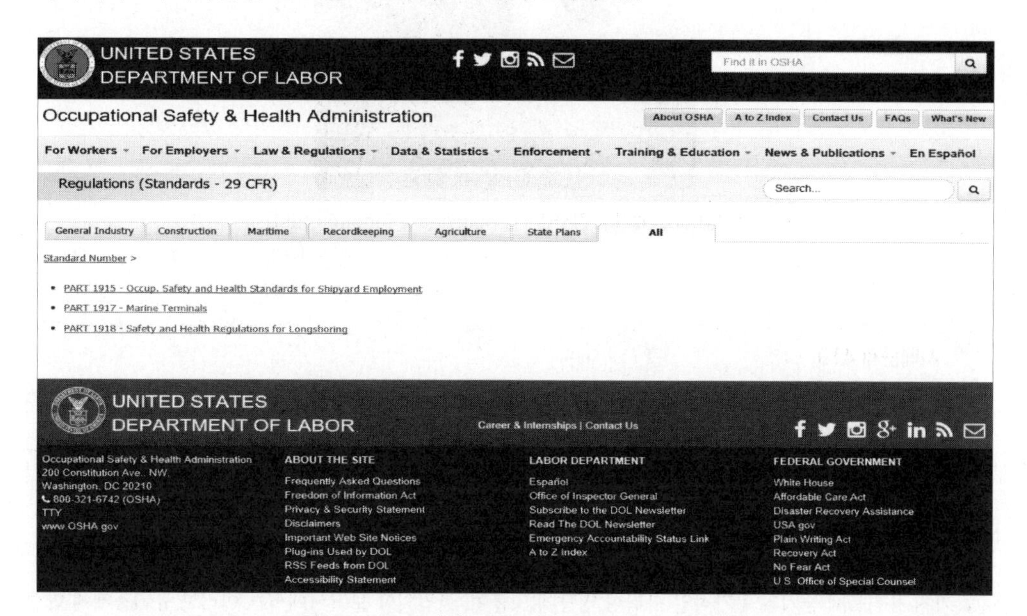


〈그림 62〉 OSHA 사이트 주소: https://www.osha.gov/

### 사례문제 418

어떤 철도 호퍼 차 채우기 작업을 하는 작업자(a railroad hopper car filler)가 3.4 $mg/m^3$(TLV = 4 $mg/m^3$)의 혼합 곡물먼지(보리, 귀리, 밀가루)에 8 시간 가중평균노출(TWAE) 되었다. 또한 그 작업자는 0.036 $mg/m^3$(TLV = 0.1 $mg/m^3$, 호흡성 석영)의 떨어져 내리는 건조 곡물에서 벗어난 호흡성 실리카($\alpha$-quartz)에도 동시에 노출되었다. 이 경우 산업위생관리가 필요한지 확인하고 필요하다면 어떤 방법이 있는가?

풀이

$\frac{3.4\,mg/m^3}{4\,mg/m^3}+\frac{0.036\,mg/m^3}{0.1\,mg/m^3}=1.21$, 이 값은 $TLV_{mixture}$값의 21%를 초과하는 값이다.

산업위생관리가 필요하다. 즉, AL(action level)의 2.4배를 초과하는 곡물먼지에 노출되기 때문에 송기마스크를 착용하거나, 에어부스 안에서 작업하거나, 폐기능 검사(PFT, pulmonary function test)를 행하거나, 작업장 관리 교육 훈련을 하는 등의 관리가 필요하다. 그렇지 않으면 비가역적인 폐 손상(섬유증(fibrosis))이 나타날 수가 있다.

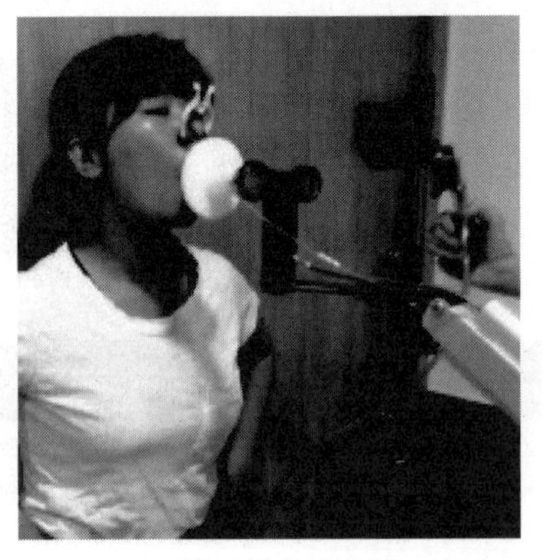

〈그림 63〉 폐기능 검사(PFT, pulmonary function test)

### 사례문제 419

어떤 페인트 분사를 하는 작업자가 톨루엔 79 ppm(TLV = 100 ppm), $n$-뷰틸알코올 16 ppm("C" = 50 ppm/Skin), 그리고 소음 84 dBA에 8 시간 가중평균노출(TWAE) 되었다. 여기서 중요한 산업위생 문제점은 무엇이라고 생각하는가?

풀이

두 가지 용기용제 증기의 부가적인 마취성 영향에 덧붙여, 산업의학 보고서에서는 이러한 유기용제에 만성적으로 노출되는 작업자가 청력손실도 함께 동반한다고 보고하고 있다. 그러므로 흡입성 유기용제 증기의 영향은 페인트 작업자의 청력에 대한 소음의 물리적인 영향도 부가적으로 발생한다고 예상된다. 청력보호 프로그램의 모든 요소들은 증기와 피부 접촉 노출물질을 감소하는 철저한 단계까지 고려해야만 한다.

**사례문제 420**

어떤 용접공이 옥수수 제분소에서 아이오딘화철($Fe_xO_y$, iron oxides) 3.6 mg/m³과 총먼지 27.4 mg/m³에 노출되었다. 이 작업자가 먼지와 금속흄 노출로부터 건강을 보호하기 위해 추천받아야 할 것은?

풀이

먼저, 제분소와 용접으로 인해 작은 파편이 발생되는 곳에 있는 모든 사람과 용접공은 작업을 중단해야 한다. 무엇보다 먼저 "온열작업" 허가방침, 곡물먼지 폭발 예방 실천방법, 환기 기술방법, 호흡기 보호, 감시 감독 철저, 설비 안내 등을 포함한 화재 안전과 용접안전 교육을 실시한다.

**사례문제 421**

어떤 회색의 주조용 용선로 작업을 하는 기혼인 26세의 젊은 청년 종업원이 퇴근하여 6시간이 지난 후, 심한 두통, 현기증, 구역질 증세가 나타났다. 한 시간 후, 증상이 완화되어 지하실에서 낡은 의자의 페인트를 벗겨내기로 했다. 그의 아내는 1시간 후 지하실 바닥에 쓰러져 있는 그를 발견했다. 그는 심실세동(心室細動) 후에 심장마비로 죽었다. 그의 의료기록에는 만성 빈혈증이 적혀져 있었다. 이 작업자가 사망하게 된 타당한 법정 결론은 무엇인가?

a. 그는 그날 아침에 작업하러 가지 말았어야 했다.
b. 용선로 주변에 공기 중 산소결핍이 있었다.
c. 주조 작업 시 규소 먼지와 폼알데하이드 가스와 페인트를 벗겨내는데 사용하는 염화메틸렌이 증발하여 호흡기에 작용하였다.
d. 작업할 때는 좋은 제품의 방진 마스크를 착용하여 폐를 보호해야 했었고, 지하실에서 작업할 때는 독성이 없는 유기용제를 사용하여 그 증기를 마시지 말아야 했다.
e. 용선로 작업 시 흡입한 일산화탄소가 몸에 남아 있는 상태에서 엎친데 겹친 격으로 집에 있는 동안 페인트를 벗겨내는데 사용한 염화메틸렌 증기 흡입으로 인해 그 증기가 생체 안에서(in vivo) 일산화탄소로 변환되어 더욱 자극을 주었다.
f. 빈혈증이 중요한 위험 요소였다.

풀이

e

용선로(cupolia) 작업자는 고농도의 CO 가스에 노출될 잠재력을 항상 지니고 있다. 그의 증상은 COHb 농도 10~20% 또는 그 이상과 관련이 깊다. 그의 증상은 또한 작업을 마친 후에 COHb의 상당한 신체 부담을 갖고 집으로 가서 발생한 것이다. 더욱이 심근경색에 대한 잠재적인 민감제로 작용하는 염화메틸렌 증기는 페인트 박리제의 존재 하에서 부분적으로 생체 내에서 CO로 분해된다.

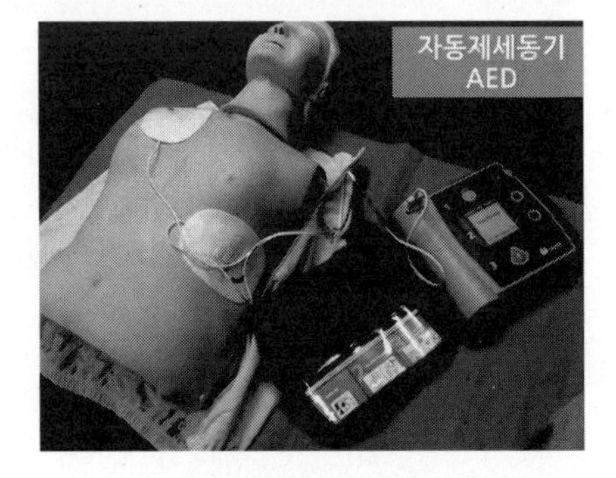


〈그림 64〉 자동제세동기
AED (Automated external defibrillator)

**사례문제 422**

흡입 공기 중 CO 가스의 농도를 알면, 다른 몇 가지 중요한 변수를 가지고 CO 가스에 노출된 사람의 % 불포화 헤모글로빈을 계산을 다음 식으로 계산할 수 있다.

$$\% \, COHb = \left[2.76 \times e^{\frac{h}{7,000}}\right] + \left(0.0107 \, a \, C^{0.9} \, t^{0.75}\right)$$

여기서, $h$ = 고도(ft), $a$ = 활동성(3 = 휴식, 5 = 가벼운 활동, 8 = 경작업, 11 = 중작업), $C$ = 흡입 공기 중 CO 농도(ppm), $t$ = 노출시간(hr)

〈공식의 출처〉 Roger L. Wabeke, Air contaminants and Industrial hygiene ventilation, 1998

흡입 공기 중 CO 50 ppm, 6 시간 동안 고도 8,000 ft에서 경작업(light work)을 수행하는 어떤 작업자의 혈중 예측 COHb 농도(%)는?

**풀이**

$$\% \, COHb = \left[2.76 \times e^{\frac{h}{7,000}}\right] + \left(0.0107 \, a \, C^{0.9} \, t^{0.75}\right) = \left[2.76 \times e^{\frac{8,000}{7,000}}\right] + \left(0.0107 \times 8 \times 50^{0.9} \, 6^{0.75}\right)$$

$$= 19.75 \fallingdotseq 20\%$$

이 정도의 COHb 농도는 심한 두통, 심약함, 메스꺼움, 구토, 눈의 초점흐림, 이명(耳鳴) 등의 증상이 나타나며, 허혈 심장병이나 심장용적 기능이 제대로 발휘되지 못하는 이력을 가진 환자에게는 심근경색도 일어난다.

**사례문제 423**

독성학에서 표준 체형은 몸무게 70 kg으로 가정한다. 표준 체형을 지닌 사람이 하루에 22,800 L의 공기를 흡입한다고 가정한다. 그 중 9,600 L는 8시간 경작업 시에, 또 9,600 L는 8시간 비작업 시에, 그리고 3,600 L는 휴식과 수면 시에 흡입한다고 한다. 이 사람이 매년 흡입하는 공기의 무게(kg)는? 단, 건조 공기는 21℃, 760 mmHg에서 1.2 kg/$m^3$의 무게를 지닌다.

**풀이**

22,800 L = 22.8 $m^3$, $\frac{22.8 \, m^3}{day} \times \frac{365 \, days}{year} \times \frac{1.2 \, kg}{m^3} = 9,986.4 \, kg/yr \fallingdotseq 10$ ton

※ 참고 : 구취(口臭) TLV = 1 ppb, 그러면 내쉬는 호기(呼氣)도 10 ton이 된다.

### 사례문제 424

TDI(toluene diisocyanate) 폴리우레테인 폼 생산 작업장에서 가끔 작업하는 어떤 전기공이 천식(asthma)이 시작되고, 전에는 경험한 적이 없는 호흡곤란, 흉부 긴장, 불안감이 생겨 더 이상 일을 할 수가 없게 되었다. 지난 3년간에 걸쳐 그 지역에서 17개의 공기 시료를 채취하여 TDI를 분석한 결과 8시간 TWAEs로 0.001~0.014 ppm이었다. TDI의 TLV는 0.005 ppm, 천장치는 0.02 ppm이다. 이러한 상황에서 가장 설득력 있게 설명한 것은?

a. 전기공 노출값의 대부분은 TLV 이하이므로 그의 병세는 비직업적인 요인, 즉 습관, 취미, 가정 환경 등에 기인한다.
b. 전기공은 이 지역에서 정기적으로 일을 하지 않았으므로 TDI에 민감하게 반응하지 않았을 것 같다.
c. TDI 시료 테스트 결과는 발생된 어떤 병에 대한 증거나 반증으로 사용할 수 없다. 전기공은 TDI 증기에 대해 예민한 것으로 나타났으므로 그 지역에서 더 이상 작업을 하지 않아야 한다. 그렇게 함으로써 전기공의 건강과 삶은 위험으로부터 벗어날 수 있다.
d. 전기공은 달궈진 전기선을 고열 절연 코팅할 때 배출되는 열분해 제품에 민감하게 반응한다.
e. 어떤 불확실한 결론에 도달하기 위해 제공되는 정보가 불충분하다. 공기 시료들이 8시간 평균 또는 단기간에 채취한 시료일 경우, 알 수 없는 것이 많기 때문에 더 많은 자료를 얻어야 한다.
f. 아이소시안산염(isocyanate)에 대한 민감성이 증가함으로써 전기공들에게 어떤 건강적인 문제가 나타난 역학적인 연구가 없기 때문에 전기공의 노출에 대한 상태와 업무 관련성은 없다.

풀이

c

### 사례문제 425

어떤 작업자가 최근에 90% 수준으로 채운 큰 가솔린 저장탱크 안쪽으로 기대면서 넘어졌지만, 다행스럽게도 주변의 다른 작업자가 즉시 발견하고 CPR(cardiopulmonary resuscitation, 심폐기능회복법) 응급조치를 취하여 살아났다. 탱크의 상부 공간에서 부피비로 46.8%의 탄화수소가 분석되었다. 작업자의 실신과 죽음의 문턱까지 간 이유로 적당한 이유는 무엇인가?

풀이

산소결핍이다. 탱크 상부 공간에서의 가솔린 증기 농도가 46.8%이므로 공기는 53.2%이었다. 이 값의 21%가 산소인데 그 값이 11.2%이 불과하였다(0.21 × 53.2% = 11.2%). 산소결핍 장소에서 마취성의 가솔린 증기가 더해지면 독성학적으로 상가작용이 일어나 작업자의 허탈증세가 더욱 더 야기된다. OSHA는 산소결핍 장소를 1 기압 하에서 $O_2$ 19.5% 이하의 대기인 곳으로 간주한다.

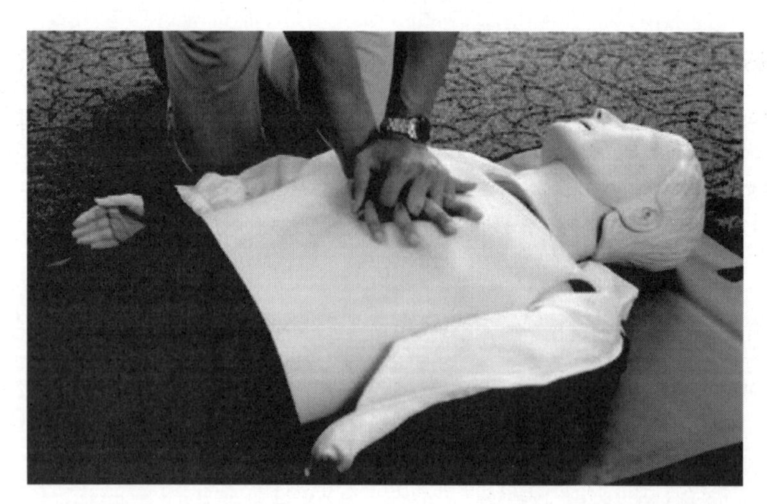

〈그림 65〉 CPR(cardiopulmonary resuscitation, 심폐기능회복법) 응급조치

**사례문제 426**

서울시 여의도 사무용 빌딩에 근무하는 몇몇 근로자가 눈의 자극, 목의 염증, 두통, 겨울철마다 부비강 계통에 문제를 호소하였다. 몇 개의 공기 시료를 채취하여 분석해 본 결과, 어떤 복사기 주변으로 미네랄 스피릿 증기 농도가 0.3~1.5 ppm(기하평균값 = 0.5 ppm)의 범위로 나타났다. 다른 현저하게 주목할 만한 산업위생 이슈가 없을 경우 당신의 생각은?

a. 더 많은 공기 시료를 채취하여야 한다.
b. 증기 농도가 PEL의 1% 이하이므로 이러한 증상들은 무시한다.
c. 근로자의 건강과 안녕을 위해 상대습도를 측정하고 건조 공기와 증기 사이의 상가작용을 고려하여야 하며, 측정 시험을 마친 후에 근로자를 의사에게 보여 진찰과 상담을 받게 할 것을 권유한다.
d. 미네랄 스피릿 증기가 근로자의 호소를 발생시키는 원인이 될 수 없기 때문에 다른 실내 공기오염물질을 찾아야 한다.
e. 사무실을 통과하는 공기의 속도를 증가시킨다.
f. 다른 지역에 있는 몇 명의 근로자를 교체시키는 것을 고려한다.
g. 벤젠 오염물질로서의 미네랄 스피릿을 검사한다.
h. 근로자의 호소는 유사한 문제가 보고된 전체 종업원의 37%까지는 통계학적으로 의미가 있지 않다.

풀이

c

### 사례문제 427

감염 바이러스인 어떤 유독성 변종의 분자량은 55 × $10^6$이다. 건조 상태에 견디는 이 바이러스는 어떤 에어로졸 상태의 공기 1 $m^3$당 12 pg이 포함되어 있다. 인체로 흡입되는 바이러스성 에어로졸 1 L에 포함된 바이러스의 분자수는?

풀이

$$\frac{12\,pg}{m^3} = \frac{0.000012\,\mu g}{1{,}000\,L} = \frac{0.000000012\,\mu g\ \text{바이러스}}{L}$$

$$\frac{1.2\times10^{-14}\,g}{L}\times\frac{mole}{55\times10^6\,g}\times\frac{6.023\times10^{23}\ \text{분자수}}{mole} = \frac{1.3\times10^2\ \text{분자수}}{L}$$

흡입공기 1 L당 바이러스 분자수는 130개이다.

### 사례문제 428

어떤 금속 기계가공 공장에서 근무하는 근로자의 30%가 동시에 급성질환과 심각한 통증을 호소하였다. 그 증상들은 발열, 근육통, 두통, 호흡곤란, 심한 피로 증세를 포함하여 이는 금속 작업 시 발생하는 유동액 에어로졸의 흡입으로 인한 뚜렷한 유행성 세균 또는 바이러스 감염으로 예상하고 있다. 냉각수의 분석 결과 mL당 $10^8$ 개의 호기성 세균과 mL당 130,000마리의 레지오넬라균(Legionella pneumophillae)이라는 것을 알아내었고, 작업자들은 공기 중 총부유 먼지의 기하평균 농도 5.8 mg/$m^3$에 노출되었다. 만일 작업에 사용하는 냉각수의 95%가 물이고, 밀도가 1 g/mL일 경우, 기하평균 농도에서 흡입되는 공기 1 L 중 레지오넬라균은 몇 마리인가?

풀이

먼저 공기 1 L 중 박테리아 수를 고려한다.

5.8 mg/$m^3$ = 5.8 μg/L

발생된 냉각수 미스트의 부피와 입자상물질(모든 세균이 포함된) 5.8 μg을 포집하기 위해 시료 채취장치를 통과하는데 요구되는 냉각수 미스트의 부피를 구하는 관계를 생각한다.

$$V\times(1.00-0.95) = 5.8\,\mu g$$

수분을 포함한 총 미스트의 양, $V = \dfrac{5.8\,\mu g}{0.05} = 116\,\mu g$

$$116\,\mu g\times\frac{g}{10^6\,\mu g}\times\frac{1.0\,mL}{1.0\,g} = 0.000116\,mL$$

$$0.00016\,mL\times\frac{130{,}000\,(\text{레지오넬라균})}{mL} = 15.08\,L.\ pneumophillae$$

즉, 공기 1 L당 15 마리 정도의 레지오넬라균을 흡입한다. 흡입된 공기 50 L 중 적어도 1마리의 레지오넬라균이 있다는 것은 감수성 인간 숙주에 감염량이 될 수 있는 것을 나타낸다.

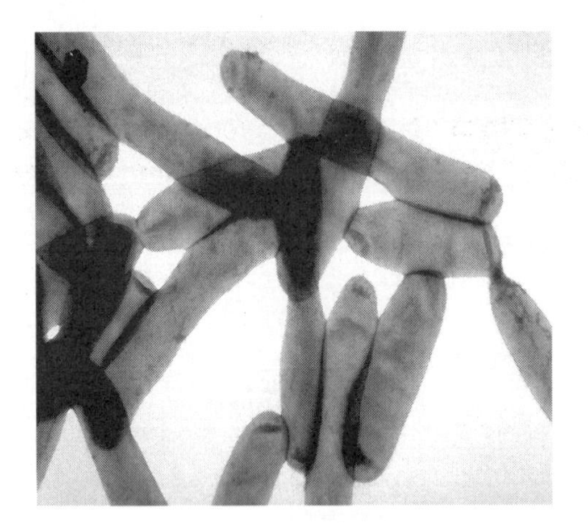
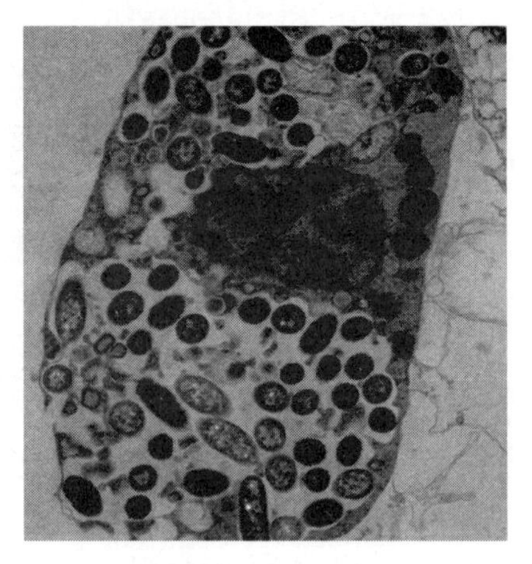

〈그림 66〉 레지오넬라균(Legionella pneumophillae)

**사례문제 429**

미국산업안전보건위원회(OSHA)에서 승인한 LPG의 냄새를 나게 하는데 사용하는 부취제(가스와 증기)로 옳은 것은?

a. 에틸머캡탄(ethyl mercaptan), thiophane, 아밀 머캡탄(amyl mercaptan)
b. thiophene, 부틸머캡탄(butyl mercaptan), 메틸머캡탄(methyl mercaptan)
c. 에탄티올(ethane thiol), 아이소아밀 머캡탄(isoamyl mercaptan), mercaptobenzothiazole
d. $SO_2$, 부틸머캡탄(butyl mercaptan), 아세틸렌(acetylene)
e. 프로판티올(propane thiol), thiophene, thiophane, 황화수소($H_2S$)

풀이

a

※ 참고 : 부취제(腐臭劑)는 냄새가 없는 액화천연가스(LNG)나 액화석유가스(LPG) 등에 첨가하는 물질로 가스가 외부로 누출됐을 경우 냄새로 즉시 알 수 있도록 하는 역할을 한다. 흔히 '가스 냄새'라고 인식하는 것은 바로 부취제의 냄새다. 부취제는 화재나 폭발 위험이 없고, 독성도 없는 인체에 무해한 성분으로 이뤄져 있지만, 시중에는 쉽게 유통되는 물질이 아니다. 주로 에틸 머캡탄(ethyl mercaptan)을 사용한다.

부취제의 종류:
ethyl mercaptan = ethane thiol = $C_2H_5SH$, thiophane(tetrahydrothiophene) = $C_4H_7SH$,
amyl mercaptan = $C_5H_{11}SH$, thiophene = thiofuran = $C_4H_3SH$,
butyl mercaptan = $C_4H_9SH$, methyl mercaptan = methanethiol = $CH_3SH$,
isoamyl mercaptan = $C_5H_{11}SH$, mercaptobenzothiazole = $C_7H_4SNSH$,
acetylene = $C_2H_2$, propane thiol = $C_3H_7SH$, $H_2S$, $SO_2$

**사례문제 430**

NIOSH는 단 하나의 결핵균 흡입이 활동성 결핵 상해를 유발할 수 있다고 보고하였다(Occupational Respiratory Diseases, 1986). 이 박테리아는 무게는 약 $10^{-13}$ g이다. 어떤 주의력이 결핍된 실험실 작업자가 세균수 약 20,000개/$m^3$로 예상되는 결핵균이 있는 에어로졸에 노출되었다. 이 작업자는 그 시설을 벗어나기 전에 생물학적으로 오염된 공기 약 30 L를 흡입하였다.

1) 작업자가 흡입한 결핵균은 몇 개인가?
2) 이 결핵균의 총 흡입양(pg)은?

**풀이**

1) 공기 중 세균수 20,000개/$m^3$ = 20,000개/1,000 L = 20 개/L

작업자가 흡입한 총 세균수: $\frac{20\text{ 개}}{L} \times 30\,L$ 흡입공기 $= 600$ 개

2) 600개 $\times \frac{10^{-13}\,g}{\text{박테리아}} = 6 \times 10^{-11}\,g = 60$ pg(picograms)

(참고로, 바이러스 1개의 무게는 약 $10^{-18}$ g(1 attogram) = $10^{-3}$ fg(femtogram))

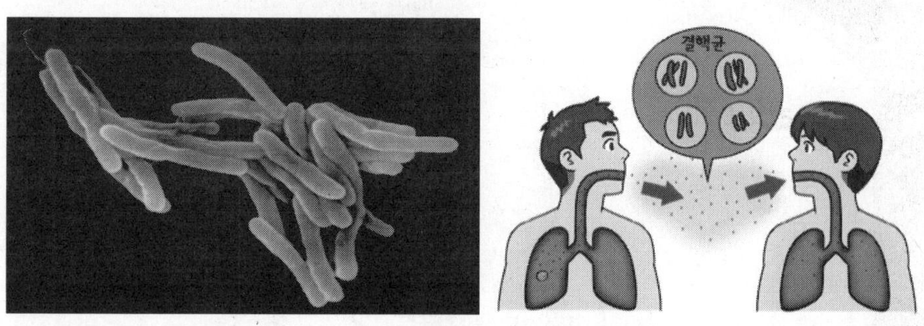


〈그림 67〉 결핵균(Mycobacterium tuberculosis)과 결핵 세균에 의해서 발생하는 감염 경로

**사례문제 431**

어떤 작업자가 8시간을 작업하는 동안 지속적으로 1,000 ppm 에틸알콜 증기를 흡입할 경우, 작업자는 에탄올 중독이 되었다고 주장할 수 있는가? 단, 에틸알콜($CH_3CH_2OH$) 분자량 = 46, 밀도 = 0.789 g/mL이다.

**풀이**

$$\frac{mg}{m^3} = \frac{ppm \times \text{분자량}}{24.45\,L/g-mole} = \frac{1{,}000\,ppm \times 46}{24.45} = \frac{1{,}884\,mg}{m^3}$$

작업시간 8시간 동안 작업자가 평균적으로 흡입하는 공기량은 대략 10 $m^3$이므로,

$$10\,m^3 \times \frac{1{,}884\,mg}{m^3} = 18{,}840\,mg\ EtOH = 18.84\,g\ EtOH$$

이 작업자가 흡입한 EtOH를 100% 흡수한다고 가정할 경우(EtOH는 점막에서 쉽게 용해되고, 전신 순환체계로 쉽게 흡수되므로 타당성 있는 가정임),

$$18.84\,g\ EtOH \times \frac{mL}{0.789\,g} = 23.9\,mL\ EtOH$$

비록 기도(氣道)를 지나가는 에틸알콜 증기가 완전하게 흡수되긴 하지만, 흡수된 에탄올이 초기에는 간문맥 순환계를 통과하지 않고, 8시간에 걸쳐 흡수된 양은 독성 농도에서 생물축적을 예방하기 위해 높은 비율로 해독되는 시간이 충분하므로 임상중독이 되지는 않는다. 그러나 안타부스(Antabus, 알코올 중독 치료제로 상표명임) 치료를 하는 어떤 사람이 타협할 수도 있다. 예를 들어, 안타부스를 사용하는 알콜 중독자의 에탄올 증기의 노출은 폭력적인 거부 반응의 가능성이 있기 때문에 사용을 금해야 한다. 더욱이 에탄올 증기 1,000 ppm은 호흡기 기도점막 위쪽을 매우 자극한다. 몇몇 작업자들은 8시간 동안 높은 증기 노출을 참아내고 있는 실정이다.

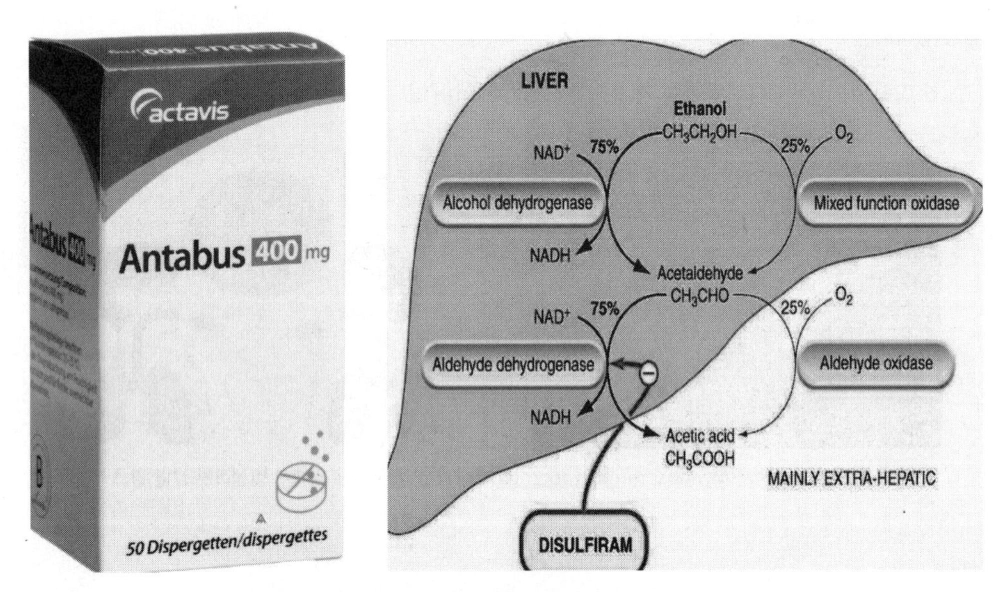


〈그림 68〉 안타부스(Antabus, 알코올 중독 치료제)와 치료기전

**사례문제 432**

어떤 작업자가 탱크 안에 빠져서 실온에서 유기용제(방향족 아민(aromatic amine, Methyl Ethyl Death®)에 몸 전체가 잠겨, 작업자가 탱크에 빠져서 탈출한 후, 전체적으로 오염물질을 닦아내고 제거할 때까지의 경과시간이 17분 이내였다. 피부로 흡수된 오염물질량을 계산할 경우, 진피 흡수량이 2.3 $\mu g/cm^2 \cdot hr$, 작업자의 키는 187 cm, 체중은 90 kg이었다. 가장 나쁜 사례라고 가정할 경우, 작업자의 최대 진피흡수량(mg)을 계산하시오.

풀이

하루 종일 작업자의 유독물질에 대한 작업장 노출을 평가하는데 있어서, 산업위생 관리자는 흡입노출뿐만 아니라 피부를 통하거나 진피로부터 발생하는 노출, 게다가 음식물 섭취와 눈으로 침투하는 경로도 확인하여야 한다. 흡입과 다른 유독물질 흡수 경로는 심도 있게 다루어지지 않고, 무시되는 경향이 있었다. 이것은 독성물질의 전체적인 신체 부하에 대한 흡수 경로의 기여도를 정량적으로 평가하는데 어려움이 있기 때문이다. 피부에 흡수된 오염물질은 정상적인 피부를 통해 침투하는 물질의 독성학적인 잔류와 진피 흡수량(시간당 피부 표면 적에 흡수하는 양, $\mu g/cm^2 \cdot hr$)을 고려할 뿐만 아니라 피부 접촉 시간, 접촉된 피부 표면적, 그리고 피부 형태(예를 들어 눈꺼풀이 아주 두꺼운 피부, 발바닥과 손바닥에 굳은살이 박혔다든지)까지도 고려하여야 한다.
성인의 신체 표면적(BSA, body surface area)을 계산하기 위해 Du Bios 방정식을 사용한다.

$$BSA(m^2) = (\text{몸무게}, kg)^{0.425} \times (\text{신장}, cm)^{0.725} \times 0.007184$$
$$= 90^{0.425} \times 187^{0.725} \times 0.007184 = 2.173\, m^2$$

$$2.173\, m^2 \times \frac{10,000\, cm^2}{m^2} = 21,730\, cm^2$$

$$\frac{\frac{2.3\, \mu g}{cm^2}}{hr} \times 17\, \text{min} \times \frac{hr}{60\, \text{min}} \times 21,730\, cm^2 = 14,160\, \mu g \cong 14.1\, mg$$

계산된 흡입과 섭취 노출량에 더해져야만 하는 진피에 흡수된 양이 방향족 아민 14.1 mg이다.

### 사례문제 433

물 속에서도 숨을 쉴 수 있게 해주는 장비(SCUBA, self-contained under water breathing apparatus)를 착용한 어떤 잠수부가 6 m 깊이의 바다에 있다. 숨을 쉴 수 없을 경우, 잠수부는 빨리 수면 위로 올라와야 하는데 이 때 잠수부의 폐 안에 공기는 어떤 작용을 하는가?

풀이

바닷물은 담수보다 밀도가 높다(바닷물, 1.03 g/mL: 담수, 1.00 g/mL). 따라서, 깊이 10 m 바닷 속에 가해지는 압력은 1 atm과 같아진다. 깊이가 깊어짐에 따라 압력이 증가하기 때문에 깊이 20 m의 바닷 속 압력은 2 atm, 30 m는 3 atm이 된다. 수면 아래 6 m에서 올라오기 시작할 경우, 이 깊이에서 압력의 총 감소치는 $\left[\frac{6\, m}{10\, m}\right] \times 1\, atm = 0.6\, atm$이다. 잠수부가 수면에 다달았을 때, 잠수부의 폐에 갇힌 공기 체적은 $\frac{(1+0.6)\, atm}{1\, atm} = 1.6$ 배 만큼 증가할 것이다. 이러한 빠른 공기의 팽창은 폐의 섬세한 세포막을 치명적으로 파열시킬 수 있게 된다. 폐 속의 팽창된 공기가 폐 모세혈관으로 비집고 들어가 또 다른 심각한 가능성인 공기색전증(空氣塞栓症)의 형성이 발생한다. 결국 다이버의 폐 속에 공기가 팽창하면 잠수부가 숨을 쉴 수 없게 되어 공기색전증(air embolism), 폐 모세혈관의 파열(pulmonary rupture), 혼수상태(coma)에 이르러 죽음에 이르게 된다.

### 사례문제 434

어떤 잠수부가 총압력 2 atm에 해당하는 바닷물 속으로 내려갈 경우, 잠수부가 착용한 SCUBA 공기의 산소 함유량(%)은 어떻게 되는가?

**풀이**

총 가스 압력을 $P_T$, 산소의 부분압을 $P_{O_2}$라고 하면, $P_{O_2} = X_{O_2} = \dfrac{n_{O_2}}{n_{O_2} + n_{N_2}} \times P_T$이다.

여기서, $n_{N_2}$ = 불활성 가스(질소, 아르곤)로 인한 부분압.

그러나, 가스의 부피는 일정 온도와 압력에서 현재 가스의 몰수에 직접적으로 비례하기 때문에

$$P_{O_2} = \frac{V_{O_2}}{V_{O_2} + V_{N_2}} \times P_T$$

부피비로 공기의 구성비는 산소 21%, 불활성 가스인 질소 79%이다. 잠수부가 잠수를 할 때, 공기의 구성비는 변할 수밖에 없다. 2 atm에 해당하는 깊이에서 공기의 산소 함유량은 0.21 atm과 같은 부분압을 유지하기 위해 부피비로 10.5%까지 감소된다.

$$P_{O_2} = 0.21\,atm = \frac{V_{O_2}}{V_{O_2} + V_{N_2}} \times 2.0\,atm, \text{ 또는 } \frac{V_{O_2}}{V_{O_2} + V_{N_2}} = \frac{0.21\,atm}{2.0\,atm} = 0.105 = 10.5\%(\text{부피비})$$

### 사례문제 435

어떤 상업용 배수관 청소기(排水管清掃器)에 알루미늄 분말과 가성소다(NaOH)가 들어 있다. 건조 혼합된 이 두 분말이 기름기가 많은 물로 흘러 들어갈 시 배수관이 막히면서 다음과 같은 반응이 일어난다.

$$2\,NaOH + 2\,Al + 6\,H_2O \rightarrow 2\,NaAl(OH)_4 + 3\,H_2 \uparrow$$

기름이 녹으면서 발생된 열이 이 반응을 촉진시킨다. NaOH는 기름과 지방을 비누화시킨다. 수소 가스가 생기면서 가스 거품이 배수관을 막은 고체 덩어리를 들어 올린다. 알루미늄 4 g이 과잉 NaOH가 포함된 배수관에 더해지면, 1 $ft^3$의 부피로 생성된 충분한 양의 수소 가스가 점화원이 있을 경우, 배수관에 폭발을 일으킬 수 있는지를 확인하시오. 단, 알루미늄의 원자량 = 26.98 g/mol, 배수관을 둘러 싼 온도는 25℃이고, 막힌 배수관 내에 정체된 물로 들어가는 수소 가스의 용해량은 무시한다.

**풀이**

알루미늄 1몰 ⇒ 1.5몰의 수소 가스를 발생시킴

$$\frac{4.0\,g\;Al}{26.98\,g/mole} = 0.148\,mole\;Al,\;\; 0.148\,mol\;Al \times 1.5 = 0.222\,mol\;H_2$$

$$0.222\,mole \times \frac{2\,g\,H_2}{mole} = 0.444\,g\;H_2,\;\; 1\,ft^3 = 28.32\,L$$

$$ppm = \frac{\frac{mg}{m^3} \times 24.45}{\text{분자량}} = \frac{\frac{444\,mg}{0.02832\,m^3} \times 24.45}{2} = 191{,}663\,ppm \cong 19.2\%$$

최악의 시나리오를 가정할 경우, 수소 가스의 LEL(lower explosive limit)가 4%이고, UEL이 75%이므로 폭발이 발생한다. 배수관 청소기 공급자는 막힌 배수관을 뚫어 줄 화학 물질을 투입한 후에 부식성이 강하고, 뜨거운 알칼리 용액이 분출하여 청소하는 사람의 얼굴과 눈에 튀는 것을 막기 위해 배수관 주위에 즉시 용기를 배치해야 한다. 이것은 좋은 방법이지만 화학물질을 투입하기 전에 반드시 보안경과 고무장갑, 안면 가리개를 착용하여 화학물질이 튀는 것을 막아야 한다. 폭발이 일어날 수 있으므로 점화원은 없애야 하며, LEL 값의 최소 20% 이하까지 수소 가스를 희석하기 위해 환기가 필요하다. 더욱이, 화학물질이 순간적으로 반응할 수 있기 때문에 가능한 충분히 배수관 주위에 용기를 배치하지 않으면 안 된다. 막힌 배수관을 뚫어 줄 전체 화학물질 중 진한 황산을 사용하는 것은 최악의 상황을 일으킬 뿐만 아니라 믿을 수 없을 만큼의 고열이 발생하기 때문에 절대로 안 된다. 배수관이 막힌 것을 빨아내는 긴 자루가 달린 흡인용 고무 컵, 가늘고 긴 플라스틱 제거도구(drain snakes), 끓는 물, 압축 공기와 같은 기계적인 도구들은 부식성 화학물질을 사용하기 전에 먼저 시도해 보아야 한다. 배관공에게 일을 맡기는 것은 진한 $H_2SO_4$, HCl, NaOH, KOH와 같은 화학약품을 사용하는 것보다 더욱 신중하여야 한다. 일반적인 집주인들은 그렇게 매우 위험한 화학물질 제품에 충분한 이해력을 가지고 있지를 못한다.

### 사례문제 436

자동 이완 시트에 장착된 직경이 4인치인 '풀포트 플로팅 볼 밸브(Full-port floating ball valve)'가 500°F, 80 psia에서 수분이 없는 액체 염소를 운송하는 외부 라인에 있었다. 이 밸브가 정비를 위해 그 라인에 있는 액체를 빼내고 없앨 때, 부주의로 잠가져 있었는데 그 결과, 액체 염소 1L가 밸브 빈 부분 안에 갇히게 되었다. 덥고 햇빛이 내리쬐는 날, 하류 쪽 파이프 라인이 수리를 위해 제거된 상태였다. 오래지 않아, 태양빛이 밸브 빈 부분의 압력을 300 psig로 증가시키고, 온도를 160°F까지 가열하였다. 그 밸브 시트는 150 psia에서 400 psia에서 이완되도록 설계되었고, 어떤 시트는 250 psia에서 이완되었다. 가압된 액체 염소는 즉시 가스가 폭발하는 형태로 증기화된다.

1) 배출된 염소의 양(L)은?
2) 760 mmHg에서 자욱한 염소 가스 1,000 ppm을 발생시킨 공기 부피(L)는?
   단, 액체 염소의 밀도는 160°F에서 1,237 kg/m$^3$ = 1,237 g/L이고, 염소의 분자량 = 71이다.

**풀이**

1) $PV = nRT$, 160°F = 344 K, 760 mmHg = 1 atm

$$V = \frac{nRT}{P} = \frac{\left[\frac{1,237\,g/L}{71\,g/mol}\right](0.0821\,L-atm/K-mole)\,(344\,K)}{1\,atm} = 492\,L$$

가압 시, 액체 염소는 빠르게 밸브에서 폭발한다. 이 때 근처에 사람이 있었으면 죽거나 부상을 당했을 것이다. 염소 가스 492 L가 배출되었다. 100% $Cl_2$ 가스 1 L는 1 atm 근처에서 천천히 확산될 때 까지 몇 시간 동안 밸브 안 빈 곳에 남아 있게 된다.

2) 1,000 ppm = 0.1%, $\frac{492\,L}{\text{공기 부피}(L)} \times 10^6 = 1,000\,ppm\ Cl_2$, 공기 부피 = 492,000 L

$\sqrt[3]{492,000\,L} = \sqrt[3]{492\,m^3} = 7.9\,m$

염소 가스 1,000 ppm이 포함된 공기 부피 492,000 L는 한 변의 길이가 7.9 m인 정육면체의 공간이다. 이 공간에 사람이 있다면 이 농도에 노출이 되는 것이다. 염소 가스의 IDLH = 30 ppm이므로, 이 가스 농도를 조금이라도 흡입하게 되면 보호구를 착용하지 않은 작업자는 치명적일 수 있다. 밸브의 파열이 지상 가까이에서 일어났을 경우, $x$ 축과 $y$축을 따라 자욱한 염소 가스가 7.9 m나 퍼져나간다. 따라서, 보호구를 착용하지 않은 작업자가 피해야 할 거리는 7.9 m 이상이어야 한다. 이 사건이 낮은 지붕이 있는 구석에서 일어났을 경우라면 옆으로 퍼지는 거리는 더욱 길어진다. 예를 들어 염소 가스가 2.4 m 이하의 낮은 구석에서 배출되었을 경우, 수평으로 퍼지는 가스의 거리는 $\sqrt{\frac{492\,m^3}{2.4\,m}} = 14.3\,m$ 정도를 벗어나야 안전한 대피 거리가 된다. 물론 밸브 주변 구석에서 $Cl_2$ 가스 농도는 1,000 ppm보다 더 커진다. 폭발의 영향은 작업자가 그 지역을 대피할 수 없게 만들 뿐 아니라 정상적인 생활을 하지 못하게 만들 수 있다.

〈그림 69〉 Full-port floating ball valve

**사례문제 437**

가정용 염소 표백제는 더러운 표면을 살균하고 소독하기 위해 산업위생 관리자가 종종 사용하는 일반적으로 저렴하고 높은 효과를 얻는 살균제이다. 대부분의 구매 가능한 상업용 용액은 일명 락스로서 차아염소산(NaOCl, sodium hypochlorite) 5.25%가 들어 있다. 그 제품 내에 생명을 유지시키는 화합물을 산화함으로써 박테리아를 파괴하는 $ClO^-$ 이온이 있다. 이 표백 용액(@ 5.25% NaOCl)으로 3,000 ppm 소독액 4 L를 만들려고 할 경우 몇 mL를 사용하여야 하는가?

풀이

제품의 NaOCl 양 = 5.25% 용액(W/V) = 5.25 g NaOCl/100 mL = 0.0525 g/mL

제작할 NaOCl 양 = 3,000 ppm 용액 = 3,000 mg NaOCl/L = 3 mg/mL = 0.003 g/mL

4 L = 4,000 mL

4,000 mL × 0.003 g NaOCl/mL = 12 g NaOCl

$$\frac{12\,g\ NaOCl}{0.0525\,g/mL\ NaOCl} = 228.6\,mL$$

가정용 염소 표백제 약 230 mL를 물로 희석하여 4 L로 하면 3,000 ppm 소독액을 만들 수 있다.

〈그림 70〉 가정용 락스

### 사례문제 438

일정한 상태의 대기 오염물질 농도에 노출된 작업자는 보호계수 100인 공기 정화용 호흡기 착용이 요구된다. 만일 작업자가 일일 8시간 작업시간 중 단 30초 동안만 호흡기를 벗을 경우, 유효 보호계수($P_{effect}$)는?

**풀이**

480 min × (60 s/min) = 28,800 s

30초가 전체 노출시간에 차지하는 비율 = $\dfrac{30\,s}{28,800\,s} \times 100 = 0.104\%$

보호구를 착용하는 시간이 전체 작업시간(노출시간)에 차지하는 비율

= 1 - 0.104 = 99.986%

유효 보호계수($P_{effect}$) = $\dfrac{100}{\left[\dfrac{99.986}{100}\right] + 0.104} = 90.59$

일일 8시간 작업 중 30초간만 호흡기를 착용하지 않았을지라도 보호 계수 9.4%가 감소된다.

### 사례문제 439

사례 문제 438번에서 호흡기를 착용하는 시간이 전체 작업시간의 90%일 경우, 유효 보호계수($P_{effect}$)는?

**풀이**

480 min × 0.1 = 48 min

유효 보호계수$(P_{effect}) = \dfrac{100}{\left[\dfrac{90}{100}\right]+10} = 9.2$, $100-9.2 = 90.8$

일일 8시간의 작업시간 동안 호흡기를 48분 동안 착용하지 않았을 경우, 보호계수 1,000과 100인 호흡기는 거의 똑같은 수준의 호흡기 보호를 제공할 것이다. 예를 들어, 호흡기의 보호 계수는 거의 91%까지 감소된다.

#### 사례문제 440

메틸알코올($CH_3OH$, methyl alcohol) ACGIH TLV는 200 ppm이다. 최악의 경우 체중 70 kg인 작업자의 혈액에 대한 메틸 알코올의 농도(mg/dL)는? 단, 표준 체중인 70 kg 작업자는 60%의 수분으로 이루어져 있고, 8시간 작업하는 동안 10 $m^3$의 공기를 흡입한다.

풀이

$$\frac{mg}{m^3} = \frac{ppm \times 분자량}{24.45} = \frac{200 \times 32}{24.45} = 262\,mg/m^3$$

$262\,mg/m^3 \times 10\,m^3 = 2,620\,mg\ MeOH$, $\quad 70\,kg \times 0.6 = 42\,kg\ H_2O = 42\,L\ H_2O$

$\therefore$ MeOH에 대한 peak blood level = $\dfrac{2,620\,mg}{42\,L} = 62\,mg/L = 6.2\,mg/dL$

이 값은 급성 불가역 독성 반응을 일으키는 양의 5%에 근접한다. 더욱이 혈액에서 메탄올의 반감기는 3시간이기 때문에, 신체에 대한 부담은 작업자가 다음 날 일을 할 때 무시해도 좋은 양이며, 눈의 독성을 일으킬 수 있는 양만큼 높지 않다. 그러나 MeOH는 작업자의 건강한 피부를 통해 흡수되므로, 작업 감독관은 노출의 잠재적인 경로를 염두에 두어야만 한다.

## 10. 폭발 농도 관련 문제

**사례문제 441**

뷰틸알코올($n$-butanol)의 TLV = 50 ppm(S 표시), LEL = 1.4%, UEL = 11.2%일 경우 10번 문제로부터 얻을 수 있는 결론으로 옳은 것은?

a. 건강 위해도가 아닌 화재 위험이 있다.
b. 화재 위험이 아닌 건강 위해도가 있다.
c. 건강 위해도와 화재 위험 모두 존재한다.
d. 화재나 건강 위해도가 없다.
e. 인화성 위험이 아닌 연소 위험이 있다.
f. 아무런 위험이 없다.

풀이

b.
310 ppm = 0.031%, 즉 LEL보다는 낮지만 TLV를 초과한다. 이 값은 TLV의 620%이고, LEL의 2.2%에 해당한다.

※ 참조

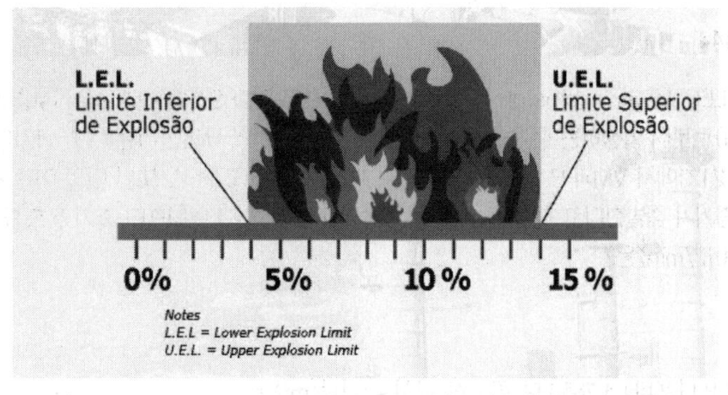


〈그림 71〉 LEL(Lower Explosion Limits): 가스나 증기의 폭발 하한값(%)
UEL(Upper Explosion Limits): 가스나 증기의 폭발 상한값(%)

**사례문제 442**

어떤 용매 증기의 LEL은 1.7%이다. 만일 어떤 보정용 가연성가스 지시계(CGI, combustible gas indicator)로 측정한 값이 LEL의 64%로 읽혀질 경우 그 증기의 농도(ppm)는?

풀이

1.7% = 17,000 ppm, 0.64LEL = 0.64 × 17,000 ppm = 10,880 ppm

**사례문제 443**

부피비로 80% 메테인, 15% 에테인, 4% 프로페인, 1% 부테인이 혼합된 가스가 있다. 각각 의 LELs와 UELs는 5, 3.1; 2.1, 1.86; 15.0, 12.45; 9.5, 8.41%이다. 공기 중 혼합 가스의 LELs(%)와 UELs(%)는?

풀이

계산을 위해 Le Chatelier's Law가 적용된다.

$$LEL = \frac{100}{\frac{80}{5}+\frac{15}{3.1}+\frac{4}{2.1}+\frac{1}{1.86}} = 4.30\%$$

$$UEL = \frac{100}{\frac{80}{15}+\frac{15}{12.5}+\frac{4}{9.5}+\frac{1}{8.41}} = 14.13\%$$

※ 참조
LEL(Lower Explosive Limits): 가스나 증기의 폭발 하한값(%)
UEL(Upper Explosive Limits): 가스나 증기의 폭발 상한값(%)

Le Chatelier's Law: 화학 평형 상태의 화학계에서 농도, 온도, 부피, 부분 압력 등이 변화할 때, 화학 평형은 변화를 가능한 상쇄시키는 방향으로 움직여 화학 평형 상태를 형성한다.

**사례문제 444**

폭발하한농도(LEL, lower explosion limit)의 20% 이하로 3.785 L의 니스(varnish) 제조와 페인트 나프타(naphtha)로부터 발생하는 증기를 희석하는데 필요한 공기의 부피($m^3$)는? 단, VM과 P 나프타의 LEL = 0.9%이고, 21℃에서 VM과 P 나프타의 부피 3.785 L당 = 0.63 $m^3$. 또한 만일 어떤 건조기에서 매 시간 26.5 L의 증기가 증발한다고 할 경우, LEL의 20% 이하로 VM과 P 나프타 증기 농도를 유지시키기 위해 필요한 환기량($m^3$/min)은?

풀이

유기용제(VM과 P 나프타) 3.785 L당 필요한 희석 공기량($m^3$) =

$$\frac{(100-LEL)(3.785\ L\text{당 증기의 체적})}{20\%\ LEL} = \frac{(100-0.9)(0.63\,m^3)}{0.20\times0.9\%} = 346.85\,m^3$$

∴ LEL의 20% 이하로 VM과 P 나프타 증기 농도를 유지시키기 위해 필요한 환기량 =

$$\frac{26.5\,L}{hr}\times\frac{346.85\,m^3}{3.785\,L}\times\frac{hr}{60\,\text{min}} = 40.47\,m^3/\text{min}$$

#### 사례문제 445

25℃에서 MEK(methyl ethyl ketone)의 LEL은 1.7%(v/v)인데 이 증기가 농도 1.4%에서 폭발할 경우, 여기서 얻을 수 있는 사실은?

a. LEL 1.7% 값이 잘못 되었다.
b. 공기와 증기가 섞인 혼합 기체의 농도가 1.4%에서 폭발한 것은 그 장소의 온도가 25℃보다 높았기 때문이다.
c. 제공된 자료로는 어느 것을 결정하기에 불충분하다.
d. 1.4% 증기에 대한 점화원의 온도가 25℃보다 더 높았기 때문이다.
e. 1.7% LEL에서 존재하는 산소농도가 1.4% 농도에서 폭발할 때 값보다 높았기 때문이다.

풀이

b.

온도가 상승하면 LEL값은 낮아진다. 예를 들어 MEK의 LEL은 93.3℃에서 공기:유기용제 혼합기체일 경우 1.4%이다.

#### 사례문제 446

대부분의 연소용 가스와 증기의 LEL은 보통 약 200°F까지 일정하게 유지된다. 보통 LEL 값의 변화를 설명하기 위해 이 온도를 초과할 경우 적용하는 근사치 펙터(approximation factor)는 얼마인가?

a. 0.3 b. 0.5
c. 0.7 d. 0.9
e. 1.3 f. 1.5

풀이

c

#### 사례문제 447

어떤 연소성 가스에 대한 LEL과 UEL은 2.2%와 7.8%(V/V)이다. LEL과 UEL 사이의 중간점(≅ 5%)에서의 그 폭발 압력은 LEL 바로 위이거나 UEL 바로 아래에서 발생하는 폭발력보다 약 배 크다.

a. 2 b. 4
c. 10 d. 50
e. 100

풀이

c.

이것은 확실히 가스에서 폭발 가스, 증기에서 폭발 증기, 분진에서 폭발 분진까지 다양하지만, 화학양론적인 중간점에서 폭발 압력은 LEL에서 압력보다 더욱 크거나, UEL에서 폭파 압력보다 더욱 낮은 것이 일반적이다.

**사례문제 448**

프로페인 454.6 g이 들어있는 표준 연관공(給管工)의 취화(吹火)램프가 있다. 이동주택의 욕조 싱크대 배관작업 수리 후 폭발이 일어났고, 빈 토치가 돌무더기 속에서 발견되었다. 배관공과 집주인 사이에 소송이 진행되어 고소인측은 프로페인 증기가 폭발 연료라고 말하고 있고, 피고측은 1온스(29.57 mL)의 매니큐어 제거제(아세톤)에서 발생한 증기가 폭발연료라고 주장하고 있다. 여기서 가장 그럴듯한 폭발의 이유는 무엇이라고 생각하는가? 단, 점화원은 알 수가 없고, 환기가 되지 않는 밀폐된 욕조(1.8 × 1.8 × 2.4 m) 안에서 폭발이 비롯되었고, 폭발 당시 아무도 현장에 없었다. 프로페인의 분자량 = 44, 아세톤의 분자량 = 58이고, 밀도 = 0.79 g/mL이다.

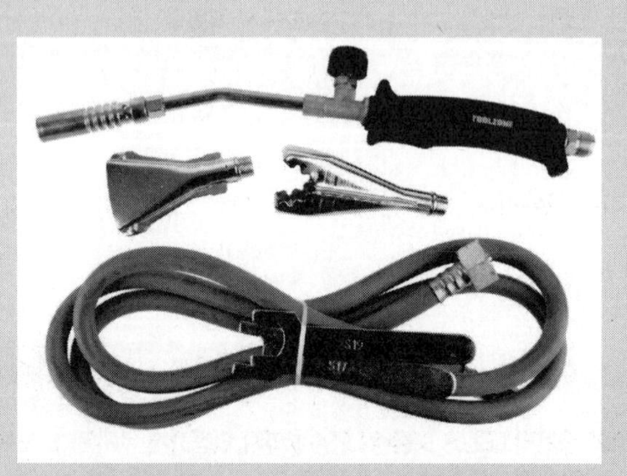

〈그림 72〉 표준 연관공(給管工)의 취화(吹火)램프(Standard plumber's torch)

풀이

프로페인으로 시작되는 최악의 시나리오를 가정한다.

욕조의 체적 = $1.8 \times 1.8 \times 2.4\ m = 7.78\ m^3$

$$\text{프로페인의 농도(ppm)} = \frac{\dfrac{mg}{m^3} \times 24.45}{\text{분자량}} = \frac{\dfrac{454,600\ mg}{7.78\ m^3} \times 24.45}{44} = 32,470\ ppm \cong 3.25\%$$

여기서, 공기 중 프로페인의 LEL은 2.4%이므로, 프로페인의 폭발은 환기가 되지 않는 욕조의 공기 안으로 전체 실린더 속의 프로페인이 배출되었다면 타당성이 있다.

아세톤의 농도를 계산하면,

$$ppm = \frac{\dfrac{mg}{m^3} \times 24.45}{\text{분자량}} = \frac{\dfrac{790\ mg/mL}{7.78\ m^3} \times \dfrac{29.57\ mL}{ounce} \times 24.45}{58} = 1,266\ ppm \cong 0.13\%$$

여기서, 아세톤 증기의 농도는 LEL 2.5%에는 못 미치는 아주 낮은 농도이므로, 매니큐어 제거제에서 발생한 증기는 폭발을 일으킬 수가 없다.

다른 정보가 없는 한 폭발의 가장 타당성 있는 이유는 점화원이 있는 상태에서 LEL보다는 위에 있고, UEL 아래로 나타난 프로페인의 축적 농도이다. 더욱이 배관공은 프로페인 실린더의 토치 밸브를 잠궜다고 기억할 수 없었고, 이동주택 집주인은 그 당시 매니큐어 제거제를 1/4온스 이상 사용하지 않았다고 증언하였다. 과학적 확실성의 타당한 정도로 볼 때 폭발 연료는 프로페인 가스라고 볼 수밖에 없었다.

### 사례문제 449

연소성과 가연성 증기가 폭발성 농도로 축적될 수 있는 시스템으로부터 산소를 제거하기 위해 불활성 가스가 종종 사용되곤 한다. 사실 화학적으로는 불활성이지는 않지만 질소는 이러한 목적으로 가장 많이 사용되어지는 가스이다. 유기 탄화수소 증기와 가스(수소, 일산화탄소, 이황화탄소와 같이 무기성 폭발 가스와 증기가 아닌) 연소 시 필요한 최소한의 산소 농도(%)는?

a. 21%  b. 15%
c. 10%  d. 5%
e. 3%  f. 정답 없음

**풀이**

c.

또는 0.5 atm이하의 공기. 실제적인 엔지니어링에서, 안전 계수는 실제 산소 농도가 6% 또는 신경을 써서 조절한 대기압(건조기와 같이)에서는 그 이하에서도 적용되도록 하며, 연소용 가스에 희석용 불활성 가스를 혼합한 시스템에서는 2% 또는 그 이하에서도 적용된다. 질소를 제외한 다른 불활성 가스 역할을 하는 것으로는 아르곤, 이산화탄소, 수증기, 헬륨이 있다.

### 사례문제 450

질소와 같은 불활성 가스는 폭발 위험성이 있거나 산화하기 쉬운 물질이 존재하는 시스템에서 산소를 차단하기 위해 사용된다. 엔지니어가 대기 중에 포함된 21% 산소 농도를 미리 설정된 농도(〈1% $O_2$)까지 낮추려고 희석하기 위해 많은 양의 질소가 얼마나 필요한가를 계산할 수 있도록 환기 공식을 이 책에 나타내었다. 이 환기 공식은 1차 반응식에 의해 환기로 대기 오염물질을 감쇠시키는 복잡한 식에 의존하지 않고 화학 공정 종사자들이 계산할 수 있도록 간단한 가이드라인을 제시하였다.

**풀이**

대기 중 산소의 농도는 21%이기 때문에 이 시스템(유기용제를 저장하는 탱크)에서 7배의 불활성 가스가 교환되면, 산소 농도가 0.1% 이하로 감쇠된다. 그래서 산소를 확실하게 없애는데 요구되는 총 질소량이 어떤 물질이 차 있는 탱크의 공간부피의 7 배인 것이다. 예를 들면, 10,000갈론의 체적을 갖는 탱크에 2,000갈론의 액체가 채워져 있을 때, 산소를 없애는데 있어 청소 가스(질소)와 양호하게 혼합시키는 부피는 7 × 80,000갈론 = 56,000 갈론(질소)이다. 즉, $ft^3$/min의 유량을 갖는 송풍기로 56,000갈론 × 0.134 = 7,504 $ft^3$ 부피의 질소로 바꾸면 된다. 500 $ft^3$/min의 유량을 갖는 송풍기로 헤드 스페이스에 질소를 불어 넣어 주면 7,504 $ft^3$/500 $ft^3$/min = 15 min이면 된다.

이 때 공기에 질소의 혼합이 양호하지 않을 경우를 고려하여 안전 계수를 적용한다. 탱크 안의 헤드 스페이스 중 가스를 채취함으로써 다양한 산소 농도를 측정할 수 있다. 폐쇄된 시스템에서는 질량 유량계나 임계 오리피스 유량계를 사용하여 질소 투입량을 측정할 수 있다.

사람들은 자신도 모르는 상태에서 불활성 가스가 포함된 정체된 공간에 들어갈 때 질식으로 사망하게 된다. 그러한 공간에는 분명하게 흡입 위험성을 알리는 경고문을 부착하여야 한다. 정체된 공간에 출입하는 모든 출입자에 대한 건강과 안전을 보호하는 프로그램이 미국 환경 청에서 제공하는 29 CFR 1910.146에 나타나 있으므로 참고하기를 바란다. 이러한 공간은 위험 경고 표지판으로는 충분하지 않기 때문에 "관계자외 출입금지"를 위해 잠금장치를 해 놓는 것도 아주 좋은 생각이다.

**사례문제 451**

밀폐계에서 폭발을 방지할 목적으로 불활성 가스(질소 또는 증기)를 이용한 엄폐 기술이 종종 사용되고 있다. 질소 가스를 사용하여 제거된 진공으로 시스템에서 가스와 증기를 없애 버린 후, 질소로 시스템 압력을 증가시켜 대기압으로 되돌린다. 이 작업은 원하는 최소 산소 농도가 얻어질 때 까지 반복되어진다. 달성 가능 진공 압력이 0.6 atm일 경우 시스템 안에서 3번의 환기 후 산소 농도(%)는?

**풀이**

사용 공식: $O_n = 21\,P^n$ (%)

여기서, $O_n$ = $n$번의 가압(purge) 후 산소 농도(%), $P$ = 진공 압력(bar)

0.6 atm = 0.608 bar이므로, $O_n = 21\,(0.608)^3 = 4.72\%$

※ 참고 : 앞의 문제의 답으로 원하는 산소 농도를 얻기 위해 가압(purge) 횟수를 결정하면,

$$n = \frac{\log\left[\frac{O_n}{21}\right]}{\log P} = \frac{\log\left[\frac{4.72\%}{21\%}\right]}{\log 0.608\,bar} = 3$$

이러한 계산은 불활성 가스가 산소를 전혀 함유하지 않아야 하고, 초기 산소 농도가 21%라고 가정할 때 가능하다. 산소 농도는 신뢰성 있는 가스 분석기로 규칙적으로 확인해야 한다. 대기 중에서는 위험 징후가 없이도 산소결핍이 발생한다. 그러한 시스템은 OSHA의 밀폐 공간 출입 절차에 따라 위험성을 게시하고, 안전조치를 취하고, 처리방법을 마련해 두어야 한다. 질소보다는 증기를 불활성 가스로 사용하는 것이 탱크 안전관리자의 질식 사망률을 낮추는데 유리하다는 판단이다. 왜냐하면 증기는 생명을 유지하기 위한 충분한 산소가 포함되어 있다고 생각하기 때문이다. 작업자의 신체가 빠져 나온 후 측정된 탱크 공기에서 2%의 산소가 함유되어 있었다는 보고가 있다.

**사례문제 452**

어떤 이유인지 첫 번 째 폭발로 대기 중에 침강 분진이 퍼져 분진 구름이 점화될 때, 빌딩 내에서 두 번 째 분진 폭발이 발생할 수 있다. 길이가 20 m, 폭이 10 m, 높이가 5 m인 이 작은 건물의 바닥에 폭발로 인해 퍼진 쌓인 분진의 두께가 2 mm이고, 분진의 부피 밀도는 450 kg/m$^3$이다. 이 빌딩의 작은 폭발로 인하여 건물 내의 공기 안에 불규칙적으로 침전된 분진의 50%가 퍼지고, 점화원이 있을 경우, 대기 중 폭발 분진의 농도(g/m$^3$)을 구하고, 이 경우 첫 번 째 폭풍파 후에 두 번째 폭발이 일어날 가능성은 어떻게 되는가?

**풀이**

공기 중으로 부유된 침강 분진층의 두께는 분진의 부피층 2 mm의 50%이므로 1 mm이다.
1 mm = 0.001 m
바닥 면적 = 20 m × 10 m = 200 $m^2$
공기 중으로 부유된 분진의 부피 = 200 $m^2$ × 0.001 m = 0.2 $m^3$
공기 중으로 부유된 분진의 양 = 0.2 $m^3$ × 450 kg/$m^3$ = 90 kg = 9,000 g
건물 체적 = 20 m × 10 m × 5 m = 1,000 $m^3$
∴ 대기 중 폭발 분진의 농도 = $\frac{9,000\,g}{1,000\,m^3} = \frac{90\,g}{m^3}$

대기 중 폭발 분진의 LEL 범위는 10~2,000 g/$m^3$이다. 따라서 이 분진 농도로 판단하면 초기 폭발에서 발생한 폭풍파가 두 번 째 폭발을 일으킬 수 있는 충분한 농도가 되는 것으로 나타난다. 여기서 공기 중 폭발을 일으키는 최소 분진 농도(g/$m^3$)를 살펴보면 다음과 같다.
옥수수전분(40), 설탕(35), 밀가루(50), 간 단백질(45), 스테아르산 알루미늄($Al(C_{17}H_{35}COO)_3$, 15), 석탄(50), 비누가루(45), 고무가루(25), 알루미늄(40), 철(250), 아연(480), 마그네슘(10). 분진의 입경(총 표면적)이 중요한 변수가 된다.

### 사례문제 453

가연성 물질이 담겨진 용기 안의 산소 농도를 감소시키는 진공 퍼징 작업 대신에(문제 414번을 참조), 압력 퍼징 작업을 행할 수 있다. 질소와 같은 불활성 가스는 용기에 압력을 가하여 사용한다. 그러면 압력은 안전 지대까지 가압되며, 그 공정은 원하는 최소한의 산소 농도가 얻어질 때 까지 반복된다. 퍼징용 가스의 산소 농도가 3%이고, 퍼지 압력이 2.3 bar일 경우, 3번의 가압 후 용기의 헤드 스페이스 안에 산소 농도(%)는?

**풀이**

이 문제에 적용되는 공식: $O_n = O_p + (O_i - O_p)\left[\frac{1}{P^n}\right]$

여기서, $O_n$ = $n$번의 가압(purge) 후 산소 농도(%)
$O_i$ = 초기 산소 농도(21%)
$O_p$ = 퍼지 가스의 산소 농도(%)
$P$ = 퍼지 압력(bar)
$n$ = 불활성 가스 가압 횟수

$$O_n = 3\% + (21\% - 3\%)\left[\frac{1}{2.3^3}\right] = 4.44\%$$

미리 선택되어진 최소 산소 농도를 얻기 위해 필요한 가압횟수는 다음에 주어지는 공식을 재배치함으로써 계산할 수 있다.

$$n = \frac{\log\left[\frac{O_i - O_p}{O_n - O_p}\right]}{\log P} = \frac{\log\left[\frac{21\% - 3\%}{4.44\% - 3\%}\right]}{\log 2.3} = 3.03$$

압력 퍼징은 동일하게 줄어든 산소 농도를 얻기 위해 진공 퍼징보다 더 많은 불활성 가스를 사용하지만, 진공 퍼징에 대한 압력 퍼징의 장점은 짧은 순환 시간이다. 즉, 용기를 가압시키는 것보다 진공을 하는데 시간이 더 걸린다는 것이다. 어떤 경우에 있어 이 두 방법을 혼용하여 사용하면 비용과 작업이 더 나을 수 있다. 용기는 어떤 방법으로 하던 간에 최고 압력이 되거나 또는 진공 상태가 되어야 하며, 작동 전에 안전 설계 인자가 허용되어야 한다.

불활성 가스의 부피는 $O_1$에서 $O_2$까지 산소 농도를 줄이기 위해 필요하다. 산소 농도를 줄이기 위한 불활성 가스 유량 계산식은 다음과 같다.

$$Q \times t = V \times \ln\left[\frac{O_1 - O_o}{O_2 - O_o}\right]$$

여기서, $Q$ = 불활성 가스 유량, $t$ = 시간

$V$ = 용기 체적, $O_o$ = 용기의 입구 산소 농도,

$O_1$ = 용기 안의 초기 산소 농도, $O_2$ = 용기 안의 최종 산소 농도

# PART 2

# 분석시약의 제조법

Ⅰ.
작업환경측정 및 환경화학실험 분석시약의 제조

# I.
# 작업환경측정 및 환경화학실험 분석시약의 제조

## 1. 일러두기

1) 여기에 기재된 시약명 및 각종 용어는 국제적으로 통용되는 원소 이름과 화합물 이름을 결정하는 IUPAC에서 우리나라를 대표하고 있는 대한화학회가 IUPAC의 규정에 따라 결정된 원소 이름과 화합물 이름을 우리말로 표시하는 방법을 규정한 "대한화학회 명명법"과 2005년 6월 환경부 환경정책실에서 공표한 '아름답고 알기 쉽게 바꾼 환경용어집"을 근거로 작성하였다. 특히 환경관련 단위는 국제표준단위계(SI)로, 환경관련 화학 용어는 대한화학회 명명법으로 통일하였다.

2) 대한화학회의 명명법 원칙은 대한화학회에서 발행한 "무기화합물 명명법(개정판)" (청문각, 1998)에 자세히 설명되어 있으며, "화학세계" (1998년 8월호 90면) 또는 http://www.kcsnet.or.kr에서 찾아 볼 수 있다.

3) 일반적으로 화학실험실에 보관 중인 화학물질은 화학물질의 영어명의 알파벳 순으로 진열되어 있으며 고체, 액체, 지시약, 미생물시약 등으로 구분되어 있습니다. 공정시험을 수행할 때 시약을 손쉽게 찾을 수 있도록 시험자의 편의를 위해 화학물질 표기 우측하단에 상온에서 존재하는 화학물질의 형태(예를 들어, 고체형태이면 아래첨자로 (S)를, 액체형태이면 (L))로 표기하여 화학물질의 형태를 비교적 쉽게 확인하도록 하였다.

4) 공정시험방법에 나오는 농도측정식의 숫자나 시약제조 시 나오는 필요 시약량의 출처를 각주 및 참조를 달아 제시하여 시험에 대한 이해도를 높였다.

5) 분석시약제조 작성에 도움이 된 참고문헌은 다음과 같다.

① 환경부 고시 제 2002-6호에 근거한 대기오염 공정시험기준, 도서출판 동화기술(2005. 8)

② 환경부 고시 제 2001-53호에 근거한 수질오염공정시험기준주해, 도서출판 동화기술 (2005.8)
③ 폐기물공정시험기준 : 환경부 고시 제2000-41호
④ 환경용어집 : 환경부 환경정책실(2005년 6월 발행)
⑤ 대한화학회 제정 '원소와 화합물 이름' (1999년 2월 20일)
⑥ 化學大辭典(ENCYCLOPAEDIA CHIMICA) (日本 共立出版株式會社, 1989. 11. 30)
⑦ 衛生試驗法·註解(Methods of Analysis in Health Science) (日本 金原出版株式會社, 2000. 2. 29)
⑧ JIS Handbook, 環境測定(大氣關係) (日本規格協會, 1992. 4. 20)
⑨ JIS Handbook, 環境測定(水質關係) (日本規格協會, 1992. 4. 20)
⑩ 대기환경용어집(한국대기환경학회편, 도서출판 동화기술, 2004. 5. 6)
⑪ 작업환경측정·분석방법 지침(한국산업안전공단 발행, 2004. 10)
⑫ THE MERCK INDEX(12th Edition)
⑬ PERRY'S CHEMICAL ENGINEERS' HANDBOOK(7th Edition, 1997)
⑭ Hawley's Condensed Chemical Dictionary(13th Edition, 1997)

# 2. 대한화학회 제정 원소와 화합물 이름(1999. 2. 20 발표)

## 2.1. 원소이름

| 원자번호 | 원소기호 | IUPAC 이름 | 한글 새이름(한글 옛이름) |
|---|---|---|---|
| 1 | H | Hydrogen | 수소 |
| 2 | He | Helium | 헬륨 |
| 3 | Li | Lithium | 리튬 |
| 4 | Be | Berylium | 베릴륨 |
| 5 | B | Boron | 붕소 |
| 6 | C | Carbon | 탄소 |
| 7 | N | Nitrogen (Azote) | 질소 |
| 8 | O | Oxygen | 산소 |
| 9 | F | Fluorine | 플루오린(플루오르) - 혼용 |
| 10 | Ne | Neon | 네온 |
| 11 | Na | Sodium (Natrium) | 소듐(나트륨) - 혼용 |
| 12 | Mg | Magnesium | 마그네슘 |
| 13 | Al | Aluminium | 알루미늄 |
| 14 | Si | Silicon | 규소 |
| 15 | P | Phosphorus | 인 |
| 16 | S | Sulfur (Thion) | 황 |
| 17 | Cl | Chlorine | 염소 |
| 18 | Ar | Argon | 아르곤 |
| 19 | K | Potassium (Kalium) | 포타슘(칼륨) - 혼용 |
| 20 | Ca | Calcium | 칼슘 |
| 21 | Sc | Scandium | 스칸듐 |
| 22 | Ti | Titanium | 타이타늄/티타늄 (티탄) - 혼용 |
| 23 | V | Vanadium | 바나듐 |
| 24 | Cr | Chromium | 크로뮴 (크롬) - 혼용 |
| 25 | Mn | Manganese | 망가니즈 (망간) - 혼용 |
| 26 | Fe | Iron (Ferrum) | 철 |
| 27 | Co | Cobalt | 코발트 |
| 28 | Ni | Nickel | 니켈 |
| 29 | Cu | Copper (Cuprum) | 구리 |

| 원자번호 | 원소기호 | IUPAC 이름 | 한글 새이름(한글 옛이름) |
|---|---|---|---|
| 30 | Zn | Zinc | 아연 |
| 31 | Ga | Gallium | 갈륨 |
| 32 | Ge | Germanium | 저마늄 (게르마늄) - 혼용 |
| 33 | As | Arsenic | 비소 |
| 34 | Se | Selenium | 셀레늄 (셀렌) - 혼용 |
| 35 | Br | Bromine | 브로민 (브롬) - 혼용 |
| 36 | Kr | Krypton | 크립톤 |
| 37 | Rb | Rubidium | 루비듐 |
| 38 | Sr | Strontium | 스트론튬 |
| 39 | Y | Yttrium | 이트륨 |
| 40 | Zr | Zirconium | 지르코늄 |
| 41 | Nb | Niobium | 나이오븀/니오븀 (니오브) - 혼용 |
| 42 | Mo | Molybdenum | 몰리브데넘 (몰리브덴) - 혼용 |
| 43 | Tc | Technetium | 테크네튬 |
| 44 | Ru | Ruthenium | 루테늄 |
| 45 | Rh | Rhodium | 로듐 |
| 46 | Pd | Palladium | 팔라듐 |
| 47 | Ag | Silver (Argentum) | 은 |
| 48 | Cd | Cadmium | 카드뮴 |
| 49 | In | Indium | 인듐 |
| 50 | Sn | Tin (Stannum) | 주석 |
| 51 | Sb | Antimony (Stibium) | 안티모니 (안티몬) - 혼용 |
| 52 | Te | Tellurium | 텔루륨 (텔루르) - 혼용 |
| 53 | I | Iodine | 아이오딘 (요오드) - 혼용 |
| 54 | Xe | Xenon | 제논 (크세논) - 혼용 |
| 55 | Cs | Caesium (Cesium) | 세슘 |
| 56 | Ba | Barium | 바륨 |
| 57 | La | Lanthanum | 란타넘 (란탄) - 혼용 |
| 58 | Ce | Cerium | 세륨 |
| 59 | Pr | Praseodymium | 프라세오디뮴 |
| 60 | Nd | Neodymium | 네오디뮴 |
| 61 | Pm | Promethium | 프로메튬 |
| 62 | Sm | Samarium | 사마륨 |

| 원자번호 | 원소기호 | IUPAC 이름 | 한글 새이름(한글 옛이름) |
|---|---|---|---|
| 63 | Eu | Europium | 유로퓸 |
| 64 | Gb | Gadolinium | 가돌리늄 |
| 65 | Tb | Terbium | 터븀 (테르븀) - 혼용 |
| 66 | Dy | Dysprosium | 디스프로슘 |
| 67 | Ho | Holmium | 홀뮴 |
| 68 | Er | Erbium | 어븀 (에르븀) - 혼용 |
| 69 | Tm | Thulium | 툴륨 |
| 70 | Yb | Ytterbium | 이터븀 (이테르븀) - 혼용 |
| 71 | Lu | Lutetium | 루테튬 |
| 72 | Hf | Hafnium | 하프늄 |
| 73 | Ta | Tantalum | 탄탈럼 (탄탈) - 혼용 |
| 74 | W | Tungsten (Wolfram) | 텅스텐 |
| 75 | Re | Rhenium | 레늄 |
| 76 | Os | Osmium | 오스뮴 |
| 77 | Ir | Iridium | 이리듐 |
| 78 | Pt | Platinum | 백금 |
| 79 | Au | Gold (Aurum) | 금 |
| 80 | Hg | Mercury (Hydrargryum) | 수은 |
| 81 | Tl | Thallium | 탈륨 |
| 82 | Pb | Lead (Plumbum) | 납 |
| 83 | Bi | Bismuth | 비스무트 |
| 84 | Po | Polonium | 폴로늄 |
| 85 | At | Astatine | 아스타틴 |
| 86 | Rn | Radon | 라돈 |
| 87 | Fr | Francium | 프랑슘 |
| 88 | Ra | Radium | 라듐 |
| 89 | Ac | Actinium | 악티늄 |
| 90 | Th | Thorium | 토륨 |
| 91 | Pa | Protactinium | 프로탁티늄 |
| 92 | U | Uranium | 우라늄 |
| 93 | Np | Neptunium | 넵투늄 |
| 94 | Pu | Plutonium | 플루토늄 |
| 95 | Am | Americium | 아메리슘 |

| 원자번호 | 원소기호 | IUPAC 이름 | 한글 새이름(한글 옛이름) |
|---|---|---|---|
| 96 | Cm | Curium | 퀴륨 |
| 97 | Bk | Berkelium | 버클륨 |
| 98 | Cf | Californium | 칼리포늄 (칼리포르늄) |
| 99 | Es | Einsteinium | 아인슈타이늄 (아인시타늄) |
| 100 | Fm | Fermium | 페르뮴 |
| 101 | Md | Mendelevium | 멘델레븀 |
| 102 | No | Nobelium | 노벨륨 |
| 103 | Lr | Lawrencium | 로렌슘 |
| 104 | Rf | Rutherfodium | 러더포듐 |
| 105 | Db | Dubnium | 더브늄 |
| 106 | Sg | Seaborgium | 시보귬 |
| 107 | Bh | Bohrium | 보륨 |
| 108 | Hs | Hassium | 하슘 |
| 109 | Mt | Meitnerium | 마이트너륨 |

* IUPAC : International Union of Pure and Applid Chemical의 약어로 '국제순수 및 응용화학 연합'을 의미함.

## 2.2. 작업환경측정 및 환경오염시험방법 관련 용어

(이 중 화합물 이름은 대한화학회 명명법으로 통일하였음.)

### 1) 일반용어

| 기존 용어 | 바꿈 용어 | 쓰임새 |
|---|---|---|
| 가스 | 기체 | 가스압력 ▶ 기체압력, 가스크로마토그래피 ▶ 기체크로마토그래피 |
| 가스메타 | 가스미터 | 건식가스메타 ▶ 건식가스미터 |
| 검수, 검액 | 시료 | |
| 검액량 | 시료량 | |
| 고형물질 | 고형물 | |
| 공시험 | 바탕시험 | 바탕시험용 튜브 |
| 구배 | 기울기 | 이온전위구배 ▶ 이온전위기울기 |
| 그리이스 | 그리스 | 진공용 그리이스 ▶진공용 그리스 |
| 납사 | 나프타(naphtha) | |
| 내경 | 안지름 | |
| 노르말농도 | 노말농도 | |
| 단색장치 | 단색화장치 | |
| 담체 | 지지체 | 정지상 담체 ▶ 정지상 지지체 |
| 데시케이터 | 건조용기 | |
| 도입부, 인젝터 | 주입부 | 시료도입 ▶ 시료주입, 인젝터 온도 ▶ 주입부 온도 |
| 디~ | 다이~(di-) | |
| 램버어트-비어법칙 | 베르법칙 | |
| 마그네틱스티러 | 자석교반기 | |
| 마이크로실린지 | 미량주사기 | |
| 메스실린더 | 눈금실린더 | |
| 메칠렌 | 메틸렌(methylene) | 메칠렌블루 ▶ 메틸렌 블루 |
| 메틸 머캅탄 | 메테인 싸이올 | |
| 멤브레인 필터 | 막거르개 | |
| 면적 | 넓이 | 면적비 ▶ 넓이비 |
| 물리적화학적 | 물리화학적 | 물리적화학적 성질 ▶ 물리화학적 성질 |
| 바이패스유로 | 우회관로 | |
| 반고상 | 반고체 | 반고상 폐기물 ▶ 반고체 폐기물 |
| 배가스 | 배출가스 | |
| 버어너 | 버너 | 기체 버어너 ▶ 기체 버너 |

| 기존 용어 | 바꾼 용어 | 쓰임새 |
|---|---|---|
| 벤진 | 벤젠(benzen) | |
| 불휘발성 | 비휘발성 | |
| 브롬 | 브로모~ | 브롬티몰블루 ▶ 브로모티몰 블루 |
| 비스무스 | 비스무트(Bi) | 비스무스아황산염 ▶ 비스무트 아황산염 |
| 비이커 | 비커 | |
| 세정병 | 씻기병 | |
| 수소염 | 수소불꽃 | 수소염이온화법 ▶ 수소불꽃이온화법 |
| 스윗치 | 스위치(switch) | |
| 스타렌 | 스타이렌(styrene) | 스타렌다이비닐벤젠 ▶ 스타이렌 다이비닐벤젠 |
| 슬리트 | 슬릿(slit) | |
| 시~ | 사이(cy~) | 시클로로헥산다이아민초산용액 ▶사이클로로헥세인 다이아민아세트산용액 |
| 실린지 | 주사기 | |
| 써프렛서(suppressor) | 억압기 | |
| 쓰롤린~ | 트롤린~ | 페난쓰롤린 용액 ▶ 페난트롤린 용액 |
| 아세칠렌 | 아세틸렌(acethylene) | |
| 알카리 | 알칼리(alkali) | 알카리성 용액 ▶ 알칼리성 용액 |
| 암소 | 어두운 곳 | |
| 에스테르 | 에스터(ester) | 폴리에스테르계 ▶ 폴리에스터계 |
| 에어콤프레셔 | 공기압축기 | |
| 에칠 | 에틸(ethyl~) | 에칠알콜 ▶ 에틸알코올 |
| 여과제 | 여과재 | |
| 여기(exite) | 들뜸 | 여기법 ▶ 들뜸법 |
| 여액 | 여과용액 | 추출 여과여액 ▶ 추출 여과용액 |
| 역가 | 농도계수 | |
| 연도 | 굴뚝 | 연도배출구 ▶ 굴뚝배출구 |
| 열전도형검출기 | 열전도도 검출기 | |
| 염광광도검출기 | 불꽃광도 검출기 | |
| 염화물 | 염소화물 | |
| 예혼합 | 예비혼합 | 예혼합버너 ▶ 예비혼합버너 |
| 완충액 | 완충용액 | 초산염 완충액 ▶ 아세트산염 완충용액 |
| 용량, 용적 | 부피 | 용량이라는 단위만 사용할 때는 부피로 표현하고 플라스크에서는 용 |

| 기존 용어 | 바꿈 용어 | 쓰임새 |
|---|---|---|
| | | 량 플라스크라고 함. |
| 원자흡광분석법 | 원자흡수분광광도법 | |
| 위해기체 | 유해기체 | |
| 유리봉 | 유리막대 | |
| 유리섬유제 | 유리섬유 | 유리섬유제 거름종이 ▶유리섬유 거름종이 |
| 이성체 | 이성질체 | 치환이성체 ▶ 치환이성질체 |
| 이소~ | 아이소~(iso~) | 이소부탄 ▶ 아이소뷰테인 |
| 인테그레이터 (integrator) | 적분기 | |
| 입자 | 입자상 | 입자 아연 ▶ 입자상 아연 |
| 잔재물 | 잔류물 | |
| 정도 | 정밀도(precision) | |
| 정량용표준물질 | 정량표준물질 | |
| 정수 | 상수 | 페러데이 정수 ▶ 페러데이 상수 |
| 정온 | 등온 | 정온 가스크로마토그래피 ▶ 등온 기체크로마토그래피 |
| 지시액 | 지시약 | |
| 질량크로마토그래피법 | 질량분석법 | Mass Spectroscopy |
| 질소봄베 | 질소통 | |
| 천칭 | 저울 | 자동미량천칭 ▶ 자동미량저울 |
| 초자 | 유리기구 | 경질초자 ▶ 경질유리기구 |
| 충진, 팩킹 | 충전 | |
| 취기 | 냄새 | |
| ~치(value) | ~값 | 분석치 ▶ 분석값, 비례치 ▶ 비례값 |
| 치몰 | 티몰 | 브로모치몰블루 ▶ 브로모티몰 블루 |
| 치오~ | 싸이오~ | 치오황산나트륨 ▶ 싸이오황산 소듐 |
| 칭량 | 평량 | |
| 캐리어가스 | 운반기체 | |
| 캐피러리 | 모세관 | 캐피러리 컬럼 ▶ 모세관 컬럼 |
| 컬럼(column) | 분리관 | |
| 크로마토그래프법 | 크로마토그래피 | 시험법을 의미함. |
| 크실렌 | 자일렌(xylene) | m-크실렌 ▶ 메타-자일렌 |
| 탈기 | 기체제거 (degassing) | |

| 기존 용어 | 바꿈 용어 | 쓰임새 |
|---|---|---|
| 테프론제 비커 | 테플론 비커 | |
| 토오치 | 토치 | |
| 트리~ | 트라이~(tri~) | 트리메틸아민 ▶ 트라이메틸 아민 |
| 퍼어지 | 퍼지(purge) | 기체퍼어지분광기 ▶ 기체퍼지분광기 |
| 펀넬(funnel) | 깔때기 | separatory funnel ▶ 분액깔때기 |
| 포집 | 채취 | 감압 포집병 ▶ 감압 채취병 |
| 표준액 | 표준용액 | 구리 표준액 ▶ 구리 표준용액 |
| 표준용시약 | 표준시약 | |
| 플루오르~, 플로로~ | 플루오르~ | 플로로벤젠 ▶ 플루오로벤젠 |
| 피이크 | 피크 | |
| 하한 | 한계 | 하한값 ▶ 한계값 |
| 핫플레이트<br>(hot plate) | 가열판 | |
| 혼액 | 혼합액 | |
| 홀더 | 지지대 | |
| 환저플라스크 | 둥근바닥플라스크 | |

## 2) 대표적인 화합물 이름

| 한글 새이름 | 한글 옛이름 |
|---|---|
| 갈락토스/젖당 | 갈락토오스 |
| 과망간산 포타슘/과망간산 칼륨 | 과망간산칼륨 |
| 과산화 수소 | 과산화수소 |
| 나이트로벤젠 | 니트로벤젠 |
| 노네인 | 노난 |
| 노말-부탄/노말-뷰테인 | 노르말부탄 |
| 노말-헥세인 | n-헥산 |
| 1,2-다이브로모벤젠 | 1,2-디브로모벤젠 |
| 다이브로모아세토나이트릴 | 디브로모아세토니트릴 |
| 1,2-다이브로모에테인/1,2-다이브로모에탄 | 1,2-디브로모에탄 |
| 1,2-다이브로모-3-클로로프로페인 | 1.2-디브로모-3-클로로프로판 |
| 다이메틸다이설파이드 | 이황화메틸 |
| 다이메틸설파이드 | 황화메틸 |
| 다이메틸아민 | 디메틸아민 |
| 다이메틸에터/다이메틸에테르 | 디메틸에테르 |
| 다이에틸아민 | 디에틸아민 |
| 다이사이아노은 포타슘 | 이사아노은 칼륨 |
| 다이암민은 이온 | 이암민은 이온 |
| 다이옥신 | 디옥신 |
| 다이크롬산 포타슘 | 중크롬산 칼륨 |
| 다이클로로다이플루오로메테인 | 디클로로디플루오로메탄 |
| 다이클로로벤젠 | 디클로로벤젠 |
| 다이클로로아세토나이트릴 | 디클로로아세토니트릴 |
| 다이클로로에테인 | 디클로로에탄 |
| 1,2-다이클로로에테인 | 1,2-디클로로에탄 |
| 1,1-다이클로로에틸렌 | 1,1-디클로로에틸렌 |
| 1,2-다이클로로에틸렌 | 아세틸렌 디클로라이드 |
| 다이클로로페놀 | 디클로로페놀 |
| 1,3-다이클로로프로펜 | 1,3-디클로로프로펜 |
| 데케인 | 데칸 |
| 망간산 포타슘/망간산 칼륨 | 망간산 칼륨 |
| 메타규산 소듐/메타규산 나트륨 | 규산나트륨 |

| 한글 새이름 | 한글 옛이름 |
|---|---|
| 메타규산 칼슘 | 규산칼슘 |
| 메타-자일렌 | m-크실렌 |
| 메타-크레졸 | m-크레졸 |
| 메테인 | 메탄 |
| 폼산/메탄산 | 메탄산(포름산) |
| 폼알데하이드/메탄알 | 포름알데히드(메탄알) |
| 메틸 레드 | 메틸레드 |
| 메틸 t-뷰틸에테르 | 엠티비이(MTBE) |
| 메틸 오렌지 | 메틸오렌지 |
| 벤젠 설폰산 | 벤젠 술폰산 |
| 벤즈알데하이드 | 벤즈알데히드 |
| 뷰타다이엔 | 부타디엔 |
| 뷰테인 | 부탄 |
| 뷰탄산 에틸 | 부탄산에틸 |
| 뷰탄산 펜틸 | 부탄산펜틸 |
| 1-뷰탄올 | 1-부탄올 |
| 브로모티몰 블루 | 브로모티몰블루 |
| 브로민화 소듐/브로민화 나트륨 | 브롬화나트륨 |
| 브로민화 수소 | 브롬화수소 |
| 브로민화 은 | 브롬화은 |
| 브로민화 포타슘/브로민화 칼륨 | 브롬화칼륨 |
| 브로민화합물 | 브롬화합물 |
| 바이닐알코올 | 비닐알코올 |
| 사수소화 저마늄 | 사수소화 게르마늄 |
| 사염화 탄소 | 사염화탄소/테트라클로로메탄 |
| 사이아나이드화합물 | 시안화물 |
| 사이안산 암모늄 | 시안산암모늄 |
| 사이안화 메틸 | 시안화메틸 |
| 사이안화 수소 | 시안화수소 |
| 사이안화 칼슘 | 시안화 칼슘 |
| 사이클로뷰테인 | 시클로부탄 |
| 사이클로펜테인 | 시클로펜탄 |
| 사이클로펜텐 | 시클로펜텐 |

| 한글 새이름 | 한글 옛이름 |
|---|---|
| 사이클로프로페인 | 시클로프로판 |
| 사이클로헥세인 | 시클로헥산 |
| 산화 망가니즈 | 산화 망간 |
| 산화 소듐/산화 나트륨 | 산화나트륨 |
| 산화 이질소 | 일산화 이질소 |
| 산화 질소 | 산화질소 |
| 산화 칼슘 | 산화칼슘 |
| 산화 크로뮴 | 산화크롬 |
| 산화 타이타늄 | 산화 티탄 |
| 산화 포타슘/산화 칼륨 | 산화칼륨 |
| 살리실산 메틸 | 살리실산메틸 |
| 삼산화 다이코발트 | 삼산화 이코발트 |
| 삼산화 다이크로뮴 | 삼산화 이크롬 |
| 삼산화 크로뮴 | 삼산화 크롬 |
| 삼산화 황 | 삼산화황 |
| 삼수소화 안티모니 | 삼수소화 안티몬 |
| 삼염화 에테인/트라이클로로 에테인 | 삼염화에탄 |
| 셀레늄화 수소 | 셀렌화 수소 |
| 셀룰로스 | 셀룰로오스 |
| 수산화 소듐/수산화 나트륨 | 수산화 나트륨 |
| 수산화 알루미늄 | 수산화알루미늄 |
| 수산화 암모늄 | 수산화암모늄 |
| 수산화 카드뮴 | 수산화카드뮴 |
| 수산화 칼슘 | 수산화칼슘 |
| 수산화 포타슘/수산화 칼륨 | 수산화 칼륨 |
| 수소화 마그네슘 | 수소화마그네슘 |
| 수소화 소듐/ 수소화 나트륨 | 수소화나트륨 |
| 수소화 포타슘/수소화 칼륨 | 수소화칼륨 |
| 스타이렌 | 스티렌/스틸렌 |
| 시트르산 소듐/시트르산 나트륨 | 시트르산나트륨 |
| 실리카젤 | 실리카겔 |
| 싸이오사이안산 포타슘 | 티오시안산 칼륨 |
| 아세트산 | 초산 |

| 한글 새이름 | 한글 옛이름 |
|---|---|
| 아세트산 소듐 | 아세트산 나트륨 |
| 아세트산 메틸 | 아세트산에틸 |
| 아세트산 에틸 | 에탄산 에틸 |
| 아세트산 옥틸 | 에탄산 옥틸 |
| 아세트산 펜틸 | 에탄산 펜틸 |
| 아세트아닐라이드 | 아세틸아닐리드 |
| 아세트알데하이드 | 아세트알데히드 |
| 아세틸 살리실산/아스피린 | 아세틸살리실산 |
| 아이소뷰테인/아이소부탄 | 이소부탄 |
| 아이소프렌 | 이소프렌 |
| 아이소프로필알콜 | 이소프로필알콜 |
| 아이오딘산 포타슘/아이오딘산 칼륨 | 요오드산 칼륨 |
| 아이오딘폼 | 요오드포름 |
| 아이오딘화 납 | 요오드화납 |
| 아이오딘화 소듐 | 요오드화 나트륨 |
| 아이오딘화 수소 | 요오드화수소 |
| 아이오딘화 은 | 요오드화은 |
| 아이오딘화 포타슘 | 요오드화 칼륨 |
| 아질산 소듐 | 아질산 나트륨 |
| 아크릴로나이트릴 | 아크릴로니트릴 |
| 아황산 수소 소듐 | 아황산수소 나트륨 |
| 에테인 | 에탄 |
| 에틸렌 글라이콜 | 에틸렌글리콜 |
| 에틸메틸케톤 | 메틸에틸케톤 |
| 염기성 탄산 구리 | 염기성 탄산구리 |
| 염산 | 염화수소산 |
| 염소산 포타슘 | 염소산 칼륨 |
| 염화 구리 | 염화구리 |
| 염화 납 | 염화납 |
| 염화 루비듐 | 염화루비듐 |
| 염화 마그네슘 | 염화마그네슘 |
| 염화 망가니즈 | 염화 망간 |
| 염화 메틸 | 염화메틸 |

| 한글 새이름 | 한글 옛이름 |
|---|---|
| 염화 메틸렌 | 염화메틸렌 |
| 염화 벤젠다이아조늄 | 염화벤젠디아조늄 |
| 염화 바이닐/클로로에틸렌 | 염화비닐 |
| 염화 세슘 | 염화세슘 |
| 염화 소듐 | 염화나트륨 |
| 염화 수은 | 염화수은 |
| 염화 아닐리늄 | 염화아닐리늄 |
| 염화 암모늄 | 염화암모늄 |
| 염화 은 | 염화은 |
| 염화 철 | 염화철 |
| 염화 칼슘 | 염화칼슘 |
| 염화 포타슘 | 염화 칼륨 |
| 염화 플루오르화 탄소 | 염화플루오르화탄소 |
| 오쏘-자일렌 | o-크실렌 |
| 오쏘-크레졸 | o-크레졸 |
| 옥테인 | 옥탄 |
| 유레아/요소 | 요소 |
| 이산화 망가니즈 | 이산화 망간 |
| 이산화아연산 소듐 | 이산화아연산 나트륨 |
| 인산 포타슘 | 인산칼륨 |
| 자일렌 | 크실렌 |
| 질산 소듐 | 질산나트륨 |
| 질산 암모늄 | 질산암모늄 |
| 질산 포타슘 | 질산 칼륨 |
| 클로로폼 | 클로로포름/트리클로로메탄 |
| 탄산 소듐 | 탄산 나트륨 |
| 탄산 수소 소듐 | 탄산수소 나트륨 |
| 탄소화 규소 | 탄화규소 |
| 탄소화 칼슘 | 칼슘카바이트/탄화칼슘 |
| 테트라브로민화 탄소 | 사브롬화탄소 |
| 테트라암민 구리 이온 | 사암민구리 |
| 테트라플루오르화 규소 | 사플루오르화규소 |
| 테트라플루오르화 탄소 | 사플루오르화 탄소 |

| 한글 새이름 | 한글 옛이름 |
|---|---|
| 텔루륨화 수소 | 텔루르화수소 |
| 2,4,6-트라이나이트로톨루엔 | 티엔티(TNT) |
| 트라이클로로아세토나이트릴 | 트리클로로아세토니트릴 |
| 트라이클로로에테인 | 트리클로로에탄 |
| 트라이클로로에틸렌 | 트리클로로에틸렌 |
| 트라이클로로 트라이플루오로에테인 | 트리클로로 트리플루오로에탄 |
| 트라이클로로 플루오로메테인 | 트리클로로플루오로메탄 |
| 트라이플루오르화 붕소 | 삼플루오르화붕소 |
| 트라이할로 메테인 | 트리할로메탄 |
| 티몰 블루 | 티몰블루 |
| 파라-자일렌 | p-크실렌 |
| 파라-크레졸 | p-크레졸 |
| 파라-하이드록시아조벤젠 | p-히드록시아조벤젠 |
| 펜테인 | 펜탄 |
| 포도당/글루코스 | 포도당 |
| 포스파인 | 포스핀 |
| 폴리스타이렌 | 폴리스티렌 |
| 폴리염화 바이닐 | 폴리염화비닐 |
| 폴리염화바이페닐 | 폴리클로리네이티드비페닐 |
| 폼산 에틸 | 메탄산 에틸 |
| 폼알데하이드 | 포름알데히드 |
| 프로파인 | 프로핀 |
| 프로페인 | 프로판 |
| 프로필렌 | 프로펜 |
| 플루오르화 리튬 | 플루오르화리튬 |
| 플루오르화 베릴륨 | 플루오르화베릴륨 |
| 플루오르화 소듐 | 플루오르화나트륨 |
| 피크르산 | 피크린산 |
| 하이포아브로민산 | 하이포아브롬산 |
| 하이포아염소산 소듐 | 하이포아염소산나트륨 |
| 헥사메틸렌다이아민 | 헥사메틸렌디아민 |
| 헥사사이아노철(3-)산 포타슘 | 육시아노철(Ⅲ)산 칼륨 |
| 헥사사이아노철(4-)산 포타슘 | 육시아노철(Ⅱ)산 칼륨 |

| 한글 새이름 | 한글 옛이름 |
| --- | --- |
| 헥사플루오로알루미늄(3-)산 소듐 | 육플루오로알루미늄(Ⅲ)산 나트륨 |
| 헥세인 | 헥산 |
| 헵테인 | 헵탄 |
| 황산 구리 무수물 | 무수 황산구리 |
| 황산 구리(Ⅱ) | 황산구리(Ⅱ) |
| 황산 소듐 | 황산 나트륨 |
| 황산 수소 소듐 | 황산수소 나트륨 |
| 황산 크로뮴 | 황산 크롬 |
| 황산 포타슘 | 황산 칼륨 |
| 황화 수소 | 황화수소 |
| 황화 철 | 황화철 |

〈출처〉 1. 아름답고 알기 쉽게 바꾼 환경용어집(2005. 6, 환경부 환경정책실)
2. 화합물 이름(1999. 2. 20, 대한화학회)

## 2.3. 상용시약(가나다 순) 제조법

■ 개미산 소듐용액(50 W/V%) : Sodium Formate

개미산 소듐(sodium formate, $HCOONa_{(S)}$) 50 g을 물 80 mL에 녹인 후 100 mL 메스플라스크에 넣고 물로 표선까지 채운다.

- 배출기체 중 브로민화합물의 분석시(적정법(차아염소산염법)) 사용

■ 과망간산 포타슘용액(N/10) : Potassium Permanganate

과망간산 포타슘(potassium permanganate, $KMnO_{4(S)}$) 3.2 g을 물 1L에 녹여 60~70℃에서 약 2시간 정도 방치한 다음 녹지 않은 찌꺼기는 유리여과기로 걸러낸다.

- 배출기체 중 질소산화물 분석(페놀다이술폰산법)에 사용하는 과산화수소수(30%)의 함량 확인시 사용

■ 과망간산 포타슘용액(0.1N) : Potassium Permanganate

1L 중에 과망간산 포타슘(potassium permanganate, $KMnO_{4(S)}$) 3.1607 g을 함유한다.

㉠ 조제 : 과망간산 포타슘 3.2 g을 약 1,100 mL의 물에 녹여 1~2시간 조용히 끓인 다음 하루 동안 암소(暗所)에 방치하고 유리 여과기에 여과하여 깨끗한 갈색병에 넣어 보관한다.

㉡ 표정

150~200℃에서 1시간 건조하여 황산 데시케이터에서 식힌 수산 소듐(표준시약)(sodium oxalate, $Na_2C_2O_{4(s)}$) 약 0.3 g을 정밀히 달아 500 mL 삼각플라스크에 넣고 물 200 mL를 넣어 녹인 다음 황산(1+1) 10 mL를 넣고 열판 상에서 60~80℃로 액온을 유지하면서 조제한 과망간산 포타슘용액으로 적정한다. 처음에는 액 40 mL는 신속하게 넣어 반응시키고 다음에는 서서히 적정하여 과망간산 포타슘의 엷은 홍색이 약 30초간 지속되면 종말점으로 한다. 따로 물 200 mL를 취하여 같은 방법으로 시험하고 보정한다.
0.1N 과망간산 포타슘용액 1 mL = 6.700 mg $Na_2C_2O_4$

- 채취 시료수 중 산성 100℃에서 과망간산 포타슘에 의한 화학적 산소요구량(COD) 측정시 사용

■ 과망간산 포타슘용액(0.025N) : Potassium Permanganate

0.1N 과망간산 포타슘용액 250 mL를 정확히 취하여 물을 넣어 100 mL로 한다.

㉠ 간이조제 : 과망간산 포타슘 0.8 g을 약 1,100 mL의 물에 녹여 1~2시간 조용히 끓인 다음 하루 동안 암소(暗所)에 방치한 후 유리 여과기로 여과하여 깨끗한 갈색병에 넣어 보관한다.

㉡ 표정

물 100 mL을 300 mL 삼각플라스크에 취하여 황산(1+2) 10 mL를 넣고 여기에 N/40 수산 소듐용액(표정액) 10 mL를 넣어 열판상에서 60~80℃로 액온을 유지하면서 N/40 과망간산 포타슘용액으로 엷은 홍색이 액 30초간 지속되면 종말점으로 하여 적정된 양을 $a$ mL로 한다. 따로 물 100 mL에 황산(1+2) 10 mL를 넣은 것에 대하여 바탕시험을 실시한다. 여기에 소요된 0.025N 과망간산 포타슘의 mL수를 $b$로 하여, 다음 식으로 0.025N 과망간산 포타슘의 역가($f$)를 구한다.

$$\text{역가}\ (f) = \frac{10}{(a-b)}$$

- 채취 시료수 중 산성 100℃에서 과망간산 포타슘에 의한 화학적 산소요구량(COD) 측정 시 사용

■ **과망간산 포타슘용액(0.3 W/V%) : Potassium Permanganate**

과망간산 포타슘(potassium permanganate, $KMnO_{4(S)}$) 0.3 g을 물에 녹여 100 mL 메스플라스크에 넣고 물로 표선까지 채운다.

- 채취 시료수 중 크로뮴의 원자흡광광도법 분석 시 사용
- 채취 시료수 중 크로뮴의 흡광광도법(다이페닐카르바지드법) 분석 시 사용
- 채취 시료수 중 비소의 원자흡광광도법 분석 시 사용
- 채취 시료수 중 비소의 흡광광도법(다이에틸다이싸이오카르바민산은법) 분석 시 사용

■ **과망간산 포타슘용액(0.32 W/V%) : Potassium Permanganate**

과망간산 포타슘(potassium permanganate, $KMnO_{4(S)}$) 0.79 g을 물에 녹여 250 mL 메스플라스크에 넣고 물로 표선까지 채운다.

- 배출기체 중 브로민화합물의 분석 시(흡광광도법(싸이오사이안산 제2수은법)) 사용
- 배출기체 중 크로뮴화합물의 분석 시(원자흡수분광광도법) 사용
- 배출기체 중 수은화합물의 분석 시 흡광광도법의 흡수액 조제에 사용

■ 과망간산 포타슘용액(3 W/V%) : Potassium Permanganate
과망간산 포타슘(potassium permanganate, $KMnO_{4(S)}$) 3 g을 물에 녹여 100 mL로 한다.

• 배출기체 중 크로뮴화합물의 분석 시(흡광광도법) 사용

■ 과망간산 포타슘용액(5W/V%) : Potassium Permanganate
과망간산 포타슘(potassium permanganate, $KMnO_{4(S)}$) 5 g을 물에 녹여 100 mL로 한다.

• 배출기체 중 수은화합물의 분석 시(환원기화 원자흡수분광광도법) 사용
• 채취 시료수 중 수은의 원자흡광광도법(환원기화법) 분석 시 사용

■ 과망간산 포타슘-황산용액(3 W/V%) : Potassium Permanganate-Sulfuric Acid
6% 과망간산 포타슘(potassium permanganate, $KMnO_{4(S)}$) 용액 10 mL와 10% 황산용액 50 mL에 물을 넣어 전량을 1,000 mL로 한다.

■ 과산화수소수(30%) : Hydrogen Peroxide(주)
농도 30%, 비중 1.11인 과산화수소수(hydrogen peroxide, $H_2O_{2(L)}$)를 사용한다. 어둡고 서늘한 곳에 보관하여 사용한다.

(주) 과산화수소수(30%)의 함량이 의심스러울 때는 다음과 같이 시험한다.
칭량병에 물 약 5 mL를 넣고 이 무게를 정확히 단 다음 여기에 과산화수소수 약 1 mL를 넣고 무게를 정확히 단다. 이것을 100 mL 메스플라스크에 씻어 넣고 물을 가하여 표선까지 채운다. 이 중에서 20 mL를 분취하여 황산 (1+15) 20 mL를 가하여 N/10 과망간산포타슘 용액으로 적정한다. 30초간 엷은 홍색이 소실되지 않는 점을 종말점으로 한다.
N/10 과망간산포타슘 용액 1 mL는 0.001701 g $H_2O_2$에 상당한다.

• 배출기체 중 황산화물 분석 시(침전적정법(아르세나조-III법)) 흡수액으로 사용
• 배출기체 중 질소산화물 분석(페놀다이술폰산법) 흡수액 조제 시 사용
• 배출기체 중 카드뮴화합물 분석(원자흡수분광 광도법)의 분석시료용액(질산-과산화수소법) 조제 시 사용
• 배출기체 중 카드뮴화합물 분석(원자흡수분광 광도법)의 분석시료용액(저온회화법) 조제 시 사용
• 배출기체 중 크로뮴화합물 분석 시 사용

- 배출기체 중 니켈화합물 분석 시 사용
- 환경 대기 중 납의 분석 시(흡광광도법의 저온회화법) 사용
- 환경 대기 중 납의 분석 시(흡광광도법의 질산·과산화수소법) 사용
- 채취 시료수 중 총질소의 환원 증류-킬달법(합산법) 분석 시 사용
- 채취 시료수 중 망간의 원자흡광광도법 분석 시 사용

■ 과산화수소수 용액 : Hydrogen Peroxide

0.2 mL의 30% 과산화수소수를 증류수로 250 mL로 한다. 이 용액을 암소에 보관하면 1개월간 안전하다.

- 환경 대기 중 질소산화물 분석 시(야콥스호흐하이저법(24시간 채취법)) 사용

■ 과산화수소수(1+9) : Hydrogen Peroxide

과산화수소수(hydrogen peroxide, $H_2O_{2(L)}$) 1부피에 물 9부피를 섞는다. 어둡고 서늘한 곳에 보관한다.

- 배출기체 중 황산화물 분석 시(침전적정법(아르세나조-III법)) 흡수액으로 사용

■ 과산화수소수(1+10) : Hydrogen Peroxide

과산화수소수(hydrogen peroxide, $H_2O_{2(L)}$) 1부피에 물 10부피를 섞는다. 어둡고 서늘한 곳에 보관한다.

- 채취 시료수 중 망간의 흡광광도법(과아이오딘산 포타슘법) 분석 시 사용

■ 과산화수소수(1+29) : Hydrogen Peroxide

과산화수소수(hydrogen peroxide, $H_2O_{2(L)}$) 1부피에 물 29부피를 섞는다. 어둡고 서늘한 곳에 보관한다.

- 환경 대기 중 옥시단트 분석 시(알칼리성 아이오딘화 포타슘법(수동)) 사용

■ 과산화수소수(3 W/V%) : Hydrogen Peroxide

과산화수소수(hydrogen peroxide, $H_2O_{2(L)}$) 특급시약 2.7 mL를 취하여 물로 100 mL까지 채운다.

- 유류 중 황화합물 분석 시(연소관식 분석방법(공기법)) 사용
- 배출기체 중 베릴륨 분석 시(원자흡수분광 광도법) 사용
- 배출기체 중 베릴륨 분석 시(모린형광광도법) 사용
- 채취 시료수 중 망간의 원자흡광광도법 분석 시 사용

■ 과산화수소수(6W/V%) : Hydrogen Peroxide

과산화수소수(hydrogen peroxide, $H_2O_{2(L)}$) 5.4 mL를 취하여 물로 100 mL까지 채운다.

- 환경 대기 중 아황산기체 분석 시(산정량 수동법) 사용

■ 과염소산 : Perchloric Acid

농도 60%, 비중 1.54인 과염소산(perchloric acid, $HClO_{4(L)}$)을 사용한다.

- 배출기체 중 플루오린화합물 분석(흡광광도법(란탄-알리자린콤플렉손법)) 시 플루오린이온의 분리에 사용
- 채취 시료수 중 플루오르(흡광광도법(란탄-알리자린 콤플렉손법)) 분석 시 사용

■ 과아이오딘산 포타슘 : Potassium Periodate

과요오드산 포타슘(potassium periodate, $KIO_{4(S)}$)을 사용한다.

- 채취 시료수 중 망간의 흡광광도법(과아이오딘산 포타슘법) 분석 시 사용

■ 과황산 포타슘용액(4 W/V%) : Potassium Peroxodisulfate

과황산 포타슘(potassium peroxodisulfate, $K_2S_2O_{8(S)}$) 4 g을 물에 녹여 100 mL로 한다.

- 채취 시료수 중 총 인의 흡광광도법(아스코르빈산 환원법) 분석 시 사용

■ 과황산 포타슘용액(5 W/V%) : Potassium Peroxodisulfate

과황산 포타슘(potassium peroxodisulfate, $K_2S_2O_{8(S)}$) 5 g을 물에 녹여 100 mL로 한다.

• 채취 시료수 중 수은의 원자흡광광도법(환원기화법) 분석 시 사용

**■ 알칼리성 과황산 포타슘용액 : Alkali Potassium Peroxodisulfate**

물 500 mL에 질소, 인 시험용(또는 질소함량이 0.0005% 이하) 수산화 소듐(sodium hydroxide, $NaOH_{(s)}$) 20 g을 넣어 녹인 다음 질소, 인 시험용(또는 질소함량이 0.0005% 이하) 과황산 포타슘(potassium peroxodisulfate, $K_2S_2O_{8(S)}$) 15 g을 넣어 녹인다. 이 용액은 사용 시 조제한다.

• 채취 시료수 중 총질소의 흡광광도법(자외선) 분석 시 사용
• 채취 시료수 중 총질소의 카드뮴 환원법 분석 시 사용

**■ 구리 표준원액(1 mg Cu/mL) : Copper Standard Solution**

금속구리(copper, $Cu_{(S)}$) (순도 99.9% 이상) 1 g을 정확히 취하여 질산(1+2) 30 mL를 가하고 서서히 가열하여 녹인다. 여기에 황산 1 mL를 가하고 황산 백연이 날 때까지 가열한 후 냉각시켜서 1 L 메스플라스크에 옮겨 넣고 표선까지 채운다.

• 배출기체 중 구리화합물 분석 시 사용

**■ 구리 표준원액(0.1 mg Cu/mL) : Copper Standard Solution**

금속구리(copper, $Cu_{(S)}$) (순도 99.9% 이상) 0.100 g을 정확히 취하여 질산(1+2) 20 mL를 넣어 녹이고 가열하여 질소산화물을 추출한 다음 방냉하고 물을 넣어 정확히 1,000 mL로 한다. 또는 황산구리(표준시약) (copper sulfate pentahydrate, $CuSO_{4(S)}$) 0.393 g을 질산(1+1) 20 mL에 녹이고 물을 넣어 정확히 1,000 mL로 한다.

• 채취 시료수 중 구리의 원자흡광광도법 분석 시 사용
• 채취 시료수 중 구리의 흡광광도법(다이에틸다이싸이오카르바민산법) 분석 시 사용

**■ 구리 표준용액(0.01 mg Cu/mL) : Copper Standard Solution**

구리 표준원액(1mg Cu/mL) 10 mL를 정확히 취하여 1 L 메스플라스크에 넣고 물로 표선까지 채운다. 이 용액은 사용 시 조제한다.

• 배출기체 중 구리화합물 분석 시 사용

■ **구리 표준원액(0.05, 0.01, 0.001 mg Cu/mL) : Copper Standard Solution**

구리 표준원액(0.1 mg Cu/mL) 500, 100, 10 mL를 정확히 취하여 1 L 메스플라스크에 넣고 물로 표선까지 채운다. 이 용액은 사용 시 조제한다.

- 채취 시료수 중 구리의 원자흡광광도법 분석 시 사용
- 채취 시료수 중 구리의 흡광광도법(다이에틸다이싸이오카르바민산법) 분석 시 사용

■ **구리용액(1 w/v%) : Copper Solution**

금속구리(copper, $Cu_{(S)}$) (순도 99.9% 이상) 1.0g에 질산 5 mL를 1~2 mL씩 넣어 녹이고 과염소산 20 mL를 넣고 가열하여 흰 연기를 충분히 날려 보내고 물을 넣어 전량을 100 mL로 한다.

■ **구연산 용액(150 g/L) : Citric Acid(or 3-hydroxytricarballylic acid)**

구연산(citric acid(or 3-hydroxytricarballylic acid), $C_6H_8O_{7(S)}$) 150 g을 물에 녹여 1 L로 한다.

- 배출기체 중 이황화탄소 분석(흡광광도법) 흡수액 조제 시 사용

■ **구연산 암모늄용액 : Ammonium Citrate, Dibasic**

구연산 이암모늄(ammonium citrate, dibasic, $C_6H_{14}N_2O_{7(S)}$) 45 g을 물 100 mL에 녹인 후 암모니아수를 가하여 pH를 8~9로 한다. 이 용액을 분액깔때기에 넣고 디티오존 클로로폼 용액 20 mL를 가한 다음 불순물을 추출한다. 이 조작은 새로이 가한 디티오존 클로로폼용액이 디티오존 용액의 고유의 색깔인 녹색을 띨 때까지 계속한다. 이렇게 하여 얻어진 수층에 2회에 걸쳐 클로로폼 50 mL를 가하여 흔들어 섞은 다음 수층을 분취한다.

- 배출기체 중 아연화합물의 분석 시(흡광광도법) 사용

■ **구연산 암모늄-EDTA용액 : Ammonium Citrate, Dibasic-Ethylenediaminetetraacetic Acid (or EDTA)**

구연산 이암모늄(ammonium citrate, dibasic, $C_6H_{14}N_2O_{7(S)}$) 20g 과 EDTA(ethylene diamine tetraacetate, 2 sodium salt dihydrate, $C_{10}H_{14}O_8N_2Na_2 \cdot 2H_2O_{(S)}$)) 5 g을 물에 녹여 100 mL로 한다. 만일 이 용액에 구리가 존재할 때는 암모니아수로 약알칼리(pH 9)로 한 다음 DDTC용액 0.1 mL 및 사염화탄소 10 mL를 가하여 심하게 흔들어 섞고 정치하여 구리를 사

염화탄소층에 추출 제거한다. 이 조작은 사염화탄소층이 무색이 될 때까지 반복한다.

- 배출기체 중 구리화합물의 분석 시(흡광광도법) 사용

■ **구연산 이암모늄용액(10 W/V%) : Ammonium Citrate, Dibasic**

구연산 이암모늄(ammonium citrate, dibasic, $C_6H_{14}N_2O_{7(S)}$) 10 g을 물 약 80 mL에 녹인다. 암모니아수(1+1)를 떨어뜨려서 pH를 약 9로 조절한 다음 물을 가하여 100 mL로 한다. 이것을 분액깔때기에 옮겨 넣고 디티오존 클로로폼 용액(0.005W/V%) 소량을 가한 다음 잘 흔들어 섞고 정치하여 클로로폼층을 분리한다. 이 조작을 클로로폼층이 녹색을 계속 유지할 때까지 반복한다. 다음에 정제 클로로폼 5~10 mL를 가하고 잘 흔들어 섞은 다음 정치하여 클로로폼층을 분리한다. 물층을 마른 여과지로 여과해서 클로로폼의 작은 입자를 제거한다.

- 배출기체 중 카드뮴화합물 분석 시 원자흡광 분석법의 용매추출, 흡광광도법 시 사용
- 배출기체 중 납화합물의 분석 시(흡광광도법) 사용
- 배출기체 중 니켈화합물의 분석 시(흡광광도법) 사용
- 환경 대기 중 납의 분석 시(흡광광도법) 사용

■ **구연산 이암모늄용액(10 W/V%) : Ammonium Citrate, Dibasic : DDTC-MIBK 시험용**

구연산 이암모늄(ammonium citrate, dibasic, $C_6H_{14}N_2O_{7(S)}$) 10 g을 물 약 80 mL에 녹이고 메타크레솔퍼플(m-cresol purple, $C_{21}H_{18}O_5S_{(S)}$) 에틸알코올 용액(0.1W/V%) 2~3방울을 넣고 암모니아수(1+1)를 한 방울씩 떨어뜨려 pH를 약 9로 조절하고 물을 넣어 100 mL로 한다. 이것을 분액깔때기에 옮겨 다이에틸다이싸이오카르바민산 소듐(sodium N, N-diethyl-dithiocarbamate trihydrate, $(C_2H_5)_2NCS_2Na \cdot 3H_2O_{(S)}$) 용액(1W/V%) 2 mL와 구리시험용 아세트산뷰틸(butyl acetate, $C_6H_{12}O_{2(L)}$) 10 mL를 넣어 흔들어 섞고 정치하여 분리한다. 다시 구연산 이암모늄층에 아세트산뷰틸 10 mL를 넣어 흔들어 섞고 정치하여 구연산 이암모늄층을 분리하여 건조한 여지로 여과하여 아세트산뷰틸을 제거한다.

- 채취된 시료수 중 중금속(구리) 측정을 위한 용매추출법(원자흡광광도법)에 사용
- 채취 시료수 중 구리의 흡광광도법(다이에틸다이싸이오카르바민산법) 분석 시 사용
- 채취 시료수 중 니켈의 원자흡광광도법 분석 시 사용
- 채취 시료수 중 니켈의 흡광광도법(다이메틸글리옥심법) 분석 시 사용

■ 구연산 이암모늄용액(10 W/V%) : Ammonium Citrate, Dibasic : 디티오존사염화탄소법 시험용

구연산 이암모늄(ammonium citrate, dibasic, $C_6H_{14}N_2O_{7(S)}$) 10 g을 물에 녹여 100 mL로 하여 디티오존사염화탄소 용액(0.005 W/V%) 소량을 넣어 흔들어 섞고 정치하여 사염화탄소층을 분리한다. 이 조작은 사염화탄소층이 변색하지 않을 때까지 반복한다. 다음에 정제 사염화탄소 5~10 mL를 넣고 흔들어 섞고 정치하여 사염화탄소층을 분리한다. 수층을 건조한 여지로 여과하고 사염화탄소의 작은 방울을 제거한다.

- 채취 시료수 중 카드뮴의 흡광광도법(디티오존법) 분석시 사용
- 채취 시료수 중 납의 흡광광도법(디티오존법) 분석시 사용

■ 규사 : Silica(or Silicon Dioxide)

규사(silica, $SiO_{2(S)}$)는 이산화규소의 모래형태로서 미리 과염소산(perchloric acid, $HClO_{4(L)}$)을 가하고 끓인 것을 사용한다.

- 배출기체 중 플루오린화합물 분석(흡광광도법(란탄-알리자린콤플렉손법))시 플루오린이온의 분리에 사용

■ 규조토 : Diatomaceous Earth

현미경적인 단세포 해조류인 규질 껍질로 구성된 밝은 색을 띤 다공질의 부서지기 쉬운 퇴적암. 순수한 것은 백색임. 세라이트(cerite, $CaO{\cdot}3K_2O_3{\cdot}6SiO_3{\cdot}3H_2O_{(s)}$) 545로 이와 동등한 규격의 것을 사용하며, 기체크로마토그래프법에서 담체로 쓰이며 사용시에는 염산으로 충분히 씻고 물로 씻은 담체에 고정액체로 함침시킨다. 입경은 177~250 ㎛(80~60 mesh)인 것을 사용한다.

- 배출기체 중 페놀화합물의 분석(기체크로마토그래프법) 시 분리관 충전제로 사용
- 채취 시료수 중 유기인의 기체크로마토그래프법 분석 시 사용

■ 글루코오스-글루타민산 혼합용액 : Glucose-Glutamic Acid

103℃에서 1시간 건조한 글루코오스(glucose, $C_6H_{12}O_{6(S)}$) 150 mg과 글루타민산(glutamic acid, $HOOCCH_2CH_2CH(NH_2)COOH_{(S)}$) 150 mg을 물에 녹여 전량을 1,000 mL로 한다. 이 용액은 사용 시 조제한다.

- 채취 시료수 중 생물학적 산소요구량(BOD) 측정 시 희석수 및 식종 희석수의 검토에 사용

■ **글리콘산염-4붕산염-붕산용액 : Gluconate Salt-Tetraborate Salt-Boric acid Solution**

글리콘산포타슘(potassium gluconate, $C_6H_{11}KO_{7(s)}$) 0.305g(1.3 mmol), 4붕산소듐-10수화물(sodium tetraborate decahydrate, $Na_2B_4O_7 \cdot 10H_2O_{(s)}$) 0.469g(1.3 mmol), 붕산(boric acid, $H_3BO_{3(s)}$) 1.855g(30 mmol), 아세트니트릴(acetonitrile, $CH_3CN_{(L)}$) 100 mL 및 글리세린(glycerol, $CH_2OHCHOHCH_2OH_{(L)}$) 5 mL을 물로 녹인 후, 1,000 mL 정용플라스크에 옮기고 물을 넣어 표선까지 맞춘다.

- 배출기체 중 염화수소의 분석시(이온크로마토그래프법) 서프렛서(supressor)가 없는 장치를 사용하는 경우

■ **나이트로벤젠 : Nitrobenzene**

나이트로벤젠(nitrobenzene, $C_6H_5NO_{2(L)}$), 나이트로벤졸(nitrobenzol)이라고도 함. 이것은 침전된 염화은(silver chloride, $AgCl_{(s)}$)의 응집제로 이것을 가함으로써 종말점을 예민하게 한다.

- 배출기체 중 염화수소의 분석 시(질산은적정법) 사용

■ **나이트로 페놀용액(0.1 W/V%) : Nitrophenol**

파라-나이트로페놀(p-nitrophenol, $C_6H_5NO_{3(S)}$) 0.1 g을 물에 녹여 100 mL로 한다.

- 채취 시료수 중 인산염 인의 흡광광도법(염화제일주석 환원법) 분석 시 사용
- 채취 시료수 중 총 인의 흡광광도법(아스코르빈산 환원법) 분석 시 사용

■ **나이트로프루시드 소듐용액 : Sodium Nitroprusside**

나이트로프루시드 소듐(sodium nitroprusside dihydrate, $Na_2Fe(CN)_5(NO) \cdot 2H_2O_{(S)}$) 0.15 g을 물에 녹여 100 mL로 한다. 암소에 보관하면 1개월간은 안정하다.

- 채취 시료수 중 암모니아성 질소의 분석 시 사용

■ 나이트로화산액 : Nitro化 酸液

황산(sulfuric acid, $H_2SO_{4(L)}$) 약 250 mL를 냉각하면서 분말로 된 질산암모늄(ammonium nitrate, $NH_4NO_{3(S)}$) 100 g을 조금씩 가하여 녹이고 다시 황산을 가하여 전량을 500 mL로 하여 마개를 막아 보관한다.

• 배출기체 중 벤젠의 분석 시(흡광광도법(메틸에틸케톤법)) 벤젠표준용액제조 및 흡수액으로 사용

■ 나프틸에틸렌다이아민 용액 : Naphthylethylenediamine(NEDA)

나프틸에틸렌다이아민 2염산염(N-(1-Naphthyl)ethylenediamine dihydrochloride, $C_{12}H_{14}N_2 \cdot 2HCl_{(s)}$) 0.1 g을 물 100 mL에 녹인다.

• 배출기체 중 질소산화물 분석 시(아연환원 나프틸에틸렌다이아민법) 사용

■ 나프틸에틸렌다이아민 용액(0.1%) : Naphthylethylenediamine(NEDA)

0.5g 나프틸에틸렌다이아민 2염산염(N-(1-Naphthyl)ethylenediamine dihydrochloride, $C_{12}H_{14}N_2 \cdot 2HCl_{(s)}$) 을 증류수 500 mL에 용해시킨다. 이 용액은 냉장고 암소에 보관하면 1개월간 안전하다.

• 환경 대기 중 질소산화물 분석 시(야콥스호흐하이저법(24시간 채취법)) 사용
• 환경 대기 중 질소산화물 분석 시(수동살츠만(Saltzman)법) 사용
• 채취 시료수 중 아질산성 질소 분석 시(흡광광도법(다이아조화법)) 사용

■ 납 표준원액(0.1 mg Pb/mL) : Lead Standard Solution

질산납(lead nitrate, $Pb(NO_3)_2$ 0.160 g을 물에 녹이고, 질산(1+1) 1 mL를 가한 다음 1,000 mL 메스플라스크에 넣고 물을 표선까지 가한다. 또는 99.9% 이상 납(laed, $Pb_{(S)}$) 0.100 g을 질산(1+3) 40 mL에 녹이고 가열하여 질소산화물을 추출한 다음 방냉하고 물을 넣어 정확히 1,000 mL로 한다.

• 배출기체 중 납화합물 분석 시(원자흡광광도법) 사용
• 채취 시료수 중 납의 원자흡광광도법 분석 시 사용
• 채취 시료수 중 납의 흡광광도법(디티오존법) 분석 시 사용

■ 납 표준용액(0.01 mg Pb/mL) : Lead Standard Solution

납 표준원액(0.1 mg Pb/mL) 10 mL를 100 mL 메스플라스크에 넣고, 물을 표선까지 가한다. 이 용액은 쓸 때 마다 조제한다.

- 배출기체 중 납화합물 분석 시(원자흡광광도법, 흡광광도법) 사용
- 환경 대기 중 납의 분석 시(흡광광도법) 사용

■ 납 표준용액(0.05, 0.01, 0.001 mg Pb/mL) : Lead Standard Solution

납 표준원액(0.1 mg Pb/mL) 500, 100, 10 mL 씩을 정확히 취하여 물을 넣어 1,000 mL로 한다.

- 채취 시료수 중 납의 원자흡광광도법 분석 시 사용
- 채취 시료수 중 납의 흡광광도법(디티오존법) 분석 시 사용

■ 네슬러 시약 : Nessler's Reagent

아이오딘화 포타슘(potassium iodide, $KI_{(S)}$) 50 g을 물 35 mL에 녹이고 염화제이수은(mercury (II) chloride(or mercuric chloride), $HgCl_{2(S)}$) 포화용액을 약간 탁도가 생길 때까지 가한다. 다시 9N 수산화 소듐(주) 400 mL를 가하고 전체용액을 물로 1 L가 되게 한 후 흔들어 섞은 다음 어두운 곳에 하룻밤 동안 방치한다. 맑은 상등액을 따라 사용한다(주의 : 이 용액이 잘못하여 살갗에 묻었을 때는 즉시 물로 잘 씻어야 한다).

(주) 수산화 소듐(sodium hydroxide, $NaOH_{(s)}$) 360 g을 취하여 물에 녹여 1 L가 되게 한다.

- 환경 대기 중 아황산기체 분석 시(산정량 수동법) 암모니아에 의한 아황산기체 농도 측정에 방해가 예상될 경우 아황산기체교정을 위한 시료용액 중 암모니아 측정방법에 사용

■ 네오트린 용액(0.05 W/V%) : (주)Neothron(or 2-(1,8-Dihydroxy-3, 6-Disulfo-2-Naphthyl azo) Benzenearsonic acid, 2 Sodium) Solution

네오트린(2-(1,8-다이하이드록시-3,6-다이술포-2-나프틸아조) 벤젠아르손산 2 소듐) (neothron, $C_{16}H_{13}O_{11}N_2S_2As \cdot 2Na_{(S)}$) 0.05 g을 물에 녹여서 10 0mL로 한다. 약 1개월간은 안정하다.

(주) 네오트린은 토륨이온($Th^{4+}$)에 대하여 선택성이 좋기 때문에 종말점 발색이 선명하다.

- 배출기체 중 플루오린화합물의 분석 시(용량법(질산토륨-네오트린법)) 사용

■ 녹말(전분)용액(0.5 W/V%) : Starch Solution

가용성 녹말(전분) (starch, soluble, $(C_6H_{10}O_5)_{n(s)}$) 0.5 g을 소량의 물로 페이스트(paste) 상태로 개고  이것을 끓는 물에 서서히 저으면서 가한 후, 약 1분간 끓여서 식힌 후 사용한다. 이 용액은 사용할 때 만든다.

• 배출기체 중 염소의 분석 시(오쏘-톨리딘법) 사용

■ 녹말(전분)용액(0.5 W/V%) : Starch Solution

가용성 녹말(전분) (starch, soluble, $(C_6H_{10}O_5)_{n(s)}$) 0.5 g을 소량의 물에 가하여 잘 섞고 이를 끓는 물 200 mL 중에 저으면서 서서히 가한다. 약 1분간 끓인 후 냉각시켜서 염산(1+5) 3 mL를 가한다. 이 용액은 1개월 이상 지나면 사용해서는 안 된다.

• 배출기체 중 브로민화합물의 분석 시(적정법(차아염소산염법)) 사용

■ 니켈 표준원액(0.1 mg Ni/mL) : Nickel Standard Solution

금속니켈(nickel, $Ni_{(S)}$) (순도 99.5% 이상) 0.1 g을 정확히 달아 염산(2+1) 20 mL와 과산화수소수(30%) 5 mL에 녹인 후 1L 메스플라스크에 옮겨 넣고 증류수로 표선까지 채운다.

• 배출기체 중 니켈화합물 분석 시 사용

■ 니켈 표준원액(0.1 mg Ni/mL) : Nickel Standard Solution

금속니켈(nickel, $Ni_{(S)}$) (순도 99.5% 이상) 0.100 g을 질산(1+1) 20 mL에 녹이고 가열하여 질소산화물을 추출한 다음 방냉하고 물을 넣어 정확히 1,000 mL로 한다. 또는 황산니켈 암모늄(ammonium nickel sulfate, $(NH_4)_2Ni(SO_4)_{2(S)}$) 표준시약 0.673 g을 정확히 달아 물과 질산 10 mL를 넣어 녹이고 물을 넣어 정확히 1,000 mL로 한다.

• 채취 시료수 중 니켈의 원자흡광광도법 분석 시 사용
• 채취 시료수 중 니켈의 흡광광도법(다이메틸글리옥심법) 분석 시 사용

■ 니켈 표준용액(0.01 mg Ni/mL) : Nickel Standard Solution

니켈표준원액(0.1 mg Ni/mL) 100 mL를 정확히 취하여 1 L 메스플라스크에 넣고 증류수로 표선까지 채운다. 이 용액은 사용 시에 제조한다.

- 배출기체 중 니켈화합물 분석 시 사용
- 채취 시료수 중 니켈의 원자흡광광도법 분석 시 사용
- 채취 시료수 중 니켈의 흡광광도법(다이메틸글리옥심법) 분석 시 사용

■ **다이메틸글리옥심의 수산화 소듐용액(1 W/V%)】Dimethylglyoxime-Sodium Hydroxide**

다이메틸글리옥심(dimethylglyoxime, $C_4H_8N_2O_{2(S)}$) 1 g을 수산화 소듐용액(1W/V%) 100 mL에 녹이고 침전물은 여과한다. 이 용액은 발색 시 착염의 안정성을 좋게 한다.

- 배출기체 중 니켈화합물의 분석시(흡광광도법) 사용
- 채취 시료수 중 니켈의 원자흡광광도법 분석 시 사용
- 채취 시료수 중 니켈의 흡광광도법(다이메틸글리옥심법) 분석 시 사용

■ **다이메틸글리옥심의 에틸알코올 용액(1 W/V%) : Dimethylglyoxime-Ethyl Alcohol**

다이메틸글리옥심(dimethylglyoxime, $C_4H_8N_2O_{2(S)}$) 1 g을 에틸알코올(ethyl alcohol, $C_2H_5OH_{(L)}$) (95V/V%) 100 mL에 녹이고 침전물은 여과한다.

- 배출기체 중 니켈화합물의 분석시(흡광광도법) 사용
- 채취 시료수 중 니켈의 원자흡광광도법 분석 시 사용
- 채취 시료수 중 니켈의 흡광광도법(다이메틸글리옥심법) 분석 시 사용

■ **파라-다이메틸아미노벤질리덴로다닌의 아세톤 용액(0.02 W/V%) : *p*-Dimethylamino-benzylidenerhodanine**

파라-다이메틸아미노벤질리덴로다닌(*p*-Dimethylaminobenzylidenerhodanine, $C_{12}H_{12}N_2OS_{2(S)}$) 0.02 g을 아세톤(acetone, $CH_3COCH_{3(L)}$) 100 mL에 녹인다.

- 배출기체 중 사이안화수소의 분석시(질산은 적정법) 사용
- 채취 시료수 중 사이안(흡광광도법) 분석 시 사용

■ **다이메틸다이싸이오 카바민산 소듐 용액 : Sodium Dimethyl Dithiocarbamate Solution**

다이메틸다이싸이오 카바민산 소듐(sodium dimethyldithiocarbamate trihydrate, $(CH_3)_2NCS_2Na \cdot 3H_2O_{(S)}$) 1 g을 물 10 mL에 녹여 불순물이 있으면 거르고 이 용액 1 mL를 100 mL 메스플라스크에 취하여 에틸알코올(ethyl alcohol, $C_2H_5OH_{(L)}$) (90V/V%)로 표선까지 채운 후, 갈색

병에 보관한다. 조제 후 1개월 이상 경과한 것은 사용해서는 안 된다.

• 배출기체 중 아연화합물의 분석 시(흡광광도법) 사용

■ 다이메틸다이싸이오 카바민산 소듐 용액(1:25) : Sodium Dimethyl Dithiocarbamate Solution

다이메틸다이싸이오 카바민산 소듐 용액 1 mL를 취하여 물 25 mL에 넣는다.

• 배출기체 중 아연화합물의 분석 시(흡광광도법) 사용

■ 다이메틸프탈레이트와 다이에틸옥살레이트 혼합용액 : Dimethyl Phthalate+Diethyl Oxalate

다이메틸프탈레이트(dimethyl phthalate, $C_{10}H_{10}O_{4(L)}$)와 다이에틸옥살레이트(diethyl oxalate, $C_6H_{10}O_{4(L)}$)를 1:1로 혼합한 용액으로

(1) 여기에 새 멤브레인 필터를 0.05 g/mL의 비율로 가하여 용해시키고, 25~50 mL정도의 뚜껑이 있는 병에 보존한다.
(2) 이 용액은 조제한 후 수개월 이상 지나면 투명도가 나빠지거나 또는 불순물이 보이게 되는 일이 있으므로 제조 후 1개월 이상 지난 것은 사용하지 않는 것이 좋다.
(3) 온도가 낮을 때에는 다소 투명도가 나빠지는 일도 있으나 약간 가온하면 된다.

• 환경 대기 중 석면 측정에서 현미경 표본의 제작 시(다이메틸프탈레이트-다이에틸옥살레이트법) 사용

■ 다이아지논 표준용액(크로마토그래프용) (5 μg Diazinon/mL) : Diazinon

98.0% 이상인 다이아지논(diazinon(or O,O-diethyl-O-(2-isopropyl-4-methyl-6-pyrimidinyl) phosphorothioate, $C_{12}H_{21}N_2O_3PS_{(L)}$) 0.500 g을 정확히 달아 크로마토그래프용 노말-헥세인에 녹여 정확히 1,000 mL로 한다. 다시 이 용액 10mL를 취하여 크로마토그래프용 노말-헥세인으로 1,000 mL로 한다.

• 채취 시료수 중 유기인의 기체크로마토그래프법 분석 시 사용

■ DEGS(크로마토그래프용) : Diethylene Glycol Succinate

기체크로마토그래프법에 사용하는 컬럼충전제를 침윤시키는 시약으로 다이에틸렌 그리콜 석씨네이트(diethylene glycol succinate)라 하며 5~25%로 충전제를 침윤시킨다.

• 채취 시료수 중 알킬수은의 기체크로마토그래프법 분석 시 사용

■ 다이에틸다이싸이오 카바민산 소듐 용액 : Sodium Diethyl Dithiocarbamate Solution

다이에틸다이싸이오 카바민산 소듐(sodium N,N-diethyldithiocarbamate trihydrate(or Na-DDTC), $(C_2H_5)_2NCS_2Na \cdot 3H_2O_{(S)}$) 0.2 g을 물 10 mL에 녹여 불순물이 있으면 거르고 이 용액 1 mL를 100 mL 메스플라스크에 취하여 에틸알코올(ethyl alcohol, $C_2H_5OH_{(L)}$) (90 V/V%)로 표선까지 채운 후, 갈색병에 보관한다. 조제 후 1개월 이상 경과한 것은 사용해서는 안 된다.

• 배출기체 중 이황화탄소의 분석 시(흡광광도법) 사용

■ DDTC(다이에틸다이싸이오 카바민산 소듐) 용액 : DDTC Solution

다이에틸다이싸이오 카바민산 소듐(sodium N,N-diethyldithiocarbamate trihydrate(or Na-DDTC), $(C_2H_5)_2NCS_2Na \cdot 3H_2O_{(S)}$) 1 g을 물에 녹여 100 mL로 하고 녹지 않는 물질이 있을 때는 걸러 사용한다. 찬 곳에 보관하여야 하며 장기간 보관할 수 없으므로 사용할 때에 제조한다.

• 배출기체 중 구리화합물의 분석 시(흡광광도법) 사용

■ 다이에틸다이싸이오 카바민산 소듐 용액(10 W/V%) : Sodium Diethyl Dithiocarbamate Solution

다이에틸다이싸이오 카바민산 소듐(sodium N,N-diethyldithiocarbamate trihydrate, $(C_2H_5)_2NCS_2Na \cdot 3H_2O_{(S)}$) 10 g을 100 mL 메스플라스크에 취하여 에틸알코올(ethyl alcohol, $C_2H_5OH_{(L)}$) (90 V/V%)로 표선까지 채운 후, 갈색병에 보관한다. 조제 후 1개월 이상 경과한 것은 사용해서는 안 된다.

• 배출기체 중 카드뮴화합물의 원자흡광 분석 시 용매추출에 사용

■ 다이에틸다이싸이오 카바민산 소듐 용액(1 W/V%) : Sodium Diethyl Dithiocarbamate Solution

다이에틸다이싸이오 카바민산 소듐(3수화물) (sodium N,N-diethyldithiocarbamate trihydrate, $(C_2H_5)_2NCS_2Na \cdot 3H_2O_{(S)}$) 1.3 g을 물에 녹여 100 mL로 한다. 착색용기에 보관하여 14일 이내에 사용한다.

- 채취 시료수 중 중금속 측정을 위한 용매추출법(원자흡수분광 광도법) (DDTC-MIBK)에 사용
- 채취 시료수 중 구리의 흡광광도법(다이에틸다이싸이오카르바민산법) 분석 시 사용

■ 다이에틸다이싸이오 카바민산은-클로로폼 용액 : Silver Diethyl Dithiocarbamate-Chloroform Solution

다이에틸다이싸이오 카바민산 은(silver N,N-diethyldithiocarbamate trihydrate(or Ag-DDTC), $(C_2H_5)_2NCS_2Ag_{(S)}$)(주) 0.5 g과 브르신(brucine, $C_{23}H_{26}N_2O_{4(S)}$) 0.1 g을 클로로폼 (chloroform, $CHCl_{3(L)}$)으로 100 mL로 한다.

(주) 다이에틸다이싸이오 카바민산 은이 $AsH_3$와 반응해서 가용성의 적자색 착화합물을 생성하여 그 용액의 흡광도를 측정하여 시료 중의 As량을 구한다. 반응식은 다음과 같다.

$AsH_3 + 6Ag\text{-}DDTC \rightarrow 6Ag + 3HDDTC + As(DDTC)_3$

- 배출기체 중 입자상 및 기체상 비소화합물의 분석 시(흡광광도법) 사용

■ 다이에틸다이싸이오 카바민산은 용액(0.5 W/V%) : Silver Diethyl Dithiocarbamate Solution

다이에틸다이싸이오 카바민산 은(silver N,N-diethyldithiocarbamate trihydrate(or Ag- DDTC), $(C_2H_5)_2NCS_2Ag_{(S)}$) 0.5 g을 파이리딘(pyridine, $C_6H_5N_{(L)}$)에 녹여 100 mL로 한다. 이 용액의 피부접촉은 피하여야 한다.

- 채취 시료수 중 비소의 흡광광도법(다이에틸다이싸이오카르바민산은법) 분석 시 사용

■ 다이에틸아민동 용액 : Copper Diethylamine Solution

황산동(cupric sulfate(또는 copper(II) sulfate) pentahydrate, $CuSO_4 \cdot 5H_2O_{(S)}$) 0.2 g을 물에 녹여 1 L로 하고 이 용액 10 mL에 다이에틸아민염산염(diethylamine hydrochloride,

$(C_2H_5)_2NH \cdot HCl_{(S)}$) 0.75 g을 가하여 암모니아수(ammonia water(ammonium hydroxide), $NH_4OH_{(L)}$) 0.5 mL 및 구연산(citric acid(or 3-hydroxytricarballylic acid), $C_6H_8O_{7(S)}$) 용액 (150 g/L) 1 mL을 가한 후, 에틸알코올(ethyl alcohol, $C_2H_5OH_{(L)}$) (90 V/V%)을 가하여 100 mL로 하여 잘 흔들어 섞는다.

• 배출기체 중 이황화탄소의 분석 시(흡광광도법) 흡수액으로 사용

■ 다이페닐 카바지드의 아세톤 용액 : Diphenylcarbazide Solution

다이페닐 카바지드(diphenlycarbazide, $(C_6H_5NHNH)_2CO_{(S)}$) 0.5 g을 아세톤(acetone, $CH_3COCH_{3(L)}$) 25 mL에 녹이고 물을 가하여 50 mL로 한다. 이 용액은 사용할 때 마다 조제하며 분해하기 쉬우므로 냉암소에 저장하는 것이 좋다.

• 배출기체 중 크로뮴화합물의 분석 시(흡광광도법) 사용
• 채취 시료수 중 크로뮴의 흡광광도법(다이페닐카르바지드법) 분석 시 사용
• 채취 시료수 중 6가크로뮴의 흡광광도법(다이페닐카르바지드법) 분석 시 사용

■ 다이클로로메탄 : Dichloromethane(or Methylene Chloride)

다이클로로메탄(dichloromethane, $CH_2Cl_{2(L)}$)을 사용한다. 특히 다이옥신류를 분석할 때는 잔류농약 시험용 등급을 사용한다.

• 배출기체 중 폐기물 소각로, 연소시설, 기타 산업공정의 배출시설에서 배출되는 기체 중 기체상 및 입자상의 다이옥신류(폴리클로로리네이티드 다이벤조파라다이옥신(polychlorinated dibenzo-p-dioxins) 및 폴리클로로리네이티드 다이벤조퓨란(polychlorinated dibenzofurans) 분석 시 사용

■ 데발다합금 분말 : Devarda's Alloy

화학조성비 Cu 50% : Zn 5% : Al 45%의 환원제로서 분말시판품을 사용한다. 데발다합금은 제품에 따라 차이가 있지만 0.003% 정도 또는 그 이하의 질소가 함유되어 있으므로 공시험을 확실히 행하여 데발다합금 중의 질소성분을 확인할 필요가 있다.

• 채취 시료수 중 질산성 질소의 데발다합금 환원증류법 분석 시 사용
• 채취 시료수 중 총질소의 환원 증류-킬달법(합산법) 분석 시 사용

■ 디티오존 메틸아이소뷰틸케톤 용액(0.2W/V%) : Dithizone Methylisobuthyl Ketone
디티오존(다이페닐싸이오카바존) (dithizone, $C_{13}H_{12}N_4S_{(S)}$) 0.2 g을 메틸아이소뷰틸 케톤 (methylisobutyl ketone, $CH_3COCH_2CH(CH_3)_{2(L)}$)에 녹여 100 mL로 한다.

• 채취된 시료수 중 중금속 측정을 위한 용매추출법(원자흡수분광 광도법)에 사용

■ 디티오존 사염화탄소 용액(0.01 W/V%) : Dithizone·Carbon Tetrachloride Solution
디티오존(다이페닐싸이오카바존) (dithizone, $C_{13}H_{12}N_4S_{(S)}$) 0.111 g을 정제사염화탄소 (carbon tetrachloride, $CCl_{4(L)}$) 400 mL에 잘 저어주면서 녹이고 여과한다. 이 용액을 분액깔때기에 옮겨 암모니아수(1+100) 400 mL를 넣어 흔들어 섞고 디티오존을 수층에 옮기고 정치하여 사염화탄소층을 분리한다. 수층에 정제사염화탄소 50 mL를 넣어 흔들어 씻어주고 정치한다. 사염화탄소층을 분리하고 사염화탄소층이 엷은 녹색이 될 때 까지 수층을 반복하여 씻는다.
수층에 정제사염화탄소 500 mL와 염산(1+10) 50 mL를 넣어 흔들어 섞고 디티오존을 사염화탄소층에 옮기고 정치하여 사염화탄소층을 분리한다. 수층에는 정제사염화탄소 50 mL를 넣어 흔들어 섞어 나머지 디티오존을 추출하고 정치하여 전체 사염화탄소층을 합하고 정제사염화탄소를 넣어 1,000 mL로 하여 착색병에 넣어 아황산수(포화) (sulfurous acid, $H_2SO_{3(L)}$) 100 mL를 넣어 표면을 덮고 10℃ 이하의 냉암소에서 보존한다.

• 채취된 시료수 중 중금속 측정을 위한 용매추출법(원자흡수분광 광도법)에 사용
• 채취된 시료수 중 카드뮴의 흡광광도법(디티오존법) 분석 시 사용
• 채취 시료수 중 수은의 흡광광도법(디티오존법) 분석 시 사용

■ 디티오존 사염화탄소 용액(0.005 W/V%) : Dithizone·Carbon Tetrachloride Solution
디티오존 사염화탄소 용액(0.01W/V%)을 정제사염화탄소로 정확히 2배 희석한다.

• 채취된 시료수 중 카드뮴의 흡광광도법(디티오존법) 분석 시 사용
• 채취된 시료수 중 납의 흡광광도법(디티오존법) 분석 시 사용
• 채취 시료수 중 수은의 흡광광도법(디티오존법) 분석 시 사용
• 채취 시료수 중 알킬수은의 박층크로마토그래프 분리에 의한 원자흡광광도법 분석 시 사용

■ 디티오존 사염화탄소 용액(0.001 W/V%) : Dithizone·Carbon Tetrachloride Solution
디티오존 사염화탄소 용액(0.005 W/V%)을 정제사염화탄소로 정확히 5배 희석한다.

• 채취 시료수 중 수은의 흡광광도법(디티오존법) 분석 시 사용

■ 디티오존 사염화탄소 용액(추출용) : Dithizone·Carbon Tetrachloride Solution
디티오존(다이페닐싸이오카바존) (dithizone, $C_{13}H_{12}N_4S_{(S)}$)을 막자사발(乳鉢)로 분쇄하여 0.1 g을 100 mL의 클로로폼에 5분간 때때로 흔들어 주면서 녹여 분액깔때기에 옮긴다. 여기에 암모니아수(1:100) 100 mL를 가하여 잘 흔들어 섞은 다음 분액깔때기에 분취한다. 남아 있는 클로로폼층에 다시 암모니아수(1:100)를 100 mL 가하여 잘 흔들어 섞은 다음 앞의 수용액에 합한다. 이 조작을 한 번 더 반복한다. 이렇게 하여 분액깔대기에 모아진 수용액에 사염화탄소 20 mL를 가하고 잘 흔들어 수용액층을 세척한다. 이 조작은 3회 반복한다. 이어서 수용액층에 염산(1:2)을 가하여 약산성으로 한 후 사염화탄소 200 mL를 가하여 디티오존을 추출한다. 이 조작을 2회 반복하여 사염화탄소 용액을 합한다. 이 용액에 사염화탄소를 더 가하여 전량을 1 L로 하여 원액으로 한다. 이 원액의 일부를 취해 사염화탄소로 10배 희석한 후 분광광도계로 사염화탄소를 대조액으로 하여 620 nm에서 흡광도를 측정한다. 그 흡광도를 A라고 하면 위의 원액 1L는 74×A mg의 디티오존을 포함하고 있는 것이 된다. 원액(50,000/(74×A)) mL를 취하고 사염화탄소를 가해 1 L로 한다. 이렇게 하여 얻어진 추출용 디티오존·사염화탄소 용액의 디티오존 농도는 50 mg/L가 된다. 이 용액과 $HNO_3$(1:100) 용액을 2:1의 비율로 분액깔대기에 넣고 흔들어 섞은 다음 수층은 버리고 사염화탄소층을 실험에 사용한다.

• 배출기체 중 아연화합물 분석 시 흡광광도법에 사용

■ 디티오존 사염화탄소 용액(정량용) : Dithizone·Carbon Tetrachloride Solution
디티오존 사염화탄소 용액(추출용)의 원액(25,000/(74×A)) mL를 취하고 사염화탄소를 가하여 1 L로 한다. 이 용액은 사용할 때마다 제조한다. 이렇게 하여 얻어진 정량용 디티오존 사염화탄소용액의 디티오존 농도는 25 mg/L가 된다. 디티오존과 아연은 pH 5~9범위에서 착염을 형성하여 사염화탄소에 의해 적색으로 발색되면서 추출되어진다.

• 배출기체 중 아연화합물 분석 시 흡광광도법에 사용

■ 디티오존 클로로폼용액(0.03 W/V%) : Dithizone·Chloroform Solution

새로 정제한 디티오존(다이페닐싸이오카바존) (dithizone, $C_{13}H_{12}N_4S_{(S)}$) 0.3 g을 정제 클로로폼(chloroform, $CHCl_{3(L)}$) 1,000 mL에 녹인다.

- 배출기체 중 카드뮴화합물 분석 시 원자흡광 분석의 용매추출(B법)에 사용

■ 디티오존 클로로폼원액(0.01 W/V%) : Dithizone·Chloroform Solution

새로 정제한 디티오존(다이페닐티오카바존) (dithizone, $C_{13}H_{12}N_4S_{(S)}$) 0.61 g을 정제 클로로폼(chloroform, $CHCl_{3(L)}$) 200 mL에 잘 저어서 녹이고 여과지로 거른다. 이 용액을 분액깔때기에 옮겨 담고 암모니아수(1+100) 400 mL를 가한 다음 흔들어 디티오존을 물층에 옮기고 정치하여 클로로폼층을 분리한다. 물층에 정제 클로로폼 50 mL를 가하고 흔들어 섞어서 씻는다. 정치후 클로로폼층을 분리하고 이 조작을 클로로폼층이 엷은 녹색이 될 때까지 반복한다. 클로로폼으로 씻은 물층에 정제 클로로폼 500 mL와 염산(1+10) 50 mL를 가하고 잘 흔들어 섞고 디티오존을 클로로폼층에 옮긴다. 남은 디티오존을 재차 정제 클로로폼으로 추출하고 정치후 먼저의 디티오존 용액에 가한 다음 다시 정제 클로로폼을 가하여 1,000 mL로 하여 착색병에 넣고 포화 아황산수용액 100 mL를 가한 다음 뚜껑을 하고 10℃ 이하에서 보관한다.

※ 참고 : 이 용액 제조 시 클로로폼 대신에 사염화탄소(carbon tetrachloride, $CCl_{4(L)}$)를 사용하여 조제하면 디티오존 사염화탄소 용액이 되고, 벤젠(bezene, $C_6H_{6(L)}$)을 사용하면 디티오존 벤젠 용액이 된다.

- 배출기체 중 카드뮴화합물 분석 시 흡광광도법에 사용
- 배출기체 중 납화합물의 분석 시(흡광광도법) 사용
- 배출기체 중 아연화합물의 분석 시(흡광광도법) 사용
- 배출기체 중 수은화합물의 분석 시(흡광광도법) 사용
- 환경 대기 중 납의 분석 시(흡광광도법) 사용

■ 디티오존·클로로폼용액(0.005 W/V%) : Dithizone Chloroform Solution

디티오존·클로로폼 원액 (0.01 W/V%)을  정제 클로로폼으로 2배로 묽게 하고 다음 (①) 또는 (②)에 따라 제조한다.

(①) A법 : 디티오존 클로로폼원액을 정제 클로로폼으로 20배 묽게한 용액을 10 mm의 셀에 넣고 정제 클로로폼을 대조액으로 하여 광전 분광광도계로 605 nm에서 흡광도를 측정하여

A로 한다. 이때 디티오존 클로로폼 원액 1 L는 124×A mg의 디티오존을 함유하게 된다. 디티오존 클로로폼 원액 50,000/124×A mL를 취하고 정제 클로로폼을 정확하게 가하여 1 L로 한다.

((②)) B법 : 분액깔때기에 아연표준용액(0.001M) 5 mL를 정확하게 취하고 여기에 아세트산암모늄용액(25 W/V%) (아세트산과 암모니아수로서 pH 5.5로 하고 디티오존 클로로폼 원액 및 클로로폼으로 씻는다) 2 mL와 물 50~60 mL를 가한다. 여기에 디티오존 클로로폼 원액 20 mL를 정확하게 가하고 3분간 심하게 흔들어 섞는다. 정치한 다음 클로로폼층을 버린다. 물층에 정제 클로로폼 10 mL를 가하여 1분간 심하게 흔들어 섞고 정치한 다음 클로로폼층을 버린다. 물층에 지시약으로 자일레놀 오렌지용액(0.1 W/V%) 몇 방울을 가하고 M/1,000 EDTA 용액으로 액의 색이 핑크색에서 노란색으로 변할 때까지 적정하고 다음식에 따라서 디티오존 클로로폼 원액의 농도 G(W/V%)를 계산한다.

$$G = \frac{Z - T \times F}{S} \times 784$$

여기서 G : 디티오존·클로로폼 원액의 농도(W/V%), Z : 아연(g)

T : 적정에 소요된 M/1,000 EDTA 용액(mL),

F : M/1,000 EDTA 용액 1 mL에 상당하는 아연(g)

S : 검사하려고 하는 디티오존 클로로폼 원액(mL)

이 원액을 사용하여 디티오존 클로로폼(0.005 W/V%)액을 제조한다.

• 배출기체 중 카드뮴화합물 분석 시 흡광광도법에 사용
• 배출기체 중 납화합물의 분석 시(흡광광도법) 사용
• 환경 대기 중 납의 분석 시(흡광광도법) 사용

■ 란탄 용액 : Lanthanum Solution

산화란탄($La_2O_{3(S)}$) 0.163 g을 염산 용액(2N) 10 mL 또는 염산(1+5)에 10 mL에 녹인다.

• 채취 시료수 중 플루오르(흡광광도법(란탄-알리자린 콤플렉손법)) 분석 시 사용

■ 란탄-알리자린 콤플렉손용액 : Lanthanum-Alizarin Complexone

1,2-다이하이드록시안트라퀴노닐-3-메틸아민-N,N-이아세트산(1,2-dihydroxyanthraquinonyl-3-methylamine-N,N-diacetic acid, $C_{19}H_{15}NO_{8(S)}$) 0.192 g을 암모니아수(ammonia water (ammonium hydroxide), $NH_4OH_{(L)}$) (1+10) 4 mL와 아세트산 암모늄용액(ammonium acetate, $NH_4CH_3COO_{(S)}$) (20 W/V%) 4 mL에 녹이고 아세트산 소듐(sodium acetate trihydrate, $CH_3COONa \cdot 3H_2O_{(S)}$) 41 g을 물 400 mL에 녹이고 아세트산(acetic acid, $CH_3COOH_{(L)}$) 24 mL를 넣은 액과 섞는다. 이 용액에 아세톤(acetone, $CH_3COCH_{3(L)}$) 400 mL를 섞으면서 서서히 넣고 란탄용액 10 mL를 넣고 섞으면서 실온으로 냉각한다. 냉각한 다음 아세트산 또는 암모니아수로 pH를 4.7로 조절하여 물을 넣어 정확히 1,000 mL로 하여 섞는다.

• 채취 시료수 중 플루오르(흡광광도법(란탄-알리자린 콤플렉손법)) 분석 시 사용

■ 루골 용액 : Lugol's Solution

아이오딘화 포타슘(potassium iodide, $KI_{(S)}$) 20 g을 증류수 200~300 mL에 녹이고 여기에 아이오딘($I_{(S)}$) 10 g을 넣어 녹인 다음 증류수를 넣어 1,000 mL로 한다. 이 용액을 사용하기 수일 전에 아세트산(acetic acid, $CH_3COOH_{(L)}$) 20 mL를 넣어 갈색 시약병에 보관한다.

• 채취 시료수 중 식물성 플랑크톤(조류(藻類))의 정량시험에 사용

■ 망가니즈 표준원액(0.1 mg Mn/mL) : Manganese Standard Solution

과망간산 포타슘(potassium permanganate, $KMnO_{4(S)}$) 0.290 g을 물 150 mL와 황산(1+1) 10 mL에 녹이고 아황산수소 소듐(sodium hydrogen sulfite, $NaHSO_{3(S)}$) 용액(10 W/V%)을 적하하여 탈색시킨 다음 과잉의 아황산을 끓여 날려 보낸다. 냉각한 다음 물을 넣어 정확히 1,000 mL로 한다. 또는 99.9% 이상 금속망간 0.1 g에 황산(1+3) 20 mL를 넣고 가열하여 녹이고 냉각한 다음 물을 넣어 정확히 1,000 mL로 한다.

• 채취 시료수 중 망가니즈의 원자흡광광도법 분석 시 사용
• 채취 시료수 중 망가니즈의 흡광광도법(과아이오딘산 포타슘법) 분석 시 사용

■ 망가니즈 표준용액(0.05, 0.02, 0.01 mg Mn/mL) : Manganese Standard Solution

망가니즈 표준원액(0.1 mg Mn/mL) 500, 200, 100 mL 씩을 정확히 취하여 물을 넣어 1,000 mL로 한다.

- 채취 시료수 중 망가니즈의 원자흡광광도법 분석 시 사용
- 채취 시료수 중 망가니즈의 흡광광도법(과아이오딘산 포타슘법) 분석 시 사용

■ 메탄올 : Methyl Alcohol

메틸알콜(methyl alcohol, $CH_3OH_{(L)}$)을 사용한다. 특히 다이옥신류를 분석할 때는 잔류농약시험용 등급을 사용한다.

- 배출기체 중 폐기물 소각로, 연소시설, 기타 산업공정의 배출시설에서 배출되는 기체 중 기체상 및 입자상의 다이옥신류(폴리클로리네이티드 다이벤조파라다이옥신(polychlorinated dibenzo-p-dioxins) 및 폴리클로리네이티드 다이벤조퓨란(polychlorinated dibenzofurans) 분석 시 사용

■ 메틸다이메톤 표준용액(크로마토그래프용)(5μg Methyl Dimeton/mL)】Methyl Dimeton

98.0% 이상인 메틸다이메톤(methyl dimeton(or O,O-dimethyl O-(2-ethyl-thioethyl)-phosphorothioate), $C_{16}H_{15}O_3PS_{2(L)}$) 0.500 g을 정확히 달아 크로마토그래프용 노말-헥세인에 녹여 정확히 1,000 mL로 한다. 다시 이 용액 10 mL를 취하여 크로마토그래프용 노말-헥세인으로 1,000 mL로 한다.

- 채취 시료수 중 유기인의 기체크로마토그래프법 분석 시 사용

■ 메틸아이소뷰틸 케톤 : Methylisobutyl Ketone(MIBK)

메틸아이소뷰틸 케톤(methylisobutyl ketone, $CH_3COCH_2CH(CH_3)_{2(L)}$)을 사용한다.

- 채취된 시료수 중 중금속 측정을 위한 용매추출법(원자흡수분광 광도법)에 사용

■ 메틸에틸케톤 : Methyl Ethyl Ketone(MEK)

메틸에틸케톤(methyl ethyl ketone, $CH_3COCH_2CH_{3(L)}$)을 사용한다.

- 배출기체 중 벤젠의 분석 시(흡광광도법(메틸에틸케톤법)) 사용

■ 모린 용액(0.05 W/V%) : Morin

모린(morin, $C_{15}H_{10}O_{7(S)}$) 0.5 g을 에탄올(ethyl alcohol, $C_2H_5OH_{(L)}$) 특급시약 100 mL에 용해하고 다시 이를 물에 10배로 희석한다.

• 배출기체 중 베릴륨 분석 시(모린형광광도법) 사용

■ 몰리브덴산 암모늄용액 : Ammonium Molybdate

몰리브덴산 암모늄(ammonium molybdate tetrahydrate, $(NH_4)_6Mo_7O_{24}\cdot 4H_2O_{(S)}$) 15 g을 물 약 150 mL에 녹이고 여기에 황산 182 mL를 물 약 600 mL에 섞은 액을 천천히 방냉하면서 흔들어 섞고 설파민산 암모늄(ammonium sulfamate, $NH_4OSO_2NH_{2(S)}$) 10 g을 넣어 녹인 다음 물을 넣어 1,000 mL로 한다.

• 채취 시료수 중 인산염 인의 흡광광도법(염화제일주석 환원법) 분석 시 사용

■ 몰리브덴산 암모늄 - 아스코르빈산 혼합액 : Ammonium Molybdate - Ascorbic Acid

몰리브덴산 암모늄(ammonium molybdate tetrahydrate, $(NH_4)_6Mo_7O_{24}\cdot 4H_2O_{(S)}$) 6 g과 주석산안티몬 포타슘(potassium antimony tartrate hemihydrate, $C_4H_4O_6KSbO\cdot 1/2H_2O_{(S)}$) 0.24 g을 물 약 300 mL에 녹이고 황산(2+1) 120 mL와 설파민산 암모늄(ammonium sulfamic acid, $NH_4OSO_2NH_{2(S)}$) 5 g을 넣어 녹인 다음 물을 넣어 500 mL로 하고 여기에 7.2% L-아스코르빈산(L-ascorbic acid(or vitamin C), $C_6H_8O_{6(S)}$) 용액 100 mL를 섞는다.

• 채취 시료수 중 인산염 인의 흡광광도법(아스코르빈산 환원법) 분석 시 사용
• 채취 시료수 중 총 인의 흡광광도법(아스코르빈산 환원법) 분석 시 사용

■ 바나듐 표준원액(0.005 mg V/mL) : Vanadium Standard Solution

메타-바나듐산 암모늄(ammonium vanadate, $(NH_4)_2O\cdot 2V_2O_5\cdot 2H_2O_{(S)}$) 표준시약 0.1148 g을 온수 약 200 mL에 녹이고 질산(1+1) 15 mL를 넣어 실온까지 방냉하고 물을 넣어 정확히 1,000 mL로 한다.

■ 베릴륨 표준원액(1 mg Be/mL) : Beryllium Standard Solution

베릴륨(beryllium, $Be_{(S)}$) (99%이상) 0.100 g을 100 mL 비커에 넣고 염산(1+1) 10 mL를 소량씩 가하여 녹이고, 시계접시를 덮고 가열용해한 후 냉각 후 100 mL 메스플라스크로 옮긴다.

비커와 시계그릇을 물로 세척 후 그 용액을 메스플라스크에 넣고 물을 표선까지 가한다.

- 배출기체 중 베릴륨 분석 시(원자흡수분광 광도법) 사용
- 배출기체 중 베릴륨 분석 시(모린형광광도법) 사용

■ **베릴륨 표준용액(0.01 mg Be/mL) : Beryllium Standard Solution**

베릴륨 표준원액 1 mL를 100 mL 용량플라스크에 넣고 염산(1+1) 10 mL를 가한 후 물을 표선까지 가한다.

- 배출기체 중 베릴륨 분석 시(원자흡수분광 광도법) 사용
- 배출기체 중 베릴륨 분석 시(모린형광광도법) 사용

■ **벤젠(크로마토그래프용) : Benzene**

예기 머무름 시간 부근에서 피크가 나타나지 않는 벤젠(benzene, $C_6H_{6(L)}$)을 사용한다.

- 채취 시료수 중 알킬수은의 기체크로마토그래프법 분석 시 사용
- 채취 시료수 중 유기인의 기체크로마토그래프법 분석 시 사용

■ **벤젠 표준용액 : Benzene Standard Solution**

나이트로화산액 5 0mL를 100 mL 메스플라스크에 취해 물로 냉각하면서 벤젠(benzene, $C_6H_{6(L)}$) 1.00 mL를 가하고 다시 나이트로화산액을 가하여 전량을 100 mL로 한다. 실온에서 30분간 방치한 후 이 액 2.00 mL를 취하고 나이트로화산액을 가하여 100 mL로 한다. 벤젠 표준용액 1 mL는 0.050 mL $C_6H_{6(g)}$ (0℃, 760 mmHg)에 상당하고 또 0.175 mg $C_6H_6$에 상당한다.

- 배출기체 중 벤젠의 분석 시(흡광광도법(메틸에틸케톤법)) 사용

■ **벤조(a) 파이렌 표준물질 : Benzo-α-pyran**

최고 순도의 벤조(a) 파이렌(benzo-α-pyran, $C_9H_8O_{(L)}$)을 사용한다.

- 환경 대기 중 벤조(a) 파이렌 분석 시(형광분광광도법) 사용

■ 부탄산-2-아미노-2-하이드록시메틸-프로판디올 : Butyric Acid-2-Amino-2-Hydroxymethyl-Propanediol

부탄산(butyric(butanoic) acid, $CH_3CH_2CH_2COOH_{(L)}$) 0.415 g(2.5 mmol)과 2-아미노-2-하이드록시메틸-1,3-프로판디올 (2-amino-2-hydroxymethyl-1,3-propanediol, $C_4H_{14}O_3N_{(s)}$) 0.303 g(2.5 mmol)을 물로 녹인 후, 1,000 mL 정용플라스크에 옮기고 물을 넣어 표선까지 맞춘다.

• 배출기체 중 염화수소의 분석 시(이온크로마토그래프법) 써프렛서(supressor)가 없는 장치를 사용하는 경우

■ 분해 촉진제 : Reduction Promoter

황산구리(copper(II) sulfate pentahydrate, $CuSO_4 \cdot 5H_2O_{(S)}$)와 황산 포타슘(potassium sulfate, $K_2SO_{4(S)}$)의 분말을 1:4 비율로 섞어 만든다.

• 채취 시료수 중 총질소의 환원 증류-킬달법(합산법) 분석 시 사용

■ 알칼리성 붕산 소듐용액 : Sodium Borate

붕산 소듐(sodium borate decahydrate(borax), $Na_2B_4O_7 \cdot 10H_2O_{(s)}$) 9.54 g을 물에 녹여 500 mL로 하고 0.4% 수산화 소듐용액 500 mL와 혼합한다.

• 채취 시료수 중 음이온 계면활성제의 흡광광도법(메틸렌블루법) 분석 시 사용

■ 붕산염 표준용액(0.01M) : Borate Standard Solution

pH 측정용 붕산 소듐(sodium borate decahydrate(borax), $Na_2B_4O_7 \cdot 10H_2O_{(s)}$)을 물로 적신 브로민화 소듐(sodium bromide, $NaBr_{(S)}$)을 넣은 데시케이터 중에 넣어 항량으로 한 다음 3.81 g을 정확하게 달아 물을 넣어 녹여 정확히 1 L로 한다.

• 채취 시료수의 pH 측정 시 사용

■ 포화 브로민수 : Saturated Bromine Water

포화 브로민수(saturated bromine water)는 브로민의 수용액이다. 보통은 포화수용액으로 존재하며 니켈의 분석시에 산화제로 사용한다. 대신 아이오딘 용액을 사용하여도 무방하다.

• 배출기체 중 니켈화합물의 분석 시(흡광광도법) 사용

• 채취 시료수 중 니켈의 흡광광도법(다이메틸글리옥심법) 분석시  사용

■ **브로민이온 표준원액** : Bromine Ion Standard Solution

110℃에서 한 시간 건조한 브로민화 포타슘(potassium bromide, $KBr_{(S)}$) 0.372 g을 달아 물에 녹여 정확히 250 mL로 한다. 이 용액 1 mL는 브로민이온 1 mg을 포함한다.

> KBr(MW=118.99) 0.372 g(372 mg)에 대응하는 Br이온의 양을 $x$ mg이라면
> 118.99 : 372 = 79.9 : $x$, $\therefore x$ = 249.79 mg ≒ 250 mg
> 그러므로 KBr 0.372 g을 용해시켜 250 mL로 한 용액 1mL 중 Br이온량은 1 mg이 포함된다. Br이온량 1mg = $\frac{22.4}{79.9\times2}=0.140\ mL$ $Br_{2(g)}$, Br이온량 1 mg = $\frac{22.4}{80.9}=0.277\ mL$ $HBr_{(g)}$에 상당한다.

• 배출기체 중 브로민화합물의 분석 시(흡광광도법(싸이오사이안산 제2수은법)) 사용

■ **브로민이온 표준용액** : Bromine Ion Standard Solution

브로민이온 표준원액 25 mL를 250 mL 메스플라스크에 넣고 물로 표선까지 채운다.

• 배출기체 중 브로민화합물의 분석 시(흡광광도법(싸이오사이안산 제2수은법)) 사용

■ **브로민화 포타슘용액(40 W/V%)** : Potassium Bromide

브로민화 포타슘(potassium bromide, $KBr_{(S)}$)을 사용한다.

• 채취 시료수 중 수은의 흡광광도법(디티오존법) 분석 시 사용

■ **브루신-설파닐산용액** : Brucine-Sulfanilic Acid

브루신(brucine dihydrate, $C_{23}H_{26}N_2O_4\cdot 2H_2O_{(s)}$) 1 g과 설파닐산(sulfanilic acid(or p-amino-benzensulfonic acid) $C_6H_7NO_3S_{(S)}$) 0.1 g을 염산 3 mL에 녹이고 물을 넣어 100 mL로 한다. 이 용액은 독성이 강하므로 취급 시 주의하여야 한다.

• 채취 시료수 중 질산성 질소의 흡광광도법(브루신법) 분석 시 사용

**■ 비소 표준원액(0.1 mg As/mL) : Arsenic Standard Solution**

삼산화비소(diarsenic trioxide, $As_2O_{3(S)}$) 0.133 g을 수산화 소듐 용액(4 W/V%) 2 mL에 녹인 후 물을 가하여 500 mL로 하고 황산(1+10)을 가하여 약산성으로 한다. 이것을 1,000 mL 메스플라스크에 옮겨 넣고 물로 표선까지 채운다.

• 배출기체 중 입자상 및 기체상 비소화합물의 분석 시(흡광광도법) 사용
• 채취 시료수 중 비소의 원자흡광광도법 분석 시 사용

**■ 비소 표준원액(0.001 mg As/mL = 1 μg As/mL) : Arsenic Standard Solution**

비소 표준원액(0.1 mg As/mL) 10 mL을 정확히 취하여 물을 넣어 1,000 mL로 한다.

• 배출기체 중 입자상 및 기체상 비소화합물의 분석 시(흡광광도법, 원자흡수분광 광도법) 사용
• 채취 시료수 중 비소의 원자흡광광도법 분석 시 사용

**■ 비소 표준용액(0.0001 mg As/mL = 0.1 μg As/mL) : Arsenic Standard Solution**

비소 표준용액(1 μg As/mL) 10 mL를 100 mL 메스플라스크에 분취하고 염산(1+1) 2 mL를 가한 후 물로 표선까지 채운다.

• 배출기체 중 입자상 및 기체상 비소화합물의 분석 시(원자흡수분광 광도법) 사용
• 채취 시료수 중 비소의 원자흡광광도법 분석 시 사용

**■ 사붕산 소듐용액 : Sodium Tetraborate**

사붕산 소듐(sodium tetraborate dekahydrate, $Na_2B_4O_7 \cdot 10H_2O_{(S)}$) 1.9063 g을 취하여 1 L 메스플라스크에 넣고 물을 가하여 1 L로 한다. 이 용액(0.01N-$Na_2B_4O_7 \cdot 10H_2O$)의 일차 표준용액이며 수산화나트륨 또는 탄산나트륨을 적당히 표정하여 사용할 수 있다.

• 환경 대기 중 아황산기체 분석 시(산정량 수동법) 사용

**■ 사염화탄소 : Carbon Tetrachloride**

사염화탄소(carbon tetrachloride, $CCl_{4(L)}$)를 사용한다.

• 배출기체 중 브로민화합물 분석 시(흡광광도법(싸이오사이안산 제이수은법)) 사용

• 배출기체 중 구리화합물의 분석 시(흡광광도법)에 사용
• 배출기체 중 아연화합물의 분석 시(흡광광도법) 사용

■ 정제 사염화탄소 : Carbon Tetrachloride

사염화탄소(carbon tetrachloride, $CCl_{4(L)}$)에 황산 소량을 넣어 흔들어 섞고 정치하여 사염화탄소층을 분리한다. 황산층이 착색하지 않을 때까지 이 조작을 반복한 다음, 물 소량을 넣어 흔들어 섞고 정치하여 사염화탄소층을 분리하고 산화칼슘(calcium oxide, $CaO_{(S)}$)을 넣어 흔들어 섞고 있는 그대로 증류하여 77℃의 유분을 취한다. 독성이 있으므로 주의하여 취급하여야 한다.

• 채취된 시료수 중 중금속 측정을 위한 용매추출법(원자흡수분광 광도법)에 사용
• 채취된 시료수 중 납의 흡광광도법(디티오존법) 분석 시 사용
• 채취 시료수 중 수은의 흡광광도법(디티오존법) 분석 시 사용

■ 사이안 이온 표준원액(0.001 mg $CN^-$/mL) : Cyan Ion Standard Solution

사이안 이온으로서 10 mg에 해당하는 양의 사이안 표준원액의 mL수를 정확히 취하여 2% 수산화 소듐용액 100 mL와 물을 넣어 정확히 1,000 mL로 한다. 이 액 10 mL를 정확히 취하여 물을 넣어 100 mL로 한다. 이 액은 사용시 조제한다.

• 채취 시료수 중 사이안(흡광광도법) 분석 시 사용

■ 사이안화수소 용액 : Hydrogen Cyanide Solution

사이안화 포타슘(potassium cyanide, $KCN_{(s)}$) 약 2.5 g을 물에 녹여서 1 L로 한다. 이 용액은 사용시에 다음 방법으로 표정한다.

• 표정(標定, Standardization) : 이 용액 100 mL를 정확하게 취하여 지시약으로서 $p$-다이메틸 아미노 벤질리덴 로다닌의 아세톤 용액 0.5 mL를 가하고 N/10 질산은 용액으로 적정하여 용액의 색이 황색에서 적색이 되는 점을 종말점으로 하여 다음식에 따라서 사이안화수소 용액 1 mL수를 계산한다. 사이안화수소 1 mL는 $HCN_{(g)}$ $0.0448 \times a \times f$ mL(0℃, 760 mmHg)(주)에 상당한다.
$f$ : N/10 질산은 용액의 역가(factor), $a$ : N/10 질산은 용액의 소비량(mL)

(주) $AgNO_3$ 1 mole에 HCN 2 mole이 반응하므로 N/10 $AgNO_3$ 1 mL에 HCN 4.48 mL이 대응한다. 따라서 여기서 제조한 HCN 용액 1 mL 중의 $HCN_{(g)}$은 0.0448 mL에 상당한다.

• 배출기체 중 사이안화수소의 분석 시(피리딘 피라졸론법) 사용

■ 사이안화 수소 표준원액 : Hydrogen Cyanide Standard Solution

사이안화수소 용액 $\frac{10.0}{0.0448 \times a \times f}$ mL를 취하여 수산화소듐 용액(1N) 100 mL을 가하고 다시 물을 가하여 전량을 1 L로 한다. 이 용액은 사용 시에 제조한다. 사이안화수소 표준원액 1 mL는 $HCN_{(g)}$ 0.01 mL(0℃, 760 mmHg)에 상당한다.

• 배출기체 중 사이안화수소의 분석 시(피리딘 피라졸론법) 사용

■ 사이안 이온 표준원액(약 1 mg $CN^-$/mL) : Cyan Ion Standard Solution

사이안화 포타슘(potassium cyanide, $KCN_{(s)}$) 표준시약 2.51g 을 물에 녹여 1,000 mL로 한다. 이 액은 사용시 조제하며 정확한 농도는 다음과 같이 표정하여 구한다.

• 표정(標定, Standardization) : 이 용액 100 mL를 정확하게 취하여 2 W/V% 수산화 소듐용액 1 mL와 지시약으로서 파라-다이메틸 아미노 벤질리덴로다닌의 아세톤 용액(0.02 W/V%) 0.5 mL를 가하고 N/10 질산은 용액으로 적정하여 용액의 색이 황색에서 적색이 되는 점을 종말점으로 하여 적정한다.

$$C = a \times f \times 5.204 \times \frac{1}{100}$$

$C$ : 사이안의 함량(mg/mL), $a$ : N/10 질산은 용액의 소비량(mL)

$f$ : N/10 질산은 용액의 역가(factor)

• 채취 시료수 중 사이안(흡광광도법) 분석 시 사용

■ 사이안화 수소 표준용액 : Hydrogen Cyanide Standard Solution

사이안화수소 표준원액 1.0 mL를 50 mL 메스플라스크에 취하여 흡수액 20 mL를 가하고 지시약으로 페놀프탈레인 용액(0.1 W/V%) 한 방울을 가한 후, 아세트산(10 V/V%)으로 중화한 다음 물을 가하여 50 mL로 한다. 이 표준용액은 사용 시에 조제한다. 이 사이안화수소 표준용액 1 mL는 $HCN_{(g)}$ 0.0002 mL(0℃, 760 mmHg)에 상당한다[주].

[주] 사이안화수소 표준원액 1 mL($HCN_{(g)}$ ≡ 0.01 mL)를 취하여 전량을 50 mL로 하였으므로 $0.01 \times \frac{1}{50} = 0.0002$ mL에 상당한다.

• 배출기체 중 사이안화수소의 분석 시(피리딘 피라졸론법) 사용

■ 사이안화 포타슘용액(1 W/V%) : Potassium Cyanide

사이안화 포타슘(potassium cyanide, $KCN_{(s)}$) 1.0 g을 물에 녹여 100 mL로 한다.

- 배출기체 중 카드뮴화합물의 분석 시(흡광광도법) 사용
- 채취 시료수 중 아연의 흡광광도법(진콘법) 분석 시 사용

■ 사이안화 포타슘용액(0.1 W/V%) : Potassium Cyanide

사이안화 포타슘(1 W/V%)을 물로서 10배 묽게 한다.

- 배출기체 중 카드뮴화합물의 분석 시(흡광광도법) 사용

■ 사이안화 포타슘용액(0.5 W/V%) : Potassium Cyanide

사이안화 포타슘(5 W/V%)을 물에 10배로 묽게 한다.

- 배출기체 중 납화합물의 분석 시(흡광광도법) 사용
- 환경 대기 중 납의 분석 시(흡광광도법) 사용

■ 사이안화 포타슘용액(5 W/V%) : Potassium Cyanide

사이안화 포타슘(potassium cyanide, $KCN_{(s)}$) 50 g을 물에 녹여서 1 L로 한다. 이 용액에 의한 바탕시험값이 높을 경우에는 강산성 양이온 교환수지(입경 0.36~1.18 mm)를 물에 침적시켜 유리관(15×350 mm)에 공기가 들어가지 않게 주의하여 옮긴다. 염산(1N) 약 1 L를 30 mL/min으로 유출시킨 다음 물을 약 80 mL/min의 유속으로 유하시킨다. 유출액의 메틸레드-브로모크레솔그린 혼합 지시액이 중성이 될 때까지 유하시킨다. 여기에 조제한 사이안화 포타슘을 20 mL/min으로 유출시켜 최초 유출액 50 mL는 버리고 다음 유출액만을 사용하여 납을 제거한다.

- 배출기체 중 납화합물의 분석 시(흡광광도법) 사용
- 환경 대기 중 납의 분석 시(흡광광도법) 사용
- 채취 시료수 중 납의 흡광광도법(디티오존법) 분석 시 사용

■ 사이안화 포타슘용액(10 W/V%) : Potassium Cyanide

사이안화 포타슘(potassium cyanide, $KCN_{(s)}$) 10 g을 물에 녹여서 100 mL로 한다.

• 채취 시료수 중 카드뮴의 흡광광도법(디티오존법) 분석 시 사용

■ 산화 마그네슘 : Magnesium Oxide

사용 전 600℃에서 약 3시간 가열하여 데시케이터(실리카겔)에서 식힌 산화 마그네슘(magnesium oxide, $MgO_{(S)}$)을 사용한다.

• 채취 시료수 중 암모니아성 질소의 분석 시 사용

■ 산화시액

구연산 소듐(sodium citrate dihydrate, $Na_3C_6H_5O_7 \cdot 2H_2O_{(S)}$) 약 40 g 및 수산화 소듐(sodium hydroxide, $NaOH_{(s)}$) 2 g을 물에 녹여 200 mL로 한 용액과 차아염소산 소듐용액의 유효염소농도를 측정하여 유효염소로서 2.5 g에 해당하는 mL수를 취하여 물을 넣어 50 mL로 한 액을 혼합한다. 이 시액은 사용할 때 조제한다.

■ 산화칼슘(생석회) : Calcium Oxide

산화칼슘(calcium oxide, $CaO_{(S)}$)을 사용한다. pH 표준용액을 사용할 때 흡수관 내에 넣어 사용한다.

• 채취 시료수의 pH를 측정할 때 사용

■ 설파닐아마이드 : Sulfanilamide, Sulfanilic acid amide

20 g의 설파닐아마이드(sulfanilamide, $C_6H_8N_2O_2S_{(s)}$)를 700 mL의 증류수에 용해시킨다. 여기에 50 mL 농인산(phosphoric acid, $H_3PO_{4(L)}$, 85%)을 가하여 혼합하고 증류수로 전량 1,000 mL로 한다. 이 액은 냉장고에 보관하면 1개월간 안전하다.

• 환경 대기 중 질소산화물 분석 시(야콥스호흐하이저법(24시간 채취법)) 사용

■ 설파닐아마이드 용액(0.5 W/V%) : Sulfanilamide, Sulfanilic acid amide

설파닐아마이드(sulfanilamide, $C_6H_8N_2O_2S_{(s)}$) 0.5 g을 염산(1+1) 100 mL에 가온하면서 녹인다.

• 채취 시료수 중 아질산성 질소 분석 시(흡광광도법(다이아조화법)) 사용

■ 설파닐아마이드 혼합용액 : Sulfanilamide, Sulfanilic acid amide

설파닐아마이드(sulfanilamide, $C_6H_8N_2O_2S_{(s)}$) 3.33 g을 정확히 달아 염산(hydrochloric acid, $HCl_{(L)}$) (1+1) 10 mL 및 물 50 mL를 가하여 녹인다. 별도로 아세트산소듐(3수염)(sodium acetate trihydrate, $CH_3COONa \cdot 3H_2O_{(s)}$) 500 g을 물 약 400 mL에 녹이고 먼저 조제한 설파닐아마이드의 염산용액을 가한다. 여기에 아세트산(acetic acid, $CH_3COOH_{(L)}$) 또는 수산화소듐(10 W/V%)을 가하여 pH 7±0.1로 조절한 후, 물로 전체량을 1 L로 한다. 이 용액은 담황색으로 착색될 때 까지 사용한다.

• 배출기체 중 질소산화물 분석 시(아연환원 나프틸에틸렌다이아민법) 사용

■ 설파민산(0.6 W/V%) : Sulfamic Acid

설파민산(sulfamic acid, $NH_2SO_3H_{(S)}$) 0.6 g을 증류수로 녹여 100 mL로 한다. 이 용액은 사용할 때마다 조제한다.

• 환경 대기 중 아황산기체의 분석 시(파라로자닐린법) 사용

■ 설파민산(1 W/V%) : Sulfamic Acid

설파민산(sulfamic acid, $NH_2SO_3H_{(S)}$) 1 g을 증류수로 녹여 100 mL로 한다. 이 용액은 사용할 때마다 조제한다.

• 채취 시료수 중 질산성 질소의 데발다합금 환원증류법 분석 시 사용

■ 설파민산 암모늄용액(10 W/V%) : Ammonium Sulfamate

설파민산 암모늄(ammonium sulfamate, $NH_4OSO_2NH_{2(S)}$) 10 g을 물에 녹여 100 mL로 한다.

• 채취 시료수 중 사이안(흡광광도법) 분석 시 사용

■ 셀레늄 표준원액(약 1 mg Se/mL) : Selenium Standard Solution

이산화 셀레늄(selenium dioxide, $SeO_{2(S)}$) 1.45 g을 물로 1,000 mL 용량플라스크에 넣어 녹이고 표선까지 맞춘다.

• 채취 시료수 중 셀레늄의 원자흡광광도법 분석 시 사용

■ 셀레늄 표준용액(약 0.0001 mg Se/mL) : Selenium Standard Solution

셀레늄 표준원액(약 1 mg Se/mL)을 물로 100배 희석한 용액 10 mL에 물을 넣어 1,000 mL로 하며 사용 시 조제한다.

• 채취 시료수 중 셀레늄의 원자흡광광도법 분석 시 사용

■ 소듐 페놀라이트 용액 : Sodium Phenolate

페놀(phenol, $CH_5OH_{(L)}$) 25 g을 20% 수산화 소듐(sodium hydroxide, $NaOH_{(s)}$) 55 mL에 녹이고 방냉한 다음 아세톤(acetone, $CH_3COCH_{3(L)}$) 6 mL와 물을 넣어 200 mL로 한다. 이 용액은 사용 시 조제한다.

• 채취 시료수 중 암모니아성 질소의 분석 시 사용

■ 수산(蓚酸) 소듐용액(N/40) : Sodium Oxalate Solution

150~200℃에서 60~120분 가열하여 황산 데시케이터에서 방냉 후 수산 소듐(sodium oxalate, $Na_2C_2O_{4(s)}$) 1.675 g을 정확히 달아 물에 녹여서 용량 플라스크 1,000 mL에 넣어 물을 표선까지 가한다. 이 용액 1 mL는 0.2 mg O/L에 상당한다.

• 채취 시료수 중 산성 100℃에서 과망간산 포타슘에 의한 화학적 산소요구량(COD) 측정 시 사용

■ 수산염(蓚酸鹽) 표준용액(0.05M) : Oxalate Standard Solution

pH 측정용 사수산 포타슘(potassium tetroxalate dihydrate, $KH_3(C_2O_4)\cdot 2H_2O_{(s)}$)을 가루로 하여 실리카겔을 넣은 데시케이터에서 건조한 다음 12.71 g을 정확하게 달아 물을 넣어 정확히 1 L로 한다.

• 채취 시료수의 pH 측정 시 사용

■ 수산화 바륨용액(포화) : Barium Hydroxide

수산화 바륨(barium hydroxide, $Ba(OH)_2{\cdot}8H_2O_{(s)}$) 적당량을 물에 넣어 녹일 때 녹지 않는 침전이 생기면 상층액을 여과하여 여액을 사용한다.

■ **수산화 소듐용액(세척용) : Sodium Hydroxide**

수산화 소듐(sodium hydroxide, $NaOH_{(s)}$) 30 g을 100 mL에 용해시켜 전량을 사용한다.

- 유류 중 황화합물 분석 시(연소관식 분석방법(공기법)) 사용

■ **수산화 소듐용액(2M) : Sodium Hydroxide**

수산화 소듐(sodium hydroxide, $NaOH_{(s)}$) 8 g을 취하여 물에 녹여 100 mL가 되게 한다.

■ **수산화 소듐용액(40 g/L) : Sodium Hydroxide**

수산화 소듐(sodium hydroxide, $NaOH_{(s)}$) 4.0 g을 정확하게 취하여 물에 녹여 100 mL가 되게 한다.

- 배출기체 중 염화수소의 분석 시(질산은적정법 및 싸이오사이안산 제이수은법) 세척액으로 사용

■ **수산화 소듐용액(0.1 mol/L) : Sodium Hydroxide**

수산화 소듐(sodium hydroxide, $NaOH_{(s)}$) 4.0 g을 정확하게 취하여 물에 녹여 1 L가 되게 한다.

- 배출기체 중 염화수소의 분석 시(질산은적정법 및 싸이오사이안산 제이수은법) 흡수액으로 사용

■ **수산화 소듐용액(1N) : Sodium Hydroxide**

수산화 소듐(sodium hydroxide, $NaOH_{(s)}$) 약 4 g을 물에 녹여서 전량을 100 mL로 한다.

- 배출기체 중 사이안화수소의 분석 시(피리딘 피라졸론법) 사용
- 채취 시료수 중 6가크로뮴의 원자흡광광도법 분석 시 사용
- 채취 시료수 중 6가크로뮴의 흡광광도법(다이페닐카르바지드법) 분석 시 사용

■ **수산화 소듐용액(N/10) : Sodium Hydroxide**

수산화 소듐(sodium hydroxide, $NaOH_{(s)}$) 50 g을 달아 폴리에텔렌병에 넣고 물 약 40 mL를 가하고 흐르는 물에서 식히면서 잘 흔들어 녹인다. 마개를 하고 며칠 동안 찬 곳에 방치하여 포화용액을 만든다. 여기서 수산화소듐 4 g에 해당하는 윗층의 맑은 액(약 5 mL)을 취하

여 탄산기체를 함유하지 않은 물 을 가하여 1 L로 한다. 이 용액은 폴리에텔렌병에 넣고 소다석회관을 붙여 보관하고 표정은 다음과 같이 행한다.

- 표정(標定, Standardization) : 용량분석용 표준시약인 술파민산(sulfamic acid, $NH_2SO_3H_{(s)}$)을 황산 데시케이터(desiccator)에서 약 48시간 건조시킨 후, 2~2.5 g을 정확히 달아 물에 녹여 250 mL메스플라스크에 옮겨 넣고 물로 표선까지 채운다. 이 용액 25 mL를 200 mL 삼각플라스크에 분취하고 메틸레드-메틸렌블루우 혼합지시약 3~4방울을 가한다. 조제한 N/10수산화소듐 용액으로 적정하여 색이 자색에서 녹색으로 변화하는 점을 종말점(end point)으로 한다.
  다음식에 의하여 역가를 구한다.

$$f = \frac{W \times \frac{25}{250}}{V' \times 0.00971}$$

$f$ : N/10수산화소듐 용액의 역가, W: 술파민산의 채취량(g)

$V'$ : 적정에서 사용한 N/10수산화소듐 용액의 양(mL),0.00971 : N/10수산화소듐 용액 1mL의 술파민산 상당량(g)[주]

[주] 반응식 : $NH_2SO_3H + NaOH \rightarrow NH_2SO_3Na + H_2O$

$NH_2SO_3H$(MW=97.18) 1 mole은 NaOH 1 mole과 반응한다. 따라서 N/10 NaOH 1 mL에 상당하는 $NH_2SO_3H$ 양은 $\frac{97.1}{10 \times 1000}$ = 0.00971(g)이다.

※ 참고 황산화물을 중화적정법으로 분석시에는 N/10수산화소듐 대신에 N/10붕산소듐 용액을 사용하여도 좋다. 이 때에는 붕산소듐(sodium tetraborate decahydrate, $Na_2B_4O_7 \cdot 10H_2O_{(s)}$) 19.1 g을 물에 녹여 1 L로 하고 표정은 위와 같이 행한다.

- 배출기체 중 황산화물의 분석 시(중화적정법) 사용
- 채취 시료수 중 암모니아성 질소의 분석 시(중화적정법) 사용

■ 수산화 소듐용액(N/10) : Sodium Hydroxide

수산화 소듐(sodium hydroxide, $NaOH_{(s)}$) 약 4 g을 물에 녹여서 전량을 1 L로 한다.

- 배출기체 중 플루오린화합물의 분석 시(용량법(질산토륨-네오트린법)) 사용

■ 수산화 소듐 표준용액(N/20) : Sodium Hydroxide

0.1N 수산화 소듐 용액을 물로 2배 희석하여 만든다. 단, 분석 시 황함유량이 많은 시료의 경우에는 0.1N, 적은 경우에는 0.02N 수산화나트륨 표준용액을 사용한다.

- 표정(標定, Standardization) : 용량분석용 표준시약인 술파민산(sulfamic acid, $NH_2SO_3H_{(s)}$)을 황산 데시케이터(desiccator)에서 약 48시간 건조시킨 후, 1 g을 정확히 달아 물에 녹여 200 mL메스플라스크에 옮겨 넣고 물로 표선까지 채운다. 이 용액 20 mL를 300 mL삼각플라스크에 분취하고 브로모티몰 블루(bromothymol blue, $C_{27}H_{28}Br_2O_5S_{(S)}$) 용액(0.1 W/V%) 3~5방울을 가한다. 여기에 N/20 수산화 소듐용액으로 적정하여 색이 자색에서 녹색으로 변화하는 점을 종말점(end point)으로 한다.
  다음식에 의하여 역가를 구한다.

$$f = a \times \frac{b}{100} \times \frac{20}{200} \times \frac{1}{x \times 0.004855}$$

$a$ : 술파민산의 채취량(g), $b$ : 술파민산의 함유량(%)
$x$ : 적정에서 사용한 N/20 수산화 소듐용액의 양(mL)
0.004855 : N/20 수산화 소듐용액 1mL에 대한 술파민산 당량(g)
N/20 수산화 소듐용액 1 mL = $NH_3$-N 0.7 mg(14×0.05)에 해당한다.

- 유류 중 황화합물 분석 시(연소관식 분석방법(공기법)) 사용
- 채취 시료수 중 암모니아성 질소의 분석 시(중화적정법) 사용

■ **수산화 소듐용액(0.4 W/V%) : Sodium Hydroxide**

수산화 소듐(sodium hydroxide, $NaOH_{(s)}$) 0.4 g을 물에 녹여 100 mL로 만든다. 이 용액은 사용 시에 제조한다.

- 환경 대기 중 옥시단트 분석 시(알칼리성 아이오딘화 포타슘법(수동)) 사용

■ **수산화 소듐용액(1 W/V%) : Sodium Hydroxide**

수산화 소듐용액(10 W/V%)을 물로 10배 묽게 한다.

- 배출기체 중 카드뮴화합물의 분석 시(흡광광도법) 사용
- 채취 시료수 중 카드뮴의 흡광광도법(디티오존법) 분석 시 사용

■ **수산화 소듐용액(2 W/V%) : Sodium Hydroxide**

수산화 소듐(sodium hydroxide, $NaOH_{(s)}$) 20 g을 물에 녹여 1 L로 만든다. 이 용액은 사용 시에 제조한다.

- 배출기체 중 사이안화수소의 분석 시(질산은적정법) 사용
- 채취 시료수 중 사이안(흡광광도법) 분석 시 사용

■ 수산화 소듐용액(3 W/V%) : Sodium Hydroxide

수산화 소듐(sodium hydroxide, $NaOH_{(s)}$) 30 g을 물에 녹여 1 L로 만든다. 이 용액은 사용 시에 제조한다.

- 채취 시료수 중 총질소의 환원 증류-킬달법(합산법) 분석 시 사용

■ 수산화 소듐용액(3.5 W/V%) : Sodium Hydroxide

수산화 소듐(sodium hydroxide, $NaOH_{(s)}$) 35 g을 물에 녹여 1 L로 만든다. 이 용액은 사용 시에 제조한다.

- 채취 시료수 중 질산성 질소의 자외선 흡광광도법 분석 시 사용

■ 수산화 소듐용액(4 W/V%) : Sodium Hydroxide

수산화 소듐(sodium hydroxide, $NaOH_{(s)}$) 42 g을 물에 녹여 1 L로 만들거나 또는 4 g을 물에 용해하여 100 mL로 만든다. 이 용액은 사용 시에 제조한다. 단, 모린형광광도법 분석 시에는 특급시약을 사용한다.

- 배출기체 중 질소산화물의 분석 시(페놀다이술폰산법) 사용
- 배출기체 중 입자상 및 기체상 비소화합물의 분석 시(흡광광도법) 사용
- 배출기체 중 베릴륨 분석 시(모린형광광도법) 사용
- 채취 시료수 중 염소이온 분석 시 사용
- 채취 시료수 중 질산성 질소의 데발다합금 환원증류법 분석 시 사용
- 채취 시료수 중 총 인의 흡광광도법(아스코르빈산 환원법) 분석 시 사용

■ 수산화 소듐용액(10 W/V%) : Sodium Hydroxide

수산화 소듐(sodium hydroxide, $NaOH_{(s)}$) 10 g을 취하여 물에 녹여 100 mL가 되게 한다.

- 배출기체 중 질소산화물의 분석시(아연환원 나프틸에틸렌다이아민법) 설파닐아마이드 혼합용액 제조 시 사용
- 배출기체 중 카드뮴화합물의 분석시(흡광광도법) 사용
- 채취 시료수 중 알칼리성 100℃에서 과망간산 포타슘에 의한 화학적 산소요구량(COD) 측정 시 사용

- 채취 시료수 중 플루오르(흡광광도법(란탄-알리자린 콤플렉손법)) 분석 시 사용
- 채취 시료수 중 카드뮴의 흡광광도법(디티오존법) 분석 시 사용
- 채취 시료수 중 망가니즈의 원자흡광광도법 분석 시 사용

■ 수산화 소듐용액(20 W/V%) : Sodium Hydroxide

수산화 소듐(sodium hydroxide, $NaOH_{(s)}$) 20 g을 취하여 물에 녹여 100 mL가 되게 한다.

- 채취 시료수 중 총 인의 흡광광도법(아스코르빈산 환원법) 분석 시 사용

■ 수산화 소듐용액(50 W/V%) : Sodium Hydroxide

수산화 소듐(sodium hydroxide, $NaOH_{(s)}$) 50 g을 물에 녹여 100 mL로 만든다.

- 채취 시료수 중 총질소의 환원 증류-킬달법(합산법) 분석 시 사용

■ 수산화 소듐용액(70 W/V%) : Sodium Hydroxide

수산화 소듐(sodium hydroxide, $NaOH_{(s)}$) 70 g을 취하여 물에 녹여 100 mL가 되게 한다.

- 배출기체 중 벤젠의 분석 시(흡광광도법(메틸에틸케톤법)) 사용

■ 수산화 포타슘용액(5N) : Potassium Hydroxide

수산화 포타슘(potassium hydroxide, $KOH_{(s)}$) 280 g을 취하여 물에 녹여 1,000 mL가 되게 한다.

- 배출기체 중 폼알데하이드의 분석시(크로모트로핀산법) 표준용액 중 폼알데하이드 함량 계산 시 사용

■ 수산화 포타슘-에틸알코올용액(1M) : Potassium Hydroxide - Ethyl Alcohol

수산화 포타슘(potassium hydroxide, $KOH_{(s)}$) 70 g을 소량의 물에 녹이고 에틸알코올(95 W/V%)을 넣어 1,000 mL로 하여 흔들어 섞고 마개를 하여 2~3일간 방치한다. 상층액을 여과하여 내(耐) 알칼리성 유리마개병에 넣어 보관한다.

- 채취 시료수 중 폴리클로리네이티드 바이페닐(PCB)의 기체크로마토그래프법 분석 시 사용

■ **수산화 칼슘 표준용액(0.02M, 25℃ 포화용액) : Calcium Hydroxide Standard Solution**
pH 측정용 수산화 칼슘(calcium hydroxide, $Ca(OH)_{2(s)}$)을 가루로 하여 5 g을 플라스크에 넣고 물 1 L를 넣어 잘 흔들어 섞어 23~27℃에서 충분히 포화시켜 그 온도에서 상층액을 여과하여 투명한 여액을 사용한다.

• 채취 시료수의 pH 측정 시 사용

■ **수은 표준원액(1 mg Hg/mL) : Mercury Standard Solution**
염화제이수은(mercury(II) chloride(or mercuric chloride), $HgCl_{2(S)}$) 0.1354 g을 75 mL의 물에 완전히 녹인다. 여기에 10 mL의 질산을 가한 다음 물을 가해 정확히 100mL로 표선을 맞추고 섞는다. 이 용액은 적어도 1개월은 안정하다. 모든 수은 표준용액은 보로실리케이트 유리용기에 조제하여 보관한다.

• 배출기체 중 수은화합물 분석 시(환원기화 원자흡수분광 광도법) 사용

■ **수은 표준원액(0.5 mg Hg/mL) : Mercury Standard Solution**
염화제이수은(mercury(II) chloride(or mercuric chloride), $HgCl_{2(S)}$) 표준시약 0.67 g을 물에 녹이고 질산(1+1) 10 mL와 물을 넣어 정확히 1,000 mL로 한다.

• 채취 시료수 중 수은의 원자흡광광도법(환원기화법) 분석 시 사용

■ **수은 표준원액(0.001, 0.0001 mg Hg/mL) : Mercury Standard Solution**
수은 표준원액(0.5 mg Hg/mL) 10 mL를 정확히 취하여 물을 넣어 500 mL로 한 다음 이 용액 100, 10 mL 씩을 정확히 취하여 물을 넣어 1,000 mL로 한다. 사용 시 조제한다.

• 채취 시료수 중 수은의 원자흡광광도법(환원기화법) 분석 시 사용

■ **수은 표준용액(10 μg Hg/mL) : Mercury Standard Solution**
수은 표준원액 5 mL를 피펫으로 분취하여 500 mL의 용량플라스크에 담는다. 여기에 15% 질산용액 20 mL를 가하고 물을 가해 정확히 500 mL로 표선을 맞춘다. 용액을 완전히 섞는다.

• 배출기체 중 수은화합물 분석 시(환원기화 원자흡수분광 광도법) 사용

■ 수은 표준용액(200 ng Hg/mL) : Mercury Standard Solution

수은 표준용액 5 mL를 피펫으로 분취하여 250 mL의 용량플라스크에 담는다. 여기에 4% 과망간산 포타슘흡수액 5 mL와 15% 질산용액 5 mL를 넣고 물을 가해 250 mL로 표선을 맞춘다. 용액을 완전히 섞는다.

• 배출기체 중 수은화합물 분석 시(환원기화 원자흡수분광 광도법) 사용

■ L-시스테인·아세트산 소듐용액 : L-Cysteine - Sodium Acetate

L-시스테인 염산염(L-cysteine hydrogen chloride monohydrate, $C_3H_7NO_2S{\cdot}HCl{\cdot}H_2O_{(S)}$) 1 g, 아세트산 소듐(sodium acetate trihydrate, $NaCH_3CO_2{\cdot}3H_2O_{(S)}$) 0.8 g 및 무수황산 소듐(sodium sulfate, $Na_2SO_{4(S)}$) 12.8 g을 물에 녹여 100 mL로 한다. 사용 시 조제한다.

• 채취 시료수 중 알킬수은의 기체크로마토그래프법 분석 시 사용

■ 스타이렌 표준용액 : Styrene Standard Solution

스타이렌(styrene, $C_6H_5CHCH_{2(L)}$) 1.0 g을 벤젠(benzene, $C_6H_{6(L)}$)에 용해하여 전량을 100 mL로 한다.

• 악취 중 스타이렌 측정(저온농축법)에 사용

■ 시·디티에이 용액(0.1M) : Cy·DTA

시·디티에이(또는 1,2-사이클로헥세인 다이아민테트라아세트산) (1,2-cyclohexanediamine-N, N'-tetraacetic acid chelate, $C_6H_{10}[N(CH_2COOH)_2]_2H_2O_{(S)}$) 3.5 g 및 수산화 소듐(sodium hydroxide, $NaOH_{(s)}$) 0.85 g을 물에 녹여 100 mL로 한다. 필요에 따라 에틸렌다이아민테트라아세트산 소듐(disodium ethylenediaminetetraacetate dihydrate, $C_{10}H_{14}N_2Na_2O_8 \cdot 2H_2O_{(S)}$) 용액(0.1M)과 같은 방법으로 디티오존 사염화탄소용액(0.00 5W/V%)으로 씻은 다음 사용한다.

■ 실리카겔(박층크로마토그래프용) : Silica Gel

황산칼슘(calcium sulfate, $CaSO_{4(S)}$) 5%를 함유한 실리카겔(silica gel, $SiO_2{\cdot}nH_2O_{(S)}$)을 사용한다.

• 채취 시료수 중 알킬수은의 박층크로마토그래프 분리에 의한 원자흡광광도법 분석 시 사용

■ 실리카겔(크로마토그래프용) : Silica Gel

황산칼슘(calcium sulfate, $CaSO_{4(S)}$) 5%를 함유한 실리카겔(silica gel, $SiO_2 \cdot nH_2O_{(S)}$)을 노말-헥세인으로 씻은 다음 여과하여 비커에 넣고 층의 두께를 10 mm 이하로 하여 18시간 건조한 다음 데시케이터 안에서 30분간 방냉한 것을 사용한다.

• 채취 시료수 중 폴리클로리네이티드 바이페닐(PCB)의 기체크로마토그래프법 분석 시 사용

■ 싸이오사이안산 암모늄용액(N/10) : Ammonium Thiocyanate

싸이오사이안산 암모늄(ammonium thiocyanate, $NH_4SCN_{(s)}$) 8 g을 물에 녹여 1 L로 만들고 갈색병에 보관한다. 이 용액 1 mL는 표준상태(0℃, 760 mmHg)의 염화수소기체 2.24 mL에 해당한다(N/10 $NH_4SCN$ 1 mL≡N/10 $AgNO_3$ 1 mL≡NaCl 1 mL≡HCl 2.24 mL).

• 표정(標定, Standardization) : N/10 질산은(silver nitrate, $AgNO_{3(s)}$) 용액 25 mL에 물 약 25 mL를 가하고 지시약으로 황산제이철 암모늄용액 2 mL, 나이트로벤젠(nitrobenzene, $C_6H_5NO_{2(L)}$) 10 mL를 차례로 가하고 잘 흔들어 주면서 N/10 싸이오사이안산 암모늄용액으로 적정하여 갈색을 나타내는 점을 종말점(end point)으로 한다.
• 반응식 : $AgNO_3 + NH_4SCN \rightarrow NH_4NO_3 + AgSCN$

$$6NH_4SCN + Fe_2(SO_4)_3(NH_4)_2SO_4 \rightarrow 2Fe(SCN)_3(\text{등적색}) + 4(NH_4)_2SO_4$$

$$\text{농도보정계수(factor, } f) = \frac{\text{측정된 농도}}{\text{원하는 농도}} \text{ 또는 } \frac{\text{측정된 물질의 부피}}{\text{알고 있는 물질의 부피}}$$

• 배출기체 중 염화수소의 분석 시(질산은 적정법) 사용

■ 싸이오사이안산 제이수은용액 : Mercuric Thiocyanate

질산 제이수은(mercuric nitrate, $Hg(NO_3)_2 \cdot H_2O_{(S)}$) 5 g을 질산(nitrate, $HNO_{3(L)}$) (N/2)(주1) 약 200 mL에 녹이고 잘 혼합하여 황산 제이철암모늄(ammonium ferric sulfate, $NH_4Fe(SO_4)_{2(s)}$) 용액(주2) 3 mL를 가하고 싸이오사이안산포타슘(potassium thiocyanate, $KSCN_{(s)}$) 용액(4%)(주3)을 액이 약간 착색될 때 까지 가한다. 생성된 싸이오사이안산 제이수은(mercuric thiocyanate, $Hg(SCN)_{2(s)}$)의 백색 침전은 유리여과기($G_3$)로 거르고 침전은 물로 충분히 씻고 자연건조시킨다. 이렇게 만든 싸이오사이안산 제이수은 0.4 g을 메틸알코올(methyl alcohol, $CH_3OH_{(L)}$) 100 mL에 녹여 갈색병에 보관한다.

(주1) 진한 질산(nitrate, $HNO_{3(L)}$) 8 mL에 물을 가하여 200 mL가 되게 한다.
(주2) 황산 제이철암모늄 6.0 g을 과염소산(perchloric acid, $HClO_{4(L)}$) (1+2) 100 mL에 녹이고 갈색병에 보관한다.
(주3) 싸이오사이안산포타슘 4 g을 취하여 물에 녹여 100 mL로 한다.

• 배출기체 중 염화수소의 분석 시(싸이오사이안산 제이수은법) 사용

■ 싸이오사이안산 제이수은용액 : Mercuric Thiocyanate

질산 제이수은(mercuric nitrate, $Hg(NO_3)_2 \cdot H_2O_{(S)}$) 5 g에 질산(nitrate, $HNO_{3(L)}$) 8 mL를 가하고 물을 가하여 200 mL로 한다. 여기에 황산 제이철암모늄(ammonium ferric sulfate, $NH_4Fe(SO_4)_{2(s)}$) 용액 3 mL를 가하여 약간 착색될 때 까지 싸이오사이안산 포타슘(potassium thiocyanate, $KSCN_{(s)}$) 용액(4 W/V%)을 적가한다. 생성된 침전물을 유리여과기($G_3$)로 거르고 물로 수회 씻은 다음 자연건조 시킨다.

• 배출기체 중 브로민화합물의 분석 시(흡광광도법(싸이오사이안산 제2수은법)) 사용

■ 싸이오사이안산 제이수은 메틸알코올 용액 : Mercuric Thiocyanate

싸이오사이안산 제이수은(mercuric thiocyanate, $Hg(SCN)_{2(S)}$) 0.3 g을 메틸알코올(methyl alcohol, $CH_3OH_{(L)}$) (95 V/V%) 50 mL에 녹인 다음 100 mL 메스플라스크에 넣고 메틸알코올(95 V/V%)로 표선까지 채운다. 이 용액은 갈색병에 넣어 보관해야 한다. 여기서 사용하는 싸이오사이안산 제이수은은 위에서 제조한 싸이오사이안산 제이수은 용액에서 만든 것으로 사용하고 시판되는 싸이오사이안산 제이수은을 그대로 사용할 때는 사용되는 시약에 따라 검량선을 구해 둘 필요가 있다.

• 배출기체 중 브로민화합물의 분석 시(흡광광도법(싸이오사이안산 제2수은법)) 사용

■ 싸이오사이안산 포타슘용액 : Potassium Thiocyanate

싸이오사이안산 포타슘(potassium thiocyanate, $KSCN_{(s)}$) 4 g을 취하여 물에 녹여 100 mL로 한다.

• 배출기체 중 염화수소의 분석 시(싸이오사이안산 제이수은법) 사용

■ 싸이오황산 소듐용액(10 W/V%) : Sodium Thiosulfate

싸이오황산 소듐(sodium thiosulfate pentahydrate, $Na_2S_2O_3 \cdot 5H_2O_{(s)}$) 10 g을 물에 녹여 100 mL로 한다.

• 채취 시료수 중 대장균군의 최적확수 시험법 분석 시 사용

■ 싸이오황산 소듐용액(N/10) : Sodium Thiosulfate

싸이오황산 소듐(sodium thiosulfate pentahydrate, $Na_2S_2O_3 \cdot 5H_2O_{(s)}$) 약 26 g과 무수탄산 소듐(sodium carbonate anhydrous, $Na_2CO_{3(s)}$) 약 0.2 g을 탄산을 함유하지 않는 물에 녹여 약 1 L로 하고 여기에 아이소아밀알코올(isoamyl alcohol, $C_5H_{12}O_{(L)}$) 약 10 mL를 가하여 잘 흔들어 섞고 마개를 하여 2일간 방치한 후 표정한다.

• 표정(標定, Standardization) : 120~140℃로 1.5~2시간 건조한 아이오딘산 포타슘(표준시약) (potassium iodate, $KIO_{3(s)}$) 1~1.5 g을 정확히 취하고 물에 녹여 정확히 250 mL로 한다. 이 중 25 mL를 유리마개가 있는 삼각플라스크에 정확히 취하고 아이오딘화 포타슘(potassium iodide, $KI_{(s)}$) 2 g과 황산(sulfuric acid, $H_2SO_{4(L)}$) (1+5) 5 mL를 가한 후, 바로 마개를 막고 조용히 흔들어 어두운 곳에서 5분간 방치한다. 유리된 아이오딘을 N/10 싸이오황산 소듐으로 적정한다. 종말점 부근에서 액이 엷은 황색으로 되면 전분용액(0.5 W/V%) 5 mL를 가하고 계속 적정하여 청색이 없어진 때를 종말점으로 한다. 같은 방법으로 바탕시험을 하여 보정한다. 역가는 다음식에 의하여 계산한다.

$$f = \frac{W \times \frac{p}{100} \times \frac{25}{250}}{(x-y) \times 0.003567}$$

$f$ : N/10 싸이오황산 소듐용액의 역가(factor), $W$ : 아이오딘산 포타슘의 양(g)

$p$ : 아이오딘산 포타슘의 함유량(%), $x$ : 적정에 소요되는 N/10 싸이오황산 소듐의 양(mL)

$y$ : 바탕시험에 소요된 N/10 싸이오황산 소듐의 양(mL)

0.003567 : N/10 싸이오황산 소듐용액 1mL의 아이오딘산 포타슘 상당량(g)

반응식 : $KIO_3 + 5KI + 3H_2SO_4 \rightarrow 3I_2 + 3K_2SO_4 + 3H_2O$

$I_2 + 2Na_2S_2O_3 \rightarrow 2NaI + Na_2S_4O_6$

이 때 $KIO_3$ 1 mole은 $Na_2S_2O_3$ 6 mole에 상당하므로 N/10 $Na_2S_2O_3$ 1 mL에 상당하는 $KIO_3$(MW=214)의 양은 $\frac{214}{6} \times 0.1 \times \frac{1}{1,000} = 0.003567$ (g)이다.

• 배출기체 중 염소의 분석 시(오쏘-톨리딘법) 사용
• 배출기체 중 황화수소의 분석 시(흡광광도법(메틸렌블루우법)) 사용
• 배출기체 중 황화수소의 분석 시(용량법(요오드 적정법)) 사용
• 배출기체 중 브로민화합물의 분석 시(적정법(차아염소산염법)) 사용
• 채취 시료수 중 용존산소(DO) 측정 시 윙클러-아지이드화 소듐변법에 사용

■ 싸이오황산 소듐용액(N/10) – 보관용 : Sodium Thiosulfate

싸이오황산 소듐(sodium thiosulfate pentahydrate, $Na_2S_2O_3 \cdot 5H_2O_{(s)}$) 25 g을 바로 끓여서 식힌 증류수에 녹여 1 L로 만든다. 이 용액은 표정하기 전에 무수탄산소듐(sodium carbonate anhydrous, $Na_2CO_{3(s)}$) 0.5 g을 가하여 하루 동안 방치해 둔다.

- 표정(標定, Standardization) : 180℃로 건조한 아이오딘산 포타슘(표준시약) (potassium iodate, $KIO_{3(s)}$) 1.5 g을 0.1 mg까지 정확히 달아 500 mL 메스플라스크에 넣고 물로 표선까지 채워 녹인다. 이 용액 50 mL를 피펫으로 취하여 500 mL 호박색 메스플라스크에 넣고 아이오딘화 포타슘(potassium iodide, $KI_{(s)}$) 2 g 및 1N 염산 10 mL를 가한다. 마개를 하고 5분 후에 보관용 싸이오황산 소듐용액(0.1N)으로 적정하여 엷은 황색이 되면 전분지시용액 5 mL를 가하고 청색이 없어질 때까지 적정을 계속한다.

  0.1N 싸이오황산 소듐용액 1 mL = 3.5667 mg $KIO_3$

  이 용액의 규정도(Normality)는 다음과 같이 계산한다.

  $$N = \frac{W}{V} \times 2.80$$

  N : 보관용 싸이오황산 소듐 용액의 규정도

  V : 싸이오황산 소듐용액의 소비 mL수

  W : 아이오딘산 포타슘 무게(g)

  2.80 = [$10^3$(g을 mg으로 환산한 것) × 0.1(아이오딘산 포타슘의 사용량)]/35.67(아이오딘화 포타슘의 당량)

- 환경 대기 중 아황산기체의 분석 시(파라로자닐린법) 사용
- 채취 시료수 중 알칼리성 100℃에서 과망간산 포타슘에 의한 화학적 산소요구량(COD) 측정 시 사용

■ 싸이오황산 소듐용액(N/20) : Sodium Thiosulfate

싸이오황산 소듐용액(N/10)을 물로 2배 희석하여 사용한다. 이 때의 역가는 싸이오황산 소듐용액(N/10)에서 구한 역가를 사용한다.

싸이오황산 소듐용액(N/20) 1 mL에 해당하는 황화수소 기체량(L)은 다음 반응식에 의하여 0.56에 해당된다.

$Na_2S + 2HCl \rightarrow H_2S + 2NaCl$, $H_2S + I_2 \rightarrow 2HI + S$

$I_2 + 2Na_2S_2O_3 \rightarrow 2NaI + Na_2S_4O_6$

여기서 $Na_2S_2O_3 \equiv (1/2)H_2S$

따라서 (N/20) $Na_2S_2O_3$ 1mL $\equiv \frac{1}{20} \times \frac{1}{2} \times 22.4mL\ H_2S_{(g)} \equiv 0.56mL\ H_2S_{(g)}$

- 배출기체 중 황화수소의 분석 시(용량법(요오드 적정법)) 사용

■ 싸이오황산 소듐용액(0.025N) : Sodium Thiosulfate

0.1N 싸이오황산 소듐용액 250 mL를 정확히 취하여 새로 끓여 식힌 물을 넣어 정확히 1,000 mL로 한다.

① 간이조제 : 싸이오황산 소듐(sodium thiosulfate pentahydrate, $Na_2S_2O_3 \cdot 5H_2O_{(s)}$) 6.5 g 및 무수탄산 소듐(sodium carbonate anhydrous, $Na_2CO_{3(s)}$) 0.2 g을 끓여 식힌 물을 넣어 녹여 1000 mL로 하고 아이소아밀알코올(isoamyl alcohol, $C_5H_{12}O_{(L)}$) 약 10 mL를 넣고 잘 교반 후 2일간 방치한다.

② 표정(standadization) - 보정계수값($f$) 구하기

• 표정(標定, Standardization) : 0.05N 아이오딘산 포타슘 표준용액 10 mL를 피펫으로 취하여 비커에 넣고 증류수를 가하여 50 mL 되게 한다. 여기에 아이오딘화 포타슘(potassium iodide, $KI_{(s)}$) 12.0 g과 황산(sulfuric acid, $H_2SO_{4(L)}$) (1+1) 2 mL를 가하여 유리된 아이오딘을 0.025N 싸이오황산 소듐 표준용액으로 적정한다. 액의 황색이 엷어지면 전분용액 1 mL를 가하여 청색이 소실될 때 까지 적정한다. 적정에 필요한 0.025 싸이오황산 소듐 표준용액의 양 $x$ mL로부터 가음식에 따라 보정계수값($f$)을 구한다.

$$f = \frac{0.05 \times 10}{0.025 \times x} = \frac{20}{x}$$

③ 0.05N 아이오딘산 포타슘 표준용액

특급 아이오단산 포타슘(potassium iodate, $KIO_{3(S)}$)을 120~140℃에서 약 2시간 건조하고 데시케이터 속에서 냉각시킨 다음 1.78 g(35.67×0.05)을 증류수에 용해시켜 1 L가 되게 한다.

④ 전분용액

가용성 전분(soluble starch) 1 g을 물 약 10 mL에 넣어 혼합하고 열수 100 mL 중에 넣고 액 1분간 끓이고 방냉한다. 상층액을 사용한다. 이 용액은 사용할 때 조제한다.

- 채취 시료수 중 용존산소(DO) 측정 시 윙클러-아지이드화 소듐변법에 사용
- 채취 시료수 중 알칼리성 100℃에서 과망간산 포타슘에 의한 화학적 산소요구량(COD) 측정 시 사용

■ 싸이오황산 소듐용액(N/100) : Sodium Thiosulfate

싸이오황산 소듐용액(N/10)을 물로 10배 희석하여 사용한다. 이 때의 역가는 싸이오황산 소듐용액(N/10)에서 구한 역가를 사용한다.

- 배출기체 중 폼알데하이드의 분석 시(크로모트로핀산법) 표준용액 중 폼알데하이드 함량 계산시 사용

■ 싸이오황산 소듐용액(N/100) : Sodium Thiosulfate

싸이오황산 소듐용액(N/10) $\frac{50}{f}$ mL를 500 mL 메스플라스크에 취하여 물로 표선까지 채운다. 이 용액은 냉암소에 보관해야 하며 1개월 이상 지나면 사용해서는 안된다. 이 때의 $f$는 싸이오황산 소듐용액(N/10)의 역가이다.

싸이오황산 소듐용액(N/100) 1 mL는 Br이온 0.133 mg에 상당한다. Br이온이 $BrO_3^-$으로 반응할 때 I이온이 공존하면 I이온도 $IO_3^-$으로 산화된다. Br이온은 pH 7.0~8.3 범위 내에서 정량적으로 $BrO_3^-$으로 산화된다. $BrO_3^-$에 KI를 가하여 HCl 산성으로 생성되는 과잉의 $I_2$를 $Na_2S_2O_3$로 적정한다.

$KBrO_3 + 6KI + 6HCl \rightarrow KBr + 6KCl + 3I_2 + 3H_2O$

따라서 Br이온 1 mole은 $Na_2S_2O_3$ 6 mole에 상당하므로 N/100 $Na_2S_2O_3$ 1 mL에 상당하는 Br이온은

(N/100) $Na_2S_2O_3$ 1 mL $\equiv \frac{79.9}{6} \times \frac{1}{100} = 0.133\ mg$ 이다.

- 배출기체 중 브로민화합물의 분석 시(적정법(차아염소산염법)) 사용
- 환경 대기 중 아황산기체의 분석 시(파라로자닐린법) 사용

■ 파라-아미노다이메틸아닐린 용액 : Aminodimethylaniline Solution

파라-아미노다이메틸아닐린-2염산염(p-aminodimethylaniline dihydrochloric acid, $C_6H_4NH_2(CH_3)_2N \cdot 2HCl_{(s)}$) 0.1 g을 황산(sulfuric acid, $H_2SO_{4(L)}$) (1+3) 100 mL에 녹인다.

- 배출기체 중 황화수소 분석 시(흡광광도법(메틸렌블루우법)) 사용

■ 4-아미노안티파이린 용액(0.2 W/V%) : 4-Aminoantipyrine

4-아미노안티파이린(4-aminoantipyrine, $C_{11}H_{13}N_3O_{(S)}$) 0.2 g을 물에 녹여 100 mL로 한다. 사용 시 조제한다.

- 배출기체 중 페놀화합물의 분석 시(흡광광도법(4-아미노안티파이린법)) 사용

■ 4-아미노안티파이린 용액(2 W/V%) : 4-Aminoantipyrine

4-아미노안티파이린(4-aminoantipyrine, $C_{11}H_{13}N_3O_{(S)}$) 2 g을 물에 녹여 100 mL로 한다. 사용 시 조제한다.

- 채취 시료수 중 페놀류(흡광광도법) 분석 시 사용

■ 아비산 소듐(10 W/V%) : Sodium Arsenite

아비산 소듐(sodium atsenite, $NaAsO_{2(S)}$) 10 g을 물에 녹여 100 mL로 한다.

• 채취 시료수 중 사이안(흡광광도법) 분석 시 사용

■ 아세톤 : Acetone

아세톤(acetone, $CH_3COCH_{3(L)}$), 배출기체 중 플루오린화합물의 분석 시 (란탄-알리자린콤플렉손법)) 사용하는 아세톤은 방해성분을 제거하기 위한 것이다. 특별히 다이옥신류의 분석에는 잔류농약시험용 등급을 사용한다.

• 배출기체 중 플루오린화합물의 분석시 (란탄-알리자린콤플렉손법)) 사용
• 배출기체 중 폐기물 소각로, 연소시설, 기타 산업공정의 배출시설에서 배출되는 기체 중 기체상 및 입자상의 다이옥신류(폴리클로리네이티드 다이벤조파라다이옥신(polychlorinated dibenzo-p-dioxins) 및 폴리클로리네이티드 다이벤조퓨란(polychlorinated dibenzofurans) 분석 시 사용
• 환경 대기 중 석면의 현미경 표분제작 시(아세톤-트라이아세틴법) 사용
• 채취 시료수 중 클로로필 a(Chlorophyll-a)의 흡광광도법 분석 시 사용

■ 아세톤(크로마토그래프용) : Acetone

아세톤(acetone, $CH_3COCH_{3(L)}$) 300 mL를 취하여 농축해서 약 3 mL로 한다. 이 용액 10 $\mu$L를 마이크로주사기를 사용하여 기체크로마토그래프에 주입하였을 때 아세톤의 예기 머무름 시간 부근에서 피크가 나타나고 이외의 피크가 나타나지 않는 것을 사용한다.

• 채취 시료수 중 유기인의 기체크로마토그래프법 분석 시 사용
• 채취 시료수 중 폴리클로리네이티드 바이페닐(PCB)의 기체크로마토그래프법 분석 시 사용

■ 아세트산 : Acetic Acid

농도 99.0%이상, 비중 1.05인 아세트산(acetic acid, $CH_3COOH_{(L)}$)을 사용한다.

• 배출기체 중 황산화물 분석 시(침전적정법(아르세나조-Ⅲ법)) 사용

■ 아세트산(3N) : Acetic Acid

농도 99.0%이상, 비중 1.05인 아세트산(acetic acid, $CH_3COOH_{(L)}$) 18 mL를 취하여 100 mL 메스플라스크에 넣고 표선까지 채운다.

• 환경 대기 중 옥시단트 분석 시(알칼리성 아이오딘화 포타슘법(수동)) 사용

■ 아세트산(1+2) : Acetic Acid

농도 99.0%이상, 비중 1.05인 아세트산(acetic acid, $CH_3COOH_{(L)}$) 1부피에 물 2부피를 섞는다.

• 배출기체 중 브로민화합물 분석 시(적정법(차아염소산염법)) 사용

■ 아세트산(1+8) : Acetic Acid

농도 99.0%이상, 비중 1.05인 아세트산(acetic acid, $CH_3COOH_{(L)}$) 1부피에 물 8부피를 섞는다.

• 채취 시료수 중 사이안(흡광광도법) 분석 시 사용

■ 아세트산(1+9) : Acetic Acid

농도 99.0%이상, 비중 1.05인 아세트산(acetic acid, $CH_3COOH_{(L)}$) 1부피에 물 9부피를 섞는다.

• 배출기체 중 수은화합물 분석 시(흡광광도법) 흡수병 세척제로 사용

■ 아세트산(10 V/V%) : Acetic Acid

농도 99.0%이상, 비중 1.05인 아세트산(acetic acid, $CH_3COOH_{(L)}$) 10 mL을 취하여 물을 가하여 전량을 100 mL로 한다.

• 배출기체 중 사이안화수소 분석 시 사용

■ 아세트산납 용액(10 W/V%) : Lead Acetate Solution

아세트산납(lead acetate trihydrate, $Pb(CH_3COO)_2 \cdot 3H_2O_{(S)}$) 12 g을 아세트산(acetic acid, $CH_3COOH_{(L)}$) 1~2방울을 가한 후 물에 녹여 100 mL로 한다.

• 배출기체 중 입자상 및 기체상 비소화합물의 분석 시(흡광광도법) 사용

■ 아세트산 바륨용액(N/100) : Barium Acetate

아세트산 바륨(barium acetate monohydrate, $(CH_3COO)_2Ba \cdot H_2O_{(s)}$) 1.1 g 및 아세트산납(lead acetate trihydrate, $(CH_3COO)_2Pb \cdot 3H_2O_{(s)}$)(주1) 0.4 g을 물 200 mL와 아세트산(acetic acid, $CH_3COOH_{(L)}$) 3 mL에 녹이고 아이소프로필 알코올(isopropyl alcohol, $(CH_3)_2CHOH_{(L)}$)을 가하여 1 L로 한다. 표정은 다음과 같이 행한다.

• 표정(標定, Standardization) : N/250 황산 10 mL를 200 mL 삼각플라스크에 정확히 분취하고 아이소프로필 알코올(주2) 40 mL, 아세트산(주3) 1 mL 및 아르세나조-Ⅲ지시약 4~6방울을 가하여 N/100 아세트산 바륨용액으로 적정하여 액의 청색이 1분간 지속되는 점을 종말점으로 한다. 다음식에 의하여 역가를 구한다.

$$f = \frac{10 \times f'}{V'} \times \frac{100}{250}$$

$f$ : N/100 아세트산 바륨용액의 역가, $f'$ : N/250 황산의 역가(N/10 황산의 역가와 동일함)

$V'$ : 적정에 사용한 N/100 아세트산 바륨용액의 양(mL)

반응식 : $SO_2 + H_2O_2 \rightarrow H_2SO_4$, $H_2SO_4 + (CH_3COO)_2Ba \rightarrow BaSO_4 + 2CH_3COOH$

$As(III) + Ba^{2+} \rightarrow BaSO_4 \downarrow + BaAs(III)_{청색}$

반응식에서 $SO_2$, $SO_4^{2-}$, $Ba^{2+}$는 각각 같은 mole로 반응하기 때문에 이것들 1당량은 모두 1/2 mole이므로 아세트산 바륨 1당량은 $SO_2$ 기체 11.2 L와 반응한다. 따라서 N/100 아세트산 바륨용액 1 mL에 해당하는 황산화물의 부피는 $\frac{1}{100} \times 11.2\ L \times \frac{1000\ mL/L}{1000} = 0.112\ mL$(0℃, 760mmHg)이다.

(주2) 아이소프로필 알코올을 가하여 적정하는 것은 아르세나조-Ⅲ지시약에 의한 발색을 아주 뚜렷하게 하기 위함이다.

(주3) 아세트산의 사용은 적정시 용액의 pH가 3 이하가 되면 아르세나조-Ⅲ지시약에 의해 바륨염이 해리되므로 pH 3이상에서 적정을 행하여야 하는데 아세트산 1 mL을 가하면 pH 3.1이 되므로 영향이 없다. 따라서 아르세나조-Ⅲ지시약의 킬레이트반응을 약산성으로 진행시킴과 동시에 시료 중에 녹아 있는 $CO_2$에 의한 탄산바륨의 생성을 방지하기 위함이다.

(주1) N/100 아세트산 바륨용액에 미량의 아세트산납을 가하는 것은 아르세나조-Ⅲ지시약의 납킬레이트가 바륨킬레이트보다 더욱 선명한 청색을 나타나기 때문에 종말점의 판별을 쉽게 하려는 이유이다.

• 배출기체 중 황산화물 분석 시(침전적정법(아르세나조-Ⅲ법)) 사용

■ 아세트산-n-뷰틸 : Butyl Acetate

아세트산-n-뷰틸(butyl acetate, $CH_3COOCH_2CH_2CH_2CH_{3(L)}$)을 사용한다. 구리시험용 시약은 구리를 함유하지 않는 것이어야 한다. (만약 이 시약이 없으면 메틸아이소뷰틸케톤(methyl isobutyl ketone(or MIBK), $C_6H_{12}O_{(L)}$)을 사용해도 좋다. 이 경우에는 미리 분액깔때기 속의 시료용액에 황산암모늄(ammonium sulfate, $(NH_4)_2SO_{4(S)}$) 5 g을 가하여 녹인다.)

- 배출기체 중 카드뮴화합물 분석 시 원자흡광 분석의 용매추출(A법)에 사용
- 채취된 시료수 중 중금속 측정을 위한 용매추출법(원자흡수분광 광도법)에 사용
- 채취 시료수 중 구리의 흡광광도법(다이에틸다이싸이오카르바민산법) 분석 시 사용

■ 아세트산 아연(10 W/V%) : Zinc Acetate

아세트산 아연(sodium acetate, $Zn(CH_3COO)_{2(S)}$) 10 g을 물에 녹여 100 mL로 한다.

- 채취 시료수 중 사이안(흡광광도법) 분석 시 사용

■ 아세트산 암모늄용액(50 W/V%) : Ammonium Acetate

아세트산 암모늄(ammonium acetate trihydrate, $CH_3COONH_4 \cdot 3H_2O_{(S)}$) 50 g을 물에 녹여 100 mL로 한다.

- 채취 시료수 중 철의 흡광광도법(페난트롤린법) 분석 시 사용

■ 아세트산 에틸】Ethyl Acetate

아세트산에틸(ethyl acetate, $CH_3COOC_2H_{5(L)}$)을 사용한다.

- 배출기체 중 페놀화합물 분석시(기체크로마토그래프법) 사용

■ 아세트산염 완충용액 : (주)Acetate Buffer Solution

500 mL 비커에 아세트산 소듐삼수화물(sodium acetate trihydrate, $CH_3COONa \cdot 3H_2O_{(s)}$) 100 g과 질산포타슘(potassium nitrate, $KNO_{3(s)}$) 50 g을 취하여 물을 넣어 약 300 mL가 되게 한 뒤, 아세트산(acetic acid, $CH_3COOH_{(L)}$)을 가하여 pH 5.1~5.2로 조정한 후 다시 물을 넣어 500 mL로 만든다.

(주) 완충용액은 측정분석용 시료용액의 pH를 5로 조정하여 이온강도를 일정하게 하는 것이다.

• 배출기체 중 염화수소의 분석 시(이온전극법) 사용

■ 아세트알데하이드 표준용액 : Acetaldehyde Standard Solution

아세트알데히드 2,4-다이나이트로페닐하이드라존(acetaldehyde 2,4-dinitrophenylhydrazone) 50.9 mg을 사염화탄소에 녹여 100 mL로 한다. 아세트알데히드 2,4-다이나이트로페닐하이드라존의 합성은 다음의 방법에 따라 행한다. 진한 황산(sulfuric acid, $H_2SO_{4(L)}$) 2 mL와 에틸알코올(ethyl alcohol, $C_2H_5OH_{(L)}$) 15 mL를 혼합하고 2,4-다이나이트로페닐하이드라진(2,4-dinitrophenylhydrazine, $C_6H_6N_4O_{4(S)}$) 1 g을 녹인 용액에 90%의 순도를 가진 아세트알데하이드($CH_3CHO_{(L)}$) 50 g을 5 mL의 에틸알코올에 녹인 용액을 가한다. 반응이 완결된 아세트알데히드 2,4-다이나이트로페닐하이드라존을 흡입여과한 뒤 증류수로 씻어주고 다시 에틸알코올로 잘 씻은 다음 감압건조한다. 아세트알데하이드 2,4-다이나이트로페닐하이드라존의 녹는 점이 168℃ 정도인 것을 사용하고 실리카겔 데시케이터(silicagel desiccator) 안에서 보관한다.

• 악취 중 아세트알데하이드 분석 시(기체크로마토그래프법) 사용

■ L – 아스코르빈산(10 W/V%) : L – Ascorbic Acid

L-아스코르빈산(L-ascorbic acid(or vitamin C), $C_6H_8O_{6(S)}$) 10 g을 물에 녹여 100 mL로 한다.

• 채취 시료수 중 사이안(흡광광도법) 분석 시 사용

■ 아스코르빈산 소듐 : Sodium Ascorbate

아스코르빈산 소듐(sodium ascorbate, $C_6H_7O_6Na_{(S)}$)을 사용한다.

• 채취 시료수 중 아연의 흡광광도법(진콘법) 분석 시 사용

■ 아연분말 : Zinc Power

시약 1급의 아연분말(zinc power, $Zn_{(s)}$)로서 질산이온의 아질산이온에의 환원율이 90%이상인 것. 모래 모양인 것은 입자상 및 기체상 비소화합물의 흡광광도법 분석 시에 사용한다(이 경우 $AsH_3$의 발생을 완전하게 진행시켜 감도가 양호하고 흡광도의 변동계수도 적게 한다.).
(이 아연분말은 시료기체 중의 $NO_x$를 오존(ozone, $O_{3(g)}$) 존재 하에 물에 흡수시켜 만든 $NO_3^-$를 $NO_2^-$로 환원시키는데 사용하므로 사용에 주의해야 한다. $NO_3^-$를 95% 이상 환원시

킬 수 있으나 아연의 종류와 입도에 따라 흡광도가 달라질 수 있으므로 입도는 5 μm 이하가 50% 정도 포함된 것이 바람직하다.)

- 배출기체 중 질소산화물 분석 시(아연환원 나프틸에틸렌다이아민법) 사용

■ 아연분말 : Zinc Power
시약 1급의 아연분말(zinc power, $Zn_{(s)}$)로서 모래 모양을 사용한다. 이 경우 아연은 $AsH_3$의 발생을 완전하게 진행시켜 감도가 양호하고 흡광도의 변동계수도 적게 하는 작용을 한다. 입자상 및 기체상 비소화합물 분석(원자흡수분광 광도법)에서는 비소함유량이 0.05 mg/kg 이하인 것을 사용한다.

- 배출기체 중 입자상 및 기체상 비소화합물의 분석 시(흡광광도법, 원자흡수분광 광도법) 사용
- 채취 시료수 중 비소의 원자흡광광도법 분석 시 사용

■ 아연분말정제 : Zinc Power
시약용 아연분말(zinc power, $Zn_{(s)}$) (0.1 mg Se/kg 이하) 50 g에 접착제 5 g을 배합하고 물 7 mL를 넣어 갠 다음 정제 성형기로 정제를 만든 다음 80℃에서 10분간 건조한 정제(1개가 약 0.5 g 정도)를 사용하거나 아연분말(시약용) 1 g을 차광지에 싼 것을 사용한다.

- 채취 시료수 중 셀레늄의 원자흡광광도법 분석 시 사용

■ 아연 표준원액(0.1 mg Zn/mL) : Zinc Standard Solution
금속아연(zinc, $Zn_{(S)}$) (순도 99.9% 이상) 0.1 g을 정확히 달아 염산 (1+3) 5 mL에 녹인 후 1 L 메스플라스크에 넣고 물을 가하여 표선까지 채운다.

- 배출기체 중 아연화합물의 분석 시에 사용

■ 아연 표준원액(0.1 mg Zn/mL) : Zinc Standard Solution
금속아연(zinc, $Zn_{(S)}$) (순도 99.9% 이상) 0.100 g을 정확히 달아 질산(1+1) 20 mL에 녹이고 가열하여 질소산화물을 추출한 다음 방냉하고 물을 넣어 정확히 1,000 mL로 한다.

- 시료 채취수 중 아연의 원자흡광광도법 분석 시 사용

• 시료 채취수 중 아연의 흡광광도법(진콘법) 분석 시 사용

■ 아연 표준용액(0.01 mg Zn/mL) : Zinc Standard Solution

아연 표준원액 100 mL를 정확히 취하여 1 L 메스플라스크에 넣고 물을 가하여 표선까지 채운다. 이 용액은 사용 시에 조제한다.

• 배출기체 중 아연화합물의 분석 시(원자흡수분광 광도법)에 사용

■ 아연 표준용액(0.01, 0.002 mg Zn/mL) : Zinc Standard Solution

아연 표준원액(0.1 mg Zn/mL) 100, 20 mL 씩을 정확히 취하여 물을 넣어 1,000 mL로 한다.

• 시료 채취수 중 아연의 원자흡광광도법 분석 시 사용
• 시료 채취수 중 아연의 흡광광도법(진콘법) 분석 시 사용

■ 아연 표준용액 : Zinc Standard Solution

황산 아연(zinc sulfate heptahydrate, $ZnSO_4 \cdot 7H_2O_{(S)}$) 4.4 g을 물에 녹여 1 L로 하거나 금속 아연(순도 99.9% 이상) 1 g을 염산(1:3) 50 mL에 가열하여 녹인 후 물을 가하고 전량을 1 L로 한 것을 원액으로 한다. 원액을 10 mL에 물을 가해 1 L로 한 용액을 실험에 사용한다(이 용액 1 mL는 0.01 mg의 아연을 포함한다).

• 배출기체 중 아연화합물의 분석 시(흡광광도법)에 사용

■ 아연 표준용액(0.001M) : Zinc Standard Solution

황산아연(zinc sulfate heptahydrate, $ZnSO_4 \cdot 7H_2O_{(S)}$) 0.3 g을 물에 녹여 1 L로 한다.

• 배출기체 중 카드뮴화합물의 분석 시 흡광광도법에 사용

■ 아이소프로필 알코올 : Isopropyl Alcohol(Isopropanol, 2-Propanol)

농도 99.0%이상, 비중 0.78인 아이소프로필 알코올(isopropyl alcphol(isopropanol), $(CH_3)_2CHOH_{(L)}$)

• 배출기체 중 황산화물 분석 시(침전적정법(아르세나조-III법)) 사용

■ 아이오딘 용액(N/10) : Iodine Solution

아이오딘화 포타슘(potassium iodide, $KI_{(S)}$) 40 g에 물 약 25 mL를 가하여 녹인 다음 아이오딘(iodine, $I_{2(S)}$) 약 13 g을 가하고 다시 물 약 1 L와 염산(hydrochloric acid, $HCl_{(L)}$) 3방울을 가한다.

- 배출기체 중 황화수소의 분석 시(흡광광도법(메틸렌블루우법)) 사용

■ 아이오딘 용액(N/10) – 보관용 : Iodine Solution

아이오딘(iodine, $I_{2(S)}$) 12.7 g을 250 mL 비커에 취하고 아이오딘화 포타슘(potassium iodide, $KI_{(S)}$) 40 g 및 물 25 mL를 가한 다음 흔들어 녹인다. 1 L 메스플라스크에 옮기고 증류수를 가하여 1 L로 한다.

- 환경 대기 중 아황산기체의 분석 시(파라로자닐린법) 사용

■ 아이오딘 용액(N/20) : Iodine Solution

아이오딘화 포타슘(potassium iodide, $KI_{(S)}$) 40 g에 물 약 25 mL를 가하여 녹인 다음 아이오딘(iodine, $I_{2(S)}$) 약 13 g을 가하고 다시 물 약 1 L와 염산(hydrochloric acid, $HCl_{(L)}$) 3방울을 가한다. 이 중 500 mL을 취하여 물을 가하여 1 L로 한다.

- 배출기체 중 황화수소의 분석 시(용량법(아이오딘 적정법)) 사용

■ 아이오딘 용액(N/100) : Iodine Solution

아이오딘 표준용액(N/10)을 물로 10배 희석하여 사용한다.

- 배출기체 중 폼알데하이드의 분석 시(크로모트로핀산법) 표준용액 중 폼알데하이드 함량 계산 시 사용
- 환경 대기 중 아황산기체의 분석 시(파라로자닐린법) 사용

■ 아이오딘 표준용액 : Iodine Standard Solution

N/10 아이오딘용액 10.0/$f$ mL($f$ 는 N/10 아이오딘 용액의 역가)를 취하여 흡수액(오존기체의 흡수액) 가해서 100 mL로 하고, 흡수액으로 묽혀 아이오딘 표준용액으로 한다. 이 용액은 사용할 때 제조한다.

이 요오드표준용액 1 mL는 12 μL $O_3$(20℃, 760 mmHg)에 상당한다.

• 환경 대기 중 옥시단트의 분석 시(화학발광법 중 오존농도의 측정)에 사용

■ 아이오딘 표준용액(0.05N) : Iodine Standard Solution

아이오딘화 포타슘(potassium iodide, $KI_{(S)}$) 10 g과 아이오딘(iodine, $I_{2(S)}$) 3.173 g을 차례로 증류수에 녹이고 증류수를 가하며 전체를 5 0mL가 되게 한다. 이 용액은 0.05N 아이오딘용액이며 상온에서 적어도 1일 방치한 후 사용한다. 아이오딘의 무게를 정확히 달면 이 표준용액의 표정은 필요 없으나 표정을 하고자 할 때는 전분용액을 지시약으로 하여 싸이오황산 소듐표준용액으로 표정한다.

• 환경 대기 중 옥시단트의 분석 시(중성 아이오딘화 포타슘법(수동))에 사용

■ 아이오딘산 포타슘 표준용액 : Potassium Iodate Standard Solution

검량선에 사용하는 아이오딘산 포타슘(potassium iodate, $KIO_{3(S)}$) 표준용액 1 mL 중에, 1.49 μg $KIO_3$가 함유되도록 용액을 제조한다. 이 용액 1 mL는 1 μg $O_3$에 상당한다.

(1.49 μg $KIO_3$ = $7\pm10^{-9}$ mol $KIO_3$ = $2.1\times10^{-8}$ mol $I_2$ = $2.1\times10^{-8}$ mol $O_3$ = $1\times10^{-6}$ g $O_3$ = 1 μg $O_3$

1 μg $O_3$ = $0.021\times10^{-6}$ mol $O_3$)

• 환경 대기 중 옥시단트의 분석 시(알칼리성 아이오딘화 포타슘법(수동))에 사용

■ 아이오딘화 포타슘용액(0.13 W/V%) : Potassium Iodide

아이오딘화 포타슘(potassium iodide, $KI_{(S)}$) 0.33 g에 물에 녹여 250 mL 메스플라스크에 넣고 물로 표선까지 채운다.

• 배출기체 중 브로민화합물의 분석 시(흡광광도법(싸이오사이안산 제2수은법)) 사용

■ 아이오딘화 포타슘용액(10 W/V%) : Potassium Iodide

아이오딘화 포타슘(potassium iodide, $KI_{(S)}$) 10 g을 물에 녹여서 100 mL로 한다.

• 채취 시료수 중 알칼리성 100℃에서 과망간산 포타슘에 의한 화학적 산소요구량(COD) 측정 시 사용

■ 아이오딘화 포타슘용액(20 W/V%) : Potassium Iodide

비소시험용 아이오딘화 포타슘(potassium iodide, $KI_{(S)}$) 20 g을 물에 녹여 100 mL로 한다. 사용할 때 조제한다.

- 배출기체 중 입자상 및 기체상 비소화합물의 분석 시(흡광광도법, 원자흡수분광 광도법) 사용
- 채취 시료수 중 비소의 원자흡광광도법 분석 시 사용
- 채취 시료수 중 비소의 흡광광도법(다이에틸다이싸이오카르바민산은법) 분석 시 사용

■ 아이오딘화 포타슘용액(50 W/V%) : Potassium Iodide

아이오딘화 포타슘(potassium iodide, $KI_{(S)}$) 50 g을 물 80 mL에 녹인 후 100 mL 메스플라스크에 넣고 물로 표선까지 채운다.

- 배출기체 중 브로민화합물의 분석 시(적정법(차아염소산염법)) 사용

■ (알칼리성) 아이오딘화 포타슘-아자이드화 소듐용액 : Alkali Potassium Iodide-Sodium Azide

수산화 소듐(sodium hydroxide, $NaOH_{(s)}$) 500 g(또는 수산화 포타슘(potassium hydroxide, $KOH_{(s)}$) 70 0g), 아이오딘화 포타슘(potassium iodide, $KI_{(S)}$) 150 g(또는 아이오딘화 소듐(sodium iodide, $NaI_{(S)}$) 135 g), 아자이드화 소듐(sodium azide, $NaN_{3(S)}$) 10 g을 물에 녹여 1,000 mL로 한다. 갈색병에 넣어 암소에 보관한다. 이 용액은 산성에서 아이오딘을 유리한다.

- 채취 시료수 중 용존산소(DO)측정 시 윙클러-아지이드화 소듐변법에 사용

■ 아자이드화 소듐용액(4 W/V%)】Sodium Azide

아자이드화 소듐(sodium azide, $NaN_{3(S)}$) 4 g을 물에 녹여서 100 mL로 한다.

- 채취 시료수 중 알칼리성 100℃에서 과망간산 포타슘에 의한 화학적 산소요구량(COD) 측정 시 사용

■ (표준)아질산 용액 : Nitrite Standard Solution

충분히 건조된 아질산소듐(sodium nitrite, $NaNO_{2(S)}$) (순도 97% 이상)을 $NO_2^-$농도가 1,000 μg/mL이 되게 증류수를 용해시켜 1,000 mL로 한다. $NaNO_2$양은 다음 식에 의해 계산한다.

$$G = \frac{1,500}{A} \times 100$$

G : $NaNO_2$양(mg), 1,500 : $NO_2$를 $NaNO_2$로 변환할 때의 중량변환계수, A : 순도%

• 환경 대기 중 질소산화물 분석 시(야콥스호흐하이저법(24시간 채취법)) 사용

■ 아질산 소듐(5 W/V%) : Sodium Nitrite

아질산 소듐(sodium nitrite, $NaNO_{2(S)}$) 5 g을 물에 녹여서 100 mL로 한다. 이 용액은 사용할 때 마다 조제한다.

• 배출기체 중 크로뮴화합물의 분석시 (흡광광도법) 사용

■ 아질산 소듐(20 W/V%) : Sodium Nitrite

아질산 소듐(sodium nitrite, $NaNO_{2(S)}$) 20 g을 물에 녹여서 100 mL로 한다. 이 용액은 사용할 때 마다 조제한다.

• 채취 시료수 중 크로뮴의 흡광광도법(다이페닐카르바지드법) 분석 시 사용

■ 아질산 저장용액 : Nitrite Storage Solution

특급시약으로 입상의 아질산 소듐(sodium nitrite, $NaNO_{2(S)}$) 2.03 g을 물에 용해시켜 1 L로 한다. 이 용액은 90일간 안정하다.

• 환경 대기 중 질소산화물 분석 시(수동살츠만(Saltzman)법) 사용

■ 아질산 표준용액 : Nitrite Standard Solution

아질산 저장용액을 100배로 희석해서 0.0203 g/L의 표준용액을 만든다(이 용액은 사용 시에 조제한다). $NaNO_2$ 표준용액 1 mL = 10$\mu$g $NO_2^-$(25℃, 760 mmHg)

• 환경 대기 중 질소산화물 분석 시(수동살츠만(Saltzman)법) 사용

■ 아질산성 질소 표준원액(0.25 mg $NO_2$-N/mL) : Nitrite Standard Solution

데시케이터에서 24시간 건조시킨 아질산 소듐(sodium nitrite, $NaNO_{2(S)}$) 표준시약 1.232 g을 물에 녹이고 클로로폼(chloroform, $CHCl_{3(L)}$) 1 mL와 물을 넣어 1,000 mL로 한다. 이 액은 사용시 다음과 같이 표정하여 정확한 농도를 구한다.

- 표정(標定, Standardization) : 250 mL 삼각플라스크에 0.05N 과망간산 포타슘용액 50 mL를 정확히 넣고 황산(1+1) 10 mL를 넣은 다음 아질산성 질소 표준원액 50 mL를 피펫에 취하여 피펫의 끝이 과망간산 포타슘용액 속에 잠기게 넣는다. 마개를 닫고 흔들어 섞은 다음 수욕상 또는 열판상에서 70~80℃로 가온한다. 여기에 0.05N 수산 소듐용액 20 mL를 정확히 넣고 0.05N 과망간산 포타슘용액으로 엷은 홍색이 나타날 때 까지 적정한다.

$$A = \frac{(a \times f - b) \times 0.35}{50}$$

A : 아질산성 질소농도(mg $NO_2$-N/mL), $a$ : 0.05N 과망간산 포타슘용액의 총량(mL)
$b$ : 0.05N 수산화 소듐용액의 총량(mL), $f$ : 0.05N 과망간산 포타슘용액의 역가

- 채취 시료수 중 아질산성 질소의 흡광광도법(다이아조화) 분석 시 사용

■ 아질산성 질소 표준용액(0.001 mg $NO_2$-N/mL) : Nitrite Standard Solution

아질산성 질소표준원액$\left(\frac{12.5}{A}\right)$ mL를 정확히 취하여 물을 넣어 250 mL로 한 다음 이 액 10 mL를 정확히 취하여 물을 넣어 500 mL로 한다.

- 채취 시료수 중 아질산성 질소의 흡광광도법(다이아조화) 분석 시 사용

■ 아피에존 L : Apiezon L

아피에존 L(apiezon $L_{(S)}$)은 기체크로마토그래프법에서 분리관 충전제의 고정액체를 함침시키는 방법에 사용되는 것이다.

- 배출기체 중 페놀화합물의 분석(기체크로마토그래프법) 시 분리관 충전제의 조정액체를 함침시킬 때 사용

■ 아황산 소듐 용액 : Sodium Sulfite

무수아황산 소듐(sodium sulfite anhydrous, $Na_2SO_{3(s)}$) 5 g을 물에 녹여 100 mL로 한다.

- 채취 시료수 중 용존산소(DO) 측정시 격막 전극법에 사용

■ 아황산 소듐 용액(N/40) : Sodium Sulfite

무수아황산 소듐(sodium sulfite anhydrous, $Na_2SO_{3(s)}$) 1.575 g을 물에 녹여 1,000 mL로 한다. 이 용액은 사용 시 조제한다.

• 채취 시료수 중 생물학적 산소요구량(BOD) 측정 시 시료의 전처리에 사용

■ 표준 아황산 용액(검량선 작성용 아황산-TCM용액 조제용) : Sulfur Dioxide Standard Solution

메타중아황산 소듐(sodium metabisulfite(or sodium pyrosulfite), $Na_2S_2O_{5(S)}$) 0.30 g 또는 아황산 소듐(sodium sulfite, $Na_2SO_{3(S)}$) 0.50 g을 바로 끓여 식힌 증류수에 녹여 500 mL로 한다. 아황산염 용액은 불안전하므로 이러한 불안전성을 줄이기 위하여 될 수 있는 한 순수한 증류수를 사용하여야 한다. 이 용액은 320~400 $\mu$g $SO_2$/mL의 농도를 나타낸다. 이 용액의 실제 농도는 과잉의 아이오딘을 가하여 표준 $Na_2S_2O_3$ 용액으로 역적정하여 결정한다. 역적정을 하기 위하여 두 개의 500 mL 호박색 메스플라스크 A, B 각각에 0.01N 아이오딘 용액 50 mL씩을 정확히 취하여 넣고 플라스크 A(바탕시험)에는 증류수 25mL를, 플라스크 B(시료)에는 표준 아황산용액 25 mL를 넣은 후 플라스크 마개를 막고 5분간 반응이 진행되는 것을 기다린다. 이와 동시에 앞에서 아이오딘 용액을 플라스크에 가하는 것처럼 검량선용 아황산 - TCM 용액(시약 1L)을 조제한다. 표정한 0.01N 싸이오황산 소듐용액을 뷰렛에 담고 각 플라스크를 엷은 황색이 될 때까지 적정하고 전분지시용액 3 mL를 가한 후 청색이 없어질 때까지 적정한다.

• 환경 대기 중 아황산기체의 분석 시(파라로자닐린법) 사용

■ 검량선 작성용 아황산-TCM용액 : Sulfur Dioxide-TCM Solution for Calibration Curve

표준 아황산용액 2 mL를 정확히 취하여 100 mL메스플라스크에 넣고 흡수액인 0.04M TCM 용액으로 눈금까지 채운다. 다음 식에 의하여 검량선용 표준용액 중의 $SO_2$농도를 구한다.

$$\mu g\ SO_2/mL = \frac{(A-B)\cdot(N)\cdot(32{,}000)}{25} \times 0.02$$

A : 바탕시험에 소비된 0.01N 싸이오황산 소듐용액(mL)

B : 시료용액에 소비된 0.01N 싸이오황산 소듐용액(mL)

N : 싸이오황산 소듐 적정액(0.01N)의 규정도

32,000 : $SO_2$의 밀리당량(milliequivalent weight, μg)

0.02 : 희석배수

25 : 표준 아황산염 용액량(mL)

이 용액은 5℃에 보관하면 30일간은 안정하고 그렇지 않으면 사용할 때마다 제조한다.

• 환경 대기 중 아황산기체의 분석시(파라로자닐린법) 사용

■ **활성 알루미나(크로마토컬럼용) : Activated Alumina**

$Na_2O \cdot 11Al_2O_3$ 또는 $K_2O \cdot 11Al_2O_3$의 일정 조성을 지닌 염인 알루미나(alumina, 알갱이 직경 50 μm) 100 g에 물을 넣어 혼합하고 메틸레드-에틸알코올 용액(0.1W/V%) 2~3방울 넣고 염산(1+20)을 한방울씩 떨어뜨려 중화한 다음 여과한다. 물로 잘 씻고 난 후 이산화탄소 기류 중에서 200~230℃, 2~3시간 가열 건조하여 활성화시키고 실리카겔이 들어있는 데시케이터 안에서 방냉하여 보관한다.

• 채취 시료수 중 알킬수은의 박층크로마토그래프 분리에 의한 원자흡광광도법 분석 시 사용

■ **알리자린 콤플렉손 용액(M/500) : (주1)Alizarin Complexion Solution**

알리자린복합체인 알리자린콤플렉손(alizarin complexion(or 1,2-dihydroxy-3-anthraquinonyl methylamine-N,N-diacetic acid, $C_6H_4(CO)_2C_6H_2(OH)_2CH_2N(CH_2COOH)_{2(S)}$) 0.192 g을 물 약 100 mL에 현탁시킨 다음 될 수 있는 한 소량의 수산화소듐 용액(2M)을 가하여 완전히 물에 녹인다. 이 용액에 염산(N/10)을 가하여 pH 4.5가 되도록 조절한(주2) 다음 물을 가하여 전량을 250 mL로 한다.

(주1) 알리자린 콤플렉손은 플루오린 이온 및 란탄과 반응하여 1:1의 비로 유색 킬레이트(청색)를 생성한다.

(주2) pH 4.5에서는 용액의 색이 자주색에서 적색으로 변한다.

• 배출기체 중 플루오린화합물의 분석 시(흡광광도법(란탄-알리자린콤플렉손법)) 사용

■ **알리자린술폰산 용액(0.04 W/V%) : Alizarinsulfonic Acid(or Alizarin Red)**

알리자린술폰산 소듐(sodium alizarinsulfonate, $C_6H_4(CO)_2C_6H_2(OH)_2SO_3Na_{(S)}$) 40 mg을 물에 녹여서 전량을 100 mL로 한다.

• 배출기체 중 플루오린화합물의 분석 시(용량법(질산토륨-네오트린법)) 사용

■ 암모늄 파이로리딘 다이싸이오카바메이트 용액 : Pyroridine Dithiocarbamate Ammonium
암모늄 파이로리딘 다이싸이오카바메이트(pyroridine dithiocarbamate ammonium, $N(CSSNH_4)\text{-}CH_2CH_2CH_2CH_{2(S)}$) 4 g을 물에 녹여 100 mL로 한다.

■ 암모니아성 질소 표준원액(0.1 mg $NH_3$-N/mL) : Stock Ammonium Solution
㉠ 염화암모늄 표준시약(ammonium chloride, $NH_4Cl_{(s)}$) 0.3818 g을 물에 녹여 정확히 1,000 mL로 한다. ㉡ 계산 : $NH_4Cl : N = 53.45 : 14 = x : 0.1\ mg/mL \times 1,000\ mL$,

$\therefore$ 염화암모늄 필요량($x$) $= 0.1\ mg/mL \times 1,000\ mL \times \frac{53.45}{14} = 381.79\ mg = 0.3818\ g$

• 채취 시료수 중 암모니아성 질소의 흡광광도법(인도페놀법)) 분석 시 사용

■ 암모니아성 질소 표준용액(0.005 mg $NH_3$-N/mL) : Standard Ammonium Solution
암모니아성 질소 표준원액 25 mL를 정확히 취하여 물을 넣어 정확히 500 mL로 한다.

• 채취 시료수 중 암모니아성 질소의 흡광광도법(인도페놀법)) 분석 시 사용

■ 암모니아수 : Ammonia Water
새로운 시약으로 농도($NH_3$로서) 28~30%, 비중 0.90인 암모니아수(ammonia water(ammonium hydroxide), $NH_4OH_{(L)}$)를 사용한다.

• 배출기체 중 질소산화물 분석 시(페놀다이술폰산법) 사용
• 배출기체 중 아연화합물의 분석 시(흡광광도법) 사용
• 채취된 시료수 중 중금속 측정을 위한 용매추출법(원자흡수분광 광도법)에 사용

■ 암모니아수(1+1) : Ammonia Water
농도($NH_3$로서) 28~30%, 비중 0.90인 암모니아수(ammonia water(ammonium hydroxide), $NH_4OH_{(L)}$) 1부피에 물 1부피를 섞어 사용한다.

• 배출기체 중 카드뮴 화합물의 원자흡광 분석 시 용매추출에 사용
• 배출기체 중 납 화합물의 흡광광도법 분석 시 사용

- 배출기체 중 니켈 화합물 분석 시(흡광광도법) 사용
- 배출기체 중 수은 화합물 분석 시(흡광광도법) 사용
- 환경 대기 중 납의 분석 시(흡광광도법) 사용
- 채취 시료수 중 납의 흡광광도법(디티오존법) 분석 시 사용
- 채취 시료수 중 구리의 흡광광도법(다이에틸다이싸이오카르바민산법) 분석 시 사용
- 채취 시료수 중 니켈의 흡광광도법(다이메틸글리옥심법) 분석 시 사용
- 채취 시료수 중 철의 원자흡광광도법 분석 시 사용
- 채취 시료수 중 철의 흡광광도법(페난트롤린법) 분석 시 사용

■ 암모니아수(1+2) : Ammonia Water

농도($NH_3$로서) 28~30%, 비중 0.90인 암모니아수(ammonia water(ammonium hydroxide), $NH_4OH_{(L)}$) 1부피에 물 2부피를 섞어 사용한다.

- 배출기체 중 입자상 및 기체상 비소화합물의 분석 시(흡광광도법) 사용

■ 암모니아수(1+4) : Ammonia Water

농도($NH_3$로서) 28~30%, 비중 0.90인 암모니아수(ammonia water(ammonium hydroxide), $NH_4OH_{(L)}$) 1부피에 물 4부피를 섞어 사용한다.

- 채취 시료수 중 크로뮴의 원자흡광광도법 분석 시 사용
- 채취 시료수 중 6가크로뮴의 원자흡광광도법 분석 시 사용

■ 암모니아수(1+5) : Ammonia Water

농도($NH_3$로서) 28~30%, 비중 0.90인 암모니아수(ammonia water(ammonium hydroxide), $NH_4OH_{(L)}$) 1부피에 물 5부피를 섞어 사용한다.

- 배출기체 중 니켈 화합물 분석 시(흡광광도법) 사용
- 채취 시료수 중 니켈의 흡광광도법(다이메틸글리옥심법) 분석 시 사용

■ 암모니아수(1+50) : Ammonia Water

농도($NH_3$로서) 28~30%, 비중 0.90인 암모니아수(ammonia water(ammonium hydroxide), $NH_4OH_{(L)}$) 1부피에 물 50부피를 섞어 사용한다.

• 배출기체 중 니켈 화합물 분석 시(흡광광도법) 사용
• 채취 시료수 중 니켈의 흡광광도법(다이메틸글리옥심법) 분석 시 사용

■ 암모니아수(1+100) : Ammonia Water

농도($NH_3$로서) 28~30%, 비중 0.90인 암모니아수(ammonia water(ammonium hydroxide), $NH_4OH_{(L)}$) 1부피에 물 100부피를 섞어 사용한다.

• 배출기체 중 카드뮴화합물 분석 시 원자흡광분석의 용매추출(B법)에 사용

■ 암모니아 표준용액 : Ammonia Standard Solution

130℃에서 건조한 황산암모늄(ammonium sulfate, $(NH_4)_2SO_{4(s)}$) 2.9498 g을 취하고 물에 녹여 1 L로 한다. 이 용액을 다시 흡수액(주)으로 1,000배 묽게 하여 암모니아 표준용액으로 한다. 이 암모니아 표준용액 1 mL는 $NH_{3(g)}$ 0.001 mL(0℃, 760 mmHg)에 상당한다.

> $(NH_4)_2SO_4$(MW=132.139) 1M로부터 $NH_3$ 2M이 생성된다. 따라서 $(NH_4)_2SO_4$ 2.9498 g(2,950 mg)에 대응하는 $NH_3$를 $x$ mL라 하면 $(NH_4)_2SO_4$ : $2NH_3$ = 2950 : $x$ → 132.139 : 2×22.4 = 2950 : $x$
> $\therefore x$ = 1,000 mL
> 그러므로 $(NH_4)_2SO_4$ 2,950 mg을 물에 녹여 1 L로 한 용액 1 mL 중에는 $NH_3$가 1 mL 포함된다. 이 용액을 다시 흡수액으로 1,000배 묽게 하므로 암모니아 표준용액 1 mL = 0.001 mL $NH_{3(g)}$가 된다.

(주) : 0.5% 붕산(boric acid, $H_3BO_{3(s)}$) 용액

• 배출기체 중 암모니아의 분석 시(인도페놀법) 사용

■ 암모니아 표준용액 : Ammonia Standard Solution

130℃에서 건조한 황산암모늄(ammonium sulfate, $(NH_4)_2SO_{4(s)}$) 0.295 g을 취하고 증류수에 녹여 전량을 1 L로 한다. 이 용액을 다시 흡수액(0.5% 붕산용액)으로 50배 희석한다. 이 용액 1 mL는 $NH_{3(g)}$ 2 μL(0℃, 760mmHg)에 상당하는 암모늄이온을 함유한다.

• 악취의 기기분석법 중 암모니아 시험방법에 사용

■ 염산 : Hydrochloric Acid

농도 35%, 비중 1.18인 염산(hydrochloric acid, $HCl_{(L)}$)을 사용한다. 입자상 및 기체상 비소의 분석 시에는 특급시약(special grade)를 사용한다. 수은화합물 분석시에는 수은 함량이 3 ng/mL 이하인 것을 사용한다.

- 배출기체 중 입자상 및 기체상 비소화합물 분석 시(흡광광도법, 원자흡수분광 광도법) 사용
- 배출기체 중 니켈화합물 분석 시 사용
- 배출기체 중 수은화합물 분석 시 사용

■ 염산 : Hydrochloric Acid

벤젠으로 3회 세정한 예기 머무름 시간 부근에서 피크가 나타나지 않는 농도 35%, 비중 1.18인 염산(hydrochloric acid, $HCl_{(L)}$)을 사용한다.

- 채취 시료수 중 알킬수은의 기체크로마토그래프법 분석 시 사용

■ 염산 : Hydrochloric Acid

염산(hydrochloric acid, $HCl_{(L)}$) 50 mL를 농축하여 약 5 mL로 한다. 이 용액 5 μL를 마이크로주사기를 사용하여 기체크로마토그래프에 주입하였을 때 염산의 예기 머무름시간 부근에서 피크가 나타나고 이외의 피크가 나타나지 않는 것을 사용한다.

- 채취 시료수 중 유기인의 기체크로마토그래프법 분석 시 사용

■ 염산 용액(1 V/V%) : Hydrochloric Acid

농도 35%, 비중 1.18인 염산(hydrochloric acid, $HCl_{(L)}$) 1 mL를 취하여 100 mL 메스플라스크에 넣고 물로 표선까지 채운다.

- 배출기체 중 아연화합물 분석 시(흡광광도법) 사용

■ 염산(1+1) : Hydrochloric Acid

농도 35%, 비중 1.18인 염산(hydrochloric acid, $HCl_{(L)}$) 1부피에 물 1부피를 섞는다. 단, 원자흡수분광 광도법 및 모린형광광도법으로 분석할 때는 특급시약을 사용한다.

- 배출기체 중 질소산화물 분석 시(아연환원 나프틸에틸렌다이아민법) 사용

- 배출기체 중 브로민화합물 분석 시(적정법(차아염소산염법)) 사용
- 배출기체 중 페놀화합물 분석 시(기체크로마토그래프법) 사용
- 배출기체 중 입자상 및 기체상 비소화합물 분석 시(흡광광도법, 원자흡수분광 광도법) 사용
- 배출기체 중 카드뮴 화합물 분석(원자흡수분광 광도법)의 분석시료용액(질산-염산법) 조제 시 사용
- 배출기체 중 카드뮴 화합물 분석(원자흡수분광 광도법)의 분석시료용액(저온회화법) 조제 시 사용
- 환경 대기 중 납의 분석 시(흡광광도법의 저온회화법) 사용
- 배출기체 중 베릴륨 분석 시(원자흡수분광 광도법) 사용
- 배출기체 중 베릴륨 분석 시(모린형광광도법) 사용
- 채취 시료수 중 노말-헥세인 추출물질 분석 시 사용
- 채취 시료수 중 질산성 질소의 데발다합금 환원증류법 분석 시 사용
- 채취 시료수 중 총질소의 카드뮴 환원법 분석 시 사용
- 채취 시료수 중 비소의 원자흡광광도법 분석 시 사용
- 채취 시료수 중 비소의 흡광광도법(다이에틸다이싸이오카르바민산은법) 분석 시 사용
- 채취 시료수 중 철의 원자흡광광도법 분석 시 사용
- 채취 시료수 중 철의 흡광광도법(페난트롤린법) 분석 시 사용
- 채취 시료수 중 셀레늄의 원자흡광광도법 분석 시 사용
- 채취 시료수 중 유기인의 기체크로마토그래프법 분석 시 사용

■ 염산(1+2) : Hydrochloric Acid

농도 35%, 비중 1.18인 염산(hydrochloric acid, $HCl_{(L)}$) 1부피에 물 2부피를 섞는다.

- 채취 시료수 중 철의 흡광광도법(페난트롤린법) 분석 시 사용

■ 염산(1+3) : Hydrochloric Acid

농도 35%, 비중 1.18인 염산(hydrochloric acid, $HCl_{(L)}$) 1부피에 물 3부피를 섞는다.

- 배출기체 중 아연화합물의 분석 시에 사용

■ 염산(1+9) : Hydrochloric Acid

농도 35%, 비중 1.18인 염산(hydrochloric acid, $HCl_{(L)}$) 특급시약 1부피에 물 9부피를 섞는다.

- 배출기체 중 베릴륨 분석 시(모린형광광도법) 사용

■ 염산(1+10) : Hydrochloric Acid

농도 35%, 비중 1.18인 염산(hydrochloric acid, $HCl_{(L)}$) 특급시약 1부피에 물 10부피를 섞는다.

- 채취 시료수 중 알킬수은의 박층크로마토그래프 분리에 의한 원자흡광광도법 분석 시 사용

■ 염산(1+11) : Hydrochloric Acid

농도 35%, 비중 1.18인 염산(hydrochloric acid, $HCl_{(L)}$) 1부피에 물 11부피를 섞는다.

- 배출기체 중 브로민화합물 분석 시(적정법(차아염소산염법)) 사용
- 배출기체 중 페놀화합물의 분석 시(흡광광도법(4-아미노안티피아이린법)) 사용

■ 염산(1+16) : Hydrochloric Acid

농도 35%, 비중 1.18인 염산(hydrochloric acid, $HCl_{(L)}$) 1부피에 물 16부피를 섞는다.

- 채취 시료수 중 총질소의 흡광광도법(자외선) 분석 시 사용

■ 염산(1+20) : Hydrochloric Acid

농도 35%, 비중 1.18인 염산(hydrochloric acid, $HCl_{(L)}$) 1부피에 물 20부피를 섞는다.

- 배출기체 중 니켈 화합물 분석 시(흡광광도법) 사용
- 채취 시료수 중 니켈의 흡광광도법(다이메틸글리옥심법) 분석 시 사용

■ 염산(1+50) : Hydrochloric Acid

농도 35%, 비중 1.18인 염산(hydrochloric acid, $HCl_{(L)}$) 특급시약 1부피에 물 50부피를 섞는다.

- 채취 시료수 중 알킬수은의 박층크로마토그래프 분리에 의한 원자흡광광도법 분석 시 사용

■ 염산(1+500) : Hydrochloric Acid

농도 35%, 비중 1.18인 염산(hydrochloric acid, $HCl_{(L)}$) 1부피에 물 500부피를 섞는다.

• 채취 시료수 중 총질소의 흡광광도법(자외선) 분석 시 사용

■ 염산(2+1) : Hydrochloric Acid

농도 35%, 비중 1.18인 염산(hydrochloric acid, $HCl_{(L)}$) 특급시약 2부피에 물 1부피를 섞는다.

• 배출기체 중 니켈 화합물 분석 시 사용
• 배출기체 중 베릴륨 분석 시(원자흡광광도법) 사용
• 배출기체 중 베릴륨 분석 시(모린형광광도법) 사용

■ 염산(2+98) : Hydrochloric Acid

100 mL 메스플라스크에 농도 35%, 비중 1.18인 염산(hydrochloric acid, $HCl_{(L)}$) 특급시약 2 mL를 넣고 물로 표선까지 채운다.

• 배출기체 중 카드뮴 화합물 분석(원자흡광광도법)의 분석시료용액(저온회화법) 조제 시 사용
• 배출기체 중 카드뮴 화합물 분석(원자흡광광도법)의 용매추출(B법) 시 사용
• 배출기체 중 구리 화합물 분석(흡광광도법) 시 사용
• 환경 대기 중 납의 분석 시(흡광광도법의 저온회화법) 사용
• 배출기체 중 베릴륨 분석 시(원자흡광광도법) 사용

■ 염산(8N) : Hydrochloric Acid

농도 35%, 비중 1.18인 염산(hydrochloric acid, $HCl_{(L)}$) 67 mL을 물로 희석하여 100 mL가 되게 한다. 이 때 산을 물에 천천히 가한다.

• 배출기체 중 수은화합물의 분석 시 염산세정액으로 사용

■ 염산 용액(2.23M) : Hydrochloric Acid

농도 35%, 비중 1.18인 염산(hydrochloric acid, $HCl_{(L)}$) 196.87 mL을 물로 희석하여 1 L가 되게 한다.

• 환경 대기 중 납의 분석 시(흡광광도법의 질산·염산 혼합액에 의한 초음파 추출) 사용

■ 염산(N/10) : Hydrochloric Acid

농도 35%, 비중 1.18인 염산(hydrochloric acid, $HCl_{(L)}$) 8.5 mL을 물로 희석하여 1 L가 되게 한다.

■ 염산 하이드록실 아민용액 : Hydroxylamine Chloride

염산 하이드록실 아민(hydroxylamine chloride, $NH_2OH \cdot HCl_{(S)}$) 20 g을 물에 녹여 분액깔대기에 넣는다. 이때 액량이 65 mL 정도가 되도록 한다. 여기에 티몰블루용액 2~3방울을 가한 다음 용액의 색깔이 황색이 될 때까지 암모니아수를 가한다. 이어서 다이메틸 다이싸이오카바민산 소듐용액(1:25) 10 mL를 가하고 잘 흔들어 섞은 다음 5분간 방치한다. 여기에 클로로폼 10~15 mL씩을 가하여 추출조작을 반복한다. 추출액 5 mL에 황산 구리용액(1% $CuSO_4 \cdot 5H_2O$) 5방울을 가하여 흔들어 섞었을 때 황색이 나타나지 않거든 이 조작을 중지한다. 이 수용액에 10% 염산용액을 수용액이 적색을 띨 때까지 가한 다음 클로로폼 15 mL를 가하고 흔들어 섞는다. 수층을 분리한 후 같은 조작을 사염화탄소 5 mL를 사용하여 반복한다. 그 다음 수층을 따라내어 물을 가하여 전량을 100 mL로 한다.

• 배출기체 중 아연화합물의 분석 시 흡광광도법에 사용

■ 염산 하이드록실 아민용액(10 W/V%)) : Hydroxylamine Chloride

염산 하이드록실 아민(hydroxylamine chloride, $NH_2OH \cdot HCl_{(S)}$) 10 g을 물로 녹여 100 mL가 되게 한다.

• 배출기체 중 카드뮴 화합물 분석 시 원자흡광 분석의 용매추출(B법)에 사용
• 배출기체 중 카드뮴 화합물 분석 시 흡광광도법에 사용
• 배출기체 중 납화합물의 분석 시 흡광광도법에 사용
• 환경 대기 중 납의 분석 시(흡광광도법) 사용
• 채취 시료수 중 카드뮴의 흡광광도법(디티존법) 분석 시 사용
• 채취 시료수 중 철의 흡광광도법(페난트롤린법) 분석 시 사용

■ 염산 하이드록실 아민용액(10 W/V%)) : Hydroxylamine Chloride

염산 하이드록실 아민(hydroxylamine chloride, $NH_2OH \cdot HCl_{(S)}$) 10 g을 물로 녹여 100 mL가 되게 한다. 필요에 따라서 이것을 분액깔때기에 옮기고 소량의 디티오존 사염화탄소 용액(0.005 W/V%)을 넣고 흔들어 섞고 정치하여 사염화탄소층을 분리하고 다시 수층에 소량의 디티오존 사염화탄소 용액(0.005 W/V%)을 넣어 흔들어 섞고 정치하여 사염화탄소층을 분리한다. 사염화탄소층이 변색하지 않을 때 까지 이 조작을 반복하여 수층을 건조하고 여지로 여과하여 사염화탄소의 작은 방울을 제거한다.

• 채취된 시료수 중 중금속(수은) 측정을 위한 용매추출법(원자흡수분광 광도법)에 사용
• 채취 시료수 중 납의 흡광광도법(디티오존법) 분석 시 사용
• 채취 시료수 중 수은의 원자흡광광도법(환원기화법) 분석 시 사용

■ 염산 하이드록실 아민용액(20 W/V%)) : Hydroxylamine Chloride

수은시험용 염산 하이드록실 아민(hydroxylamine chloride, $NH_2OH \cdot HCl_{(S)}$) 20 g을 물로 녹여 100 mL가 되게 한다.

• 배출기체 중 수은화합물의 분석 시 흡광광도법에 사용

■ 염소이온 표준용액 : Chloride Ion Standard Solution

105~110℃로 건조한 염화소듐(sodium chloride, $NaCl_{(s)}$) 0.261 g을 1 L 메스플라스크에 취하여 물에 녹여서 1 L로 한다. 이중 100 mL를 1 L 메스플라스크에 취하고 물을 가하여 1 L로 한 후 염소이온 표준용액으로 한다. 이 염소이온 표준용액 1 mL= 0.01 mL $HCl_{(g)}$ (0℃, 760 mmHg)이다.

NaCl(MW=58.424) 0.261 g에 대응하는 $HCl_{(g)}$의 양을 $x$ L라 하면
58.424 : 0.261 = 22.4 : $x \rightarrow x$ = 0.001 L = 100 mL
그러므로 NaCl 0.261 g을 물에 녹여 1 L로 한 용액 1 mL 중에 HCl의 양은 0.1 mL가 된다. 다시 물로 10배 희석하므로 표준용액 1 mL중에는 0.01 mL의 HCl이 포함된다.

• 배출기체 중 염화수소의 분석 시(싸이오사이안산 제이수은법) 사용

■ 염소이온 표준원액(10 mgCl⁻/mL) : Chloride Ion Standard Solution

미리 600℃에서 1시간 가열한 염화소듐(sodium chloride, $NaCl_{(s)}$) 16.48 g을 취하여 적당량의 흡수액(0.1 mol/L의 질산포타슘용액)에 녹여서 정용플라스크(1,000 mL)에 넣고 흡수액을 눈금까지 넣는다.

- 배출기체 중 염화수소의 분석 시(이온전극법) 사용

■ 염소이온 표준원액(1 mgCl⁻/mL) : Chloride Ion Standard Solution

염소이온 표준원액(10 mgCl⁻/mL) 25 mL 및 흡수액(0.1 mol/L의 질산포타슘용액) 25 mL를 정용플라스크(250 mL)에 취하고, 아세트산 완충용액 5 mL를 가한 후, 물을 눈금까지 넣는다.

- 배출기체 중 염화수소의 분석 시(이온전극법) 사용

■ 염소이온 표준원액(1 mgCl⁻/mL) : Chloride Ion Standard Solution

염화소듐(sodium chloride, $NaCl_{(s)}$)을 미리 약 600℃에서 약 1시간 가열한 후, 데시케이(desiccator)에서 방냉한다. 이것을 1.648 g을 정확히 취하여 소량의 물로 녹인 후, 1,000 mL 정용플라스크에 옮기고 물을 넣어 표선까지 맞춘다.

- 배출기체 중 염화수소의 분석 시(이온크로마토그래프법) 사용

■ 염소이온 표준용액(0.1 mgCl⁻/mL) : Chloride Ion Standard Solution

염소이온 표준원액(1 mgCl⁻/mL) 25 mL 및 흡수액(0.1 mol/L의 질산포타슘용액) 25 mL를 정용플라스크(250 mL)에 취하고, 아세트산 완충용액 5 mL를 가한 후, 물을 눈금까지 넣는다.

- 배출기체 중 염화수소의 분석 시(이온전극법) 사용

■ 염소이온 표준용액(0.1 mgCl⁻/mL) : Chloride Ion Standard Solution

100 mL 정용플라스크에 염소이온 표준원액(1 mgCl⁻/mL)을 정확히 10 mL 취해 물을 넣어 표선까지 맞춘다. 사용 시에 조제한다.

- 배출기체 중 염화수소의 분석 시(이온크로마토그래프법) 사용

■ **염소이온 표준용액(0.01 mgCl⁻/mL) : Chloride Ion Standard Solution**

염소이온 표준용액(0.1 mgCl⁻/mL) 25 mL 및 흡수액(0.1 mol/L의 질산포타슘용액) 25 mL를 정용플라스크(250 mL)에 취하고, 아세트산 완충용액 5 mL를 가한 후, 물을 눈금까지 넣는다.

- 배출기체 중 염화수소의 분석 시(이온전극법) 사용

■ **염소이온 표준용액(0.01 mgCl⁻/mL) : Chloride Ion Standard Solution**

100 mL 정용플라스크에 염소이온 표준용액(0.1 mgCl⁻/mL)을 정확히 10 mL 취해 물을 넣어 표선까지 맞춘다. 사용 시에 조제한다.

- 배출기체 중 염화수소의 분석 시(이온크로마토그래프법) 사용

■ **염소표준 착색용액 : Chlorine Standard Colored Solution**

차아염소산소듐(sodium hypochlorite, $NaOCl_{(L)}$) 용액(유효염소 3~10%)을 3~10 mL를 취하여 물로 100 mL로 한 용액 $\frac{89.3}{(a-b)f}$ mL(주1)(여기서 $f$ : N/10 싸이오황산 소듐용액의 역가)를 취하여 물을 가해 1 L로 한다. 이 용액 1 mL를 취하고 오쏘-톨리딘 염산용액을 가하여 200 mL로 한다. 이 염소표준 착색용액은 사용 시에 조제하고 이 용액 1 mL는 $Cl_2$ 0.00005 mL(0℃, 760 mmHg)(주2)에 상당한다.

(주1) 이 식에서 $a$, $b$는 배출기체 중 염소의 분석(오쏘-톨리딘법)에 사용되는 차아염소산 소듐용액의 표정방법을 참고한다.

(주2) 차아염소산 소듐용액 $\frac{89.3}{(a-b)f}$ mL에 상당하는 $Cl_2$ 기체의 양을 $x$라 하면 차아염소산 소듐용액의 표정에서 NaOCl 10 mL 중에 포함된 $Cl_2$ 기체의 양은 $\frac{22.4}{2} \times \frac{1}{10} \times (a-b)f = 1.12(a-b)f$ mL이므로 $10 : 1.12(a-b)f = \frac{89.3}{(a-b)f} : x$, 따라서 $x$ = 10 mL

즉, NaOCl 용액 $\frac{89.3}{(a-b)f}$ mL을 취하여 물을 가해 1 L로 희석하므로 NaOCl 1 mL 중에 $Cl_2$ 기체의 양이 0.01 mL 포함되어 있다. 이 용액 1 mL를 취하여 흡수액으로 전량 200 mL로 하였으므로 NaOCl 1 mL= $Cl_2$ 0.00005 mL(0℃, 760mmHg)이다.

- 배출기체 중 염소의 분석 시(오쏘-톨리딘법) 사용

■ **염소화 탄화수소 혼합 표준용액(1.5 μg $C_2HCl_3$/mL, 0.4 μg $C_2Cl_4$/mL)**

100 mL 용량플라스크에 기체크로마토그래프용 헥세인 약 80 mL를 넣고 여기에 트라이클로로에틸렌 표준용액(0.15 mg $C_2HCl_3$/mL) 및 테트라클로로에틸렌 표준용액(0.04 mg $C_2Cl_4$/mL) 각각 1 mL씩을 정확히 넣은 다음 기체크로마토그래프용 헥세인을 넣어 표선을 채운다.

• 채취 시료수 중 휘발성 저급 탄화수소류의 기체크로마토그래프법(용매추출법) 분석 시 사용

■ **염화메틸렌 : Methylene Chloride**

염화메틸렌(methylene chloride, $CH_2Cl_{2(L)}$) 특급을 사용하며 사용 전에 유리제 증류기를 사용하여 2회 증류한다.

• 환경 대기 중 벤조(a) 파이렌 분석 시(형광분광광도법) 사용

■ **염화메틸 수은 : Methyl Mercury Chloride**

염화메틸 수은(methyl mercury chloride, $CH_3HgCl_{(S)}$) 특급을 사용한다.

• 채취 시료수 중 알킬수은의 기체크로마토그래프법 분석시 사용

■ **염화메틸 수은 표준원액(10 mg Hg/mL) : Methyl Mercury Chloride Standard Solution**

염화메틸 수은(methyl mercury chloride, $CH_3HgCl_{(S)}$) 표준시약 0.125 g을 크로마토그래프용 벤젠에 녹여 10 mL 용량플라스크에 넣고 벤젠을 가하여 표선까지 채운다.

• 채취 시료수 중 알킬수은의 기체크로마토그래프법 분석 시 사용

■ **염화메틸 수은 표준용액(0.001 mg Hg/mL) : Methyl Mercury Chloride Standard Solution**

염화메틸 수은 표준원액(10 mg Hg/mL) 1.0 mL를 정확히 취하여 크로마토그래프용 벤젠을 넣어 정확히 100 mL로 한 다음 이 용액 1 mL를 정확히 취하여 크로마토그래프용 벤젠을 넣어 정확히 100 mL로 한다.

• 채취 시료수 중 알킬수은의 기체크로마토그래프법 분석 시 사용

■ 염화 소듐용액 : Sodium Chloride

염화 소듐(sodium chloride, $NaCl_{(S)}$) 표준시약을 500~600℃에서 40~50분간 건조한 다음 데시케이터(실리카겔)에서 식힌 후 0.5844 g을 달아 물에 녹여 1,000 mL로 한다.

• 채취 시료수 중 염소이온 분석 시 사용

■ 염화 소듐용액 : Sodium Chloride

염화 소듐(sodium chloride, $NaCl_{(S)}$) 50 g을 정제수 500 mL에 녹이고 추출용 유기용제 10 mL를 가하여 흔들어 섞은 후 여별하여 유기용제 5 μL를 분취하여 기체크로마토그래프에 주입하고 목적물질의 예기 머무름시간 부근에서 피크가 생기지 않을 것.

• 채취 시료수 중 유기인의 기체크로마토그래프법 분석 시 사용

■ 염화 소듐용액(20 W/V%) : Sodium Chloride

예기 머무름 시간 부근에 피크가 나타나지 않는 염화 소듐(sodium chloride, $NaCl_{(S)}$) 표준시약 200 g을 물에 녹여 1,000 mL로 한다.

• 채취 시료수 중 알킬수은의 기체크로마토그래프법 분석 시 사용

■ 염화 소듐용액(30 W/V%) : Sodium Chloride

염화 소듐(sodium chloride, $NaCl_{(S)}$) 표준시약을 500~600℃에서 40~50분간 건조한 다음 데시케이터(실리카겔)에서 식힌 후 30 g을 달아 물에 녹여 100 mL로 한다.

• 채취 시료수 중 질산성 질소의 분석(흡광광도법(브루신법)) 시 사용

■ 염화 소듐-하이드록실아민 용액 : Sodium Chloride- Hydroxylamine

염화 소듐(sodium chloride, $NaCl_{(S)}$) 12 g과 하이드록실아민 황산염(hydroxylamine sulfate(or oxammonium sulfate), $H_8N_2O_6S_{(S)}$) 또는 하이드록실아민 염산염(hydroxylamine hydrochloride(or oxammonium hydrochloride), $H_8N_2O_6S_{(S)}$)12 g을 넣고 물을 가해 100 mL로 한다.

• 배출기체 중 입자상 및 기체상 수은화합물의 분석 시(환원기화 원자흡수분광 광도법) 사용

■ **염화암모늄 용액 : Ammonium Chloride**

시약용 염화암모늄(ammonium chloride, $NH_4Cl_{(S)}$) 0.8 g을 250 mL 물에 녹여 만든다. 이 용액 10 mL를 취하여 물로 1,000 mL로 묽혀 네슬러시약의 교정에 사용한다. 이 묽은 용액(A) 1 mL는 10W/0.788 μg $NH_{3(g)}$를 포함한다(W : 물 250 mL에 녹인 염화암모늄의 정확한 무게).

- 환경 대기 중 아황산기체 분석 시(산정량 수동법) 암모니아에 의한 아황산기체 농도 측정에 방해가 예상될 경우 아황산기체교정을 위한 시료용액 중 암모니아 측정방법에 사용

■ **염화암모늄-암모니아 용액 : Ammonium Chloride-Ammonia Solution**

염화암모늄(ammonium chloride, $NH_4Cl_{(S)}$) 50 g을 물에 녹여 1 L로 하고 pH미터를 사용하여 암모니아수(ammonia water, $NH_4OH_{(L)}$) (6N)(주)로 pH를 10.0±0.2로 조절한다.

(주) 농도 30%($NH_3$로서), 비중 0.90인 암모니아수 400 mL에 물을 가하여 1 L가 되게 한다.

- 배출기체 중 페놀화합물의 분석 시(흡광광도법(4-아미노안티파이린법)) 사용

■ **염화암모늄-암모니아 용액 : Ammonium Chloride-Ammonia Solution**

표준시약 염화암모늄(ammonium chloride, $NH_4Cl_{(S)}$) 100 g을 물 약 700 mL에 녹인 다음 암모니아수(ammonia water, $NH_4OH_{(L)}$) 50 mL를 넣고 물을 1,000 mL로 한다.

- 채취 시료수 중 총질소의 카드뮴 환원법 분석 시 사용

■ **염화에틸 수은 : Ethyl Mercury Chloride**

염화에틸 수은(ethyl mercury chloride, $C_2H_5HgCl_{(S)}$) 특급을 사용한다.

- 채취 시료수 중 알킬수은의 기체크로마토그래프법 분석 시 사용

■ **염화에틸 수은 표준원액(10 mg Hg/mL) : Ethyl Mercury Chloride Standard Solution**

염화에틸 수은(ethyl mercury chloride, $C_2H_5HgCl_{(S)}$) 표준시약 0.132 g을 크로마토그래프용 벤젠에 녹여 10 mL 용량플라스크에 넣고 벤젠을 가하여 표선까지 채운다.

- 채취 시료수 중 알킬수은의 기체크로마토그래프법 분석 시 사용

■ 염화에틸 수은 표준용액(0.001 mg Hg/mL) : Ethyl Mercury Chloride Standard Solution

염화에틸 수은 표준원액(10 mg Hg/mL) 1.0 mL를 정확히 취하여 크로마토그래프용 벤젠을 넣어 정확히 100 mL로 한 다음 이 용액 1 mL를 정확히 취하여 크로마토그래프용 벤젠을 넣어 정확히 100 mL로 한다.

• 채취 시료수 중 알킬수은의 기체크로마토그래프법 분석 시 사용

■ 염화제이철 용액 : Iron Trichloride(or Ferric Chloride) Solution

염화제이철(ferric chloride hexahydrate, $FeCl_3 \cdot 6H_2O_{(S)}$) 1 g을 황산(sulfuric acid, $H_2SO_{4(L)}$) (1+99) 100 mL(또는 염산(1+11) 100 mL)에 녹인다.

• 배출기체 중 황화수소의 분석 시(흡광광도법(메틸렌블루우법)) 사용
• 채취 시료수 중 노말-헥세인 분석 시 사용

■ 염화제이철 용액 : Iron Trichloride(or Ferric Chloride) Solution

비소시험용 염화제이철(ferric chloride hexahydrate, $FeCl_3 \cdot 6H_2O_{(S)}$) 5 g을 비소시험용 염산(1+1) 10 mL와 물에 녹여 100 mL로 한다.

• 채취 시료수 중 비소의 원자흡광광도법 분석 시 사용
• 채취 시료수 중 비소의 흡광광도법(다이에틸다이싸이오카르바민산은법) 분석 시 사용

■ 염화제이철 용액 – D액 : Iron Trichloride(or Ferric Chloride) Solution

염화제이철(ferric chloride hexahydrate, $FeCl_3 \cdot 6H_2O_{(S)}$) 0.25 g을 물에 녹여 전량을 1,000 mL로 한다.

• 채취 시료수 중 생물학적 산소요구량(BOD) 측정 시 희석수의 조제에 사용

■ 염화제일주석 용액 : Tin(Ⅱ) Chloride or Stannous Chloride

비소시험용 염화제일주석(tin chloride dihydrate, $SnCl_2 \cdot 2H_2O_{(S)}$) 40 g을 염산(hydrogen chloride, $HCl_{(L)}$)에 녹이고 염산으로 100 mL로 한다. 여기에 주석입자 2~3개를 넣어 보관한다. 사용할 때 적당량을 취하여 물로 10배 묽힌다.

• 배출기체 중 입자상 및 기체상 비소화합물의 분석 시(흡광광도법) 사용

• 채취 시료수 중 비소의 원자흡광광도법 분석 시 사용
• 채취 시료수 중 비소의 흡광광도법(다이에틸다이싸이오카르바민산은법) 분석 시 사용

■ 염화제일주석 용액 : Tin(Ⅱ) Chloride
염화제일주석(tin chloride dihydrate, $SnCl_2 \cdot 2H_2O_{(S)}$) 10 g을 염산(hydrogen chloride, $HCl_{(L)}$)에 녹이고 염산으로 100 mL로 한다.

• 배출기체 중 입자상 및 기체상 비소화합물의 분석시(원자흡수분광 광도법) 사용

■ 염화제일주석 용액 : Tin(Ⅱ) Chloride
인산염 시험용 염화제일주석(tin chloride dihydrate, $SnCl_2 \cdot 2H_2O_{(S)}$) 2 g을 염산(hydrogen chloride, $HCl_{(L)}$) 10 mL에 가온하여 녹이고 물을 넣어 100 mL로 한 다음 금속주석의 작은 입자를 넣어 보관한다.

• 채취 시료수 중 인산염 인의 흡광광도법(염화제일주석 환원법) 분석 시 사용

■ 염화제일주석 용액 : Tin(Ⅱ) Chloride
염화제일주석(tin chloride dihydrate, $SnCl_2 \cdot 2H_2O_{(S)}$) 20 g을 염산(hydrogen chloride, $HCl_{(L)}$) 25 mL에 완전히 녹이고 물을 가해 250 mL로 한다. $SnCl_2 \cdot 2H_2O_{(S)}$ 대신에 25 g의 황산제일주석(tin(II) sulfate, $SnCl_{2(S)}$)을 사용하여도 된다. 이 용액은 경우 반드시 염산만을 사용하여야 한다.

• 배출기체 중 입자상 및 기체상 수은화합물의 분석 시(환원기화 원자흡수분광 광도법) 사용

■ 염화제일주석 용액 : Tin(Ⅱ) Chloride
염화제일주석(tin chloride dihydrate, $SnCl_2 \cdot 2H_2O_{(S)}$) 10 g에 수은 시험용 황산(1+20) 60 mL를 넣어 섞으면서 가열하여 녹이고 냉각시킨 다음 물을 넣어 100 mL로 한다.

• 채취 시료수 중 수은의 원자흡광광도법(환원기화법) 분석 시 사용

■ 염화 칼슘용액 – C액 : Calcium Chloride
염화칼슘(calcium chloride, $CaCl_{2(S)}$) 27.5 g 물에 녹여 전량을 1,000 mL로 한다.

• 채취 시료수 중 생물학적 산소요구량(BOD) 측정시 희석수의 조제에 사용

■ 에틸렌다이아민테트라아세트산(EDTA) 용액 (M/1000) : Ethylenediaminetetraacetic Acid(or EDTA)

에틸렌다이아민4아세트산(EDTA, $C_{10}H_{16}N_2O_{8(S)}$) 0.292 g을 물에 녹여 1 L로 한다.

• 배출기체 중 카드뮴화합물의 분석 시(흡광광도법) 사용

■ 에틸렌다이아민테트라아세트산(EDTA) 소듐용액 : Disodium Ethylenediaminetetraacetate

수은시험용 에틸렌다이아민테트라아세트산 소듐(disodium ethylenediaminetetraacetate dihydrate, $C_{10}H_{14}N_2Na_2O_8 \cdot 2H_2O_{(S)}$) 2 g을 물에 녹여 100 mL로 한다.

• 채취 시료수 중 구리의 흡광광도법(다이에틸다이싸이오카르바민산법) 분석 시 사용

■ 에틸렌다이아민테트라아세트산(EDTA) 소듐용액 (0.6M) : Disodium Ethylenediaminetetra-acetate

수은시험용 에틸렌다이아민테트라아세트산 소듐(disodium ethylenediaminetetraacetate dihydrate, $C_{10}H_{14}N_2Na_2O_8 \cdot 2H_2O_{(S)}$) 22.32 g을 물에 녹여 100 mL로 한다.

• 배출기체 중 수은화합물의 분석 시(흡광광도법) 사용

■ 에틸렌다이아민테트라아세트산(EDTA) 소듐용액 (10 W/V%) : Disodium Ethylene-diaminetetraacetate

에틸렌다이아민테트라아세트산 소듐(disodium ethylenediaminetetraacetate dihydrate, $C_{10}H_{14}N_2Na_2O_8 \cdot 2H_2O_{(S)}$) 10 g을 물에 녹여 100 mL로 한다.

• 배출기체 중 베릴륨 분석 시(모린형광광도법) 사용

■ 에틸렌다이아민테트라아세트산(EDTA) 소듐용액 (10W/V%) : Disodium Ethylenedia-minetetraacetate

에틸렌다이아민테트라아세트산 소듐(disodium ethylenediaminetetraacetate dihydrate, $C_{10}H_{14}N_2Na_2O_8 \cdot 2H_2O_{(S)}$) 10 g을 물에 녹이고 0.4% 수산화 소듐용액으로 약알칼리성으로 하여 물을 100 mL로 한다.

• 채취 시료수 중 사이안(흡광광도법) 분석 시 사용

■ 에틸알코올(95 V/V%) : Ethyl Alcohol

에틸알코올(ethyl alcohol, $C_2H_5OH_{(L)}$)을 사용한다.

• 배출기체 중 크로뮴화합물의 분석 시(흡광광도법) 사용

■ 무수에틸에테르 : Ethyl Ether, anhydrous

무수에틸에테르(ethyl ether anhydrous, $CH_3CH_2OCH_2CH_{3(L)}$)를 소듐-납 합금으로 처리하여 유리제 증류기로 2회 증류한 것을 사용한다.

• 환경 대기 중 벤조(a) 파이렌 분석 시(형광분광광도법) 사용

■ 오쏘-톨리딘 염산용액 : Ortho Tolidine Dihydrochloride Solution

오쏘-톨리딘 염산염(ortho tolidine dihydrochloride, $C_{14}H_{16}N_2 \cdot 2HCl_{(s)}$) 분말 1 g을 물 약 500 mL에 녹이고 여기에 염산(hydrogen chloride, $HCl_{(L)}$) 15 mL를 가한 후, 물을 가하여 1 L로 한다. 갈색병에 보관하며 보관 가능기간은 약 6개월이다.

• 배출기체 중 염소의 분석 시(오쏘-톨리딘법) 흡수액 제조시 사용

■ 오쏘-페난트롤린 제일철지시액(페로인 지시액) : Ferroin Indicator

오쏘-페난트롤린(1,10-phenanthroline monohydrate, $C_{12}H_8N_2 \cdot H_2O_{(S)}$) 1.48 g과 황산 제일철(ferrous sulfate heptahydrate, $FeSO_4 \cdot 7H_2O_{(S)}$) 0.7 g을 물에 녹여 100 mL로 한다.

• 채취 시료수 중 중크롬산 포타슘에 의한 화학적 산소요구량(COD) 측정 시 사용

■ 요소(또는 우레아) 용액(20 W/V%) : Urea(or Carbamide)

요소(urea, $NH_2CONH_{2(S)}$) 20 g을 물에 녹여 100 mL로 한다. 이 용액을 가하는 이유는 나중에 첨가하는 $NaNO_2$ 용액의 과잉량을 분해시키기 위한 것이다. 수은화합물 분석 시에는 수은시험용을 사용한다.

• 배출기체 중 크로뮴화합물의 분석 시(흡광광도법) 사용

• 배출기체 중 수은화합물의 분석 시(흡광광도법) 사용
• 채취 시료수 중 크로뮴의 흡광광도법(다이페닐카르바지드법) 분석 시 사용

■ 유기인 정제용 컬럼 용출액(규산 컬럼용)

크로마토그래프용 노말-헥세인(n-hexane, $CH_3(CH_2)_4CH_{3(L)}$) 400 mL을 분액깔때기에 넣고 97~102℃에서 유출한 나이트로메테인(nitromethane, $CH_3NO_{2(L)}$) 20 mL를 넣어 5분간 흔들어 섞은 다음 정치하여 상층부의 나이트로메테인 포화헥세인을 사용한다. 나이트로메테인과 포화헥세인의 비는 15:85의 비율로 혼합한다.

• 채취 시료수 중 유기인의 기체크로마토그래프법 분석 시 사용

■ 유기인 정제용 컬럼 용출액(활성탄 컬럼용)】

아세트산 뷰틸(butyl acetate, $CH_3COOCH_2CH_2CH_2CH_{3(L)}$) 및 아이소프로필알코올(isopropyl alcphol(isopropanol), $(CH_3)_2CHOH_{(L)}$)을 각 5 mL씩 섞고 크로마토그래프용 노말-헥세인(n-hexane, $CH_3(CH_2)_4CH_{3(L)}$)을 넣어 100 mL로 한다. 또는 크로마토그래프용 벤젠을 사용한다.

• 채취 시료수 중 유기인의 기체크로마토그래프법 분석 시 사용

■ 음이온 계면활성제 표준원액(0.5mg $NaO_3SO(CH_2)_{11}CH_3$/mL) : Anionic Surface - Active Agents(or DAS) Standard Solution

라우릴 황산소듐(sodium lauryl sulfonate(or sodium dodecylbenzene sulfate), $NaO_3SO(CH_2)_{11}CH_{3(S)}$)을 순도 100%로 환산한 0.500 g을 물에 녹여 1,000 mL로 한다.

• 채취 시료수 중 음이온 계면활성제의 흡광광도법(메틸렌블루법) 분석 시 사용

■ 음이온 계면활성제 표준용액(0.5mg $NaO_3SO(CH_2)_{11}CH_3$/mL) : Anionic Surface - Active Agents(or DAS) Standard Solution

음이온 계면활성제 표준원액(0.5 mg DAS/mL) 10 mL를 정확히 취하여 물을 넣어 500 mL로 한다.

• 채취 시료수 중 음이온 계면활성제의 흡광광도법(메틸렌블루법) 분석 시 사용

■ 이산화 규소 : Silicon Dioxide

이산화규소(silicon dioxide, $SiO_{2(S)}$)를 사용한다.

- 채취 시료수 중 플루오르(흡광광도법(란탄-알리자린 콤플렉손법)) 분석 시 사용

■ 이산화황 표준발색원액 : Carbon Disulfide Standard Solution

황산구리(cupric sulfate(또는 copper(II) sulfate) pentahydrate, $CuSO_4 \cdot 5H_2O_{(S)}$) 0.557 g을 100 mL 메스플라스크에 취하고 구연산(citric acid(or 3-hydroxytricarballylic acid), $C_6H_8O_{7(S)}$) 용액(50 g/L) 2 mL 및 암모니아수(ammonia water(ammonium hydroxide), $NH_4OH_{(L)}$) 3 mL를 가하여 녹이고 증류수로 표선까지 채운다. 이 용액 1 mL를 100 mL 메스플라스크에 취하고 구연산 용액(50 g/L) 1 mL를 가한 다음 에틸알코올(ethyl alcohol, $C_2H_5OH_{(L)}$) (90 V/V%)을 표선까지 채우고 표준발색원액으로 한다. 이 표준발색원액 1 mL는 0.01 mL $CS_{2(g)}$ (0℃, 760 mmHg)에 해당한다.(주)

(주) $CS_{2(g)}$는 다음식과 같이 다이에틸아민 및 구리이온과 반응하여 다이에틸 다이싸이오카바민산 구리를 생성한다.

$$2CS_2 + 2(C_2H_5)_2NH + CuSO_4 \rightarrow (C_2H_5)_2NS_2CuS_2CN(C_2H_5)_2 + H_2SO_4$$

위의 반응식에서 Cu이온 1 mole은 2 mole의 $CS_2$에 대응한다. 따라서 $CuSO_4 \cdot 5H_2O$ 249.6 g은 44.8 L의 $CS_2$에 해당됨으로, 반대로 1 L의 $CS_2$에 반응하는 해당 $CuSO_4 \cdot 5H_2O$의 양은 249.6/44.8 = 5.571 g이 된다. 그러므로 0.5571 g의 $CuSO_4 \cdot 5H_2O$를 취하여 물에 용해시켜 100 mL로 하여 다시 100배로 희석한 이 용액 1mL는

$$\frac{100mL}{100 \times 100} = 0.01mL\ CS_{2(g)}$$

- 배출기체 중 이산화황의 분석 시(흡광광도법) 사용

■ 이피엔(EPN) 표준용액(크로마토그래프용)(5 μg EPN/mL) : EPN

98.0% 이상인 EPN(ethyl p-nitrophenyl benzenethionophosphonate, $C_{14}H_{14}NO_4PS_{(S)}$) 0.500 g을 정확히 달아 크로마토그래프용 노말-헥세인에 녹여 정확히 1,000 mL로 한다. 다시 이 용액 10 mL를 취하여 크로마토그래프용 노말-헥세인으로 1,000 mL로 한다.

- 채취 시료수 중 유기인의 기체크로마토그래프법 분석 시 사용

■ 인산 : Phosphoric Acid

농도 85% 이상, 비중 1.69인 인산(phosphoric acid, $H_3PO_{4(L)}$)을 사용한다.

- 채취 시료수 중 사이안(흡광광도법) 분석 시 사용
- 채취 시료수 중 플루오르(흡광광도법(란탄-알리자린 콤플렉손법)) 분석 시 사용
- 채취 시료수 중 망가니즈의 흡광광도법(과아이오딘산 포타슘법) 분석 시 사용

■ 인산(3M) : Phosphoric Acid

농도 85% 이상, 비중 1.69인 인산(phosphoric acid, $H_3PO_{4(L)}$) 20 mL를 취하여 물을 가해 100 mL로 한다.

- 환경 대기 중 아황산기체 분석 시(파라로자닐린법) 파라로자닐린 시약 조제 시 사용

■ 인산(2N) : Phosphoric Acid

농도 85% 이상, 비중 1.69인 인산(phosphoric acid, $H_3PO_{4(L)}$) 45.5 mL를 증류수에 녹여서 1 L로 한다. 이때 인산은 플라스틱제 용기에 든 것을 사용하여서는 안된다.

- 악취 중 아세트알데하이드 분석 시(기체크로마토그래프법) 사용

■ 인산용액(1+9) : Phosphoric Acid

농도 85% 이상, 비중 1.69인 인산(phosphoric acid, $H_3PO_{4(L)}$) 1부피에 물 9부피를 섞어 사용한다.

- 채취 시료수 중 페놀류(흡광광도법) 분석 시 사용

■ 인산이수소 소듐용액 : Sodium Phosphate, Monobasic(or Sodium dihydrogen-phosphate)

인산이수소 소듐(sodium phosphate monobasic dodekahydrate, $NaH_2PO_4 \cdot 12H_2O_{(S)}$) 50 g을 물 80 mL에 녹인 후 100 mL 메스플라스크에 넣고 물로 표선까지 채운다.

- 배출기체 중 브로민화합물 분석 시(적정법(차아염소산염법)) 사용

■ **인산염 표준용액(0.025M) : Phosphate Standard Solution**

pH 측정용 인산이수소 포타슘(potassium dihydrogen phosphate, $KH_2PO_{4(S)}$) 및 무수인산일수소 소듐(sodium phosphate dibasic anhydrous, $Na_2HPO_{4(s)}$)을 가루로 하여 110℃에서 항량이 될 때 까지 건조한 다음 인산이수소 포타슘 3.40 g 및 무수인산일수소 소듐 3.55 g을 정확하게 달아 물을 넣어 정확히 1 L로 한다.

- 채취 시료수의 pH 측정 시 사용

■ **인산염 인 표준원액(0.1 mg $PO_4$-P/mL) : Phosphate-Phosphorus Standard Solution**

미리 105~110℃에서 건조한 인산이수소 포타슘(potassium dihydrogen phosphate, $KH_2PO_{4(S)}$) 표준시약 0.439 g[주]을 정확히 달아 물에 녹여 1,000 mL로 한다.

[주] $KH_2PO_4$ : P = 136 : 31 = $x$ : 0.1 mg/mL × 1,000 mL

∴ 인산이수소 포타슘의 필요량 : $0.1\ \text{mg/mL} \times 1{,}000\ \text{mL} \times \frac{136}{31} = 438.7\ \text{mg} = 0.439\ \text{g}$

- 채취 시료수 중 인산염 인의 흡광광도법(염화제일주석 환원법) 분석 시 사용

■ **인산염 인 표준용액(0.005 mg $PO_4$-P/mL) : Phosphate-Phosphorus Standard Solution**

인산염 인 표준원액 25 mL를 정확히 취하여 물을 넣어 정확히 500 mL로 한다.

- 채취 시료수 중 인산염 인의 흡광광도법(염화제일주석 환원법) 분석 시 사용
- 채취 시료수 중 인산염 인의 흡광광도법(아스코르빈산 환원법) 분석 시 사용
- 채취 시료수 중 총 인의 흡광광도법(아스코르빈산 환원법) 분석 시 사용

■ **인산트라이크레실 : Tricresyl Phosphate**

인산트라이크레실(tricresyl phosphate, $(CH_3C_6H_4O)_3PO_{(S)}$)은 기체크로마토그래프법에서 분리관 충전제의 고정액체를 함침시키는 방법에 사용되는 것이다.

- 배출기체 중 페놀화합물의 분석(기체크로마토그래프법) 시 분리관 충전제의 조정액체를 함침시킬 때 사용

■ **전도도 표준용액 : Conductivity Standard Solution**

분말로 된 염화 포타슘(potassium chloride, $KCl_{(S)}$) 2 g을 105℃에서 2시간 건조한 다음 데시케이터에서 방냉한다.

㉠ 염화 포타슘용액(0.01M)

건조된 염화 포타슘 0.7456 g을 25℃의 물(2 μS/cm 이하)에 녹여 1,000 mL로 한다. 이 용액의 25℃에서의 전기전도도값은 1,409 μS/cm이다. 이 용액은 폴리에틸렌병 또는 경질유리병에 밀봉하여 보관한다.

㉡ 염화 포타슘용액(0.001M)0.01M 염화 포타슘용액 100 mL를 정확히 취하여 1,000m L 용량플라스크에 넣고 25℃의 물(2 μS/cm 이하)을 넣어 눈금까지 채운다. 이 용액의 25℃에서의 전기전도도값은 147 μS/cm이다. 이 용액은 폴리에틸렌병 또는 경질유리병에 밀봉하여 보관한다.

• 채취 시료수 중 전기전도도의 측정 시 사용

■ **전분(녹말)용액(0.5 W/V%) : Starch Solution, → see 녹말용액**

• 배출기체 중 염소의 분석 시(오쏘-톨리딘법) 사용

■ **전분 용액 : Starch**

가용성 전분(soluble starch) 1g을 물 약 10 mL에 녹여서 열수 100 mL 중에 잘 교반하면서 약 1분간 끓인 후 방냉한다. 사용 시 조제한다.

• 채취 시료수 중 알칼리성 100℃에서 과망간산 포타슘에 의한 화학적 산소요구량(COD) 측정 시 사용

■ **전분지시용액 : Starch Solution**

가용성 전분(soluble starch) 0.4 g 및 방부제로서 아이오딘화 수은(mercuric iodide, $HgI_{2(S)}$) 0.002 g을 소량의 물로 죽같이 만들어 200 mL의 끓는 물에 천천히 저어주면서 가한 다음 용액이 맑아질 때까지 끓인다. 이 용액은 유리마개가 있는 병에 보관한다.

• 환경 대기 중 아황산기체의 분석 시(파라로자닐린법) 사용

■ 주석 : Tin(or Stannum)

주석(tin, $Sn_{(S)}$)을 사용한다.

• 배출기체 중 입자상 및 기체상 비소화합물의 분석 시(흡광광도법) 사용

■ 주석산 용액(2 W/V%) : Tartraic Acid

주석산(tartraic, $C_4H_6O_{6(S)}$) 2 g을 물에 녹여 100 mL로 한 다음 구연산 이암모늄 용액(10 W/V%)과 같은 방법으로 디티오존 사염화탄소 용액(0.005 W/V%)으로 씻은 다음 사용한다.

• 채취된 시료수 중 카드뮴의 흡광광도법(디티오존법) 분석 시 사용

■ 주석산 암모늄용액(10 W/V%) : Ammonium Tartrate

주석산 암모늄(ammonium tartrate, $(NH_4)_2C_4H_4O_{6(S)}$) 10 g을 물에 녹여 100 mL로 한 다음 구연산 이암모늄 용액(10 W/V%)과 같은 방법으로 디티오존 사염화탄소 용액(0.005 W/V%)으로 씻은 다음 사용한다.

• 채취된 시료수 중 중금속 측정을 위한 용매추출법(원자흡수분광 광도법)에 사용

■ 중크롬산 포타슘용액(0.25N) : Potassium Dichromate

1L 중 중크롬산 포타슘(potassium dichromate, $K_2Cr_2O_{7(S)}$) 12.26 g을 함유한다.

㉠ 조제 : 중크롬산 포타슘(표준시약)을 103℃에서 2시간 동안 건조한 다음 데시케이터(실리카겔)에서 식혀 12.26 g을 정밀히 달아 물에 녹여 1,000 mL로 한다.

  • 채취 시료수 중 중크롬산 포타슘에 의한 화학적 산소요구량(COD) 측정 시 사용

■ 중크롬산 포타슘용액(0.025N) : Potassium Dichromate

0.25N 중크롬산 포타슘용액 100 mL를 취하여 물에 넣어 정확히 1,000 mL로 한다.

㉠ 간이조제 : 중크롬산 포타슘(표준시약)을 103℃에서 2시간 동안 건조한 다음 데시케이터(실리카겔)에서 식혀 1.226 g을 달아 물에 녹여 1,000 mL로 한다.

  • 채취 시료수 중 중크롬산 포타슘에 의한 화학적 산소요구량(COD) 측정 시 사용

■ 진콘용액 : Zincon

진콘(zincon=2-carboxyl-2'-hydroxy-5'-sulformazylbenzene sodium, $C_{20}H_{15}O_6N_4SNa_{(S)}$) 0.130 g을 취하여 메틸알코올(95 W/V%) 약 50 mL를 넣어 약 50℃ 이하에서 가온하여 녹이고 메틸알코올을 계속 넣어 100 mL로 한다.

- 채취 시료수 중 아연의 흡광광도법(진콘법) 분석 시 사용

■ 질산 : Nitrate

농도 60.0~62.0%, 비중 1.38인 진한 질산(nitrate, $HNO_{3(L)}$)을 사용한다. 단, 원자흡수분광광도법 및 모린형광광도법 분석 시에는 특급시약을 사용한다.

- 배출기체 중 베릴륨 분석 시(원자흡수분광 광도법) 사용
- 배출기체 중 베릴륨 분석 시(모린형광광도법) 사용

■ 질산(1+1) : Nitrate

진한 질산(nitrate, $HNO_{3(L)}$) 1부피에 물 1부피를 가한다.

- 배출기체 중 브로민화합물 분석 시(흡광광도법(싸이오사이안산 제이수은법)) 사용
- 배출기체 중 카드뮴화합물 분석(원자흡수분광 광도법)의 분석시료용액(질산-과산화수소법) 조제 시 사용
- 배출기체 중 납화합물 분석(원자흡수분광 광도법) 시 사용
- 배출기체 중 크롬화합물 분석 시 사용
- 환경 대기 중 납의 분석 시(흡광광도법의 질산-과산화수소법) 사용
- 채취 시료수 중 철의 흡광광도법(페난트롤린법) 분석 시 사용

■ 질산(1+2) : Nitrate

진한 질산(nitrate, $HNO_{3(L)}$) 1부피에 물 2부피를 가한다.

- 배출기체 중 구리화합물 분석 시 사용
- 채취 시료수 중 크로뮴의 원자흡광광도법 분석 시 사용

■ 질산(1+4) : Nitrate

진한 질산(nitrate, $HNO_{3(L)}$) 1부피에 물 4부피를 가한다.

- 배출기체 중 카드뮴 화합물 분석(원자흡수분광광도법)의 분석시료용액(질산-염산법) 조제 시 사용
- 배출기체 중 카드뮴 화합물 분석(원자흡수분광광도법)의 분석시료용액(질산-과산화수소법) 조제 시 사용
- 환경 대기 중 납의 분석 시(흡광광도법의 질산-과산화수소법) 사용

■ 질산(1+5) : Nitrate

진한 질산(nitrate, $HNO_{3(L)}$) 1부피에 물 4부피를 가한다.

- 배출기체 중 카드뮴 화합물 분석(원자흡수분광 광도법)의 분석시료용액(질산법) 조제 시 사용

■ 질산(2+98) : Nitrate

100 mL 메스플라스크에 진한 질산(nitrate, $HNO_{3(L)}$) 2 mL를 가하고 물로 표선까지 채운다.

- 배출기체 중 카드뮴 화합물 분석(원자흡수분광광도법)의 분석시료용액(질산-염산법) 조제 시 사용
- 배출기체 중 카드뮴 화합물 분석(원자흡수분광광도법)의 분석시료용액(질산-과산화수소법) 조제 시 사용
- 배출기체 중 카드뮴 화합물 분석(원자흡수분광광도법)의 분석시료용액(질산법) 조제 시 사용
- 환경 대기 중 납의 분석 시(흡광광도법의 질산-과산화수소법) 사용

■ 질산(10 V/V%) : Nitrate

진한 질산(nitrate, $HNO_{3(L)}$) 10 mL에 물을 가하여 100 mL가 되게 한다.

- 배출기체 중 염화수소의 분석 시(질산은 적정법) 사용

■ 질산(15 V/V%) : Nitrate

진한 질산(nitrate, $HNO_{3(L)}$) 15 mL에 물을 가하여 100 mL로 한다.

• 배출기체 중 수은화합물의 분석 시(환원기화 원자흡수분광광도법) 사용

■ 질산(50V/V%) : Nitrate

진한 질산(nitrate, $HNO_{3(L)}$) 50 mL에 물을 가하여 100 mL가 되게 한다. 이 때 천천히 주의하면서 물에 산을 가한다.

• 배출기체 중 수은화합물의 분석 시 사용

■ 질산 용액(1.03M) : Nitrate Solution

진한 질산(nitrate, $HNO_{3(L)}$) 78.38 mL에 물을 가하여 1 L가 되게 한다.

• 환경 대기 중 납의 분석 시(흡광광도법의 질산· 염산 혼합액에 의한 초음파 추출법) 사용

■ 질산 용액(N/2) : Nitrate

진한 질산(nitrate, $HNO_{3(L)}$) 8 mL에 물을 가하여 200 mL가 되게 한다.

• 배출기체 중 염화수소의 분석 시(싸이오사이안산 제이수은법) 사용

■ 질산 용액(N/10) : Nitrate

진한 질산(nitrate, $HNO_{3(L)}$) 6.5 mL에 물을 가하여 전량을 1 L가 되게 한다.

• 배출기체 중 플루오린화합물의 분석 시(용량법(질산토륨-네오트린법)) 사용

■ 질산 란탄용액(M/100) : Lanthanum Nitrate

질산란탄(lanthanum nitrate hexahydrate, $La(HNO_3)_3 \cdot 6H_2O_{(S)}$) 4.3 3g을 물에 녹여서 전량을 1 L로 한다.

• 배출기체 중 플루오린화합물의 분석 시(흡광광도법(란탄-알리자린콤플렉손법)) 사용

■ **질산성 질소표준원액(0.1 mg $NO_3$-N/mL) : Nitrate Standard Solution**

미리 105~110℃에서 약 4시간 건조한 질산 포타슘(potassium nitrate, $KNO_{3(S)}$) 표준시약 0.7218 g을 정확히 달아 물에 녹여 1,000 mL로 한다.

- 채취 시료수 중 질산성 질소의 흡광광도법(브루신법) 분석 시 사용
- 채취 시료수 중 총질소의 흡광광도법(자외선) 분석 시 사용
- 채취 시료수 중 총질소의 카드뮴 환원법 분석 시 사용

■ **질산성 질소표준용액(0.01, 0.02 mg $NO_3$-N/mL) : Nitrate Standard Solution**

질산성 질소표준원액 10, 20 mL를 정확히 취하여 물을 넣어 100 mL로 한다.

- 채취 시료수 중 질산성 질소의 흡광광도법(브루신법) 분석 시 사용
- 채취 시료수 중 총질소의 흡광광도법(자외선) 분석 시 사용
- 채취 시료수 중 총질소의 카드뮴 환원법 분석 시 사용

■ **질산성 질소표준용액(0.001, 0.002 mg $NO_3$-N/mL) : Nitrate Standard Solution**

질산성 질소표준용액(0.01 mg $NO_3$-N/mL) 10, 20 mL를 정확히 취하여 물을 넣어 100 mL로 한다.

- 채취 시료수 중 질산성 질소의 흡광광도법(브루신법) 분석 시 사용
- 채취 시료수 중 총질소의 카드뮴 환원법 분석 시 사용

■ **질산 소듐 : Sodium Nitrate**

질산 소듐(sodium nitrate, $NaNO_{3(S)}$)를 사용한다.

- 배출기체 중 크롬화합물 분석 시 사용

■ **질산 암모늄(1%) : Ammonium Nitrate**

질산암모늄(ammonium nitrate, $NH_4NO_{3(S)}$) 1 g을 물에 녹여 100 mL로 한다.

- 채취 시료수 중 크로뮴의 원자흡광광도법 분석 시 사용
- 채취 시료수 중 6가크로뮴의 원자흡광광도법 분석 시 사용

■ 질산은 용액(0.2N) : Silver Nitrate

질산은(silver nitrate, $AgNO_{3(s)}$) 34 g을 물에 녹여 1 L로 하고 갈색병에 보관한다.

■ 질산은 용액(N/10) : Silver Nitrate

질산은(silver nitrate, $AgNO_{3(s)}$) 17.0 g을 물에 녹여 1 L로 하고 갈색병에 보관한다.

• 표정(標定, Standardization) : 염화소듐(sodium chloride, $NaCl_{(s)}$표준시약)을 500~650℃에서 약 1시간 건조하여 데시케이터(desiccator) 중에서 냉각시키고 이 중 0.15 g을 정확히 달아 물 50 mL에 녹인다. 크롬산 포타슘(potassium chromate(Ⅵ), $K_2CrO_{4(s)}$) 용액(주) 1 mL를 가하고 흔들어 주면서 N/10 질산은용액으로 적정하여 담적갈색이 없어지지 않을 때 까지 적정하여 역가를 구한다.

반응식 : $NaCl + AgNO_3 \rightarrow AgCl + NaNO_3$

농도보정계수(factor, $f$) $= \dfrac{\text{측정된농도}}{\text{원하는농도}}$ 또는 $\dfrac{\text{측정된물질의부피}}{\text{알고있는물질의부피}}$

(주) 크롬산 포타슘 5 g을 물에 녹여 100 mL로 한다.

• 배출기체 중 염화수소의 분석 시(질산은 적정법) 사용
• 배출기체 중 사이안화수소의 분석 시(피리딘 피라졸론법) 사용

■ 질산은 용액(N/100) : Silver Nitrate

질산은 용액(N/10)을 10배로 희석하여 사용한다.

질산은의 은이온과 사이안 이온의 다음 반응식에 의하여 정량이 된다.

반응식 : $Ag^+ + CN^- \rightarrow AgCN$, $AgCN + CN^- \rightarrow Ag(CN)_2^-$

여기서 N/100 질산은 용액 1 mL에 해당되는 사이안화수소의 양은 0.448 mL이다.

반응식 : $HCN + NaOH \rightarrow NaCN + H_2O$, $2NaCN + AgNO_3 \rightarrow NaAg(CN)_2 + NaNO_3$

즉, $AgNO_3 \equiv 2NaCN \equiv 2HCN$ $\therefore$ N/100 $AgNO_3$ 1 mL $\equiv \dfrac{1}{100} \times 2 \times 22.4 = 0.448$

• 배출기체 중 염화수소의 분석 시(질산은 적정법) 사용

■ 질산은 용액(0.01N) : Silver Nitrate

물 1 L 중에 질산은(silver nitrate, $AgNO_{3(s)}$) 16.987 g을 함유한다. 질산은 1.7 g에 물을 넣어 녹여 1,000 mL로 한다. 이 액 1 mL는 $Cl^-$ 0.3545 mg에 대응한다. 이 액의 역가는 0.01N 염화 소듐용액을 사용하여 표정한다.

• 표정(標定, Standardization) : 염화소듐(sodium chloride, $NaCl_{(s)}$) 0.01N 25 mL를 삼각플라스크(백색판 위에서 적정)에 넣고 크롬산 포타슘(potassium chromate(Ⅵ), $K_2CrO_{4(s)}$) 시액 0.2 mL를 지시약으로 하여 0.01N 질산은 용액으로 엷은 등색이 없어지지 않고 남을 때 까지 적정하고 이에 소비된 0.01N 질산은 용액의 mL수($a$)로부터 다음식에 따라 0.01N 질산은 용액의 역가($f$)를 구한다.

역가(factor, $f$) = $\frac{25}{a-b}$

$b$ : 염화 소듐 대신 증류수를 사용하여 위와 같은 방법으로 공시험을 할 때 소비된 0.01N 질산은 용액의 mL수

• 채취 시료수 중 염소이온의 분석 시 사용

■ 질산이온 표준용액 : Nitrate Ion Standard Solution

105~110℃의 항온조에서 2시간 건조 후, 냉각한 질산포타슘(potassium nitrate, $KNO_{3(s)}$) 0.451 g을 정확히 달아 1 L메스플라스크에 넣고 물에 녹여 1 L로 한다. 이 용액 10 mL를 1 L 메스플라스크에 취하고 물로 표선까지 채운다. 이 용액 1 mL는 1 μL $NO_{2(g)}$ (0℃, 760 mmHg)에 상당한다.

• 배출기체 중 질소산화물 분석 시(아연환원 나프틸에틸렌다이아민법) 사용

■ 질산 토륨 용액(N/10) : Thorium Nitrate

질산토륨(thorium nitrate tetrahydrate, $Th(NO_3)_4 \cdot 4H_2O_{(s)}$) 13.80 g을 물에 녹여서 전량을 1 L로 한다.

• 배출기체 중 플루오린화합물의 분석 시(용량법(질산토륨-네오트린법)) 사용

■ 질산 포타슘 용액(0.1mol/L) : Potassium Nitrate

질산포타슘(potassium nitrate, $KNO_{3(s)}$) 10.1 g을 정확하게 취하여 물에 녹여 1 L가 되게 한다.

• 배출기체 중 염화수소의 분석 시(이온전극법) 흡수액으로 사용

■ 질산 포타슘 표준용액 : Potassium Nitrate Standard Solution

105~110℃로 2시간 건조시킨 질산포타슘(potassium nitrate, $KNO_{3(s)}$) 0.451 g을 정확히 달아 1 L 메스플라스크에 넣고 물에 녹인 후 물로 표선까지 채운다. 이 용액 10 mL를 100 mL 메스플라스크에 정확히 취하여 물로 표선까지 채운다. 이 표준용액 1 mL는 0.01 mL $NO_{2(g)}$ (0℃, 760 mmHg)에 상당한다.[주]

(주) $KNO_3$(Mw=101.1) 1 mole로부터 $NO_{2(g)}$ 1 mole이 생성된다. 따라서 $KNO_3$ 0.451 g(451 mg)에 대응하는 $NO_{2(g)}$를 $x$mL라 하면

$KNO_3$ : $NO_{2(g)}$ = 451 : $x$ → 101.1 : 22.4 = 451 : $x$

∴ $x$ = 100mL, 이 용액 1 mL≡0.1 mL $NO_{2(g)}$ (0℃, 760 mmHg)

이것을 다시 물로 10배 희석함으로 이 표준용액 1 mL≡0.01 mL $NO_{2(g)}$ (0℃, 760 mmHg)

• 배출기체 중 질소산화물의 분석 시(페놀다이술폰산법) 사용

■ 차아염소산 소듐 용액 : Sodium Hypochlorite

차아염소산 소듐(sodium hypochlorite, $NaOCl_{(L)}$) 용액(유효염소 3~10%)을 $\frac{100}{C}$ (C: 시약병에 기재된 유효염소 %) mL와 수산화소듐(sodium hydroxide, $NaOH_{(s)}$ 15 g을 물에 녹여 1 L로 한다. 이 용액은 사용 시에 조제한다.

• 배출기체 중 암모니아의 분석 시(인도페놀법) 사용

■ 차아염소산 소듐 용액 : Sodium Hypochlorite

차아염소산소듐(sodium hypochlorite, $NaOCl_{(L)}$) 용액(유효염소 3~10%)을 3~10 mL를 취하여 물로 100 mL로 한다.

• 표정(標定, Standardization) : 이 용액 10 mL를 취하여 아이오딘화 포타슘(potassium iodide, $KI_{(s)}$) 0.5 g 및 염산(hydrochloric acid, $HCl_{(L)}$) 2 mL를 가하고 N/10 싸이오황산 소듐용액으로 적정한다. 이 때 적정량을 $a$(mL)로 하고 별도로 바탕시험을 하여 그 적정량을 $b$(mL)로 한다. 이 용액은 사용시에 표정을 한다.

• 반응식 : $NaOCl + HCl \rightarrow NaOH + Cl_2$, $Cl_2 + 2KI \rightarrow 2KCl + I_2$

$I_2 + 2Na_2S_2O_3 \rightarrow 2NaI + Na_2S_4O_6$

$Na_2S_2O_3$ 1 mole은 1/2 mole $Cl_2$와 반응한다. $Cl_2$(MW=71) 1 mole은 표준상태의 기체 22.4 L이므로 $Na_2S_2O_3$ 1 mole은 22.4/2 L의 $Cl_2$ 기체와 반응한다. 그러므로 적정에 사용된 N/10 싸이오황산 소듐용액 1 mL에 상당하는 $Cl_2$ 기체는 $\frac{22.4}{2}\times\frac{1}{10}$=1.12 mL가 된다.

차아염소산소듐 용액 10 mL의 적정에 소비된 N/10 싸이오황산 소듐용액은 $(a-b)f$ mL이므로 NaOCl 10 mL 중에 포함된 $Cl_2$ 기체의 양은 $\frac{22.4}{2}\times\frac{1}{10}\times(a-b)f$ = $1.12(a-b)f$ mL이다.

따라서 $Cl_2$ 기체 10 mL(0℃, 760 mmHg)를 포함하는 표준용액을 표정하는데 필요한 NaOCl의 양은

NaOCl : $Cl_2$ = 10 : 1.12(a-b)×$f$ = $x$ : 10

$x=\frac{100}{1.12(a-b)f}=\frac{89.3}{(a-b)f}$ 가 된다.

• 배출기체 중 염소의 분석 시(오쏘-톨리딘법) 사용

■ 차아염소산 소듐 용액 : Sodium Hypochlorite

차아염소산 소듐(sodium hypochlorite, $NaOCl_{(L)}$) 용액(유효염소 3~10%)을 $\frac{60}{C}$ mL(여기에서 C는 조제 시 정량한 차아염소산 소듐의 유효염소농도(단위 %))와 수산화소듐(sodium hydroxide, $NaOH_{(s)}$ 10 g 및 인산수소 소듐 12수화물(sodium phosphate monobasic dodekahydrate, $NaH_2PO_4 \cdot 12H_2O_{(S)}$) 35.8 g을 증류수에 용해하여 전량을 1 L로 한다. 이 용액은 사용할 때 마다 조제한다.

• 악취의 기기분석법 중 암모니아 시험방법에 사용

■ 차아염소산 소듐 용액 : Sodium Hypochlorite

차아염소산 소듐(sodium hypochlorite, $NaOCl_{(L)}$) 용액(시판 유효염소 5~12%)을 유효염소 1 g에 해당하는 mL수를 취하여 물을 넣어 100 mL로 한다. 이 용액은 사용할 때 조제한다.

㉠ 유효염소 농도의 측정 : 차아염소산 소듐용액 10 mL를 200 mL 용량플라스크에 넣고 물을 넣어 표선까지 채운 다음 이 액 10 mL를 취하여 삼각플라스크에 넣고 물을 넣어 약 100 mL로 한다. 아이오딘화 포타슘(potassium iodide, $KI_{(s)}$) 1~2 g 및 아세트산(acetic acid, $CH_3COOH_{(L)}$) (1+1) 6 mL를 넣어 밀봉하고 흔들어 섞은 다음 암소에서 약 5분간 방치하고 전분용액을 지시약으로 하여 0.05N 싸이오황산 소듐($Na_2S_2O_{3(S)}$)용액으로 적정한다. 따로 물 10 mL를 취하여 바탕시험을 하고 보정한다.

$$\text{유효염소량(W/V\%)} = a \times f \times \frac{200}{10} \times \frac{1}{V} \times 0.001773 \times 100$$

$a$ : 0.05N 싸이오황산 소듐용액의 소비량(mL), $f$ : 0.05N 싸이오황산 소듐용액의 역가

V : 차아염소산 소듐용액을 취한 양(mL)

0.001773 : 0.05N 싸이오황산 소듐용액 1 mL의 염소상당량(g), 즉 0.3545×0.05

㉡ 조제(유효염소 1%) : 유효염소의 농도를 측정허거나 다음과 같은 계산에 의하여 유효염소량이 1 W/V%가 되도록 물을 희석한다. 이 용액은 사용시 조제한다. 예를 들면 다음과 같다.

① 차아염소산 소듐 10%(시판)일 경우 :

$$\frac{NaOCl\ 10\ g}{100\ mL} \times \frac{Cl\ 35.45\ g}{NaOCl\ 74.45\ g} = \frac{Cl\ 4.76\ g}{100\ mL} \fallingdotseq \frac{Cl\ 1\ g}{21\ mL}$$

∴ 10% 차아염소산 소듐액 21 mL + $H_2O$ → 100 mL로 한다.

② 차아염소산 소듐 5%인 경우 : 차아염소산 소듐액 42 mL + $H_2O$ → 100 mL로 한다.

㉢ 차아염소산 소듐(100/C) mL(C : 유효염소산 농도%) 및 수산화 소듐(sodium hydroxide, $NaOH_{(s)}$) 15 g을 물에 녹여 1 L로 하며, 이 용액은 사용할 때 제조한다(먹는물시험법).

- 채취 시료수 중 암모니아성 질소의 흡광광도법(인도페놀법)) 분석 시 사용

■ 차아염소산 소듐 용액(1N) : Sodium Hypochlorite

차아염소산 소듐(sodium hypochlorite, $NaOCl_{(L)}$) 용액(유효염소 6~8%)을 다음과 같이 표정하여 농도 C(N)를 구하고 $\frac{100}{C}$ mL를 100 mL 메스플라스크에 넣고 물로 표선까지 채운다. 이 용액은 갈색병에 넣어 냉암소에 보관하고 1개월 이상 지나면 사용해서는 안 된다.

- 표정(標定, Standardization) : 유리마개가 있는 300 mL 삼각플라스크에 차아염소산 소듐용액 1.0 mL를 취하여 물 50 mL를 가하고 아이오딘화 포타슘(potassium iodide, $KI_{(S)}$) 2 g과 아세트산(acetic acid, $CH_3COOH_{(L)}$) (1+2) 2 mL를 가한다. 이 때 유리된 아이오딘을 N/10 싸이오황산 소듐용액으로 적정한다. 용액의 색깔이 담황색으로 변화하면 전분용액 3.0 mL를 가하고 계속 적정해서 청색이 소실될 때를 종말점으로 한다. 차아염소산 소듐용액의 농도를 다음식에 따라 산출한다.

$$C = \frac{x \times f \times 0.1}{1.0}$$

C : 차아염소산 소듐용액의 농도(N), 1.0 : 차아염소산 소듐용액의 사용량(mL)
$x$ : N/10 싸이오황산 소듐용액의 소비량(mL), $f$ : N/10 싸이오황산 소듐용액의 역가

- 배출기체 중 브로민화합물 분석 시(적정법(차아염소산염법)) 사용

■ 철(Ⅲ) 용액 : Iron(Ⅲ) Solution

염화제이철(ferric chloride(or iron(Ⅲ) chloride) hexahydrate, $FeCl_3 \cdot 6H_2O_{(S)}$) 5 g 또는 황산제이철 암모늄(철명반) (ammonium ferric sulfate(or ammonium iron(Ⅲ) sulfate), $(NH_4)Fe(SO_4)_{2(S)}$) 9 g을 염산(hydrochloric acid, $HCl_{(L)}$) 5 mL와 물에 녹여 100 mL로 한다.

- 배출기체 중 입자상 및 기체상 비소화합물의 분석 시(흡광광도법, 원자흡수분광 광도법) 사용

■ **철 표준원액(0.1 mg Fe/mL) : Iron Standard Solution**

㉠ 조제 : 황산제일철 암모늄(ferrous ammonium sulfate hexahydrate, $FeSO_4(NH_4)_2SO_4 \cdot 6H_2O_{(S)}$) 표준시약 7.02 g을 염산(1+1) 20 mL와 소량의 물에 넣어 정확히 1,000 mL로 한다. 또는 99.5% 이상 철(iron, $Fe_{(S)}$) 1.00 g을 염산(1+1) 20 mL에 가온하여 녹이고 방냉 후 물을 넣어 1,000 mL로 한다.

㉡ 계산 : 황산제일철 암모늄 : 철 = 391.85 : 55.85 = $x$ : 1.0 mg Fe/mL×1,000 mL

$$\therefore \text{황산제일철 암모늄 필요량} = 100\text{ mg} \times \frac{391.85}{55.85} = 701.61\text{ mg} = 7.02\text{ g}$$

- 채취 시료수 중 철의 원자흡광광도법 분석 시 사용
- 채취 시료수 중 철의 흡광광도법(페난트롤린법) 분석 시 사용

■ **철 표준용액(0.01 mg Fe/mL) : Iron Standard Solution**

철 표준원액(0.1 mg Fe/mL) 10 mL를 정확히 취하여 물을 넣어 1,000 mL로 한다.

- 채취 시료수 중 철의 원자흡광광도법 분석 시 사용
- 채취 시료수 중 철의 흡광광도법(페난트롤린법) 분석 시 사용

■ **카드뮴 표준원액(0.1 mg Cd/mL) : Cadmium Standard Solution**

카드뮴(cadmium, $Cd_{(S)}$) (99.9% 이상) 0.100 g을 질산(1+10) 50 mL에 녹이고 가열하여 산화질소기체를 없앤 다음 식혀서 1 L 메스플라스크에 넣고 물로 표선까지 채운다.

- 배출기체 중 카드뮴화합물의 분석 시(원자흡광 분석법) 사용

■ **카드뮴 표준원액(0.1 mg Cd/mL) : Cadmium Standard Solution**

카드뮴(cadmium, $Cd_{(S)}$) (99.9% 이상) 0.100 g을 질산(1+1) 20 mL에 녹이고 가열하여 산화질소기체를 없앤 다음 식혀서 1 L 메스플라스크에 넣고 물로 표선까지 채운다.

- 채취된 시료수 중 카드뮴의 원자흡광광도법 분석 시 사용
- 채취된 시료수 중 카드뮴의 흡광광도법(디티오존법) 분석 시 사용

■ **카드뮴 표준용액(0.01 mg Cd/mL 또는 0.001 mg Cd/mL) : Cadmium Standard Solution**

카드뮴 표준원액(0.1 mg/mL)을 100, 10 mL 씩을 정확히 분취하여 물을 넣어 정확히 1,000 mL로 한다.

- 배출기체 중 카드뮴화합물의 분석 시 사용
- 채취된 시료수 중 카드뮴의 원자흡광광도법 분석 시 사용
- 채취된 시료수 중 카드뮴의 흡광광도법(디티오존법) 분석 시 사용

■ **카드뮴-구리환원 컬럼 충전제 : Cadmium-Copper Reduction Column Filler**

입자 카드뮴(입경 0.5~2 mm) 약 40 g을 삼각플라스크에 넣고 염산(1+5) 약 50 mL를 넣어 씻어 주고 다시 물 약 100 mL로 5회 정도 씻어준다. 다음에 질산(1+39) 약 50 mL씩으로 2회 씻어 주고 다시 물 약 100 mL로 5회 정도 씻어준다. 씻은 액은 버리고 카드뮴-구리 환원 컬럼 활성화액 200 mL를 넣어 24시간 방치하여 카드뮴의 표면에 구리의 피막을 형성케 한다. 이 충전제는 그대로 밀봉하여 보존하여야 한다.

- 채취 시료수 중 총질소의 카드뮴 환원법 분석 시 사용

■ **카드뮴-구리환원 활성화액 : Cadmium-Copper Reduction Activated Solution**

물 약 700 mL에 80% 수산화 소듐용액 70 mL를 넣고 에틸렌다이아민 테트라아세트산 이소듐(ethylenediamine tetraacetic acid disodium salt dihydrate, $C_{10}H_{14}N_2Na_2O_8 \cdot 2H_2O_{(S)}$) 38 g, 황산구리(copper(Ⅱ) sulfate pentahydrate, $CuSO_4 \cdot 5H_2O_{(S)}$) 12.5 g을 넣어 녹인 다음 8% 수산화 소듐용액을 넣어 pH 7로 조절하고 물을 넣어 1,000 mL로 한다.

- 채취 시료수 중 총질소의 카드뮴 환원법 분석 시 사용

■ **카바민산 소듐용액 : Sodium Carbamate Solution**

다이에틸다이싸이오 카바민산 소듐(sodium N,N-diethyldithiocarbamate trihydrate(or Na-DDTC), $(C_2H_5)_2NCS_2Na \cdot 3H_2O_{(S)}$) 1 g을 물에 녹여 100 mL로 한다.

- 배출기체 중 아연화합물의 분석 시(흡광광도법) 사용

■ **카프릴산 메틸 : Methyl Caprylate**

카프릴산 메틸(methyl caprylate, $C_7H_{15}COOCH_{3(L)}$) 10 mg을 메틸알코올(methyl alcohol, $CH_3OH_{(L)}$) 100 mL에 녹인다.

- 배출기체 중 페놀화합물의 분석 시(기체크로마토그래프법) 내표준용액으로 인산트라이크레졸 분리관을 사용할 경우

■ **쿠페론 용액(5W/V%) : Cupferron(or Baudisch's reagent)**

쿠페론(cupferron=nitrosophenylhydroxylamine ammonium, $C_6H_5N(NO)ONH_{4(S)}$) 5 g을 물 100 mL에 녹인다.

- 채취 시료수 중 크로뮴의 흡광광도법(다이페닐카르바지드법) 분석 시 사용

■ **메타-크레솔 퍼플-에틸알코올 용액(0.1 W/V%) : m-Cresolpurple-Ethylalcohol**

메타-크레솔 퍼플(m-cresolpurple, $C_{21}H_{18}SO_{5(S)}$) 0.1 g을 에틸알코올(95 W/V%) (ethylalcohol, $C_2H_5OH_{(L)}$) 50 mL에 녹이고 물을 넣어 100 mL로 한다.

- 채취 시료수 중 구리의 흡광광도법(다이에틸다이싸이오카르바민산법) 분석 시 사용

■ **메타-크레솔 퍼플-에틸알코올 용액(0.1 W/V%) : m-Cresolpurple-Ethylalcohol**

메타-크레솔 퍼플(*m*-cresolpurple, $C_{21}H_{18}SO_{5(S)}$) 0.05 g을 에틸알코올(95 W/V%) (ethylalcohol, $C_2H_5OH_{(L)}$) 50 mL에 녹이고 물을 넣어 100 mL로 한다.

- 채취 시료수 중 비소의 흡광광도법(다이에틸다이싸이오카르바민산은법) 분석 시 사용

■ **크로모솔브 W(크로마토그래프용) : Chromosorb W**

산으로 씻은 다음 실란 처리[주]한 알킬수은 시험용 크로모솔브 W(chromosorb W, 알갱이 직경 177~250 μm)를 사용한다.

[주] 실란처리(silan finishing) : 톨루엔(toluene, $C_6H_5CH_{3(L)}$)에 1% 다이메틸클로로실란(dimethylchlorosilan, $Cl(CH_3)_2SiH_{(S)}$)을 녹이고 크로모솔브 W를 약 1시간 수욕상에서 침윤시켜 건조한다.

- 채취 시료수 중 알킬수은의 기체크로마토그래프법 분석 시 사용
- 채취 시료수 중 휘발성 저급 탄화수소류의 기체크로마토그래프법(용매추출법) 분석 시 사용

■ **크로뮴 표준원액(1 mg Cr/mL) : Chromium Standard Solution**

중크롬산 포타슘(표준시약) (potassium dichromate, $K_2Cr_2O_{7(S)}$) 0.283 g을 물에 녹여서 정확히 100 mL로 한다. 경질 유리병에 보관한다.

- 배출기체 중 크로뮴화합물의 분석 시(원자흡광광도법) 사용

■ **크로뮴 표준원액(0.1 mg Cr/mL) : Chromium Standard Solution**

㉠ 조제 : 중크롬산 포타슘(표준시약) (potassium dichromate, $K_2Cr_2O_{7(S)}$)을 100~110℃에서 3~4시간 건조하고 데시케이터 중에서 방냉 후 0.283 g을 물에 녹여서 정확히 1,000 mL로 한다. 경질 유리병에 보관한다.

㉡ 계산 : $K_2Cr_2O_7$ : Cr = 294.2 : 104 = $x$ : 0.1 mg/mL×1,000 mL

$$\therefore \text{중크로산 포타슘 필요량} = 0.1\ \text{mg/mL} \times 1{,}000\text{mL} \times \frac{294.2}{104} = 0.283\ \text{g}$$

- 채취 시료수 중 크로뮴의 원자흡광광도법 분석 시 사용
- 채취 시료수 중 6가크로뮴의 흡광광도법(다이페닐카르바지드법) 분석 시 사용

■ **크로뮴 표준용액(0.1 mg Cr/mL) : Chromium Standard Solution**

크로뮴 표준원액(1 mg Cr/mL)을 물로 정확하게 10배로 묽게 한다. 이 용액은 사용할 때마다 조제한다.

- 배출기체 중 크로뮴화합물의 분석 시(원자흡광광광도법) 사용

■ **크로뮴 표준용액(0.01 mg Cr/mL) : Chromium Standard Solution**

크로뮴 표준원액(1 mg Cr/mL)을 물로 정확하게 100배로 묽게 한다. 이 용액은 사용할 때마다 조제한다.

- 배출기체 중 크로뮴화합물의 분석 시(흡광광광도법) 사용

■ **크로뮴 표준용액(0.01 mg Cr/mL, 0.002 mg Cr/mL) : Chromium Standard Solution**

크로뮴 표준원액(1 mg Cr/mL)을 100 mL, 20 mL 씩을 정확히 취하여 물을 넣어 정확히 1,000 mL로 한다.

- 채취 시료수 중 크로뮴의 원자흡광광도법 분석 시 사용
- 채취 시료수 중 6가크로뮴의 흡광광도법(다이페닐카르바지드법) 분석 시 사용

■ **크롬산 포타슘용액 : Potassium Chromate Indicator**

크롬산 포타슘(potassium chromate, $K_2CrO_{4(S)}$) 50 g을 소량의 물에 녹인 후 여기에 엷은 홍색의 침전이 생길 때 까지 0.01N 질산은(silver nitrate, $AgNO_{3(S)}$) 용액을 가하여 여과하고 여액에 물을 가하여 1,000 mL로 한다.

- 채취 시료수 중 염소이온 분석 시 사용

■ **크리센 표준용액 : Chrysene Standard Solution**

크리센(chrysene, $C_{18}H_{12(S)}$) 0.1 g을 정확하게 달아 정제 사염화탄소(carbon tetrachloride, $CCl_{4(L)}$)에 녹여 100 mL로 한다. 이 용액 10 mL를 정확히 취하여 정제 사염화탄소를 넣어 정확히 100 mL로 한다.

■ **클로라민T 용액 : Chloramine T**

클로라민 T(chloramine T(or tosylchloramide sodium), $C_7H_7ClNNaO_2S \cdot 3H_2O_{(S)}$) 1.25 g을 물에 녹여서 100 mL로 한다. 이 용액은 사용시 조제한다.

- 배출기체 중 사이안화수소의 분석 시(피리딘 피라졸론법) 사용
- 채취 시료수 중 사이안(흡광광도법) 분석 시 사용

■ **클로로폼 : Chloroform**

클로로폼(chloroform, $CHCl_{3(L)}$)을 사용한다.

- 배출기체 중 페놀화합물 분석시(흡광광도법(4-아미노안티파이린법)) 분석용 시료용액 중에 불순물이 들어있어 착색되었을 경우 사용
- 배출기체 중 니켈화합물의 분석 시(흡광광도법) 사용
- 배출기체 중 아연화합물의 분석 시(흡광광도법) 사용

- 채취 시료수 중 페놀류(흡광광도법) 분석 시 사용
- 채취 시료수 중 크로뮴의 흡광광도법(다이페닐카르바지드법) 분석 시 사용
- 채취 시료수 중 니켈의 원자흡광광도법 분석 시 사용
- 채취 시료수 중 니켈의 흡광광도법(다이메틸글리옥심법) 분석 시 사용
- 채취 시료수 중 알킬수은의 박층크로마토그래프 분리에 의한 원자흡광광도법 분석 시 사용
- 채취 시료수 중 음이온 계면활성제의 흡광광도법(메틸렌블루법) 분석 시 사용

■ (정제) 클로로폼 : Clean Chloroform

클로로폼(chloroform, $CHCl_{3(L)}$)을 증류하여 81.2℃의 유분을 취하고 찬 곳에 보관한다.

- 배출기체 중 카드뮴화합물의 분석 시(흡광광도법) 사용
- 배출기체 중 납화합물의 분석 시(흡광광도법) 사용
- 환경 대기 중 납의 분석 시(흡광광도법) 사용

■ 타르타르산 용액 : Tartaric Acid

타르타르산(tartaric acid, $C_4H_6O_{6(S)}$) 20 g을 물에 녹여서 1 L로 한다. 이 용액을 구연산 암모늄용액과 같이 디티오존· 클로로폼 용액(0.005 W/V%)을 가하여 씻는다.

- 배출기체 중 카드뮴화합물의 분석 시(흡광광도법) 사용

■ 탄산소듐 : Sodium Carbonate

탄산소듐(sodium carbonate anhydrous, $Na_2CO_{3(S)}$)을 사용한다.

- 배출기체 중 크롬화합물의 분석 시 사용

■ 탄산수소염-탄산염제일용액 : Hydrogencarbonate-Carbonate(Ⅰ) Solution

탄산수소소듐(sodium hydrogencarbonate, $NaHCO_{3(S)}$) 0.336 g(4 mmol)과 무수탄산소듐(sodium carbonate anhydrous, $Na_2CO_{3(s)}$) 0.424 g(4 mmol)을 물로 녹인 후 1,000 mL 정용 플라스크에 옮기고 물을 넣어 표선까지 맞춘다.

- 배출기체 중 염화수소의 분석시(이온크로마토그래프법) 서프렛서(supressor)가 있는 장치를 사용하는 경우

■ **탄산수소염-탄산염제이용액 : Hydrogencarbonate-Carbonate(Ⅱ) Solution**

탄산수소소듐(sodium hydrogencarbonate, $NaHCO_3$) 0.143 g(1.7 mmol)과 무수탄산소듐(sodium carbonate anhydrous, $Na_2CO_{3(s)}$) 0.191 g(1.8 mmol)을 물로 녹인 후 1,000 mL 정용플라스크에 옮기고 물을 넣어 표선까지 맞춘다.

- 배출기체 중 염화수소의 분석 시(이온크로마토그래프법) 써프렛서(supressor)가 있는 장치를 사용하는 경우

■ **탄산염 표준용액(0.025M) : Cabonate Standard Solution**

실리카겔을 넣은 데시케이터에서 항량이 될 때 까지 건조한 pH 측정용 탄산수소 소듐(sodium hydrogencarbonate, $NaHCO_{3(S)}$) 2.10 g과 500~650℃에서 항량이 될 때 까지 건조한 pH 측정용 무수탄산 소듐(sodium carbonate anhydrous, $Na_2CO_{3(S)}$) 2.65 g을 정확하게 달아 물을 넣어 녹여 정확히 1 L로 한다.

- 채취 시료수의 pH 측정 시 사용

■ **테트라클로로에틸렌 표준원액(약 42 mg $C_2Cl_4$/mL) : Tetrachloroethylene Standard Solution**

50 mL의 용량플라스크에 기체크로마토그래프용 헥세인 약 40 mL를 넣어 밀봉하여 그 무게를 측정한 다음 여기에 테트라클로로에틸렌(tetrachloroethylene, $C_2Cl_{4(L)}$) 약 1.3 mL를 신속히 넣고 즉시 밀봉하여 그 무게를 측정하고 기체크로마토그래프용 헥세인을 넣어 표선을 채운다. 이 표준원액의 농도는 전후의 무게차로부터 구한다.

- 채취 시료수 중 휘발성 저급 탄화수소류의 기체크로마토그래프법(용매추출법) 분석 시 사용

■ **테트라클로로에틸렌 표준용액(0.04 mg $C_2Cl_4$/mL) : Tetrachloroethylene Standard Solution**

테트라클로로에틸렌(tetrachloroethylene, $C_2Cl_{4(L)}$)으로서 40 mL에 상당하는 테트라클로로에틸렌 표준원액의 mL수를 정확히 취하여 미리 기체크로마토그래프용 헥세인 약 80 mL를 넣어둔 100 mL 용량플라스크에 넣고 기체크로마토그래프용 헥세인을 넣어 표선을 채운 다음 이 용액 10 mL를 정확히 취하여 같은 방법으로 희석하고 100 mL로 한다.

- 채취 시료수 중 휘발성 저급 탄화수소류의 기체크로마토그래프법(용매추출법) 분석 시 사용

■ **톨루엔** : Toluene(or Methylbenzene)

톨루엔(toluene, $C_6H_5CH_{3(L)}$)을 사용한다. 특히 다이옥신류를 분석할 때는 잔류농약시험용 등급을 사용한다.

- 배출기체 중 폐기물 소각로, 연소시설, 기타 산업공정의 배출시설에서 배출되는 기체 중 기체상 및 입자상의 다이옥신류(폴리클로리네이티드 다이벤조파라다이옥신(polychlorinated dibenzo-p-dioxins) 및 폴리클로리네이티드 다이벤조퓨란(polychlorinated dibenzofurans) 분석 시 사용

■ **트라이메틸아민 표준용액** : Trimethylamine Standard Solution

트라이메틸아민($(CH_3)_3N_{(L)}$) 수용액(20~40%)을 증류수로 20배 희석한 것으로써 0.1% 브로모크레졸 그린 에틸알코올 용액(주1) 및 0.1% 메틸레드 에틸알코올 용액(주2)을 체적비 5:1로 혼합한 지시약을 사용하여 0.1N 염산으로 적정함에 의해 그 함유된 트라이메틸아민의 농도가 측정되어지는 것.

(주1) 브로모크레졸 그린(bromocresol green, $C_{21}H_{14}Br_4O_5S_{(S)}$) 0.1 g을 에틸알코올(ethyl alcohol, $C_2H_5OH_{(L)}$) 100 mL에 녹인 것.

(주2) 메틸 레드(methyl red, $C_{15}H_{15}N_3O_{2(s)}$) 0.1 g을 에틸알코올(ethyl alcohol, $C_2H_5OH_{(L)}$) 10 0mL에 녹인 것.

- 악취 중 트라이메틸아민의 측정 시 사용

■ **트라이아세틴(글리세롤 트라이아세테이트** : Triacetin(or Glyceryl triacetate)

트라이아세틴(triacetin, $C_9H_{14}O_{6(L)}$)을 사용한다.

- 환경 대기 중 석면의 측정 시(현미경 표본의 제작 중 아세톤-트라이아세틴법) 사용

■ **트라이옥실아민-메틸아이소뷰틸케톤용액(3%) : Trioxylamine-methylisobutylketone (일명 TOA MIBK)**

트라이옥실아민(trioxylamine, $C_{21}H_{45}N_{3(L)}$) 3 mL를 메틸아이소뷰틸케톤(methylisobutylketone, $CH_3COCH_2CH(CH_3)_{2(L)}$)에 녹여 100 mL로 한다.

- 채취 시료수 중 크로뮴의 원자흡광광도법 분석 시 사용
- 채취 시료수 중 6가크로뮴의 원자흡광광도법 분석 시 사용

■ **트라이-n-옥틸아민의 아세트산-n-부틸용액(3W/V%) : Trioctylamine Solution**

트라이-n-옥틸아민(trioctylamine, $[CH_3(CH_2)_6CH_2]_3N_{(S)}$) 3 g을 아세트산-n-부틸(butyl acetate, $CH_3COOCH_2CH_2CH_2CH_{3(L)}$)(주)에 녹여 100 mL로 한다.

(주) 아세트산-n-부틸 대신에 아세트산-n-부틸케톤을 사용하여도 무방하다.

- 배출기체 중 크로뮴화합물의 분석 시(원자흡수분광 광도법) 사용

■ **트라이클로로에틸렌 표준원액(약 14 mg $C_2HCl_3$/mL) : Trichloroethylene Standard Solution**

50 mL의 용량플라스크에 기체크로마토그래프용 헥세인 약 40 mL를 넣어 밀봉하여 그 무게를 측정한 다음 여기에 트라이클로로에틸렌(trichloroethylene, $C_2HCl_{3(L)}$) 약 0.5 mL를 신속히 넣고 즉시 밀봉하여 그 무게를 측정하고 기체크로마토그래프용 헥세인을 넣어 표선을 채운다. 이 표준원액의 농도는 전후의 무게차로부터 구한다.

- 채취 시료수 중 휘발성 저급 탄화수소류의 기체크로마토그래프법(용매추출법) 분석 시 사용

■ **트라이클로로에틸렌 표준용액(0.15 mg $C_2HCl_3$/mL) : Trichloroethylene Standard Solution**

트라이클로로에틸렌(trichloroethylene, $C_2HCl_{3(L)}$)으로서 15 mg에 해당하는 트라이클로로에틸렌 표준원액의 mL수를 정확히 취하여 미리 기체크로마토그래프용 헥세인 약 80 mL를 넣어둔 100 mL 용량플라스크에 넣고 기체크로마토그래프용 헥세인을 넣어 표선을 채운다.

• 채취 시료수 중 휘발성 저급 탄화수소류의 기체크로마토그래프법(용매추출법) 분석 시 사용

■ 정제 파라로자닐린 보관용 용액(0.2%) : Para Rosaniline Solution

America National Aniline Div. Allied Chemical & Corp.(NAC)가 만든 염기성 염료인 파라로자닐린(para rosaniline, $[C_{19}H_{12}(NH_2)_3]Cl^-_{(S)}$) 0.2 g을 60~70℃의 온수(증류수)에 녹여 100 mL로 한다. 파라로자닐린 용액은 다음과 같은 규격의 것이어야 한다.

① 이 물감은 0.1M 아세트산 소듐 - 아세트산 완충용액에서 최대 흡수파장이 540 nm이어야 한다.
② 온도에 예민한 바탕 시험용액의 흡광도는 규정된 물감의 농도와 앞에서 기술한 방법에 따라 제조하여 1 cm셀에서 온도 22℃일 때 흡광도가 0.170을 초과해서는 안 된다.
③ 검량곡선은 아황산염 용액이 정확히 표정되었고 물감이 순수하고 1cm셀을 사용하였을 때 1 μg의 아황산기체에 대해 흡광도 0.030±0.002의 기울기를 가져야 한다.

위 규격에 맞는 잘 정제된 파라로자닐린 용액은 0.2%용액으로 시중에서 구입할 수 있다. 구입할 수 없을 때는 파라로자닐린을 정제하여 보관용 용액을 만들고 이것을 Scaringell 등이 제안한 방법[주1]에 따라 검정하여 농도를 결정해야 한다.

[주1] Scaringell, P.W, B. E.Saltzman, and S.A.Frog, Spectrophotometric Determination of Atmospheric Sulfur Dioxide, Anal. Chem.39 : 1709, 1976.

• 환경 대기 중 아황산기체 분석 시(파라로자닐린법) 사용

■ 파라로자닐린 용액 : Para Rosaniline Solution

보관용 파라로자닐린용액 20 mL를 250 mL메스플라크에 넣고 검정결과 100%가 안 될 때는 1%에 대해 보관용 용액 0.2mL를 가한다. 이 용액에 3M인산 25 mL를 가해 증류수로 눈금까지 채운다. 시약은 적어도 9개월 동안 안전하다.

• 환경 대기 중 아황산기체분석 시(파라로자닐린법) 사용

**■ 파라티온 표준용액(크로마토그래프용)(5μg Parathion/mL) : Parathion**

98.0% 이상인 파라티온(parathion(or O,O-diethyl O-p-nitrophenyl thiophosphate), $C_{10}H_{14}NO_5PS_{(L)}$) 0.500 g을 정확히 달아 크로마토그래프용 노말-헥세인에 녹여 정확히 1,000 mL로 한다. 다시 이 용액 10 mL를 취하여 크로마토그래프용 노말-헥세인으로 1,000 mL로 한다.

- 채취 시료수 중 유기인의 기체크로마토그래프법 분석 시 사용

**■ 파라-하이드록시안식향산-2-하이드록시에틸-하이드록시메틸-메탄 : p-Hydroxybenzoic Acid-2-Hydroxyethyl-Hydroxymethyl-Methane**

파라-하이드록시안식향산(para-hydroxybenzoic acid, $C_6H_4OHCOOH_{(s)}$) 1.105 g(8.0 mmol)과 2-하이드록시에틸-하이드록시메틸-메탄(2-hydroxyethyl-hydroxymethyl-methane, $C_4H_{14}O_{2(s)}$) 0.669 g(3.2 mmol)을 물로 녹인 후, 1,000 mL 정용플라스크에 옮기고 물을 넣어 표선까지 맞춘다.

- 배출기체 중 염화수소의 분석시(이온크로마토그래프법) 써프렛서(supressor)가 없는 장치를 사용하는 경우

**■ 파이로인산 소듐용액(5%) : Sodium Pyrophosphate**

파이로인산 소듐(sodium pyrophosphate decahydrate, $Na_4P_2O_7{\cdot}10H_2O_{(S)}$) 5 g을 물에 녹여 100 mL로 한다.

- 채취 시료수 중 크로뮴의 흡광광도법(다이페닐카르바지드법) 분석 시 사용

**■ 오쏘-페난트롤린 이염산염용액(0.1 W/V%) : o-Phenanthroline**

오쏘-페난트롤린 이염산염(o-phenanthroline, $C_{12}H_8N_2{\cdot}2HCl_{(S)}$) 0.12 g을 물 100 mL에 녹여 80℃로 가열한다. 또는 오쏘-페난트롤린염산염(o-phenanthroline, $C_{12}H_8N_2HCl{\cdot}H_2O_{(S)}$) 0.1 g을 에틸알코올(95%) 20 mL에 녹이고 물을 넣어 100 mL로 한다.

- 채취 시료수 중 철의 흡광광도법(페난트롤린법) 분석 시 사용

■ 페놀-나이트로프루시드 소듐 용액 : Phenol-Sodium Nitroprusside

페놀(phenol, $C_6H_5OH_{(L)}$) 5 g과 나이트로프루시드 소듐(sodium nitroprusside, $Na_2[Fe(CN)_5NO]_{(s)}$) 25 mg을 물에 녹여서 500 mL로 한다. 이 용액은 차고 어두운 곳에 보관하여 사용하면 1개월간은 안전하다.

• 배출기체 중 암모니아의 분석 시(인도페놀법) 사용

■ 페놀다이술폰산 용액 : Phenoldisulfonic Acid Solution(주)

페놀(phenol, $C_6H_5OH_{(L)}$) 25 g을 황산(sulfuric acid, $H_2SO_{4(L)}$) 150 mL에 가하고 물중탕에서 가열하여 녹인다. 식힌 후 발연황산(sulfur trioxide, 유리 $SO_{3(L)}$ 15~30%) 75 mL를 가하고 물중탕에서 2시간 가열하고 식힌 후 갈색병에 넣어 보관한다. 이 용액은 색이 다소 있어도 바탕시험 시 사용하여도 차이가 없다.

(주) Phenoldisulfonic acid : $C_6H_3(SO_3H)_2OH_{(L)}$

• 배출기체 중 질소산화물의 분석 시(페놀다이술폰산법) 사용

■ 페놀 표준원액 : Phenol Standard Solution

페놀(phenol, $C_6H_5OH_{(L)}$) 1 g을 물에 녹여 1 L로 한다. 냉암소에 보관하고 주제 후 1개월 이상 경과되면 사용하지 못한다.

• 표정(標定, Standardization) : 유리마개가 있는 500 mL 메스플라스크에 물 100 mL을 취하고 여기에 페놀 표준원액 50 mL을 가한다. 여기에 브로민산 포타슘-브로민화 포타슘용액(N/10)(주1) 50 mL를 정확히 가하고 다시 염산 5 mL를 가한다. 마개를 막고 조용히 흔들어 섞은 다음 갈색의 브로민이 유리된 다음 10분간 방치한다. 다음에 아이오딘화 포타슘 1 g을 가하여 아이오딘을 N/10 싸이오황산 소듐용액으로 적정해서 액의 황색이 엷어지면 지시약으로 전분용액(주2) 3 mL를 가하여 계속 적정해서 청자색이 없어질 때를 종말점으로 한다. 별도로 증류수 100 mL에 브로민산 포타슘-브로민화 포타슘용액(N/10) 25 mL를 정확히 가한 다음 같은 조작을 하여 N/10 싸이오황산 소듐용액의 적정 mL수($a$)를 구한다. 다음식에 따라 페놀 표준원액 중의 페놀 농도를 산출한다.

$C_{phenol} = 31.37 \times (2a - b) \times f$

$C_{phenol}$ : 페놀 농도(mg/L), $f$ : N/10 싸이오황산 소듐의 역가(factor)

(주1) 브로민산 포타슘(potassium bromate, $KBrO_{3(S)}$) 2.78 g과 브로민화 포타슘(potassium bromide, $KBr_{(S)}$) 10 g을 물에 녹여 1 L로 한다.

(주2) 가용성 전분(starch, soluble, $(C_6H_{10}O_5)_{n(S)}$) 1 g을 끓는 물 100 mL에 녹여 끓인 것으로 사용 시에 조제한다.

• 배출기체 중 페놀화합물의 분석 시(흡광광도법(4-아미노안티파이린법)) 사용
• 채취 시료수 중 페놀류(흡광광도법) 분석 시 사용

■ **페놀 표준용액** : Phenol Standard Solution

페놀 8.4 mg에 상당하는 원액을 비커에 취하고 흡수액(수산화 소듐(0.4 W/V%)) 400 mL와 염화암모늄-암모니아 완충용액 5 0mL를 가하여 염산(1+1)으로 pH를 10.0±0.2로 조정한 후 1 L 메스플라스크에 옮기고 염화암모늄-암모니아 완충용액을 표선까지 채운다. 이 용액은 사용 시에 조제한다. 이 페놀 표준용액 1 mL 중에는 2 μL(0℃, 760mmHg)의 페놀($C_6H_5OH_{(g)}$)을 함유한다.

• 배출기체 중 페놀화합물의 분석 시(흡광광도법(4-아미노안티파이린법)) 사용

■ **페놀 표준용액(0.01 mg $C_6H_5OH$/mL)** : Phenol Standard Solution

페놀 10 mg에 상당하는 원액의 mL수를 비커에 정확히 취하고 물을 1,000 mL로 한다. 이 용액은 사용 시 조제한다.

• 채취 시료수 중 페놀류(흡광광도법) 분석 시 사용

■ **페놀 표준용액(0.001 mg $C_6H_5OH$/mL)** : Phenol Standard Solution

페놀 표준용액(0.01 mg $C_6H_5OH$/mL) 10 mL를 취하여 물을 넣어 정확히 100 mL로 한다. 이 용액은 사용 시 조제한다.

• 채취 시료수 중 페놀류(흡광광도법) 분석 시 사용

■ **페놀류 표준용액** : Phenol Compound Standard Solution

페놀(phenol, $C_6H_5OH_{(L)}$), 오쏘-크레졸(o-cresol, $HOC_6H_4CH_{3(L)}$), 메타-크레졸 및 파라-크레졸 각각 10 mg을 에틸알코올(ethyl alcohol, $C_2H_5OH_{(L)}$) 100 mL에 녹인다. 이 용액은 1 L 중에 각 성분 0.1 μg을 함유한다.

• 배출기체 중 페놀화합물의 분석 시(기체크로마토그래프법) 사용

■ **페놀, 펜타사이아노 나이트로실 철(Ⅲ)산 소듐용액 : Phenol, Disodium Pentacyanonitrosylferrate(Ⅲ)**

페놀(phenol, $C_6H_5OH_{(L)}$) 5 g을 펜타사이아노 나이트로실 암모늄철(Ⅲ) 소듐 2수화물($Na_2[(CN)_5(NO)(NH_4)\ Fe]\cdot 2H_2O_{(S)}$) 25 mg을 증류수에 용해하여 전량을 500 mL로 한다. 이 용액은 차고 어두운 곳에 보존하고 조제한 후 1개월 이상 경과한 것은 사용하지 않는다.

• 악취의 기기분석법 중 암모니아시험방법에 사용

■ **페리사이안화 포타슘용액(0.4W/V%)】Potassium Ferricyanide**

페리사이안화 포타슘(potassium ferricyanide, $K_3Fe(CN)_{6(S)}$) 0.4g을 물에 녹여 100mL로 한다. 필요할 때는 거른다. 이 용액은 1주일간은 사용할 수 있으나 암적색으로 변색된 것은 사용해서는 안된다.

• 배출기체 중 페놀화합물의 분석시(흡광광도법(4-아미노안티파이린법)) 사용

■ **페리사이안화 포타슘용액 : Potassium Ferricyanide**

페리사이안화 포타슘(potassium ferricyanide, $K_3Fe(CN)_{6(S)}$) 약 9 g을 소량의 물을 사용하여 표면을 씻고 물에 녹여 100 mL로 한다. 조제한 용액은 필요하면 여과하고 24시간 내에 사용하여야 한다.

• 채취 시료수 중 페놀류(흡광광도법) 분석 시 사용

■ **펜테인 : Pentane**

펜테인(pentane, $C_5H_{12(L)}$) 특급시약을 사용 전에 유리제 증류기를 사용하여 35~36℃에서 증류한다.

• 환경 대기 중 벤조(a) 파이렌 분석 시(형광분광광도법) 사용

■ **펜토에이트 표준용액(크로마토그래프용)(5 μg Phenthoate/mL) : Phenthoate**

98.0% 이상인 펜토에이트(phenthoate(or O,O-dimethyl S-[a-(ethoxycarbonyl) benzyl] phosphorothioate, $C_{12}H_{17}O_4PS_{2(L)}$) 0.500 g을 정확히 달아 크로마토그래프용 노말-헥세인에 녹여 정확히 1,000 mL로 한다. 다시 이 용액 10 mL를 취하여 크로마토그래프용 노말-헥세인으로 1,000 mL로 한다.

• 채취 시료수 중 유기인의 기체크로마토그래프법 분석 시 사용

■ **포수 클로랄용액(10 W/V%) : Chloral Hydrate**

포수 클로랄(chloral hydrate, $CCl_3CHO \cdot H_2O_{(L)}$) 10 g을 물에 녹여 100 mL로 한다.

• 채취 시료수 중 아연의 흡광광도법(진콘법) 분석 시 사용

■ **포타슘 명반용액 : Alum(or Potassium Aluminum Sulfate)**

황산알루미늄 포타슘(24수화물) (potassium aluminum sulfate, $K_2Al_2(SO_4)_4 \cdot 24H_2O_{(S)}$) 10 g을 물에 녹여 100 mL로 한다.

• 채취 시료수 중 용존산소(DO)측정 시 윙클러-아지이드화 소듐변법의 시료전처리에 사용

■ **폼알데하이드 표준용액 : Formaldehyde Standard Solution**

포르말린(formalin, $HCHO_{(L)}$)(주1)약 1.3 mL에 물을 가하여 1,000 mL로 만든 것을 표준원액으로 한다. 이 액의 농도는 다음 방법으로 구한다.

원액 5 mL를 유리마개가 있는 100 mL 삼각플라스크에 취하고 5N 수산화포타슘 용액 1 mL를 가하고 섞은 후 N/100 아이오딘 용액 20 mL를 가한다. 마개를 하고 상온에서 15분간 방치한 후 5N 황산 2 mL를 가하고 여분의 아이오딘을 N/100 싸이오황산소듐 용액으로 적정한다. 바탕시험은 물 5 mL에 대하여 같은 조작을 행한다.

N/100 싸이오황산소듐 용액 1 mL = 0.1501 mg(HCHO)

표준원액 1mL = $\frac{(B-T)f}{5} \times 0.1501\ mg(HCHO)$ (주2)

B : 바탕시험에 사용한 N/100 싸이오황산소듐 용액 적정수(mL)

T : 원액 5mL에 사용한 N/100 싸이오황산소듐 용액 적정수(mL)

$f$ : N/100 싸이오황산소듐 용액의 역가(Factor)

(주2) 이 때의 반응식은 다음과 같다.

$3I_2 + 6KOH \rightarrow 3KIO + 3KI + 3H_2O$, $HCHO + KIO + KOH \rightarrow HCOOK + KI + H_2O$

$3KIO \rightarrow 2KI + KIO_3$, $3KIO_3 \rightarrow 5KI + 3H_2SO_4 \rightarrow 3I_2 + 3K_2SO_4 + 3H_2O$

$I_2 + 2Na_2S_2O_3 \rightarrow 2NaI + Na_2S_4O_3$

즉, 반응식에서 $Na_2S_2O_3$ 1 mole은 HCHO(MW=30.02) 1/2 mole과 반응한다. 따라서 15.01 mg HCHO와 반응한다. 적정에 소비된 N/100 $Na_2S_2O_3$ 1 mL에 상당하는 HCHO는 $\frac{30.02}{2} \times \frac{1}{100} = 0.1501\ mg$이다.

표준원액 일정량을 취하여 물로 1 mL 중 13.38 μg의 폼알데하이드가 포함되도록 용액을 조제하여 표준용액으로 한다. 이 용액은 사용 시 조제한다.
폼알데하이드 표준용액 1 mL = 0.01 mL $HCHO_{(g)}$ (0℃, 760 mmHg)

(주1) 특급(special grade) HCOH 함량 37% 이상의 상품명을 포르말린이라 함.

• 배출기체 중 폼알데하이드의 분석 시(크로모트로핀산법, 아세틸 아세톤법) 사용

■ 폼알데하이드(0.2%) : Formaldehyde
폼알데하이드(formaldehyde, $HCHO_{(L)}$) 용액(농도 36~38%) 5 mL를 증류수로 묽혀 1 L로 한다. 이 용액은 사용할 때마다 조제한다.

• 환경 대기 중 아황산기체의 분석 시(파라로자닐린법) 사용

■ 폼알데하이드용액 : Formaldehyde(or Formalin)
농도 37% 이상의 폼알데하이드(formaldehyde, $HCHO_{(L)}$)를 포르말린이라고 한다. 포르말린에 탄산수소 소듐(sodium hydrogencarbonate, $NaHCO_{3(S)}$)을 넣어 pH를 7로 조정한다. 또는 폼알데하이드 함량 8% 중성완충포르말린용액(조직고정용)을 사용한다.

• 채취 시료수 중 식물성 플랑크톤(조류(藻類))의 정량시험에 사용

■ 노말-프로필벤젠 : n-Propylbenzene
노말-프로필벤젠(n-propylbenzene, $C_6H_5CH_2CH_2CH_{3(L)}$) 10 mg을 메틸알코올(methyl alcohol, $CH_3OH_{(L)}$) 100 mL에 녹인다.

• 배출기체 중 페놀화합물의 분석시(기체크로마토그래프법) 내표준용액으로 아피에존L 분리관을 사용할 경우

■ 프탈산 수소포타슘용액(0.2M) : Potassium Hydrogenphthalate
프탈산 수소포타슘(potassium hydrogenphthalate, $(KOOC)C_6H_4COOH_{(S)}$) 41 g을 물에 녹여 1 L로 한다.

• 채취 시료수 중 납의 흡광광도법(디티오존법) 분석 시 사용

■ **프탈산염 표준용액(0.05M) : Phthalate Standard Solution**

pH 측정용 프탈산수소 포타슘(potassium biphthalate, $C_6H_4(COOK)(COOH)_{(s)}$)을 가루로 하여 110℃에서 항량이 될 때 까지 건조한 다음 10.21 g을 정확하게 달아 물을 넣어 정확히 1 L로 한다.

• 채취 시료수의 pH 측정 시 사용

■ **플로리실(또는 활성규산 마그네슘) (크로마토그래프용) : Florisil(or Activated Magnesium Silicate)**

플로리실(florisil, $Mg_2SiO_{4(S)}$) 100 g에 크로마토그래프용 노말-헥세인 50 mL를 흔들어 섞고 여과한다. 잔사에 크로마토그래프용 노말-헥세인 25 mL를 섞고 여과하여 풍건(風乾)한다. 이 용액 10 μL를 마이크로주사기를 사용하여 기체크로마토그래프에 주입하여 PCB의 예기 머무름시간 부근에서 피크가 나타나지 않는 것을 사용한다.

• 채취 시료수 중 폴리클로리네이티드 바이페닐(PCB)의 기체크로마토그래프법 분석 시 사용

■ **플루오린이온 표준원액 : Fluoride Ion Standard Solution**

플루오로화 소듐(sodium fluoride, $NaF_{(s)}$) 0.187 g을 물에 녹여서 전량을 1 L로 하고 폴리에틸렌병에 보관한다. 이 용액 1 mL는 플루오로화 수소(hydrogen fluoride, $HF_{(L)}$) 0.1 mL에 상당한다.

• 배출기체 중 플루오린화합물의 분석 시(흡광광도법(란탄-알리자린콤플렉손법)) 사용

■ **플루오린이온 표준원액(1.0 mg $F^-$/mL) : Fluoride Ion Standard Solution**

플루오로화 소듐(sodium fluoride, $NaF_{(s)}$) 표준시약을 백금접시에 넣어 500~550℃에서 40~50분간 가열하고 황산 데시케이터 안에서 방냉한 다음 100% NaF로서 2.21 g[주]을 정확하게 달아 물에 녹여 1,000 mL로 하고 폴리에틸렌병에 보관한다.

[주]플루오로화 소듐 필요량(g $F^-$/1,000mL) = $1.0\ mg/mL \times 1000\ mL \times \frac{42}{19} = 2.21(g)$

• 채취 시료수 중 플루오르(흡광광도법(란탄-알리자린 콤플렉손법) 분석 시 사용

■ 플루오린이온 표준용액 : Fluoride Ion Standard Solution

플루오린이온 표준원액 10 mL를 취하고 물을 가하여 전량을 100 mL로 하고 폴리에틸렌병에 보관한다. 이 용액 1 mL는 플루오로화 수소(hydrogen fluoride, $HF_{(L)}$) 0.01 mL에 상당한다.(주)

(주) 플루오로화 소듐과 물의 반응은 다음과 같다.

$$NaF + H_2O \rightarrow HF + NaOH$$

NaF(MW=42) 1 mole로부터 HF 1 mole이 생성된다. 따라서 NaF 0.187 g(187 mg)에 대응하는 HF를 $x$ mL라 하면

$$NaF : HF_{(g)} = 187 : x, \quad 42 : 22.4 = 187 : x \quad \therefore x = 100 \text{ mL}$$

그러므로 NaF 187 mg을 물에 녹여서 전량을 1 L로 하였으므로 이 용액 1 mL는 $HF_{(g)}$ 0.1 mL에 상당한다. 다시 10배로 희석하였으므로 플루오린 표준용액 1 mL는 HF 0.001 mL에 상당한다.

• 배출기체 중 플루오린화합물의 분석 시(흡광광도법(란탄-알리자린콤플렉손법)) 사용

■ 플루오린이온 표준용액 : Fluoride Ion Standard Solution

플루오로화 소듐(sodium fluoride, $NaF_{(s)}$) 0.187 g을 물에 녹여서 전량을 1 L로 하고 폴리에틸렌병에 보관한다. 이 용액 1 mL는 플루오로화 수소(hydrogen fluoride, $HF_{(L)}$) 0.1 mL에 상당한다.

- 표정(標定, Standardization) : 플루오린이온 표준용액 20 mL를 적정용 비커에 취하고 알리자린 술폰산 용액(0.04 W/V%)을 2~3방울 가한 다음 질산(N/10) 또는 수산화소듐(N/10)으로 황색이 될 때 까지 중화하고 이어서 네오트린 용액 1.0 mL와 완충용액 2.0 mL를 정확하게 가하고 다시 물을 가하여 전량을 50 mL로 한다. 이 용액을 N/10 질산토륨 용액으로 적정한다. 종말점은 용액의 색이 분홍색에서 지속성의 자주색으로 변할 때이다. 적정속도는 2 mL/분 정도가 적당하다. 이 적정에 사용된 N/10 질산토륨 용액의 양을 $a$ mL로 한다.
  한편, 플루오린이온을 함유하지 않는 물 50 mL를 위의 방법에 따라 적정을 행하여 이 적정에 사용된 N/10 질산토륨 용액의 양을 $b$ mL로 하여 다음 식에 따라 N/10 질산토륨 용액 1 mL에 상당하는 플루오로화 수소의 양을 계산한다.
- 반응식 : $4NaF + Th(NO_3)_4 \rightarrow ThF_4 + 4NaNO_3$
  Neothron(네오트린) + $Th(NO_3)_4$ → 자색킬레이트 화합물(종말점)
  N/10 질산토륨 용액 1 mL에 상당하는 HF의 양(mL) = $\frac{0.1 \times 20}{a-b} = \frac{2.0}{a-b}$ 로 한다.

• 배출기체 중 플루오린화합물의 분석 시(용량법(질산토륨-네오트린법)) 사용

■ **플루오린이온 표준용액(0.002 mg $F^-$/mL) : Fluoride Ion Standard Solution**

플루오린 이온표준원액(1.0 mg $F^-$/mL) 10 mL를 정확히 취하여 물을 넣어 100 mL로 한 다음 여액 10 mL를 정확히 취하여 물을 넣어 500 mL로 한다.

• 채취 시료수 중 플루오르(흡광광도법(란탄-알리자린 콤플렉손법) 분석 시 사용

■ **플루오로화 수소 : Hydrogen Fluoride**

플루오로화 수소(hydrogen fluoride, $HF_{(L)}$)를 사용한다.

• 배출기체 중 크롬화합물 분석 시 사용

■ **플루오로화 포타슘용액 : Potassium Fluoride**

플루오로화 포타슘(potassium fluoride dihydrate, $KF \cdot 2H_2O_{(S)}$) 40 g을 물에 녹여 100 mL로 한다.

• 채취 시료수 중 용존산소(DO)측정 시 윙클러-아지이드화 소듐변법의 시료전처리에 사용

■ **피롤리딘 다이싸이오카르바민산 암모늄 용액(2W/V%) : Ammonium Pyrolidine Dithiocarbamate(APDC)**

피롤리딘 다이싸이오카르바민산 암모늄(ammonium pyrolidine dithiocarbamate, $N(CSSNH_4)(CH_2)_4$) 2 g을 물에 녹여 100 mL로 한 다음 메틸아이소뷰틸케톤(methylisobutyl ketone, $CH_3COCH_2CH(CH_3)_{2(L)}$) 50 mL씩으로 2회 씻어준다.

• 채취된 시료수 중 중금속 측정을 위한 용매추출법(원자흡수분광 광도법) (APDC-MIBK)에 사용

■ **피리딘-피라졸론 혼합용액 : Pyridine-Pyrazolone Solution**

1-페닐-3-메틸-5-피라졸론(1-phenyl-3-methyl-5-pyrazolone, $C_{10}H_{10}N_2O_{(S)}$) 0.25 g을 75℃의 물 100mL에 녹여서 실온까지 냉각하고(이 경우 완전히 녹지 않아도 무방하다) 여기에 비스(1-페닐-3-메틸-5-피라졸론) (bis(1-phenyl-3-methyl-5-pyrazolone), $C_{20}H_{20}N_4O_{2(S)}$) 0.02 g을 피리딘(pyridine, $C_5H_5N_{(L)}$) 20 mL에 녹인 용액을 가하여 섞는다. 이 용액은 사용 시 조제한다.

• 배출기체 중 사이안화수소의 분석 시(피리딘 피라졸론법) 사용

• 채취 시료수 중 사이안(흡광광도법) 분석 시 사용

■ 피시비(2염소) 표준용액(0.001 mg $C_{12}H_8Cl_2$/mL) : Poly Chlorinated Biphenyl
피씨비(2염소) (poly chlorinated biphenyl, $C_{12}H_8Cl_{2(S)}$) 표준시약(일반상품명, KC-200) 0.1 g을 정확하게 달아 크로마토그래프용 노말-헥세인에 녹여 정확히 1,000 mL로 한다. 이 용액 10 mL를 정확히 취하여 크로마토그래프용 노말-헥세인을 넣어 정확히 1,000 mL로 한다.

• 채취 시료수 중 폴리클로리네이티드 바이페닐(PCB)의 기체크로마토그래프법 분석 시 사용

■ 피시비(3염소) 표준용액(0.001 mg $C_{12}H_8Cl_3$/mL) : Poly Chlorinated Biphenyl
피씨비(3염소) (poly chlorinated biphenyl, $C_{12}H_8Cl_{3(S)}$) 표준시약(일반상품명, KC-300) 0.1 g을 정확하게 달아 크로마토그래프용 노말-헥세인에 녹여 정확히 1,000 mL로 한다. 이 용액 10 mL를 정확히 취하여 크로마토그래프용 노말-헥세인을 넣어 정확히 1,000 mL로 한다.

• 채취 시료수 중 폴리클로리네이티드 바이페닐(PCB)의 기체크로마토그래프법 분석 시 사용

■ 피시비(4염소) 표준용액(0.001 mg $C_{12}H_8Cl_4$/mL) : Poly Chlorinated Biphenyl
피씨비(4염소) (poly chlorinated biphenyl, $C_{12}H_8Cl_{4(S)}$) 표준시약(일반상품명, KC-400) 0.1 g을 정확하게 달아 크로마토그래프용 노말-헥세인에 녹여 정확히 1,000 mL로 한다. 이 용액 10 mL를 정확히 취하여 크로마토그래프용 노말-헥세인을 넣어 정확히 1,000 mL로 한다.

• 채취 시료수 중 폴리클로리네이티드 바이페닐(PCB)의 기체크로마토그래프법 분석 시 사용

■ 피시비(5염소) 표준용액(0.001 mg $C_{12}H_8Cl_5$/mL) : Poly Chlorinated Biphenyl
피씨비(5염소) (poly chlorinated biphenyl, $C_{12}H_8Cl_{5(S)}$) 표준시약(일반상품명, KC-500) 0.1 g을 정확하게 달아 크로마토그래프용 노말-헥세인에 녹여 정확히 1,000 mL로 한다. 이 용액 10 mL를 정확히 취하여 크로마토그래프용 노말-헥세인을 넣어 정확히 1,000 mL로 한다.

• 채취 시료수 중 폴리클로리네이티드 바이페닐(PCB)의 기체크로마토그래프법 분석 시 사용

■ **피시비(6염소) 표준용액(0.001 mg $C_{12}H_8Cl_6$/mL) : Poly Chlorinated Biphenyl**

피씨비(6염소) (poly chlorinated biphenyl, $C_{12}H_8Cl_{6(S)}$) 표준시약(일반상품명, KC-600) 0.1 g을 정확하게 달아 크로마토그래프용 노말-헥세인에 녹여 정확히 1,000 mL로 한다. 이 용액 10 mL를 정확히 취하여 크로마토그래프용 노말-헥세인을 넣어 정확히 1,000 mL로 한다.

• 채취 시료수 중 폴리클로리네이티드 바이페닐(PCB)의 기체크로마토그래프법 분석 시 사용

■ **해수(海水) 표준용액(주) : Sea Water Standard Solution**

㉠ 국제규격 : 19.373 $Cl^-$‰

㉡ 청정해역의 깊이 50m 밑의 해수 : 18 $Cl^-$‰

㉢ 염화 소듐(sodium chloride, $NaCl_{(S)}$) 표준시약 31 g, 황산마그네슘(magnesium sulfate, $MgSO_4 \cdot 7H_2O_{(S)}$) 표준시약 0.01 g, 탄산수소 소듐(sodium hydrogencarbonate, $NaHCO_3 \cdot H_2O_{(S)}$) 0.05 g을 물에 녹여 정확히 1,000 mL로 한다.

(주) 해수표준액 ㉡, ㉢은 ㉠ 해수표준액으로 보정하여 사용한다.

■ **노말-헥세인 : n-Hexane**

노말-헥세인(n-hexane, $C_6H_{14(L)}$)을 사용한다.

• 채취 시료수 중 노말-헥세인추출물질 분석 시 사용

■ **노말-헥세인 : N ormal Hexane(or n-Hexane)**

잔류농약시험용 노말-헥세인(n-hexane, $CH_3(CH_2)_4CH_{3(L)}$)을 사용한다.

• 배출기체 중 폐기물 소각로, 연소시설, 기타 산업공정의 배출시설에서 배출되는 기체 중 기체상 및 지시약상의 다이옥신류(폴리클로리네이티드 다이벤조파라다이옥신(polychlorinated dibenzo-p-dioxins) 및 폴리클로리네이티드 다이벤조퓨란(polychlorinated dibenzofurans) 분석 시 사용

■ **노말-헥세인(크로마토그래프용) : n-Hexane**

노말-헥세인(n-hexane, $C_6H_{14(L)}$) 300 mL를 취하여 농축시켜 약 3 mL로 한다. 이 용액 10 μL를 마이크로주사기를 이용하여 기체크로마토그래프에 주입하였을 때 노말-헥세인의 예기 머무름 시간에서 피크가 나타나고 이외의 피크가 나타나지 않는 것을 사용한다.

- 채취 시료수 중 알킬수은의 기체크로마토그래프법 분석 시 사용
- 채취 시료수 중 유기인의 기체크로마토그래프법 분석 시 사용
- 채취 시료수 중 폴리클로리네이티드 바이페닐(PCB)의 기체크로마토그래프법 분석 시 사용
- 채취 시료수 중 휘발성 저급 탄화수소류의 기체크로마토그래프법(용매추출법) 분석 시 사용

■ **노말-헥세인 - 에틸알코올 용액 : n-Hexane - Ethyl Alcohol**

노말-헥세인(n-hexane, $C_6H_{14(L)}$) 50 mL와 에틸알코올(ethyl alcohol, $C_2H_5OH_{(L)}$) 50 mL를 흔들어 섞어 사용한다.

- 채취 시료수 중 폴리클로리네이티드 바이페닐(PCB)의 기체크로마토그래프법 분석 시 사용

■ **노말-헥세인 - 클로로폼 용액(1+9) : n-Hexane - Chloroform**

노말-헥세인(n-hexane, $C_6H_{14(L)}$) 1부피에 클로로폼(chloroform, $CHCl_{3(L)}$) 9부피를 혼합하여 사용한다.

- 채취 시료수 중 알킬수은의 박층크로마토그래프 분리에 의한 원자흡광광도법 분석 시 사용

■ **혼합 산성용액 : Mixed Acidity Solution**

농도 95%이상, 비중 1.84인 진한 황산(sulfuric acid, $H_2SO_{4(L)}$) 17 mL를 물 400 mL에 천천히 넣어 방냉하고 설파민산(sulfamic acid, $NH_2SO_3H_{(S)}$) 30g 을 넣어 녹이고 물을 넣어 500 mL로 한다. 갈색 유리병에 보관하고 2개월 안에 사용한다.

- 채취 시료수 중 질산성 질소의 자외선 흡광광도법 분석 시 사용

■ **황산 용액 : Sulfuric Acid**

농도 95%이상, 비중 1.84인 진한 황산(sulfuric acid, $H_2SO_{4(L)}$)을 사용한다. 특히 다이옥신류를 분석할 때는 유해중금속측정용 등급을, 벤조(a) 파이렌을 분석할 때는 특급시약을 사용한다.

- 배출기체 중 질소산화물의 분석시(페놀다이술폰산법) 사용
- 배출기체 중 폐기물 소각로, 연소시설, 기타 산업공정의 배출시설에서 배출되는 기체 중 기

체상 및 입자상의 다이옥신류(폴리클로리네이티드 다이벤조파라다이옥신(polychlorinated dibenzo-p-dioxins) 및 폴리클로리네이티드 다이벤조퓨란(polychlorinated dibenzofurans) 분석 시 사용

- 환경 대기 중 벤조(a) 파이렌 분석 시(형광분광광도법) 사용

■ 황산 용액(10 V/V%) : Sulfuric Acid

800 mL의 물에 농도 95%이상, 비중 1.84인 진한 황산(sulfuric acid, $H_2SO_{4(L)}$) 100 mL을 주의해서 가한 다음 섞는다. 그리고 나서 물을 가하여 최종 부피가 1,000 mL가 되도록 한다.

- 배출기체 중 수은화합물의 분석 시 사용

■ 황산 용액(5N) : Sulfuric Acid

1,000 mL 메스플라스크에 물 500mL를 넣고 농도 98%, 비중 1.84인 황산(sulfuric acid, $H_2SO_{4(L)}$) 140 mL를 서서히 가하여 섞은 후 물로 표선까지 채운다.

- 배출기체 중 폼알데하이드의 분석 시(크로모트로핀산법) 표준용액 중 폼알데하이드 함량 계산 시 사용

■ 황산 용액(2N) : Sulfuric Acid

1,000 mL 메스플라스크에 물 500 mL를 넣고 농도 98%, 비중 1.84인 황산(sulfuric acid, $H_2SO_{4(L)}$) 55 mL를 서서히 가하여 섞은 후 물로 표선까지 채운다.

- 채취 시료수 중 6가크로뮴의 원자흡광광도법 분석 시 사용

■ 황산 용액(1N) : Sulfuric Acid

1,000 mL 메스플라스크에 물 500 mL를 넣고 농도 98%, 비중 1.84인 황산(sulfuric acid, $H_2SO_{4(L)}$) 27 mL를 서서히 가하여 섞은 후 물로 표선까지 채운다.

- 채취 시료수 중 6가크로뮴의 흡광광도법(다이페닐카르바지드법) 분석 시 사용

■ 황산 용액(0.25N) : Sulfuric Acid

1,000 mL 메스플라스크에 물 50 mL를 넣고 농도 98%, 비중 1.84인 황산(sulfuric acid, $H_2SO_{4(L)}$) 7 mL를 서서히 가하여 섞은 후 물로 표선까지 채운다.

• 채취 시료수 중 수은의 흡광광도법(디티오존법) 분석 시 사용

■ 황산 용액 (N/10) : Sulfuric Acid

물 약 1 L에 농도 95%이상, 비중 1.84인 진한 황산(sulfuric acid, $H_2SO_{4(L)}$) 3 mL를 서서히 가하여 섞고 다음과 같이 표정하여 사용한다.

• 표정(標定, standardization) : 무수탄산소듐($Na_2CO_{3(s)}$, 용량분석용 표준시약) 1~1.5 g을 백금접시에 넣고 500~650℃에서 40~50분간 가열한 후 데시케이터(desiccator) 속에서 식히고 그 무게를 정확히 단다. 이를 물에 녹여 250 mL 메스플라스크에 옮겨 넣고 물로 표선까지 채운다. 이 용액 25 mL를 200mL 코니칼비커에 분취하고 브로모페놀블루우(bromphenol blue, $C_{19}H_{10}Br_4O_5S_{(s)}$) 지시약(주1) 2~3방울을 가하고 위에서 만든 N/10 황산으로 적정(titration) 한다. 종말점 가까이에서 끓여서 탄산을 제거하고 식힌 후 계속 적정하여 액의 색이 청색에서 황색으로 변하는 것을 종말점(end point)으로 한다.
다음 식에 의하여 역가를 구한다.

$$f=\frac{W\times\frac{25}{250}}{V'\times 0.0053}$$

$f$ : N/10 황산의 역가(factor), W : 탄산소듐의 양(g)
$V'$ : 표정에 사용한 N/10황산의 양(mL), 0.0053(주2) : N/10황산 1mL의 탄산소듐 상당량(g)

(주1) 브로모페놀블루우 0.10 g을 에틸알코올(ethyl alcohol, $C_2H_5OH_{(L)}$) 20 mL에 녹여 물을 가하여 100 mL로 한 것.

(주2) 황산과 탄산소듐의 반응식은

$Na_2CO_3 + H_2SO_4 \rightarrow Na_2SO_4 + H_2O + CO_2$

반응식에서 $Na_2CO_3$은 $H_2SO_4$와 1:1로 반응하므로 N/10 $H_2SO_4$ 1mL는 N/10 $Na_2CO_3$ 1 mL와 반응한다.

$Na_2CO_3$(MW=106 g) 1당량은 $\frac{106}{2}=53$g, 따라서 N/10 $Na_2CO_3$ 양은 5.3 g이므로 이것을 물에 녹여 1 L 한 용액 1 mL는 $\frac{5.3}{1000}=0.0053$ g $Na_2CO_3$이다.

• 배출기체 중 암모니아의 분석 시(중화적정법) 사용
• 채취 시료수 중 암모니아성 질소의 분석 시(중화적정법) 사용

■ 황산 용액 (0.05N) : Sulfuric Acid

0.1N 황산용액을 물로 10배로 묽혀 사용한다.

- 채취 시료수 중 암모니아성 질소의 분석 시(중화적정법) 사용
- 채취 시료수 중 질산성 질소의 데발다합금 환원증류법 분석 시 사용
- 채취 시료수 중 총질소의 환원 증류-킬달법(합산법) 분석 시 사용

■ 황산 용액 (0.01N) : Sulfuric Acid

0.1N 황산용액을 물로 10배로 묽혀 사용한다.

- 환경 대기 중 아황산기체 분석 시(산정량 수동법) 사용

■ 황산(N/250) : Sulfuric Acid

N/10 황산용액을 정확히 25배로 묽게 하여 사용한다. 이 용액은 0.192 mL $SO_4^{2-}$/mL에 해당한다.

- 배출기체 중 황산화물 분석 시(침전적정법(아르세나조 III법)) 사용

■ 황산 용액 (12.5 mmol/L)】Sulfuric Acid

농도 95%이상, 비중 1.84인 황산(sulfuric acid, $H_2SO_{4(L)}$) 60 mL을 소량씩 물 500 mL에 가해 냉각 후 물로 1 L로 한 황산(1mol/L)을 12.5 mL 취하여 물을 넣어 1 L로 한다.

- 배출기체 중 염화수소 분석 시(이온크로마토그래프법) 재생액으로 사용

■ 황산 용액 (15 mmol/L)】Sulfuric Acid

농도 95%이상, 비중 1.84인 황산(sulfuric acid, $H_2SO_{4(L)}$) 60 mL을 소량씩 물 500 mL에 가해 냉각 후 물로 1 L로 한 황산(1mol/L)을 15 mL 취하여 물을 넣어 1 L로 한다.

- 배출기체 중 염화수소 분석 시(이온크로마토그래프법) 재생액으로 사용

■ 황산 용액 (1+1) : Sulfuric Acid

농도 95%이상, 비중 1.84인 황산(sulfuric acid, $H_2SO_{4(L)}$) 1부피를 소량씩 물 1부피에 넣어 섞는다. 수은화합물의 분석 시에는 특급시약(수은시험용)을 사용한다.

- 배출기체 중 수은화합물의 분석 시(흡광광도법) 사용
- 유류 중 황화합물 분석 시(연소관식 분석방법(공기법)) 사용
- 채취 시료수 중 망가니즈의 흡광광도법(과아이오딘산 포타슘법) 분석 시 사용
- 채취 시료수 중 비소의 원자흡광광도법 분석 시 사용
- 채취 시료수 중 수은의 원자흡광광도법(환원기화법) 분석 시 사용

■ **황산 용액 (1+2) : Sulfuric Acid**

농도 95%이상, 비중 1.84인 황산(sulfuric acid, $H_2SO_{4(L)}$) 1부피를 소량씩 물 2부피에 넣어 섞는다.

- 배출기체 중 크로뮴화합물 분석 시 사용
- 채취 시료수 중 산성 100℃에서 과망간산 포타슘에 의한 화학적 산소요구량(COD) 측정 시 사용

■ **황산 용액 (1+3) : Sulfuric Acid**

농도 95%이상, 비중 1.84인 황산(sulfuric acid, $H_2SO_{4(L)}$) 1부피를 소량씩 물 3부피에 넣어 섞는다.

- 배출기체 중 크로뮴화합물 분석 시 사용

■ **황산 용액 (1+4) : Sulfuric Acid**

수은시험용 농도 95%이상, 비중 1.84인 황산(sulfuric acid, $H_2SO_{4(L)}$) 1부피를 소량씩 수은을 함유하지 않은 물 4부피에 넣어 섞는다.

- 채취 시료수 중 수은의 원자흡광광도법(환원기화법) 분석 시 사용

■ **황산 용액 (1+5) : Sulfuric Acid**

농도 95%이상, 비중 1.84인 황산(sulfuric acid, $H_2SO_{4(L)}$) 1부피를 소량씩 물 5부피에 넣어 섞는다.

- 배출기체 중 입자상 및 기체상 비소화합물 분석 시(흡광광도법) 사용

■ 황산 용액 (1+9) : Sulfuric Acid
농도 95%이상, 비중 1.84인 황산(sulfuric acid, $H_2SO_{4(L)}$) 1부피를 소량씩 물 9부피에 넣어 섞는다.

- 채취 시료수 중 크로뮴의 흡광광도법(다이페닐카르바지드법) 분석 시 사용
- 채취 시료수 중 6가크로뮴의 흡광광도법(다이페닐카르바지드법) 분석 시 사용
- 채취 시료수 중 망가니즈의 흡광광도법(과아이오딘산 포타슘법) 분석 시 사용

■ 황산 용액 (1+10) : Sulfuric Acid
농도 95%이상, 비중 1.84인 황산(sulfuric acid, $H_2SO_{4(L)}$) 1부피를 소량씩 물 10부피에 넣어 섞는다.

- 배출기체 중 입자상 및 기체상 비소화합물 분석 시(흡광광도법) 사용

■ 황산 용액 (1+15) : Sulfuric Acid
농도 95%이상, 비중 1.84인 황산(sulfuric acid, $H_2SO_{4(L)}$) 1부피를 소량씩 물 15부피에 넣어 섞는다. 수은화합물 흡수액 제조 시에는 특급시약을 사용한다.

- 채취 시료수 중 염소이온 분석 시 사용

■ 황산 용액 (1+35) : Sulfuric Acid
농도 95%이상, 비중 1.84인 황산(sulfuric acid, $H_2SO_{4(L)}$) 1부피를 소량씩 물 35부피에 넣어 섞는다.

- 채취 시료수 중 염소이온 분석 시 사용

■ 황산 용액 (1+99) : Sulfuric Acid
농도 95%이상, 비중 1.84인 황산(sulfuric acid, $H_2SO_{4(L)}$) 1부피를 소량씩 물 99부피에 넣어 섞는다.

- 채취 시료수 중 염소이온 분석 시 사용

■ 황산 용액 (2+1) : Sulfuric Acid

농도 95%이상, 비중 1.84인 황산(sulfuric acid, $H_2SO_{4(L)}$) 2부피를 소량씩 물 1부피에 넣어 섞는다.

• 채취 시료수 중 알칼리성 100℃에서 과망간산 포타슘에 의한 화학적 산소요구량(COD) 측정 시 사용

■ 황산 용액 (4+1) : Sulfuric Acid

농도 95%이상, 비중 1.84인 황산(sulfuric acid, $H_2SO_{4(L)}$) 4부피를 소량씩 물 1부피에 넣어 섞는다.

• 채취 시료수 중 질산성 질소의 분석(흡광광도법(브루신법)) 시 사용

■ 황산 구리용액 : Cupric Sulfate

황산 구리(cupric sulfate pentahydrate, $CuSO_4 \cdot 5H_2O_{(S)}$) 100 g을 물에 녹여 1,000 mL로 한다.

• 채취 시료수 중 페놀류(흡광광도법) 분석 시 사용

■ 황산 구리용액 (1 W/V%) : Cupric Sulfate

황산 구리(cupric sulfate pentahydrate, $CuSO_4 \cdot 5H_2O_{(S)}$) 1 g을 100 mL 메스플라스크에 넣고 녹인 후 물로 표선까지 채운다.

• 배출기체 중 아연화합물 분석 시(흡광광도법) 사용

■ 황산마그네슘 용액 – B액 : Magnesium Sulfate

황산마그네슘(magnesium sulfate, $MgSO_4 \cdot 7H_2O_{(S)}$) 22.5 g을 물에 녹여 1,000 mL로 한다.

• 채취 시료수 중 생물학적 산소요구량(BOD) 측정 시 희석수의 조제에 사용

■ 황산 망간용액 : Manganous Sulfate

황산 망간(manganous sulfate tetrahydrate, $MnSO_4 \cdot 4H_2O_{(S)}$) 480 g (또는 $MnSO_4 \cdot 2H_2O_{(S)}$ 400 g, $MnSO_4 \cdot H_2O_{(S)}$ 364 g)을 물에 녹이고 불용성분을 여과하여 버리고 물을 넣어 1,000 mL로 한다.

• 채취 시료수 중 용존산소(DO) 측정 시 윙클러-아지이드화 소듐변법에 사용

■ **황산구리-설파민산용액 : Copper Sulfate-Sulfamic Acid**

설파민산(sulfamic acid(or amidosulfonic acid), $H_2NSO_3H_{(S)}$) 32 g을 물 475 mL에 녹인다. 별도로 황산구리(copper sulfate pentahydrate, $CuSO_4 \cdot 5H_2O_{(S)}$) 50 g을 물 500 mL에 녹인다. 이 두 액을 섞고 아세트산(acetic acid, $CH_3COOH_{(L)}$) 25 mL를 넣는다.

• 채취 시료수 중 용존산소(DO)측정 시 윙클러-아지이드화 소듐변법의 시료전처리에 사용

■ **무수 황산 소듐용액 : Sodium Sulfate**

무수황산 소듐(sodium sulfate anhydrous, $Na_2SO_{4(S)}$)을 사용한다. 특히 다이옥신류를 분석할 때는 잔류농약시험용 등급의 시약을 사용한다.

• 배출기체 중 폐기물 소각로, 연소시설, 기타 산업공정의 배출시설에서 배출되는 기체 중 기체상 및 입자상의 다이옥신류(폴리클로리네이티드 다이벤조파라다이옥신(polychlorinated dibenzo-p-dioxins) 및 폴리클로리네이티드 다이벤조퓨란(polychlorinated dibenzofurans) 분석 시 사용

• 채취 시료수 중 노말-헥세인추출물질 분석 시 사용
• 채취 시료수 중 페놀류(흡광광도법) 분석 시 사용

■ **무수 황산 소듐용액(크로마토그래프용) : Sodium Sulfate**

무수황산 소듐(sodium sulfate, $Na_2SO_{4(S)}$) 100 g에 크로마토그래프용 노말-헥세인(n-hexane, $C_6H_{14(L)}$) 25 mL를 섞고 여과하여 풍건(風乾)한다. 이 용액 10 μL를 마이크로주사기를 사용하여 기체크로마토그래프에 주입하여 PCB의 예기 머무름시간(維持時間) 부근에 피크가 나타나지 않는 것을 사용한다.

• 채취 시료수 중 알킬수은의 기체크로마토그래프법 분석 시 사용
• 채취 시료수 중 유기인의 기체크로마토그래프법 분석 시 사용
• 채취 시료수 중 폴리클로리네이티드 바이페닐(PCB)의 기체크로마토그래프법 분석 시 사용

■ **황산 암모늄용액(40%) : Ammonium Sulfate**

황산 암모늄(ammonium sulfate, $(NH_4)_2SO_{4(S)}$) 40 g을 물에 녹여 100 mL로 한다.

- 채취 시료수 중 크로뮴의 원자흡광광도법 분석 시 사용

■ **황산은 : Silver Sulfate**

황산은(silver sulfate, $Ag_2SO_{4(S)}$) 분말을 사용한다.

- 채취 시료수 중 산성 100℃에서 과망간산 포타슘에 의한 화학적 산소요구량(COD) 측정 시 사용

■ **황산은 용액 : Silver Sulfate - Sulfuric Acid**

황산은(silver sulfate, $Ag_2SO_{4(S)}$) 11 g을 농도 95%이상, 비중 1.84인 황산(sulfuric acid, $H_2SO_{4(L)}$) 1,000 mL에 녹인다. 녹는데 까지 1~2일간 걸린다. 녹이는 시간을 줄이기 위하여 가열하여 녹여도 된다.

- 채취 시료수 중 중크롬산 포타슘에 의한 화학적 산소요구량(COD) 측정 시 사용

■ **황산 제이수은 : Mercuric Sulfate**

황산 제이수은(mercuric sulfate, $HgSO_{4(S)}$) 분말을 사용한다.

- 채취 시료수 중 중크롬산 포타슘에 의한 화학적 산소요구량(COD) 측정 시 사용

■ **황산 제이철암모늄 용액 : Ammonium Ferric Sulfate**

황산 제이철암모늄(ammonium ferric sulfate, $NH_4Fe(SO_4)_{2(s)}$) 6.0 g을 과염소산(perchloric acid, $HClO_{4(L)}$) (1+2) 100 mL에 녹이고 갈색병에 보관한다.

- 배출기체 중 염화수소 분석 시(싸이오사이안산 제이수은법, 질산은 적정법) 사용

■ **황산 제이철암모늄 용액 : Ammonium Ferric Sulfate**

황산 제이철암모늄(ammonium ferric sulfate, $NH_4Fe(SO_4)_{2(s)}$) 6.0 g을 질산(nitrate, $HNO_{3(L)}$) (1+1) 100 mL에 녹이고 갈색병에 넣어 보관한다.

- 배출기체 중 브로민화합물 분석 시(흡광광도법(싸이오사이안산 제이수은법)) 사용

■ **황산 제이철암모늄 용액 : Ammonium Ferric Sulfate**

황산 제이철암모늄(ammonium ferric sulfate, $Fe_2(SO_4)_3(NH_4)_2SO_4 \cdot 24H_2O_{2(s)}$) 5 g을 황산(sulfate, $H_2SO_{4(L)}$) (1+1) 1 mL에 녹이고 물을 넣어 100 mL로 한다.

• 채취 시료수 중 6가크로뮴의 원자흡광광도법 분석 시 사용

■ **황산 제이철암모늄 용액 : Ammonium Ferric Sulfate**

황산 제이철암모늄(ammonium ferric sulfate, $FeNH_4(SO_4) \cdot 12H_2O_{2(s)}$) 1.8 g을 질산(nitrate, $HNO_{3(L)}$) (1+6) 10 mL와 물에 녹여 100 mL로 한다.

• 채취 시료수 중 망가니즈의 원자흡광광도법 분석 시 사용

■ **황산 제일철암모늄 용액 : Ferrous Ammonium Sulfate(FAS Solution)**

황산 제일철암모늄(ferrous ammonium sulfate hexahydrate, $Fe(NH_4)_2(SO_4)_2 \cdot 6H_2O_{(s)}$) 3.5 g을 황산 0.5 mL와 물에 녹여 100 mL로 한다.

• 채취 시료수 중 크로뮴의 원자흡광광도법 분석 시 사용

■ **황산 제일철암모늄 용액(0.025N) : Ferrous Ammonium Sulfate(FAS Solution)**

물 1 L 중에 황산 제일철암모늄(ferrous ammonium sulfate hexahydrate, $Fe(NH_4)_2(SO_4)_2 \cdot 6H_2O_{(s)}$) 9.8 g을 함유한다.

㉠ 조제 : 황산 제일철암모늄 10 g을 정확히 달아 물 약 500 mL에 녹이고 농도 95%이상, 비중 1.84인 황산(sulfuric acid, $H_2SO_{4(L)}$) 20 mL를 넣은 다음 냉각시키고 물을 넣어 1,000 mL로 한다.

㉡ 표정

0.025N 중크롬산 포타슘용액 20 mL를 정확히 취하여 250 mL 삼각플라스크에 넣고 물을 넣어 약 100 mL로 한 다음 황산 30 mL를 넣는다. 냉각한 다음 오쏘-페난트롤린 제일철용액(페로인지시약) 2~3방울을 넣고 0.025N 황산 제일철암모늄용액(FAS 표준액)을 사용하여 액의 색이 청록색에서 적갈색으로 변할 때 까지 적정한다.

$f = \frac{20}{x}$ ( $x$ : 적정에 소비된 0.025N 황산 제일철암모늄 용액의 mL수)

• 채취 시료수 중 중크롬산 포타슘에 의한 화학적 산소요구량(COD) 측정 시 사용

■ 황산 제일철암모늄 용액(0.1N) : Ferrous Ammonium Sulfate(FAS Solution)

황산 제일철암모늄(ferrous ammonium sulfate hexahydrate, $Fe(NH_4)_2(SO_4)_2 \cdot 6H_2O_{(s)}$) 39.4 g을 새로이 끓여서 냉각한 증류수 약 500 mL에 용해하고 농도 95%이상, 비중 1.84인 황산(sulfuric acid, $H_2SO_{4(L)}$) 4 mL를 가하여 끓여서 냉각한 증류수를 가해 1,000 mL로 만든다. 사용 시 다음과 같이 표정하여 사용한다.

• 표정(standardization) : 0.25N 중크롬산 포타슘용액 10 mL를 정확히 취하여 증류수로 약 240 mL로 희석하고 황산 60 mL를 가하여 냉각한 후 오쏘-페난트롤린 제일철시액(페로인지시액) 2~3방울을 가하고 0.1N 황산 제일철암모늄용액(FAS 표준액)으로 적정한다. 적정수 $a$mL를 구하여 다음 식에 의하여 역가 $f$를 산정한다. 적정의 종말점은 청록색에서 적갈색으로 변할 때로 한다.

$$f = \frac{10}{\frac{0.1}{0.25} \times a}$$

• 채취 시료수 중 0.25N 중크롬산 포타슘에 의한 화학적 산소요구량(COD) 측정 시 사용

■ 황화수소 표준용액 : Hydrogen Sulfide Standard Solution

황화소듐(sodium sulfide, $Na_2S_{(S)}$) 약 1 g을 물에 녹여서 100 mL로 하고, 그 10 mL를 취하여 아이오딘 용액(N/10) 25 mL와 염산(hydrochloric acid, $HCl_{(L)}$) 1 mL를 가하고 마개를 한 후 10분간 방치한 다음 녹말지시약을 가하고 N/10 싸이오황산소듐으로 적정한다. 이 때의 적정값을 $a$mL로 한다. 별도로 바탕시험(blank test)을 행하여 그 적정값을 $b$mL로 한다. 곧 바로 전에 조제한 황화수소소듐 용액$\left(\frac{89.3}{(b-a)f}\right)$ mL(주1)(여기서 $f$는 N/10 싸이오황산소듐 용액의 역가)를 취하여 물로 100 mL로 하고, 그것을 5 mL를 취하여 흡수액을 가하여 1 L로 하고 이것을 황화수소 표준용액으로 한다. 이 황화수소 표준용액 1 mL는 $H_2S_{(g)}$ 0.5 $\mu$L (0℃, 760 mmHg)에 상당한다.(주2)

(주1) 표정(標定, Standardization) : 반응식은 다음과 같다.

$Na_2S + 2HCl \rightarrow H_2S + 2NaCl$, $H_2S + I_2 \rightarrow 2HI + S$

$I_2 + 2Na_2S_2O_3 \rightarrow 2NaI + Na_2S_4O_6$

이 반응식에서와 같이 $I_2$ 용액을 여분으로 가하여 $H_2S$와 반응하고 남은 $I_2$ 용액을 싸이오황산소듐 용액으로 적정한다. $Na_2S_2O_3$ 1 mole은 1/2 mole $H_2S$와 반응한다. $H_2S$(MW=34) 1 mole은 표준상태의 기체 22.4 L이므로 $Na_2S_2O_3$ 1 mole은 22.4/2 L의 $H_2S$ 기체와 반응한다. 그러므로 적정에 사용된 N/10 싸이오황산 소듐용액

1mL에 상당하는 $H_2S$ 기체는 $\frac{22.4}{2} \times \frac{1}{10}$=1.12 mL가 된다.

황화소듐 용액 10 mL의 적정에 소비된 N/10 싸이오황산 소듐용액은 $(a-b)f$ mL이므로 $Na_2S$ 10 mL 중에 포함된 $H_2S$ 기체의 양은 $\frac{22.4}{2} \times \frac{1}{10} \times (a-b)f$ = 1.12$(a-b)f$ mL이다.

따라서 $H_2S$ 기체 10 mL(0℃, 760 mmHg)를 포함하는 표준용액을 표정하는데 필요한 $Na_2S$의 양은 $Na_2S$ : $H_2S$ = 10 : 1.12(a-b)×$f$ = $x$ : 10, $x = \frac{100}{1.12(a-b)f} = \frac{89.3}{(a-b)f}$가 된다.

(주2) 황화소듐 표준용액 $\frac{89.3}{(a-b)f}$ mL에 상당하는 $H_2S$ 기체의 양을 $x$라 하면 황화소듐 표준용액의 표정에서 $Na_2S$ 10 mL 중에 포함된 $H_2S$ 기체의 양은 $\frac{22.4}{2} \times \frac{1}{10} \times (a-b)f$ = 1.12$(a-b)f$ mL이므로, 10 : 1.12$(a-b)f$ = $\frac{89.3}{(a-b)f}$ : $x$ , 따라서 $x$ = 10 mL

즉, $Na_2S$ 표준용액 $\frac{89.3}{(a-b)f}$ mL을 취하여 물을 가해 100 mL로 희석하므로 $Na_2S$ 표준용액 1 mL 중에 $H_2S$ 기체의 양이 0.1 mL 포함되어 있다. 이 용액 5 mL를 취하여 흡수액으로 전량 1 L로 하였으므로, $Na_2S$ 1 mL= 0.0005 mL $H_2S_{(g)}$ = 0.5 μL $H_2S_{(g)}$(0℃, 760 mmHg)이다.

• 배출기체 중 황화수소 분석 시(흡광광도법(메틸렌블루우법)) 사용

## 2.4. 흡수(발색)액, 등가액, 봉액, 희석용액(BOD용) 제조법

■ 벤젠($C_6H_6$) 기체 채취 흡수액 : Benzene Gas Absorption Solution

나이트로화산액(질산암모늄+황산) : 황산(sulfuric acid, $H_2SO_{4(L)}$) 약 250 mL를 냉각하면서 분말로 된 질산암모늄(ammonium nitrate, $NH_4NO_{3(S)}$) 100 g을 조금씩 가하여 녹이고 다시 황산을 가하여 전량을 500 mL로 하여 마개를 막아 보관한다. 이 액을 용량 25 mL의 흡수병 2개에 시료채취 직전에 10 mL씩을 넣는다.

■ 봉액(封液) : Sealing Solution

오르자트(orsat) 분석계를 사용할 때 기체가 빠져 나가는 것을 막기 위하여 사용하는 것으로 포화식염수에 메틸레드(methyl red, $C_{15}H_{15}N_3O_{2(s)}$)를 넣어 색이 적색이 될 때 까지 황산을 가하여 약산성으로 만들어 놓는다(오르자트분석법에 사용).

■ 브로민(Br)화합물 기체 채취 흡수액 : Bromine Compound, Gas Absorption Solution

수산화 소듐용액(0.4 W/V%) : 수산화 소듐(sodium hydroxide, $NaOH_{(s)}$) 0.4 g을 물에 녹여서 100 mL로 한다. 이 용액을 내부용적 100 mL인 흡수병에 35 mL를 넣는다.

■ 기체상 비소(As)화합물 채취 흡수액 : Gaseous Arsenic Compound Absorption Solution

수산화 소듐용액(4 W/V%) : 수산화 소듐(sodium hydroxide, $NaOH_{(s)}$) 4 g을 물에 녹여서 100 mL로 한다. 이 용액을 흡수병 2개 이상을 준비하여 각각에 50 mL씩을 넣고 냉각 물중탕에 넣어  흡수액을 상온으로 유지한다.

■ 산소($O_2$) 흡수액 : Oxygen Absorption Solution

물 100 mL에 수산화 포타슘(potassium hydroxide, $KOH_{(s)}$) 60 g을 녹인 용액과 물 100 mL에 파이로갈롤(초성 몰식자산) (pyrogallol(or 1,2,3-trihydroxybezene), $C_6H_6O_{3(S)}$) 12 g을 녹인 용액을 혼합한 용액. 이 흡수액은 산소를 흡수하기 때문에 흡수액을 만들 때는 되도록 공기와의 접촉을 피하는 것이 좋다. pyrogallol 1 g당 300 mL의 산소를 흡수한다(오르자트분석법에 사용).

**■ 사이안화 수소(HCN)기체 채취 흡수액 : Hydrogen Cyanide Absorption Solution**

수산화 소듐용액(2 W/V%) : 수산화 소듐(sodium hydroxide, $NaOH_{(s)}$) 20 g을 물에 녹여서 1 L로 한다. 이 용액을 여과판 또는 여과기가 있는 용량 200mL인 2개의 흡수병에 각각 70~80 mL씩 넣는다.

**■ 수은(Hg)화합물 채취 흡수액(환원기화 원자흡수분광 광도법) : Mercury Compound Absorption Solution**

4% 과망간산 포타슘/10% 황산 : 10% 황산에 과망간산 포타슘 40 g을 넣어 녹이고 10% 황산으로서 1 L로 한다. 분해를 막기 위해 유리병에 보관한다. 이 흡수액을 미리 50% 질산, 물, 8N 염산[注], 물의 세척단계를 거친 후 최종적으로 증류수로 세척하여 건조시킨 용량 250 mL의 흡수병에 50 mL를 넣은 흡수병 1개와 100 mL를 넣은 흡수병 2개를 사용한다.

[注] 농도 35%, 비중 1.18인 염산(hydrochloric acid, $HCl_{(L)}$) 71 mL를 100 mL 메스플라스크에 취하여 물로 표선까지 채운다.

**■ 수은(Hg)화합물 채취 흡수액(흡광광도법) : Mercury Compound Absorption Solution**

황산(1+15)(수은시험용)과 과망간산 포타슘 용액 : 황산(1+15) (수은시험용)과 과망간산 포타슘(0.3 W/V%)을 같은 양씩 가하여 진탕 혼합한 후 흡수액으로 한다. 이 흡수액은 미리 아세트산(1+9) 및 물로 세척하여 건조시킨 250 mL 흡수병 2개에 각각 100 mL를 넣는다.

**■ 아세트 알데하이드($CH_3CHO$) 흡수액(악취측정용) : Acetaldehyde Absorption Solution**

2,4-다이나이트로페닐하이드라진(2,4-dinitrophenylhydrazine, $C_6H_6N_4O_{4(S)}$) 0.2 g을 2N 인산(phosphoric acid, $H_3PO_{4(L)}$) 용액 1 L에 가하여 충분히 교반하고 공기에 접촉하지 않도록 깨끗한 방에서 12시간 정도 방치한 후 유리섬유여지로 거르고 이 거른액 중 200 mL를 1 L의 분액깔대기에 취하여 헥세인(hexane, $CH_3(CH_2)_4CH_{3(L)}$) 200 mL를 가하고 5분간 심하게 흔든 후 방치한 다음 헥세인 층을 분리한다. 2,4-다이나이트로페닐하이드라존 용액층에 다시 헥세인 200 mL를 가하여 같은 방법으로 씻는 조작을 한 다음 2,4-다이나이트로페닐하이드라존 용액층을 분리하여 흡수용액으로 한다. 다만, 이 용액 40 mL에 대하여 바탕시험을 하고 아세트 알데히드 2,4-다이나이트로페닐하이드라존 함유량이 1 L에 대하여 50 $\mu$g을 넘은 경우에는 새로 헥세인에 의한 씻는 조작을 반복하여 50 $\mu$g 이하로 하여 흡수용액으로 한다. 이들 흡수용액은 조제 후에 염산 및 헥세인으로 씻은 경질 유리용기에 즉시 옮겨 밀폐한다.

■ 아황산기체($SO_2$) 채취 흡수액(파라로자닐린법) : Sulfur Dioxide Absorption Solution

0.04M Potassium TCM(Tetrachloromercurate(Ⅱ)) : 염화제이수은(mercuric chloride, $HgCl_{2(S)}$) 10.86 g, EDTA(에틸렌다이아민테트라아세트산 소듐(disodium ethylenediaminetetraacetate dihydrate, $C_{10}H_{14}N_2Na_2O_8 \cdot 2H_2O_{(S)}$) 0.066 g 및 염화 포타슘(potassium chloride, $KCl_{(S)}$) 6.0 g을 증류수에 녹여 1 L 용량플라스크에 넣고 1 L로 만든다. 이 용액의 pH는 약 4.0이 되어야 하며 pH 3~5 범위에서는 아황산기체의 흡수율에 큰 차이는 없다. 이 흡수액은 6개월 동안은 보관하여 사용할 수 있다(주의 : 이 용액은 대단히 유독하므로 피부에 묻으면 바로 물로 씻어내야 한다). 이 용액의 폐액(廢液)을 버릴 때는 수은(0.8 g/L)을 다음과 같은 방법으로 제거하여야 한다. 흡수액 1L에 탄산 소듐(sodium carbonate, $Na_2CO_3$)을 중화될 때까지 (약 10 g) 가하고 입자상아연(粒子上 亞鉛)(마그네슘을 사용해도 무방함) 10 g을 가한다. 이 용액을 통풍실 속에서 24시간 저어준다. 24시간이 지나면 저어주더라도 고상물질(固狀物質)이 용기의 바닥에 내려 앉는다. 이 용액을 갈색의 침전이 따라 나올 때까지 기울여서 부어 버린다. 침전물은 적당한 관(tube)에 넣어 말린다(시험관 닦는 솔로 용기의 벽에 묻어 있는 것을 닦아내면 편리하다). 용기는 물로 깨끗이 씻고 침전물은 여과지에 거른다. 물로 씻은 후 여과지상의 침전물을 관속의 침전물에 합치고 말려서 적당한 용기에 넣어 보관한다. 이 방법으로 흡수액 속의 수은을 99%이상 제거할 수 있다. 이 흡수액은 환경 대기 중의 아황산기체 측정(파라로자닐린(para rosaniline)법)에 사용한다.

■ 아황산기체($SO_2$) 채취 흡수액(산정량 수동법) : Sulfur Dioxide Absorption Solution

농도 30%, 비중 1.11인 과산화수소수(hydrogen peroxide, $H_2O_{2(L)}$)를 물로 묽혀 약 0.3 W/V%용액(주1) 1 L를 만든다. 이 용액 50mL에 지시용액(브로모크레졸 그린-메틸 레드 혼합 용액) 2~3방울을 가하고 0.01N 알칼리(사붕산 소듐용액)로 회색 종말점이 될 때까지 적정한다. 만일 용액이 알칼리성이면 0.01N 황산으로 적정하고 적정에 사용한 알칼리 또는 산의 양을 기록한다. 이 양의 19배를 남아 있는 950 mL의 과산화수소에 가하고(이 용액은 지시용액으로 시험하면 회색이 된다) 색이 있는 유리병에 넣어 차고 어두운 곳에 보관한다. 이 용액은 2~8℃에서는 적어도 1개월 동안은 안정하지만 사용 전에 이 액의 일부를 취하여 지시용액으로 확인하여야 한다. 암모니아에 의한 방해가 예상되면 0.06 W/V% 과산화수소(주2)를 함유하는 흡수액을 사용하는 것이 필요하다. 왜냐하면 이 용액은 용해되어 있는 암모니아에 대한 낮은 바탕시험값을 갖기 때문이며 녹아 있는 암모니아에 대한 바탕값은 흡수액 1 mL당 암모늄이온($NH_4^+$) 0.5 $\mu$g 이하이어야 한다.

(주1) 농도 30%, 비중 1.11인 과산화수소수(hydrogen peroxide, $H_2O_{2(L)}$) 2.7 mL를 취하여 물로 100 mL까지 채운 용액을 10배 물로 희석하여 사용한다.

(주2) 농도 30%, 비중 1.11인 과산화수소수(hydrogen peroxide, $H_2O_{2(L)}$) 5.4 mL를 취하여 물로 100 mL까지 채운 용액을 100배 물로 희석하여 사용한다.

■ **아황산기체($SO_2$) 채취 흡수액(용액전도율법 간헐형) : Sulfur Dioxide Absorption Solution**

순수한 물 20 L에 0.1N 황산 2mL 및 과산화수소(30%) 4 mL를 가하여 잘 섞어 사용한다. 이 용액의 전도율은 20℃에서 약 4 μΩ/cm이다. 이 때 사용하는 물의 전도율은 1 μΩ/cm 이하이어야 한다.

■ **아황산기체($SO_2$) 채취 흡수액(용액전도율법 연속형) : Sulfur Dioxide Absorption Solution**

측정기에 규정된 황산산성의 과산화수소용액을 흡수액으로 사용한다. 예를 들면 $0.25\times10^{-5}$N 황산을 포함하는 과산화수소용액(0.006%)은 0.1N 황산 0.5 mL와 과산화수소(30%) 4 mL를 순수한 물에 가하여 20 L로 만든다. 이 흡수액의 전도도는 20℃에서 대략 1 μΩ/cm이다. 또한 $5\times10^{-5}$N 황산을 함유하는 과산화수소용액(0.006%) 20 L를 제조하는데는 0.1N 황산 10 mL 및 과산화수소(30%) 4 mL를 순수한 물에 가하여 20 L로 한다. 이 흡수액의 전도도는 20℃에서 약 20 μΩ/cm이다. 또한 위의 두 흡수액을 제조할 때 사용하는 순수 전도율은 0.5 μΩ/cm 이하이어야 한다.

■ **암모니아($NH_3$)기체 채취 흡수액 : Ammonia Absorption Solution**

붕산용액(0.5%) : 붕산(boric acid, $H_3BO_{3(s)}$) 0.5 g을 물에 녹여 100 mL으로 한다. 이 액 50 mL를 취하여 용량 250 mL의 흡수병에 넣는다.

■ **염화수소(HCl)기체 채취 흡수액 : Hydrochloric Acid, Gas Absorption Solution**

① 질산은적정법 및 싸이오사이안산제이수은법의 경우 - 수산화소듐 용액(0.1 mol/L) : 수산화소듐(sodium hydroxide, $NaOH_{(s)}$) 4.0 g을 정확하게 취하여 물에 녹여 1 L가 되게 한다. 이 액 50 mL를 취하여 용량 250 mL의 흡수병에 넣는다.

② 이온크로마토그래프법의 경우 - 증류수 : 용량 100 mL의 흡수병에 25 mL을 넣는다.

③ 이온전극법의 경우 - 질산포타슘(0.1mol/L) : 질산포타슘(potassium nitrate, $KNO_{3(s)}$) 10.1 g을 정확하게 취하여 물에 녹여 1 L가 되게 한다. 이 액 50 mL를 취하여 용량 250

mL의 흡수병에 넣는다.

■ 염소($Cl_2$)기체 채취 흡수액 : Chlorine Absorption Solution

오쏘-톨리딘 용액 : 오쏘-톨리딘 염산염(ortho tolidine dihydrochloride, $C_{14}H_{16}N_2 \cdot 2HCl_{(s)}$) 분말 1 g을 물 약 500 mL에 녹이고 여기에 염산(hydrogen chloride, $HCl_{(L)}$) 15 mL를 가한 후, 물을 가하여 1 L로 한다. 갈색병에 보관하며 보관 가능기간은 약 6개월이다. 다시 이 용액 100 mL을 취하고 물을 가하여 1 L로 한다. 이 용액을 20 mL 취하여 흡수관에 넣는다.

■ 오존(Ozone)기체 채취 흡수액(아이오딘화 포타슘법) : Ozone Absorption Solution

흡수액은 1% 중성 아이오딘화 포타슘 용액으로서 환원성물질을 함유하지 않은 시약을 사용하여 다음과 같이 만든다. 즉, 아이오딘화 포타슘(potassium iodide, $KI_{(S)}$) 10 g, 인산이수소 포타슘(potassium hydrogenphosphate, $KH_2PO_4$) 13.61 g, 인산일수소 소듐(disodium hydrogenphosphate dodekahydrate, $Na_2HPO_4 \cdot 12H_2O$) 36.82 g을 물 0.8 L에 녹이고, 1% 수산화 소듐 또는 1% 인산을 사용하여 pH를 7.0±0.2로 조절하고 물을 가하여 1 L로 만든다. 이 용액은 갈색병에 넣어 냉장고에 보관하면 수 주일간은 안전하다.

■ 오존으로 나타낸 옥시단트(Oxidants)기체 채취 흡수액(알칼리성 아이오딘화 포타슘법(수동) : Oxidants Absorption Solution

수산화 소듐용액(0.4%) 100 mL에 아이오딘화 포타슘 1 g을 용해한 것을 사용한다.

■ 오존으로 나타낸 옥시단트(Oxidants)기체 채취 흡수액(중성아이오딘화 포타슘법(자동연속측정법) : Oxidants Absorption Solution

중성 아이오딘화 포타슘용액(2%) : 아이오딘화 포타슘(potassium iodide, $KI_{(S)}$) 200 g, 인산이수소 포타슘(potassium hydrogenphosphate, $KH_2PO_{4(S)}$) 140 g, 인산일수소 소듐(disodium hydrogenphosphate dodekahydrate, $Na_2HPO_4 \cdot 12H_2O_{(S)}$) 360 g을 물에 녹여 10 L로 하고, 10% 수산화소듐 또는 10% 인산을 사용하여 pH를 7.0±2로 조절한다. 이 흡수액은 약 하루 동안 방치한 후 사용한다.

■ 오존으로 나타낸 옥시단트(Oxidants)기체 채취 흡수액(중성아이오딘화 포타슘법(수동) : Oxidants Absorption Solution

인산이수소 포타슘(potassium hydrogenphosphate, $KH_2PO_{4(S)}$) 13.61g, 인산일수소 소듐(disodium hydrogenphosphate, $Na_2HPO_{4(S)}$) 14.2 g($Na_2HPO_4$· $12H_2O$를 사용할 때는 35.82 g) 및 아이오딘화 포타슘(potassium iodide, $KI_{(S)}$) 10 g을 순서대로 증류수에 녹이고 증류수를 가하여 1L로 만든다. 이 용액은 사용하기 전 적어도 하루 동안 실온에 방치하여 두어야 한다. pH를 측정하고 수산화 소듐용액(1%)과 인산이수소 포타슘(1%)으로 pH를 6.8±2가 되도록 조절한다. 이 흡수액은 갈색 유리병에 넣고 냉장고에 보관하면 수주일 동안 보관할 수 있으나 실온에서는 오래 보관하지 못하며 햇빛을 쪼여서는 안된다.

■ 이황화탄소($CS_2$)기체 채취 흡수액 : Carbon Disulfide Absorption Solution

다이에틸아민구리 용액 : 황산구리(cupric sulfate(또는 copper(II) sulfate) pentahydrate, $CuSO_4$· $5H_2O_{(S)}$) 0.2 g을 물에 녹여 1 L로 하고 이 용액 10 mL에 다이에틸아민염산염(diethylamine hydrochloride, $(C_2H_5)_2NH$· $HCl_{(S)}$) 0.75 g을 가하여 암모니아수(ammonia water(ammonium hydroxide), $NH_4OH_{(L)}$) 0.5 mL 및 구연산(citric acid(or 3-hydroxytricarballylic acid), $C_6H_8O_{7(S)}$) 용액(150 g/L) 1 mL을 가한 후, 에틸알코올(ethyl alcohol, $C_2H_5OH_{(L)}$) (90 V/V%)을 가하여 100 mL로 하여 잘 흔들어 섞는다. 이 용액 50 mL씩을 2개의 용량 250 mL의 흡수병에 넣고 연결한다. 이 때 또 하나의 흡수병(전처리병)에는 배출기체 중의 황화수소($H_2S$)를 제거하기 위하여 아세트산카드뮴(cadmium acetate, $Cd(CH_3COO)_{2(S)}$) 용액(10 g/L) 50 mL를 넣는다.

■ 질소산화물(NOx)기체 채취 흡수액 : Nitrogen Oxides Absorption Solution

① 아연환원 나프틸에틸렌다이아민법 : 물 20 mL를 흡수액 주입용 주사통에 넣는다.

② 페놀다이술폰산법 -(황산+과산화수소수+증류수) : 1 L 메스플라스크에 물 약 800 mL를 넣고 여기에 농도 95%이상, 비중 1.84인 황산(sulfuric acid, $H_2SO_{4(L)}$) 3 mL를 가하고 잘 흔들어 섞는다. 다음에 농도 30%, 비중 1.11인 과산화수소수 10 mL를 가하고 물로 표선까지 채운다. 이 흡수액은 서늘하고 어두운 장소에 보관하며 1개월 이상 경과한 것은 사용할 수 없다. 이 용액을 시료 채취용 플라스크에 25 mL를 넣고 흡수액이 비등할 때 까지 플라스크 속을 감압한다.

■ **질소산화물(NOx)기체 채취 흡수액(수동살츠만법) : Nitrogen Oxides Absorption Solution**
무수 설파닐산(sulfanilic acid, $C_6H_7NO_3S_{(S)}$) 5 g (또는 sulfanilic acid monohydrate, $NH_2 \cdot C_6H_4SO_3H \cdot H_2O$ 5.5 g)을 아세트산(acetic acid, $CH_3COOH_{(L)}$) 140 mL를 함유한 약 900 mL의 물에 용해한다. 필요한 만큼 반응시키고 서서히 가열하여 용해한다. 용액을 냉각해서 여기에 나프틸에틸렌다이아민 2염산염(N-(1-Naphthy 1) ethylene diamine dihydrochloride, $C_{12}H_{14}N_2 \cdot 2HCl_{(s)}$) 0.1% 용액을 20 mL 가하고 물을 채워서 1 L로 한다. 제조해서 사용할 때 장기간 공기에 접촉하는 일을 피하도록 한다.

■ **질소산화물(NOx)기체 채취 흡수발색액(자동살츠만(Saltzman)법) : Nitrogen Oxides Absorption Solution**
흡수발색액 10 L를 제조할 경우 물 9.5 L에 설파닐산(Sulfanilic acid, $C_6H_7NO_3S_{(S)}$) 50 g을 가하여 충분히 용해시킨다. 용해되지 않을 경우는 천천히 가열한다. 여기에 농도 99.0%이상, 비중 1.05인 아세트산(acetic acid, $CH_3COOH_{(L)}$) 500 mL를 가하고 잘 혼합한 후 나프틸에틸렌다이아민 2염산염(N-(1-Naphthyl)ethylenediamine dihydrochloride, $C_{12}H_{14}N_2 \cdot 2HCl_{(s)}$) 0.5 g을 가하여 잘 혼합시킨다. 이 흡수액을 10 mL를 정확히 취해서 흡수관에 넣고 0.4 L/분으로 시료대기를 통과시킨다.

■ **질소산화물(NOx)기체 채취 산화액(자동살츠만(Saltzman)법) : Nitrogen Oxides Absorption Solution**
산화액은 과망간산 포타슘(potassium permanganate, $KMnO_{4(S)}$) 25 g을 900 mL의 물에 용해시키고 농황산 25 g 또는 황산(1+3) 52 mL를 가한 후 다시 물을 가하여 전량을 1 L로 한다.

■ **질소산화물(NOx)기체 채취 등가액(자동살츠만(Saltzman)법) : Nitrogen Oxides Absorption Solution**
① 아질산나트륨 원액 : 105~110℃에서 2~3시간 건조시킨 아질산 소듐(potassium nitrite, $NaNO_{2(S)}$) 0.207 g을 정확히 칭량하여 물로 용해시킨 다음 전량을 1 L로 한다(냉암소에 보존하면 2개월은 안전).
② 아질산나트륨 용액 : 아질산나트륨 원액 100 mL를 정확히 칭량하여 물을 가하여 1 L로 한다(사용시 제조). 아질산나트륨 용액 1 mL는 0.01 mL $NO_{2(g)}$(20℃ 760 ㎜Hg)에 상당한다.

③ 눈금교정용 등가액 : 다음 식으로부터 얻어진 양의 아질산나트륨 용액을 정확히 칭량하여 여기에 흡수발색액을 가하여 1 L로 한다. 이것을 상온에서 15분간 방치 후 눈금교정용 등가액으로 한다.

$$V=\frac{c\cdot f\cdot t}{v}\times 100$$

V : 아질산나트륨용액의 채취량(mL)　　t : 채취시간(분)

c : 이산화질소농도(ppm)　　$v$ : 흡수발색액의 채취량(mL)

$f$ : 시료대기유량(L/분)

■ **질소산화물(NOx)기체 채취 흡수액(야콥스호흐하이저법(24시간 채취법)) : Nitrogen Oxides Absorption Solution**

4.0 g의 수산화소듐(sodium hydroxide, $NaOH_{(s)}$)을 증류수에 용해시켜 1,000 mL로 한다.

■ **탄산기체($CO_2$) 흡수액 : Carbon Dioxide Absorption Solution**

물 100 mL에 수산화 포타슘(potassium hydroxide, $KOH_{(s)}$) 30 g을 녹인다. 이 흡수액 1 mL는 이론상으로 40 mL 이상의 $CO_{2(g)}$ 흡수가 가능하다(오르자트분석법에 사용).

■ **트라이메틸아민($(CH_3)_3N$) 분해시약 : Trimethylamine Analysis Reagent**

수산화 포타슘(potassium hydroxide, $KOH_{(S)}$) 500 g을 증류수에 녹여 전량을 1 L로 한다(악취로서 트라이메틸아민 시험방법 중).

■ **페놀($C_6H_5OH$)화합물 기체 채취 흡수액 : Phenol Compound, Gas Absorption Solution**

수산화 소듐용액(0.4 W/V%) : 수산화 소듐(sodium hydroxide, $NaOH_{(s)}$) 4 g을 물에 녹여 1 L로 만든다. 이 용액을 여과판이 부착된 내부용적 150~200 mL인 흡수병을 두 개 이상 준비해서 각각 40 mL씩을 넣어 직렬로 연결한다.

■ **폼알데하이드(HCHO)기체 채취 흡수발색액 : Formaldehyde, Gas Absorption Solution**

크로모트로핀산 + 황산 : 크로모트로핀산(chromotropic acid(or 4,5-dihydroxy-2,7-naphthalene-disulfonic acid) dihydrate, $C_{10}H_4(SO_3H)_2(OH)_2\cdot 2H_2O_{(S)}$) 1 g을 86% 황산(주)에 녹여 1,000 mL로 한다. 이 용액 10 mL를 흡수관에 취하여 1 L/분의 유량으로 시료기체를 채취한다.

㈜ 1,000 mL 메스플라스크에 물 170 mL를 넣고 농도 98%, 비중 1.84인 황산(sulfuric acid, $H_2SO_{4(L)}$) 830 mL를 서서히 가하여 1 L로 한다.

■ **폼알데하이드(HCHO)기체 채취 흡수발색액 : Formaldehyde, Gas Absorption Solution**

아세틸아세톤 함유 흡수액 : 아세트산암모늄(ammonium acetate, $CH_3COONH_{4(S)}$) 75 g을 물에 녹이고 빙아세트산(acetic acid glacial, $CH_3COOH_{(L)}$) 1.5 mL, 아세틸 아세톤(acetylacetone, $CH_3COCH_2COCH_{3(L)}$) 1 mL 및 물을 가하여 500 mL로 한 용액에 염화소듐(sodium chloride, $NaCl_{(S)}$) 0.1 g과 염화제이수은(mercury(II) chloride(or mercuric chloride), $HgCl_{2(S)}$) 0.25 g을 물에 녹여 500 mL로 한 용액을 가한다.

■ **플루오린(F)화합물 기체 채취 흡수액 : Fluorine Compound, Gas Absorption Solution**

수산화소듐용액(0.1N) : 수산화소듐(sodium hydroxide, $NaOH_{(s)}$) 4.0 g을 정확하게 취하여 물에 녹여 1 L가 되게 한다. 용량 250 mL의 흡수병 2개를 쓰는 경우에는 각각 50 mL씩을 넣고, 흡수병으로 용량 250 mL 킬달플라스크를 사용할 때는 1개에 70~100 mL을 넣는다.

■ **황산화물(SOx)기체 채취 흡수액 : Sulfur Oxides Absorption Solution**

과산화수소수(1+9) 또는 (3%) : 과산화수소수(hydrogen peroxide, $H_2O_{2(L)}$) 1부피에 물 9부피를 섞는다. 어둡고 서늘한 곳에 보관한다. 용량 150~250 mL인 흡수병에 이 용액 50 mL를 넣는다.

■ **황화수소($H_2S$)기체 채취 흡수액 : Hydrogen Sulfide Absorption Solution**

아연아민 착염용액 : 황산아연(zinc sulfate heptahydrate, $ZnSO_4 \cdot 7H_2O_{(S)}$) 5 g을 물 약 500 mL에 녹이고 여기에 수산화소듐(sodium hydroxide, $NaOH_{(s)}$) 6 g을 물 약 300 mL에 녹인 용액을 가한다. 이어 황산암모늄(ammonium sulfate, $(NH_4)_2SO_{4(S)}$) 70 g을 저으면서 가하고 수산화아연(zinc hydroxide, $Zn(OH)_{2(S)}$)의 침전이 녹으면 물을 가하여 전량을 1 L로 한다. 이 용액을 시료채취량이 1~20 L인 경우에는 경질유리로 만들어진 2개의 흡수병에 각각 50 mL씩을 넣고, 시료채취량이 100~1000 mL인 경우에는 흡수병 1개에 10 mL를 넣는다.

■ 희석수 – BOD측정용 : Dilution Water

물의 온도를 20℃로 조절하여 솜으로 막은 유리병에 넣고 용존산소가 포화(20℃에서 8.84 mg/L)되도록 충분히 기간을 두거나 압축공기를 넣어 준다. 필요한 양의 액을 유리병에 넣고 1,000 mL에 대하여 희석수 조제용 A액, B액, C액 및 D액을 각각 1 mL씩 가한다. 이 용액은 pH 7.2로 한다. 만약 pH 7.2를 나타내지 않을 때는 HCl(1+11) 또는 NaOH 용액(4 W/V%)으로 pH 7.2로 조절한다. 이 희석수를 20℃ 항온조에 5일 방치하였을 때 처음 용존산소량과 5일 후 용존산소량의 차가 0.2 mg/L 이하여야 한다. 이를 희석용액 A라고 한다.

■ 식종 희석수 – BOD측정용 : Seeding Water

채취 시료수 중에 유기물질을 산화시킬 수 있는 미생물의 양이 충분하지 못할 때 미생물을 시료에 넣어 주는 것으로 BOD용 희석수 1,000 mL 당 하수(가정하수와 같은 신선한 생하수), 하천수(방류지점에서 500~1000 m 떨어진 지점에서의 하류수), 또는 토양 추출액(토양 약 200 g을 물 2 L에 교반한 후 얻은 액을 사용)을 실온에서 24~36시간 가라앉힌 다음 상등액을 하수인 경우 5~10 mL, 하천수인 경우 10~50 mL, 토양 추출액인 경우 20~30 mL를 넣는다. 식종 희석수의 BOD가 0.6 mg/L 이상이 되도록 한다. 이 식종 희석수는 사용할 때 조제한다. 이를 희석용액 B라고 한다.

## 2.5. 완충용액 제조법

■ 개미산 +수산화소듐 완충용액(pH3.0) : Formic Acid + Sodium Hydroxide Buffer Solution

개미산(formic acid, $CH_2O_{2(L)}$) 92 g을 물에 녹여서 전량을 1 L로 한다(A액). 또 수산화소듐(sodium hydroxide, $NaOH_{(s)}$) 80 g을 물에 녹여서 전량을 1 L로 한다(B액). A액 100 mL 속에 B액을 충분히 저어서 혼합시켜 가면서(약 30 mL) pH를 정확히 3.0으로 조절한다. 이 혼합액에 물을 가하여 전량을 1 L로 한다.

• 배출기체 중 플루오린화합물의 분석 시(용량법(질산토륨-네오트린법)) 사용

■ 아세트산 완충용액(pH4.0) : Acetic Acid Buffer Solution

아세트산 소듐(3수화물)(sodium acetate trihydrate, $CH_3COONa \cdot 3H_2O_{(s)}$) 14 g을 물에 녹여 100 mL로 하고 별도로 아세트산(acetic acid, $CH_3COOH_{(L)}$)을 23 mL에 물을 넣어 100 mL로 한다. 두 용액을 같은 양 섞어 분액깔때기에 옮기고 구연산이암모늄용액(10 W/V%)과 같은 방법으로 디티오존 사염화탄소용액(0.005 W/V%)으로 씻은 다음 사용한다.

■ 아세트산염 완충용액(pH5.2) : (주) Acetic Acid Buffer Solution

아세트산 소듐(3수화물)(sodium acetate trihydrate, $CH_3COONa \cdot 3H_2O_{(s)}$) 100 g과 질산포타슘(potassium nitrate, $KNO_{3(s)}$), 50 g을 500 mL 비커에 취하고 물을 넣어 약 300 mL되게 한 후, 아세트산(acetic acid, $CH_3COOH_{(L)}$)을 가하여 pH 5.1~5.2로 조정한 후, 물을 넣어 500 mL로 한다.

(주) 완충용액은 측정분석용 시료용액의 pH를 5로 조정하여 이온강도를 일정하게 하는 것이다.

• 배출기체 중 염화수소의 분석 시(이온전극법) 사용

■ 아세트산 완충용액(pH5.2) : Acetic Acid Buffer Solution

아세트산 소듐(3수화물)(sodium acetate trihydrate, $CH_3COONa \cdot 3H_2O_{(s)}$) 100 g을 물 약 200 mL에 녹인 다음, 아세트산(acetic acid, $CH_3COOH_{(L)}$)을 약 11 mL를 가하고 충분히 섞어서 pH를 정확히 5.2로 조절한 다음 물을 가하여 전량을 1 L로 한다.

- 배출기체 중 플루오린화합물의 분석 시(흡광광도법(란탄-알리자린콤플렉손법)) 사용
- 환경 대기 중 아황산기체 분석 시 정제 파라로자닐린 용액 조제 시 사용

■ 염화 포타슘-수산화 소듐 완충용액(pH9.0) : Potassium Chloride-Sodium Hydroxide Buffer Solution

4% 수산화 소듐(sodium hydroxide, $NaOH_{(s)}$) 용액 213 mL에 물을 넣어 약 600 mL로 하여 염화 포타슘(potassium chloride, $KCl_{(S)}$) 37.3 g 및 붕산(boric acid, $H_3BO_{3(S)}$) 31 g을 녹여 물을 넣어 1,000 mL로 한다. 유리마개병에 넣어 보관한다.

- 채취 시료수 중 아연의 흡광광도법(진콘법) 분석 시 사용

■ 염화암모늄-암모니아 완충용액(pH8.5) : Ammonium Chloride-Ammonia Buffer Solution

아세트산암모늄(ammonium acetate trihydrate, $NH_4CH_3COO{\cdot}3H_2O_{(s)}$) 104 g을 물 800 mL에 녹이고 pH 미터를 사용하여 암모니아수(ammonia water, $NH_4OH_{(L)}$)를 넣어 pH를 8.5로 맞춘 다음 물을 넣어 1,000 mL로 한다.

■ 염화암모늄-암모니아 완충용액(pH10.0) : Ammonium Chloride-Ammonia Buffer Solution

〈조제법 1〉 : 염화암모늄(ammonium chloride, $NH_4Cl_{(S)}$) 50g 을 물에 녹여 1 L로 하고 pH 미터를 사용하여 암모니아수(ammonia water, $NH_4OH_{(L)}$) (6N)(주)로 pH를 10.0±0.2로 조절한다.

〈조제법 2〉 : 염화암모늄(ammonium chloride, $NH_4Cl_{(S)}$) 67.6 g을 암모니아수(ammonia water, $NH_4OH_{(L)}$) 570 mL에 녹이고 물을 넣어 1,000 mL로 한다. 유리마개병에 넣어 냉소에 보관한다.

(주) 농도 30%($NH_3$로서), 비중 0.90인 암모니아수 400 mL에 물을 가하여 1 L가 되게 한다.

- 배출기체 중 페놀화합물의 분석 시(흡광광도법(4-아미노안티파이린법)) 사용
- 채취 시료수 중 페놀류(흡광광도법) 분석 시 사용

■ 완충희석액(대장균군용) : Buffer Solution

증류수 1,000 mL에 보존 인산완충액(pH 7.2) 1.25 mL와 대장균군용 황산 마그네슘용액 (magnesium sulfate, $MgSO_4 \cdot 7H_2O_{(S)}$) 5 mL를 넣어 멸균한 후 99±2.2 mL 또는 9±0.2 mL가 되도록 시험관에 분주하여 시험조작을 한다.

• 채취 시료수 중 대장균군의 최적확수 시험법 분석 시 사용

■ 인산염 완충용액(pH 6.8) : Phosphate Buffer Solution

인산이수소 포타슘(potassium dihydrogenphosphate, $KH_2PO_{4(S)}$) 34.0 g과 인산일수소 소듐(disodium hydrogenphosphate, $Na_2HPO_{4(S)}$) 35.6 g을 물에 녹여서 전량을 1 L로 한다.

• 배출기체 중 사이안화수소의 분석 시(피리딘 피라졸론법) 사용
• 채취 시료수 중 사이안(흡광광도법) 분석 시 사용

■ 인산염-염화암모늄 완충용액(pH 7.2)-A액 : Phosphate-Ammonium Chloride Buffer Solution

인산수소 이포타슘(potassium phosphate dibasic, $K_2HPO_{4(S)}$) 21.75 g, 인산이수소 포타슘(potassium phosphate monobasic, $KH_2PO_{4(S)}$) 8.5 g, 인산수소 이소듐(sodium phosphate dibasic, $Na_2HPO_4 \cdot 7H_2O_{(S)}$) 33.4 g(또는 $Na_2HPO_4 \cdot 12H_2O_{(S)}$일 때 44.6 g) 및 염화암모늄(ammonium chloride, $NH_4Cl_{(S)}$) 1.7 g을 물에 녹여 전량을 1,000 mL로 한다. 이 완충액의 pH는 7.2이다.

• 채취 시료수 중 생물학적 산소요구량(BOD) 측정 시 희석수의 조제에 사용

■ 인산-탄산염 완충용액(수은시험용) : Phosphoric-Carbonate Buffer Solution

인산일수소 소듐(disodium hydrogenphosphate, $Na_2HPO_4 \cdot 12H_2O_{(S)}$) 150 g과 무수탄산 포타슘(potassium carbonate, $K_2CO_{3(S)}$) 38 g을 물에 녹여 1,000 mL로 한다. 이 용액을 분액깔때기에 옮기고 구연산 이암모늄(ammonium citrate, dibasic, $C_6H_{14}N_2O_{7(S)}$)용액(10 W/V%)과 같은 방법으로 디티오존 사염화탄소 용액(0.005 W/V%)으로 씻은 다음 사용한다.

• 채취 시료수 중 수은의 흡광광도법(디티오존법) 분석 시 사용

■ **티사브 용액(pH 5.2) : TISAB(Total Ionic Strength Adjustment Buffer Solution)**
염화 소듐(sodium chloride, $NaCl_{(S)}$) 58 g과 구연산 이암모늄(ammonium citrate dibasic, $C_6H_{14}N_2O_{7(S)}$) 1 g을 물 500 mL에 녹이고 아세트산(acetic acid, $CH_3COOH_{(L)}$) 50 mL를 넣은 다음 20% 수산화 소듐용액으로 pH 5.2로 조절하여 물을 넣어 1,000 mL로 한다.

• 채취 시료수 중 플루오르(흡광광도법(란탄-알리자린 콤플렉손법) 분석 시 사용

■ **프탈산수소 포타슘-염산 완충용액(pH 3.4) : Potassium Hydrogenphthalate**
M/5 프탈산수소 포타슘용액(주1) 250 mL와 M/5 염산(주2) 49.75mL를 혼합하고 물을 넣어 1 L로 한다.

(주1) 프탈산 수소포타슘(potassium hydrogenphthalate, $(KOOC)C_6H_4COOH_{(S)}$) 41 g을 물에 녹여 1 L로 한다.

(주2) 농도 35%, 비중 1.18인 염산(hydrochloric acid, $HCl_{(L)}$) 17 mL를 1,000 mL 메스플라스크에 취하여 물로 표선까지 채운다.

• 배출기체 중 납화합물의 분석 시(흡광광도법) 사용
• 채취 시료수 중 납의 흡광광도법(디티오존법) 분석 시 사용

## 2.6. 적정 지시약 제조법

■ 녹말(전분)용액(0.5 W/V%) : Starch Solution

가용성 녹말(전분) (starch, soluble, $(C_6H_{10}O_5)_{n(s)}$) 0.5 g을 소량의 물로 페이스트(paste) 상태로 개고 이것을 끓는 물에 서서히 저으면서 가한 후, 약 1분간 끓여서 식힌 후 사용한다. 이 용액은 사용할 때 만든다.

• 배출기체 중 염소의 분석 시(오쏘-톨리딘법) 사용
• 배출기체 중 황화수소 분석 시(흡광광도법(메틸렌블루우법)) 사용

■ 녹말 지시약(1%) : Starch Solution

가용성 녹말(전분) (starch, soluble, $(C_6H_{10}O_5)_{n(s)}$) 1 g을 소량의 물과 섞어 끓는 물 100 mL 중에 잘 흔들어 섞으면서 가한다. 약 1분간 끓인 후 식혀서 사용한다.

• 배출기체 중 황화수소의 분석 시(용량법(아이오딘 적정법)) 사용

■ 파라-다이메틸아미노벤질리덴로다닌의 아세톤 용액 : *p*-Dimethylaminobenzylidenerhodanine

파라-다이메틸아미노벤질리덴로다닌(*p*-Dimethylaminobenzylidenerhodanine, $C_{12}H_{12}N_2OS_{2(S)}$) 0.02 g을 아세톤(acetone, $CH_3COCH_{3(L)}$) 100 mL에 녹인다.

• 배출기체 중 사이안화수소의 분석 시(피리딘 피라졸론법) 사용

■ 메타-크레졸퍼플 - 에틸알코올 용액 : *m*-Cresol Purple - Ethyl Alcohol

메타-크레졸퍼플(*m*-cresol purple, $C_{21}H_{18}O_5S_{(S)}$) 0.1 g을 에틸알코올(ethyl alcohol, $C_2H_5OH_{(L)}$) (95 V/V%) 50 mL에 녹여 물로 100 mL로 한다. pH의 범위는 7.4~9.0이다. 산성에서 노랑색이고 알칼리성에서 자주색이다.

• 배출기체 중 입자상 및 기체상 비소화합물의 분석 시(흡광광도법) 사용
• 채취된 시료수 중 중금속 측정을 위한 용매추출법(원자흡수분광 광도법)에 사용

■ 메틸레드-브로모크레졸 그린 혼합지시용액 : Methyl Red-Bromocresol Green

메틸 레드(methyl red, $C_{15}H_{15}N_3O_{2(s)}$) 0.02 g과 브로모크레졸 그린(bromocresol green, $C_{21}H_{14}Br_4O_5S_{(S)}$) 0.1 g을 에틸알코올(ethyl alcohol, $C_2H_5OH_{(L)}$ 95 W/V%) 100 mL에 녹인 것으로 pH 4.5에서 회색, 산성에서는 오렌지-적색(orange red)이고 알칼리성에서는 청색을 나타낸다.

• 채취 시료수 중 암모니아성 질소의 중화적정법 분석 시 사용
• 채취 시료수 중 납의 흡광광도법(디티오존법) 분석 시 사용

■ 메타-크레졸퍼플 - 에틸알코올 용액 : *m*-Cresol Purple - Ethyl Alcohol

메타-크레졸퍼플(*m*-cresol purple, $C_{21}H_{18}O_5S_{(S)}$) 0.1 g을 에틸알코올(ethyl alcohol, $C_2H_5OH_{(L)}$) (95 V/V%) 50 mL에 녹여 물로 100 mL로 한다. 이 액의 변색범위는 두 가지이다. pH 1.2~2.8에서는 적색 → 황색으로, pH 7.6~9.2에서는 황색 → 자색으로 변한다.

• 배출기체 중 입자상 및 기체상 비소화합물의 분석 시(흡광광도법) 사용

■ 메틸레드-메틸렌 블루 혼합지시약 : Methyl Red & Methylene Blue Mixed Indicator

다음의 ①과 ②의 용액을 사용직전에 암모니아 분석시에는 부피비 2:1로 섞어 사용하고, 황산화물 분석시에는 같은 부피로 섞어 사용한다. 이 액은 갈색병에 넣어 어둡고 서늘한 곳에 보관한다. 1주일 이상 경과한 것은 사용할 수 없다. 이 액의 변색점은 pH 5.4이다.

① 메틸레드(methyl red, $C_{15}H_{15}N_3O_{2(s)}$) 0.1 g을 에틸알코올(ethyl alcohol, $C_2H_5OH_{(L)}$, 95 V/V%) 100 mL에 녹인 것.
② 메틸렌 블루(methylene blue, $C_{16}H_{18}ClN_3S_{(s)}$) 0.1 g을 에틸알코올(ethyl alcohol, $C_2H_5OH_{(L)}$, 95 V/V%) 100 mL에 녹인 것.

• 배출기체 중 암모니아, 황산화물의 분석 시(중화적정법) 사용

■ 메틸레드-메틸렌 블루 혼합지시약(변색점 pH5.4) : Methyl Red & Methylene Blue Mixed Indicator

메틸레드(methyl red, $C_{15}H_{15}N_3O_{2(s)}$) 0.125 g을 에탄올(95 V/V%) 10 mL에 녹인 것과 메틸렌블루 2수화물 (methylene blue dihydrate, $C_{16}H_{18}ClN_3S \cdot 2H_2O_{(s)}$) 0.083 g을 에탄올(95 V/V%) 100 mL에 녹인 것을 사용직전에 필요한 만큼 같은 부피로 섞어 사용한다. 혼합지시

약은 갈색병에 넣어 어둡고 서늘한 곳에 보관한다. 1주일 이상 경과한 것은 사용할 수 없다.

- 유류 중 황화합물 분석 시(연소관식 분석방법(공기법)) 사용

■ 메틸렌 블루(0.025 W/V%) : Methylene Blue

메틸렌블루 3수화물 (methylene blue trihydrate, $C_{16}H_{18}ClN_3S\cdot 3H_2O_{(s)}$) 0.25 g을 물에 녹여 1,000 mL로 한다.

- 채취 시료수 중 음이온 계면활성제의 흡광광도법(메틸렌블루법) 분석 시 사용

■ 메틸오렌지 용액(0.1 W/V%) : Methyl Orange

메틸오렌지(methyl orange, $C_{14}H_{14}N_3NaO_3S_{(s)}$) 0.1 g을 메틸알코올(methyl alcohol, $CH_3OH_{(L)}$) 100 mL에 용해시킨다. 이 액의 변색범위는 pH 3.1~4.4이다.

- 배출기체 중 페놀화합물의 분석 시(기체크로마토그래프법) 사용
- 배출기체 중 카드뮴화합물의 분석 시(흡광광도법) 사용
- 채취 시료수 중 노말-헥세인 추출물질 분석 시 사용
- 채취 시료수 중 페놀류(흡광광도법) 분석 시 사용
- 채취 시료수 중 유기인의 기체크로마토그래프법 분석 시 사용

■ 브로모크레졸 그린-메틸레드 혼합지시용액 : Bromocresol Green-Methyl Red

브로모크레졸 그린(bromocresol green, $C_{21}H_{14}Br_4O_5S_{(S)}$) 0.06 g과 메틸 레드(methyl red, $C_{15}H_{15}N_3O_{2(s)}$) 0.04 g을 메틸알코올(methyl alcohol, $CH_3OH_{(L)}$) 100 mL에 녹인 것으로 pH 4.5에서 회색, 산성에서는 오렌지-적색(orange red)이고 알칼리성에서는 청색을 나타낸다.

- 환경 대기 중 아황산기체 분석 시(산정량 수동법) 사용

■ 브로모페놀블루-에틸알코올 용액(0.1 W/V%) : Bromophenol Blue-Ethyl Alcohol

브로모페놀 블루(bromophenol blue, $C_{19}H_{10}Br_4O_5S_{(S)}$) 0.1 g을 에틸알코올(ethyl alcohol, $C_2H_5OH_{(L)}$) (95 V/V%)에 녹여 100 mL로 한다. 이 액의 변색범위는 pH 3.0~4.6이다. 산성에서 노란색이고, 알칼리성에서 청색이다.

- 채취된 시료수 중 중금속 측정을 위한 용매추출법(원자흡수분광 광도법)에 사용

■ 브로모티몰 블루용액(0.1 W/V%) : Bromothymol Blue

브로모티몰 블루(bromothymol blue, $C_{27}H_{28}Br_2O_5S_{(S)}$) 0.1 g을 에틸알코올(ethyl alcohol, $C_2H_5OH_{(L)}$) (95 V/V%) 50 mL에 녹여 물로 100 mL로 한다. 이 액의 변색범위는 pH 6.0~7.6 이다.

• 배출기체 중 카드뮴화합물의 분석 시 원자흡광 분석법의 용매추출(A법)에 사용

■ 아르세나조-Ⅲ 지시약 : Arsenazo-Ⅲ Incidator

아르세나조-Ⅲ(arsenazo-Ⅲ, 2,7-Bis(arsonophenylazo)-1,8-dihydroxy-3,6-naphthalenedisulfonic acid, $C_{22}H_{19}As_2N_4O_{12}S_{2(s)}$) 0.2 g을 물 100 mL에 녹이고 거른다. 이 용액은 갈색병에 보관하고 1개월 이상지나면 사용할 수 없다.

• 배출기체 중 황산화물소의 분석 시(침전적정법(아르세나조-Ⅲ법)) 사용

■ 자일레놀 오렌지용액(0.1 W/V%) : Xylenol Orange

자이레놀 오렌지(xylenol orange, $C_{31}H_{32}N_2O_{13(S)}$) 0.1 g을 에틸알코올(ethyl alcohol, $C_2H_5OH_{(L)}$) (95 V/V%) 50 mL에 녹여 물로 100 mL로 한다. 이 액은 pH6 이하의 산성용액 중에서는 황색을, 알칼리성 용액 중에서는 적자색을 띤다.

• 배출기체 중 카드뮴화합물의 분석 시 흡광광도법에 사용

■ 크롬산 포타슘용액 : Potassium Chromate Indicator

크롬산 포타슘(potassium chromate, $K_2CrO_{4(S)}$) 50 g을 소량의 물에 녹인 후 여기에 엷은 홍색의 침전이 생길 때 까지 0.01N 질산은(silver nitrate, $AgNO_{3(S)}$) 용액을 가하여 여과하고 여액에 물을 가하여 1,000 mL로 한다.

• 채취 시료수 중 염소이온 분석 시 사용

■ 티몰 블루 에틸알코올용액(0.1 W/V%) : Thymol Blue-Ethyl Alcohol

티몰 블루(thymol blue, $C_{27}H_{30}O_5S_{(S)}$) 0.1 g을 에틸알코올(ethyl alcohol, $C_2H_5OH_{(L)}$) (95 V/V%) 50 mL에 녹여 물로 100 mL로 한다. 이 액의 변색범위는 두 가지이다. pH 1.2~2.8에서는 적색 → 황색으로, pH 8.0~9.6에서는 황색 → 청색으로 변한다.

- 배출기체 중 카드뮴화합물의 분석 시 원자흡광 분석법의 용매추출(B법)에 사용
- 배출기체 중 구리화합물의 분석 시(흡광광도법)에 사용
- 배출기체 중 아연화합물의 분석 시(흡광광도법) 사용
- 채취된 시료수 중 중금속 측정을 위한 용매추출법(원자흡수분광 광도법)에 사용

■ 페놀레드 용액(0.1 W/V%) : Phenol Red(or Phenolsulfophthalein)

페놀레드(phenol red, $C_{19}H_{14}O_5S_{(S)}$) 0.1 g을 에틸알코올(ethytl alcohol, $C_2H_5OH_{(L)}$) (96 V/V%) 90 mL에 녹이고 물을 가하여 100 mL로 한다. 이 액의 변색범위는 pH 6.8~8.4에서 산성색은 황색이고 염기성색은 적색이다.

- 배출기체 중 아연화합물의 분석 시(흡광광도법) 사용
- 배출기체 중 수은화합물의 분석 시(흡광광도법) 사용

■ 페놀프탈레인 용액(0.1 W/V%) : Phenolphthalein

페놀프탈레인(phenolphthalein, $C_{20}H_{14}O_{4(s)}$) 0.1 g을 에틸알코올(ethytl alcohol, $C_2H_5OH_{(L)}$) (95 V/V%) 90 mL에 녹이고 물을 가하여 100 mL로 한다. 이 액의 변색범위는 pH 8.0~9.8이다.

- 배출기체 중 사이안화수소의 분석 시(피리딘 피라졸론법) 사용

■ 페놀프탈레인 용액(0.5 W/V%) : Phenolphthalein

페놀프탈레인(phenolphthalein, $C_{20}H_{14}O_{4(s)}$) 0.5 g을 에틸알코올(ethytl alcohol, $C_2H_5OH_{(L)}$) (95 V/V%)에 녹여 100 mL로 한다. 이 액의 변색범위는 pH 8.0~9.8이다.

- 배출기체 중 벤젠의 분석 시(흡광광도법(메틸에틸케톤법)) 사용
- 배출기체 중 니켈화합물의 분석 시(흡광광도법) 사용
- 채취 시료수 중 플루오르(흡광광도법(란탄-알리자린 콤플렉손법)) 분석 시 사용

■ 페놀프탈레인 용액(0.5 W/V%) : Phenolphthalein

페놀프탈레인(phenolphthalein, $C_{20}H_{14}O_{4(s)}$) 0.5 g을 에틸알코올(ethytl alcohol, $C_2H_5OH_{(L)}$) (95 V/V%)에 녹여 100 mL로 한다. 이 액에 수산화 소듐용액(0.02N)을 넣어 액의 색을 홍색으로 한다. 이 액의 변색범위는 pH 8.0~9.8이다.

- 채취 시료수 중 사이안(흡광광도법) 분석 시 사용
- 채취 시료수 중 니켈의 원자흡광광도법 분석 시 사용
- 채취 시료수 중 니켈의 흡광광도법(다이메틸글리옥심법) 분석 시 사용

■ 페로인 지시액 : Ferroin Indicator

오쏘-페난트롤린(1,10-phenanthroline monohydrate, $C_{12}H_8N_2 \cdot H_2O_{(S)}$) 1.48 g과 황산 제일철(ferrous sulfate heptahydrate, $FeSO_4 \cdot 7H_2O_{(S)}$) 0.7 g을 물에 녹여 100 mL로 한다. 청록색 → 적갈색으로 변한다.

$Fe^{2+} + 3\ C_{12}H_8N_2 \rightarrow Fe(C_{12}H_8N_2)_3^{2+}$(청녹색)

- 채취 시료수 중 중크롬산 포타슘에 의한 화학적 산소요구량(COD) 측정 시 사용

## 2.7. 배지 제조법

■ 데속시콜린산 한천배지 : Desoxy Cholate Agar Medium

펩톤(peptone) 10.0 g, 유당(lactose) 10.0 g, 데속시콜린산 소듐(sodium desoxy cholate) 1 g, 염화 소듐(sodium chloride, $NaCl_{(S)}$) 5.0 g, 인산일수소 포타슘(dipotassium hydrogen-phosphate, $K_2HPO_{4(S)}$) 2.0 g, 구연산제이철 암모늄(ferric ammonium citrate, $(NH_4)_2FeC_6H_5O_{7(S)}$) 1.0 g, 구연산 소듐(sodium citrate, $Na_3C_6H_5O_{7(S)}$) 1.0 g, 정제 한천분말(agar power) 15.0 g, 뉴트랄레드(neutral red) 0.03 g을 증류수 1,000 mL에 넣고 가열하면서 녹이고 pH 7.3이 되도록 하여 완전히 끓여서 사용한다. 준비된 배지는 그 즉시 사용하여야 하며 고압증기 멸균하여서는 안 된다.

• 채취 시료수 중 대장균군의 평판 집락시험방법 분석 시 사용

■ 라우릴 트립토스 부이용 : Lauryl Tryptose Bouillon

트립토스(tryptose) 20.0 g, 유당(lactose) 5.0 g, 인산일수소 포타슘(dipotassium hydrogen-phosphate, $K_2HPO_{4(S)}$) 2.75 g, 염화 소듐(sodium chloride, $NaCl_{(S)}$) 5.0 g, 황산라우릴 소듐(sodium lauryl sulfate, $CH_3(CH_2)_{10}CH_2OSO_3Na_{(S)}$) 0.1 g을 증류수 1,000 mL에 넣고 가열하면서 녹여 pH 6.8이 되도록 하여 발효관이나 다람 발효관이 있는 시험관에 10 mL 이상씩 분주하여 멸균 후 사용한다. 그러나 시료 10 mL를 실험할 경우 배지의 성분은 두 배로 늘려 농도를 맞추어야 한다.

• 채취 시료수 중 대장균군의 최적확수 시험법 분석 시 사용

■ 비지엘비(BGLB) 배지 : Brilliant Green Lactose Bile Medium

펩톤(peptone) 10 g, 유당(lactose) 10.0 g, 건조우담분말(dried ox-gall power) 20.0 g, 브릴리언트그린(brilliant green) 0.0133 g을 증류수 1,000 mL에 넣고 가열하면서 녹이고 pH 7.2±0.1이 되도록 하여 멸균 후 사용한다.

• 채취 시료수 중 대장균군의 최적확수 시험법 분석 시 사용

■ 유당 부이용 : Lactose Bouillon

육엑기스(meat extract) 3.0g, 펩톤(peptone) 5.0g, 유당(lactose) 5.0g을 증류수 1,000mL에 넣고 가열하면서 녹이고 pH 6.9±0.1이 되도록 하여 발효관이나 다람 발효관이 있는 시험관에 10mL 이상씩 분주하여 멸균 후 사용한다. 그러나 시료 10mL를 실험할 경우 배지의 성분은 두 배로 늘려 농도를 맞추어야 한다.

• 채취 시료수 중 대장균군의 최적확수 시험법 분석시 사용

■ 엔도 배지】Endo Medium

펩톤(peptone) 10.0 g, 유당(lactose) 10.0 g, 무수인산일수소 포타슘(dipotassium hydrogen-phosphate, $K_2HPO_{4(S)}$) 3.5 g, 한천(agar) 15.0 g, 무수황산 소듐(sodium sulfate, $Na_2SO_{4(S)}$) 2.5 g, 염기성 푹신(basic fuchsin) 0.5 g을 증류수 1,000 mL에 넣고 가열하면서 녹이고 pH 7.4±0.1이 되도록 하여 멸균 후 사용한다.

• 채취 시료수 중 대장균군의 막여과 시험방법 분석 시 사용

■ 엘이에스(LES)-엔도 배지 : LES - Endo Medium

트립토스(trytose) 7.5 g, 싸이오펩톤(thiopeptone) 또는 싸이오톤(thiotone) 3.7 g, 카지톤(casitone) 또는 트립티케이스(trypticase) 3.7 g, 효모엑기스(yeast extract) 1.2 g, 염화 소듐(sodium chloride, $NaCl_{(S)}$) 3.7 g, 인산일수소 포타슘(dipotassium hydrogenphosphate, $K_2HPO_{4(S)}$) 3.3 g, 인산이수소 포타슘(potassium dihydrogenphosphate, $KH_2PO_{4(S)}$) 1.0 g, 아황산 소듐(sodium sulfite, $Na_2SO_{3(S)}$) 1.6 g, 황산라우릴 소듐(sodium lauryl sulfate, $CH_3(CH_2)_{10}CH_2OSO_3Na_{(S)}$) 0.05 g, 데속시콜린산 소듐(sodium desoxy cholate) 0.1 g, 염기성 푹신(basic fuchsin) 1.05 g, 한천(agar) 15.0 g,을 증류수 1,000mL에 넣고 95% 에틸알코올 20 mL를 첨가하여 가열하면서 완전히 끓여서 녹인 후 45~50℃까지 식힌 후 사용한다. 5~7 mL를 페트리디쉬(petridish)에 넣어 굳힌다. 배지는 2~10℃의 냉암소에서 2주간 보관하면서 사용한다.

• 채취 시료수 중 대장균군의 막여과 시험방법 분석 시 사용

■ 엠-에프시 배지 : M - FC Medium

트립토스(trytose) 또는 바이오세이트(biosate) 10.0 g, 프로테스펩톤(protese peptone) 또는 폴리펩톤(polypeptone) 5.0 g, 효모엑기스(yeast extract) 3.0 g, 유당(lactose) 12.5 g, 염화 소듐(sodium chloride, $NaCl_{(S)}$) 5.0 g, 담즙액(bile or bilesalts mixture) 1.5 g, 아닐린블루(aniline blue) 0.1 g을 0.2N 수산화 소듐(sodium hydroide, $NaOH_{(S)}$)에 용해된 1% 로졸린산(rosolic acid, $C_{19}H_{14}O_{3(S)}$) 용액 10 mL가 첨가된 1,000 mL의 증류수에 넣어 끓을 때까지 가열 후 50℃까지 식힌다. 위의 배지조성에 한천(agar) 1.5 g을 첨가하여 가열 용해시킨 후 50℃까지 식혀서 페트리디쉬에 분주하여 고체화시키면 흡수 패드 대신 사용할 수 있다. 준비된 배지는 그 즉시 사용하여야 하며 고압증기 멸균을 하여서는 안 된다. 배지는 수분 감소를 방지할 수 있는 밀봉된 플라스틱 백이나 기타 용기에 넣어 4~8℃의 어두운 곳에 96시간 보관할 수 있다.

• 채취 시료수 중 분원성 대장균군의 막여과 시험방법 분석 시 사용

■ 엠-엔도 배지 : M - Endo Medium

트립토스(trytose) 또는 폴리펩톤(polypeptone) 10.0 g, 싸이오펩톤(thiopeptone) 또는 싸이오톤(thiotone) 5.0 g, 카지톤(casitone) 또는 트립티케이스(trypticase) 5.0 g, 효모엑기스(yeast extract) 1.5 g, 유당(lactose) 12.5 g, 염화 소듐(sodium chloride, $NaCl_{(S)}$) 5.0 g, 인산일수소 포타슘(dipotassium hydrogenphosphate, $K_2HPO_{4(S)}$) 4.375 g, 인산이수소 포타슘(potassium dihydrogenphosphate, $KH_2PO_{4(S)}$) 1.375 g, 무수황산 소듐(sodium sulfate, $Na_2SO_{4(S)}$) 2.1 g, 황산라우릴 소듐(sodium lauryl sulfate, $CH_3(CH_2)_{10}$
$CH_2OSO_3Na_{(S)}$) 0.05 g, 데속시콜린산 소듐(sodium desoxy cholate) 0.1 g, 염기성 푹신(basic fuchsin) 1.05 g, 한천(agar) 15.0 g,을 증류수 1,000 mL에 넣고 95% 에틸알코올 20 mL를 첨가하여 가열하면서 녹이고 pH 7~7.3이 되도록 완전히 끓여서 50℃까지 식힌 후 사용한다. 준비된 배지는 그 즉시 사용하여야 하며 고압증기 멸균을 하여서는 안 된다. 배지는 2~10℃의 어두운 곳에 96시간 보관할 수 있으며 한천이 포함되지 않은 용액으로 만든 배지는 패드를 사용할 수 있다.

• 채취 시료수 중 대장균군의 막여과 시험방법 분석 시 사용

■ 이시(EC) 배지 : EC Medium

트립토스(trytose) 또는 트립티케이스(trypticase) 20.0 g, 유당(lactose) 5.0 g, 담즙액(bilesalts) 1.5 g, 무수인산일수소 포타슘(dipotassium hydrogenphosphate, $K_2HPO_{4(S)}$) 4.0 g, 무수인산이수소 포타슘(potassium dihydrogenphosphate, $KH_2PO_{4(S)}$) 1.5 g, 염화소듐(sodium chloride, $NaCl_{(S)}$) 5.0 g을 증류수 1,000 mL에 녹여서 고압증기 멸균하여 사용한다.

• 채취 시료수 중 분원성 대장균군의 막여과 시험방법 분석 시 사용

■ 이엠비(EMB) 한천배지 : Eosin Methylene Blue Agar Medium

펩톤(peptone) 10 g, 유당(lactose) 10.0 g, 무수인산일수소 포타슘(dipotassium hydrogenphosphate, $K_2HPO_{4(S)}$) 2.0 g, 정제 한천분말(agar power) 18.0 g, 에오신Y(eosin Y) 0.4 g, 메틸렌블루메틸렌 블루(methylene blue, $C_{16}H_{18}ClN_3S_{(s)}$) 0.065 g을 증류수 1,000 mL에 넣고 가열하면서 녹이고 pH 7.1±0.1이 되도록 하여 멸균 후 사용한다.

• 채취 시료수 중 대장균군의 최적확수 시험법 분석 시 사용

# INDEX

## B



## C



## E



## G



## H



## I



## M



## N



## O



## T



## β



## ㄱ

## ㅈ

## ㅎ

신은상
- 동남보건대학교 환경보건과 교수
- 대기환경 및 산업위생관련 기술사, 기사, 산업기사 출제위원
- 산업위생학, 산업환기분야 강의
- NCS(환경, 보건분야) 개발 및 학습모듈 대표저자

## 작업장 환경관리 문제 해결 지침서

1판 1쇄 인쇄 2017년 01월 10일
1판 1쇄 발행 2017년 01월 20일
편 저 자 신은상
발 행 인 이범만
발 행 처 **21세기사** (제406-00015호)
경기도 파주시 산남로 72-16 (10882)
Tel. 031-942-7861 Fax. 031-942-7864
E-mail : 21cbook@naver.com
Home-page : www.21cbook.co.kr
ISBN 978-89-8468-709-7

**정가 30,000원**